Recht – schnell erfasst

Reihenherausgeber
Detlef Kröger, Buch, Deutschland
Claas Hanken, Bremen, Deutschland

T0349816

In jedem Band dieser aktuellen Sammlung werden die wichtigsten Normen im Wortlaut vorgestellt, verständlich kommentiert und mit den – für die gelungene Fallbearbeitung – notwendigen Verweisen versehen. Wer bei der Lösung von Problemstellungen schnell auf den Punkt kommen will, ohne sich mit komplizierten juristischen Theorien auseinandersetzen zu müssen, findet hier alles, was er dafür benötigt. Klar und verständlich ermöglichen die Autoren einen schnellen Einstieg in die Methodik und Anwendung des juristischen Handwerkzeugs. Das Lernpaket bietet folgende Vorzüge:- übersichtliche Gliederung – Auflockerung durch Illustrationen- Veranschaulichung durch Fallbeispiele und deren Lösungen- aussagekräftige Übersichten und klare Schemata- Marginalien mit schlagwortartigen Hervorhebungen- Wiederholungsfragen zur Wissensüberprüfung.

Weitere Bände in der Reihe: http://www.springer.com/series/3296

Thomas Wieske

Transportrecht – Schnell erfasst

4. Auflage

 Springer

Thomas Wieske
Hochschule Bremerhaven
Bremerhaven, Deutschland

ISSN 1431-7559
Recht – schnell erfasst
ISBN 978-3-662-58487-3   ISBN 978-3-662-58488-0 (eBook)
https://doi.org/10.1007/978-3-662-58488-0

Die Deutsche Nationalbibliothek verzeichnet diese Publikation in der Deutschen National-
bibliografie; detaillierte bibliografische Daten sind im Internet über ▶ http://dnb.d-nb.de
abrufbar.

Springer

Springer ist ein Imprint der eingetragenen Gesellschaft Springer-Verlag GmbH, DE und ist ein
Teil von Springer Nature.
Die Anschrift der Gesellschaft ist: Heidelberger Platz 3, 14197 Berlin, Germany

Vorwort zur 4. Auflage

Wie bereits im Vorwort zur dritten Auflage angemerkt, machen die Neugestaltung des Seefrachtrechts und der daraus abgeleiteten Änderungen auch im Allgemeinen Frachtrecht diese Neuauflage notwendig. Dieser Prozess zog sich jedoch besonders in die Länge, da in Folge von neuem See- und revidiertem allgemeine Frachtecht auch die ADSp geändert wurden. Diese Änderungen der ADSp 2003 erfolgten über die ADSp 2016 und mündeten dann in die ADSp 2017 ein, die nunmehr wieder ein gemeinsames Bedingungswerk aller am Transport beteiligten Verbände darstellt, also der Verlader und Auftraggeber wie auch der Spediteure/Frachtführer und Auftragnehmer. Diese sich über Jahre entwickelnden Änderungen haben auch eine frühere Fertigstellung dieser Auflage des Buches verhindert.

Insofern freue ich mich, Ihnen nunmehr die gänzlich überarbeitete vierte und aktuelle Auflage des Buches Transportrecht – schnell erfasst vorlegen zu können. Am bewährten Konzept eines Lernbuches wurde festgehalten. Das heißt, im Mittelpunkt steht weiterhin das Ziel, den Lesern ein Grundkonzept frachtrechtlicher Regelungen zu vermitteln. Daher ist das Buch an der Lehre ausgerichtet.

Inhaltlich steht im Mittelpunkt das deutsche Frachtrecht, Stand September 2018, einschließlich der Regelungen im Umzugs-, Multimodal-, Speditions- und Lagerrecht.

Daran schließen sich die Bestimmungen über die internationalen Transporte an, beginnend mit dem internationalen Straßengütertransport mit der CMR, dann der internationalen Luftfracht mit MÜ und WA und dem Recht des internationalen Bahntransports mit der CIM. Den Abschluss bildet ein Kapitel zum Seehandelsrecht nach HGB mit Bezügen zu den internationalen Konventionen.

Einige aktualisierte Hinweise zur Vertiefung sollen die Darstellung abrunden, wie auch das überarbeitete Register.

Das Thema Logistik wird in diesem Buch nur am Rande gestreift mit dem Hinweis, dass Logistik mehr als Transport und Lagerung bzw. Spedition sei, sondern nur dann gegeben ist, wenn diese Aufgaben verbunden sind mit Zusatzdienstleistungen den sogenannten Value Added Services. Daher würde eine solche Darstellung diesen Rahmen sprengen und ist nicht unter dem Titel Transportrecht aufgenommen worden.

Wie immer danke ich allen die mich mit Rat und Tat bei der Erstellung dieser Aufgabe unterstützt haben, insbesondere meinem studentischen Mitarbeiter Herrn Julian Neugebauer sowie Herrn Dipl.-Jur. Claas Hanken für die redaktionelle Arbeit. Lob und Kritik sind mir stets willkommen unter twieske@hs-bremerhaven.de.

Prof. Dr. Thomas Wieske
Bremerhaven, September 2019

Vorwort zur 1. Auflage

Dieses Buch ist aus den Vorlesungen im Fach Transportrecht des Studiengangs Transportwesen/Logistik der Hochschule Bremerhaven entstanden. Ziel soll sein, den Lesern, die nicht unbedingt Juristen sind, einen Überblick über die wichtigsten transportrechtlichen Normen zu geben. Dies beinhaltet das deutsche Transportrecht, das seit dem 01.07.1998 einheitlich für alle Verkehrsträger im 4. Buch des HGB, im Vierten bis Sechsten Abschnitt, geregelt ist, einschließlich des Speditions- und des Lagergeschäfts. Daneben sind auch die wichtigsten internationalen Regelungen dargestellt, wie das CMR-Abkommen (europäischer Landverkehr mittels LKW), das Warschauer Abkommen für den Luftverkehr und die Bestimmungen der CIM für den Eisenbahnverkehr.

Schwerpunkt der Darstellung bildet das nationale (deutsche) Frachtrecht weil dieses auch für die weiteren Regelungen wie im Speditionsrecht oder im Multimodaltransport als Leitbild dient. Bei der Aufgliederung der einzelnen Transportfelder, ist diese, nach den beteiligten Personen gegliedert, nach den Anspruchsgrundlagen und Pflichten der jeweiligen Personen, um eine möglichst schnelle Übersicht über die Rechte und Pflichten der Beteiligten vermitteln zu können. Hierbei wird sichtbar, daß die Rechte einer Partei sich wiederfinden als die Pflichten der anderen Partei.

Für Anregungen und Kritik bin ich dankbar, da dieses Buch in erster Linie als Lernbuch gedacht ist, um einen Überblick über das Transportrecht zu geben. Aus diesem Grunde wurde auch von Literaturhinweisen im Text abgesehen. Im Mittelpunkt des Lernbuches stehen der Gesetzestext und die Strukturen der gesetzlichen Regelungen. Deshalb empfehle ich, zuerst aufmerksam den Gesetzestext zu lesen, um sich dann zu überlegen, wie die gelesene Regelung in die Transportrechtsstruktur paßt: Wer kann hieraus Rechte ableiten? Wer hat Pflichten aus ihr? Gibt die Regelung einer Partei Gegenrechte oder erklärt diese Norm lediglich Begriffe? Insgesamt sollte der Leser Transportrechtsprobleme als eine Art Fußballspiel verstehen, oder Schachspiel für die Nichtfußballfreunde, wo es darauf ankommt, nach gewissen Regeln, einen Anspruch zu schießen (durchzusetzen) und die andere Partei muß versuchen, diesen Angriff (Anspruch) nach den Regeln abzuwehren und ggf. einen eignen Angriff (Anspruch) zu starten. Hierbei wünsche ich viel Spaß!

Prof. Dr. Thomas Wieske
Bremerhaven, Oktober 2002

Inhaltsverzeichnis

Einführung

© Springer-Verlag GmbH Deutschland, ein Teil von Springer Nature 2019
T. Wieske, *Transportrecht – Schnell erfasst*, Recht – schnell erfasst,
https://doi.org/10.1007/978-3-662-58488-0_1

1

1.1   Die Bedeutung der Transportindustrie

Räderwerk

Der Umsatz im Wirtschaftsbereich Logistik in Deutschland wird laut der BVL und der Fraunhofer Arbeitsgruppe für Supply Chain Services für 2019 auf 279 Mrd. € prognostiziert. Im Jahre 2014 waren alleine in den Sektoren Transport-, Umschlag und Lagerung (TUL) 2,48 Mio. Menschen in Deutschland beschäftigt.

Als Ergebnis der internationalen Arbeitsteilung einerseits und der höheren Mobilität der Menschen weltweit, werden im Bereich des Transport- und Verkehrswesens die höchsten Wachstumsraten im weltweiten Maßstab erwartet (Global Sourcing).

Daneben erfolgt im Rahmen des internationalen Wettbewerbs eine zunehmende Konzentration in den Unternehmen auf die jeweils definierten „Kernkompetenzen" und ein damit einhergehender Prozess des Outsourcings von sonstigen Leistungen, wie z. B. des Transportwesens, bzw. des Insourcings von Kompetenzen die als wettbewerbsentscheidend angesehen werden.

Diese vielschichtigen Prozesse, deren gemeinsamer Nenner die Ortsveränderung ist, von Gütern oder Personen, eventuell auch nur von Informationen, bedürfen der rechtlichen Regelung, um einerseits der Spezifik des Transportwesens Rechnung zu tragen –, wie z. B. der Involvierung Dritter als „Empfänger", der besonderen Pflichten der Beteiligten, der Internationalisierung von Transportvorgängen – und andererseits Transportvorgänge zu regeln und berechenbar zu machen.

1.2 Die Rechtsquellen des Transportrechts

1.2.1 Begriffsbestimmung

Als Transportrecht soll hier die Gesamtheit der Rechtsnormen verstanden werden, die den Transport von Gütern betreffen, unabhängig von der Art der Beförderung, sowie aller damit zusammenhängender Vorgänge, wie z. B. die (Zwischen-)Lagerung.

Transportrecht = ?

Gemäß der Unterscheidung zwischen Privatrecht und öffentlichem Recht wird das Transportrecht dem Privatrecht zugerechnet, wie BGB und HGB.

1.2.2 Aufbau des deutschen Transportrechts

Das deutsche Transportrecht ist im vierten Abschnitt des vierten Buches des HGB im Einzelnen durch das am 01.07.1998 in Kraft getretene Transportrechtsreformgesetz (TRG) wie nachfolgend dargestellt geregelt:

HGB als Grundlage des Transportsrechts

4. Buch: Handelsgeschäfte, davon
Vierter Abschnitt: Frachtgeschäft
Erster Unterabschnitt: Allgemeine Vorschriften, §§ 407 ff.
Zweiter Unterabschnitt: Beförderung von Umzugsgut, §§ 451 ff.
Dritter Unterabschnitt: Beförderung mit verschiedenartigen Beförderungsmitteln, §§ 452a–d
Fünfter Abschnitt: Speditionsgeschäft, §§ 453–466
Sechster Abschnitt: Lagergeschäft, §§ 467–475h
Der Seehandel ist Gegenstand eines eigenen Buches des HGB, des fünften Buches (§§ 476–619).

1

gemeinsames Leitbild:
Frachtgeschäft

Das deutsche Transportrecht differenziert nicht mehr zwischen den verschiedenen Transportarten/Verkehrsträgern. Es gilt gleichermaßen für den Straßentransport, den Eisenbahntransport, den nationalen Luftverkehr und den Transport mit dem Binnenschiff. Das Leitbild der allumfassenden rechtlichen Regelung ist das Frachtgeschäft, das für jede Form des Transports gleichermaßen Anwendung findet.

Ein Vergleich – unterteilt nach Verkehrsarten – zwischen der alten Rechtslage (vor dem 01.07.1998) mit der neuen Rechtslage (nach dem 01.07.1998) zeigt:

Verkehrsart	alte Rechtslage	HGB
Nahverkehr	AGNB	§§ 407 ff. HGB
Fernverkehr	KVO	§§ 407 ff. HGB
Eisenbahn	EVO	§§ 407 ff. HGB
Luftverkehr	LuftverkehrsG	§§ 407 ff. HGB
Binnenschiff	BinnenschiffsG	§§ 407 ff. HGB
Umzugsverkehr	GüKUM	§§ 451 ff. HGB
Spedition	§§ 407 a.F. HGB	§§ 453 ff. HGB
Lagerei	§§ 416 a.F. HGB	§§ 467 ff. HGB
Multimodalverkehr	Richterrecht	§§ 452 ff. HGB

Ein Transportschadensfall war nach altem Recht nach unterschiedlichen Rechtsregeln und in unterschiedlicher Höhe auszugleichen, je nachdem bei welchem Transportträger der Schaden entstanden war.

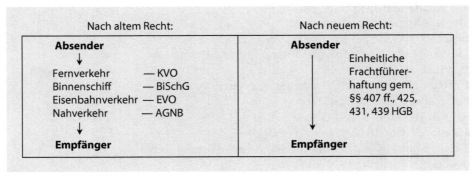

Transportschadensfälle

1.2.3 Die Anwendung des internationalen Transportrechts

Die Differenzierung zwischen nationalem Recht und internationalen Regeln spielt im Transportrecht eine große Rolle, denn eine Vielzahl der Güterbewegungen macht nicht an den nationalen Grenzen halt.

International ist bei der Regelung des Transportrechts zwischen den Transportarten differenziert worden. So dass gilt: Für jede Transportart mindestens eine spezifische internationale Regelung.

internationale Regelungen

Hierbei gelten für:

- den Lkw-Verkehr die CMR,
- den Luftverkehr das Montrealer Übereinkommen bzw. das Warschauer Abkommen,
- den Eisenbahnverkehr, die CIM 1999,
- den Binnenschiffsverkehr das CMNI (Budapester Übereinkommen) und
- für den Seetransport die Haager Regeln, Haag-Visby-Regeln oder die Hamburg Regeln.

Das deutsche Transportrecht findet dann keine Anwendung bei Auslandsbezug, wenn eine entsprechende internationale Rechtsregelung von Deutschland ratifiziert wurde.

Landtransportrecht		Luftfahrtrecht		Eisenbahnrecht	
Nationales Recht	Internationales Recht	Nationales Recht	Internationales Recht	Nationales Recht	Internationales Recht
HGB (§§ 407 ff.)	CMR	HGB (§§ 407 ff.)	MÜ, WA	HGB (§§ 407 ff.)	CIM 1999

Landtransportrecht, Luftfahrtrecht, Eisenbahnrecht

1.2.4 Die Rechtsquellen der Logistik

Logistik ist die Planung, Organisation, Kontrolle und Durchführung eines Güterflusses von der Entwicklung bis zur Distribution beim Kunden, mit dem Ziel der Befriedigung der Anforderungen des Marktes bei minimalen Kosten. Zur

Logistik = mehr als Transport

1

Logistik werden alle Tätigkeiten gezählt, die durch die raum-zeitliche Gütertransformationen und die damit zusammen-hängenden Transformationen hinsichtlich Gütermengen und -sorten, Güterhandhabungseigenschaften geplant, gesteuert, realisiert und kontrolliert werden.

Logistikleistungen umfassen daher neben Transport auch Lagerhaltung und unmittelbar damit zusammenhängende Leistungen wie Verpackung, Auftragsabwicklung, Bestands-management, Umschlag, Entsorgung, Kommissionierung aber auch Zusatzleistungen, die unabhängig von dem eigent-lichen Transportvorgang aber anlässlich der Transportdurch-führung erbracht werden, die jedoch auch ein Nichttrans-porteur hätte erbringen können, wie Vormontage, Montage, Demontage von Gütern, Aufbereitung von Gütern und Preis-auszeichnung. Die letztgenannten Logistikleistungen berüh-ren jedoch nicht das Transportrecht, sondern auch das Recht der Produkte/Werkvertragsrecht (BGB) u. U. das Produkt-haftungsrecht (ProdhaftG).

Logistik umfasst nicht nur Frachtrecht.

Deshalb ist bei Logistikleistungen zu differenzieren. Wenn diese den Gütertransport und damit unmittelbar zu-sammenhängende Leistungen betreffen, so findet aus-schließlich Transportrecht Anwendung. Bei allen anderen Leistungen ist zu prüfen, welche rechtliche Regelung in Frage kämen, wie z. B. das Recht der Werkherstellung nach §§ 631 ff. BGB oder/und ProdukthaftungsG (vgl. Wieske,

Unterscheide!

TranspR 2008, 388 ff.).

Gütertransport zu Lande, zu Wasser und in der Luft	**Logistik:** Zusatzleistungen wie Konfektionieren, Montieren, Demontieren, Reinigungsarbeiten, Kranarbeiten.
Mit dem Gütertransport unmittelbar zusammenhängende Vorgänge wie Zwischenlagerung, Verzollung.	Vorgänge, die unabhängig vom Transport erbracht werden und diesen oftmals vor- oder nachgelagert sind.
Transportrecht	Produktherstellungsrecht, wie Werkvertragsrecht (§§ 631 ff. BGB), ProdukthaftungsG; Pro-duktsicherheitsG, Logistik AGB

Gütertransport und Logistik

Aus diesem Grunde sind rein transportrechtliche Rege-lungen oder Bedingungswerke, wie z. B. die ADSp, nicht im-mer geeignet, um derartige vielschichtige logistische Zusatz-leistungen zu erfassen. Deshalb sind entweder besondere

Bedingungswerke für Logistik(zusatz)leistungen notwendig, wie die Logistik-AGB in Deutschland oder die FENEX for value added logistics in den Niederlanden oder Logistikvereinbarungen als Individualverträge zu gestalten.

1.3 Die Schritte der Fallbearbeitung

Dieses Buch soll befähigen, juristische Fallbearbeitungen, die im Studium oder in der Praxis gefordert werden, selbstständig zu lösen.

Am Anfang einer jeden Fallbearbeitung sollte eine genaue Sachverhaltsanalyse stehen.

Daran schließt sich die Untersuchung des Falles mit Hilfe der so genannten 4 W Frage an:

4 W Frage:	**Wer** – Wer ist Anspruchssteller?
will	**Was** – Was will dieser überhaupt?
von	**Wem** – Wer ist Anspruchsgegner?
	Woraus? – Anspruchsgrundlage finden!

1.3.1 Den Sachverhalt richtig erfassen

Man beginnt die Fallbearbeitung damit, den Sachverhalt gründlich zu analysieren. Hierbei genügt es nicht, „im Allgemeinen" zu wissen, worum es in ihm geht. Im Gegenteil, es kommt auf jedes Detail an. Prüfen Sie also, was an dem Sachverhalt wichtig ist und was hierbei nur „Sachverhaltskolorit" ist. In einer Prüfungsaufgabe kann man davon ausgehen, dass fast jede gegebene Information wichtig ist.

Beispiel
Der V verkauft dem K eine Lackiermaschine für die Automobilindustrie. Der V beauftragt den Transportunternehmer TU diese Maschine dem K bis zum 10.11. zu liefern. Beide vereinbaren für den Transport eine Fracht von 3800,– €. Nach der Übernahme der Maschine durch den Fahrer F des TU am 08.11. verursacht der F einen Unfall durch eine Unachtsamkeit beim Wechseln von Musik-CD´s im Fahrerhaus. Bei diesem Unfall werden sechs Kisten zu je 50 kg zerstört, in der die Maschinenteile verpackt sind. Acht weitere Kisten bleiben unbeschädigt. Wie sich anlässlich der Schadensaufnahme durch einen Havariekommissar herausstellte, war der Inhalt von drei Kisten

zerstört, weil diese schlecht von V verpackt waren. Infolge der Umladung von dem zerstörten Lkw in einen anderen erreichen die acht Kisten erst am 12.11. den K. Die Maschinenteile aus den zerstörten Kisten müssen bei V neu hergestellt werden und erst am 10.01. treffen diese bei K ein. Die Wiederherstellungskosten bei V betragen 132.000,– €, die ungefähr zu gleichen Teilen auf die einzelnen Kisten entfallen. Der K macht gegenüber dem V wegen der verspäteten Lieferung eine vereinbarte Vertragsstrafe von 100.000,– € je Monat geltend, also 200.000,– €.

Der V möchte von TU Schadensersatz für die Herstellungskosten in Höhe von 132.000,– € und Ausgleich für die Vertragsstrafe in Höhe von 200.000,– €.

In diesem Sachverhalt sind viele wichtige Informationen und Rechtsfragen enthalten, die es zu beachten gilt. Hierzu bietet es sich immer an, den Sachverhalt in einer kurzen Skizze für sich darzustellen, die alle wichtigen Informationen enthalten soll.

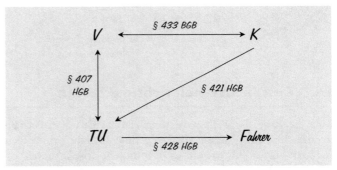

Sachverhaltsskizze

Durch diese Skizze ordnet man gleichzeitig den Sachverhalt und die Beteiligten des Rechtsfalles und die anzusprechenden Rechtsfragen.

Hierbei ist zu beachten:	- Wer sind die Beteiligten?
	- Zwischen wem wurde was für ein Vertrag geschlossen?
	- Wer wurde wozu verpflichtet?
	- Welche Informationen sind noch für die Sachverhaltserörterung wichtig?
	- Wurde diesen Verpflichtungen nachgekommen?

Hiernach sind die so gewonnenen Informationen unter dem Gesichtspunkt der konkreten Aufgabenstellung zu erörtern. Hierbei kann die Fallfrage auf die Erörterung konkreter Ansprüche gerichtet sein *(Beispiele: Lautet die Frage „Welche Ansprüche hat der V gegen den TU?" oder „Muss TU an V 132.000,– € zahlen?", dann geht es ausschließlich um die Antwort auf die gestellte Frage, nicht um eine allgemeine Erörterung. Wenn es jedoch heißt: „Erörtern Sie die rechtlichen Beziehungen zwischen den Beteiligten", dann geht es um alle denkbar möglichen Rechtsbeziehungen zwischen den am Sachverhalt Beteiligten.)*

Beispiel
Zurück zu unserem Beispielsfall: Muss der TU dem V Schadensersatz für die Herstellungskosten in Höhe von 132.000,– € und Ausgleich für die Vertragsstrafe in Höhe von 200.000,– € zahlen?

Bei einer solchen mehrgliedrigen Fragestellung bietet es sich an, die weitere Erörterung in mindestens zwei Abschnitte aufzugliedern.

Beispiel: 1. Muss der TU dem V Schadensersatz für die Wiederherstellung der zerstörten Maschinenteile (sechs Kisten zu je 50 kg) in Höhe von 132.000,– € zahlen?

2. Muss der TU dem V Schadensersatz für dessen Vertragsstrafe in Höhe von 200.000,– € zahlen?

So konkret der Anspruch des V gegenüber dem TU vorgebracht ist, so konkret sollte auch die Erörterung der weiteren rechtlichen Prüfung sein. Eine wichtige Grundregel lautet deshalb:

Bei der Lösung von Rechtsfällen muss die Beantwortung der aufgetretenen Rechtsfragen immer „hart am Fall" und bezogen auf die aufgeworfene Fragestellung erfolgen. Jede darüber hinaus gehende Erörterung ist überflüssig und sollte gestrichen werden.

1.3.2 Die 4 W Frage – der richtige Einstieg zur juristischen Erörterung

„Hart am Fall bleiben" heißt, die W-Frage unter dem Gesichtspunkt der Fragestellung des Falles zu stellen. Sofern also in der Fallfrage gefragt wurde: Muss TU dem V Schadensersatz leisten, so sind sie ersten drei Ws bereits beantwortet: V (Wer) will von TU (Wem) Schadensersatz (Was). Zu klären ist „lediglich", welche Anspruchsgrundlage dem V einen solchen Anspruch geben kann (Woraus).

Hart am Fall bleiben!

1

Komplizierter ist die Antwort auf die 4 W Frage, wenn nach der Rechtslage gefragt wird, denn dann sind alle Beteiligten (Wer von wem), deren Ziele (Was) und die möglichen Anspruchsgrundlagen (Woraus) darzustellen.

Denkbar wäre aber auch eine Fragestellung nach den Beteiligten: „Von wem (Wem) kann der V (Wer) Schadensersatz (Was? heißt das konkret/wofür und Woraus) verlangen?"

Sofern die ersten drei Ws geklärt sind, stellt sich die Frage nach der möglichen Anspruchsgrundlage.

1.3.2.1 Die Anspruchsgrundlagen

Der nächste Schritt besteht darin, alle Normen auszuwählen, die geeignet sind, um das „Was" für den Anspruchsteller durchzusetzen. Diese bilden dann die Basis für die weitere rechtliche Prüfung.

Anspruchsnormen

Die wichtigsten Anspruchsnormen sind:
— vertragliche Ansprüche auf Leistung/Unterlassung;
— Ansprüche auf Schadensersatz;
— Ansprüche auf Herausgabe;
— Ansprüche auf Ausgleich der Bereicherung.

Ursprung

Diese können ihren Ursprung haben:
— aus Vertrag (z. B. Transportvertrag);
— aus Allgemeinen Geschäftsbedingungen (z. B. ADSp);
— aus Handelsbrauch/Verkehrssitte (z. B. Palettenrückgabepflicht; Incoterms als international übliche Klauseln);
— aus gesetzlicher Regelung (z. B. aus dem HGB).

Hierbei sind alle denkbar möglichen Anspruchsgrundlagen aufzufinden. Denn erst bei der rechtlichen Prüfung wird festgestellt werden, ob die Voraussetzungen für die Bejahung der jeweiligen Anspruchsgrundlage vorliegen.

Beispiel

Zum Beispiel: V will Schadensersatz von TU (für die Zerstörung der sechs Kisten) aus §§ 425, 428, 429, 431, 435 HGB.

V will Schadensersatz von TU wegen der verspäteten Lieferung der Lackiermaschine aus §§ 425 Abs. 1, 431 Abs. 3, 435 HGB.

Daneben könnte auch Werkvertragsrecht §§ 631 ff. BGB, insbesondere der Schadensersatzanspruch gem. § 634 BGB als Anspruchsgrundlage in Frage kommen und für den Verlust, §§ 823 ff. BGB. Hinsichtlich des Verspätungsschadens ist an §§ 634, 636 und die allgemeinen Verzugsregelungen in §§ 323, 286 ff. BGB zu denken.

Vertragliche Ansprüche des Absenders	Schadensersatzansprüche
Beförderungs- und Ablieferanspruch, § 407 Abs. 1 HGB	Substanzschaden, §§ 425 ff. HGB Sonstiger Vermögensschaden, § 433 HGB; ao. Kündigung, § 415 Abs. 2, S. 2 HGB und § 280 BGB bei der Verletzung von vertraglichen Nebenpflichten
Auf fristgerechte Lieferung, § 423	Lieferfristüberschreitung, §§ 425, 431 Abs. 3 HGB.
Auslieferung nur gegen Nachnahme- einzug, § 422 Abs. 1 HGB.	(Bei Nichteinzug), § 422, Abs. 3 HGB.
Auf Unterschrift des Frachtführers auf dem Frachtbrief, § 408 Abs. 2 S. 2 HGB.	Kündigungsrecht, ohne Schadensersatz, § 415 Abs. 3, S. 3 HGB. Für Schäden wg. Schlechterfüllung, § 280 BGB.
Auf Kündigung, § 415 HGB.	**Aber** Schadensersatzpflicht des Absenders, ansonsten allgemeiner Schadensersatzan- spruch des Absenders (siehe oben).
Auf Teilbeförderung, § 416 HGB.	**Aber** Schadensersatzpflicht des Absenders, ansonsten allgemeiner Schadensersatzan- spruch des Absenders (siehe oben).

Übersicht wichtiger Anspruchsgrundlagen im Frachtrecht

1

Ansprüche des Frachtführers (gegen den Absender) im Frachtrecht	
Vertragliche Ansprüche des Frachtführers	**Schadensersatzansprüche**
Auf Frachtzahlung, § 407 Abs. 2 i.V.m. § 420 Abs. 1 HGB.	Nichtbezahlung, §§ 320 ff., 280 ff. BGB.
Auf Frachtbriefausstellung, § 408 Abs. 1 HGB.	Absenderhaftung, § 414 Abs. 1 Ziff. 2 HGB.
Informationsanspruch bei Gefahrgut, § 410 Abs. 1. Ausladeanspruch bei Gefahrgut, § 410 Abs. 2, Ziff. 1 HGB.	Absenderhaftung, § 414 Abs. 1 Ziff. 3 HGB.
	Aufwendungsersatz, § 410 Abs. 2, Ziff. 2 HGB.
Anspruch auf transportsichere Verpackung und Kennzeichnung, § 411 HGB.	Absenderhaftung, § 414 Abs. 1 Ziff. 1 HGB.
Be- und Entladeanspruch, § 412 HGB.	Standgeldanspruch, § 412 Abs. 3 HGB. Bei Be- und Entladefehlern Haftung nach §§280 ff. BGB bzw. § 823 BGB.
Auf Begleitpapiere und Informationen, § 413 HGB.	Absenderhaftung, § 414 Abs. 1 Ziff. 4 HGB.
	Wegen unterlassener (Besteller-) Mitwirkung §§ 642, 645 BGB.
Verladung innerhalb der Ladefrist, § 417 HGB.	Fehlfracht / entgangener Gewinn, § 417 Abs. 2, 415 Abs. 2 HGB.

Ansprüche des Frachtführeres (gegen den Absender) im Frachtrecht

Ansprüche des Empfängers gegen den Frachtführer	Schadensersatzansprüche wegen
Herausgabeanspruch, § 421 HGB	Substanzschaden, §§ 421 Abs. 1, 425 ff. HGB; Verzögerungsschaden, §§ 421 Abs. 1, 425, 431 Abs. 3 HGB
Weisungsrecht nach Ankunft, § 418 Abs. 2 HGB. Weisungsrecht wg. Frachtbriefweisung	Sonstiger Vermögensschaden, § 433 HGB; Sonstige Schlechterfüllung, ao. Kündigung, § 415 Abs. 2, S. 2 und §280 BGB. Vollhaftung bei Auslieferung ohne Frachtbrief, § 418 Abs. 6 HGB

Übersicht wichtiger Ansprüche des Empfängers

Bei der Prüfung der möglichen Anspruchsgrundlagen ist von der speziellen Regelung auszugehen und dann ist zu prüfen, ob allgemeine Regelungen zusätzlich anzuwenden sind, z. B. weil die spezielle Regelung den von hier zu beurteilenden Fall gerade nicht (vollständig) erfasst.

Eine Spezialregelung verdrängt die allgemeine Regelung!

Spezialregelung vor allgemeiner Regelung

Beispiel: Das HGB trifft spezielle Regelungen hinsichtlich der Haftung des Absenders bei Ladeverzögerung § 412 Abs. 3 HGB oder ungenügender Verpackung in § 414 Abs. 1, Ziff. 1 HGB, jedoch fehlt im HGB eine Regelung für Schadensausgleich bei Schäden die bei der Verladung/Entladung am Fahrzeug oder an Gütern Dritter herbeigeführt werden. In diesem Fall sind die allgemeinen Regelungen des BGB, HGB anzuwenden; hier z. B. §§ 823 ff. BGB bzw. §§ 280 ff. BGB.

Die vertraglichen Vereinbarungen der Parteien gehen den allgemeinen Handelsbräuchen oder Allgemeinen Geschäftsbedingungen vor und sind deshalb primär zu prüfen.

Innerhalb eines Vertrages wiederum sind die Leistungspflichten der Parteien (Primäransprüche, d. h. wegen dieser wurde überhaupt der Vertrag geschlossen) vor den möglicherweise bestehenden Ersatzansprüchen (Sekundäransprüche, d. h. den Schadensersatzansprüchen bei Nicht- oder nicht vollständiger Erfüllung der Primäransprüche) zu erörtern.

Primäransprüche vor Sekundäransprüchen

Im Beispielsfall wird der vertraglich vereinbarte Primäranspruch auf fristgemäße und vollständige Lieferung der Maschinenteile durch den TU nicht erfüllt. Zum Ausgleich für den dem V hieraus erwachsenen Schaden könnte dieser einen Anspruch gem. §§ 425, 429, 431 HGB (wg. der Zerstörung von sechs Kisten) und gem. §§ 425, 423, 431 Abs. 3 HGB (wg. der Verspätung) haben. Sonstige Anspruchsnormen wie § 823 BGB werden in diesem Fall durch die Spezialregelungen des Transportrechts verdrängt (§ 434 HGB).

1.3.2.2 Einwendungen

Bei der juristischen Erörterung ist das Auffinden der Anspruchsgrundlagen der wichtigste Schritt aus der Sicht dessen, der einen Anspruch für sich herleiten will. Aus der Sicht desjenigen, der von diesem Anspruch betroffen ist, kommt es darauf an, Gegennormen gegen die geltend gemachten Anspruchsnormen zu finden, um diese zu verhindern. Diese Gegennormen werden als Einwendungen oder Einreden bezeichnet.

Einwendungen verhindern den Angriff

1

Arten der
Einwendungen

Hilfsnormen erklären
Begriffe.

Die wichtigsten Gegennormen:
- rechtshindernde Einwendungen, z. B. Nichtzustande-
kommen des Vertrages;
- rechtsvernichtende Einwendungen, z. B. Nichtigkeit des
Vertrages;
- rechtshemmende Einreden. z. B. Zurückbehaltungsrecht.
- Einreden und Einwendungen sind immer dann zu
prüfen, wenn der Sachverhalt Anhaltspunkte dafür
enthält, die einen möglichen Anspruch verhindern oder
vernichten können.

Alle weiteren Normen, soweit sie keine Anspruchsnormen
oder Gegennormen sind, werden als Hilfsnormen bezeichnet.
Hilfsnormen sind immer heranzuziehen, wenn einzelne Tatbestandsmerkmale eines Sachverhalts definiert oder in anderer Weise näher bestimmt werden müssen.

Zum Beispiel: Für die Frage, ob eine schadensersatzpflichtige
Lieferfristüberschreitung vorliegt (§ 425 Abs. 1 HGB), ist mit
Hilfe von § 423 HGB zu prüfen, ob überhaupt eine Überschreitung der Lieferfrist gegeben ist. Nach § 423 HGB liegt
Lieferfristüberschreitung vor, wenn eine zwischen dem Absender und dem Frachtführer vereinbarte Frist nicht eingehalten wird (1. Alternative), bzw. wenn das Transportgut
nicht innerhalb der Frist abgeliefert wird, die einem sorgfältigen Frachtführer unter Berücksichtigung der konkreten
Umstände zuzubilligen ist (2. Alternative). Wegen des Vor-
rangs vertraglicher Vereinbarungen ist zu fragen, ob V und
TU eine bestimmte Lieferfrist vereinbart hatten. Ausdrücklich wird im Sachverhalt nicht von einer Vereinbarung der
Lieferfrist gesprochen. Hier war jedoch Lieferung zum 10.11.
Teil des Auftrages des V und dieser ist auch von TU so angenommen worden. Somit haben sich V und TU auf die Lieferung des Transportgutes zum 10.11. geeinigt. Der TU hat
aber nicht zu diesem Zeitpunkt geliefert. Also ist Lieferfristüberschreitung durch TU gegeben. Der TU müsste auch für
den daraus entstandenen Schaden einstehen, wenn er sich
nicht durch Gegennormen befreien kann.

Ansprüche des Frachtführers	Gegennormen / Einwendung des Absenders
Zahlung der Fracht, §§ 407 Abs. 2, 420 HGB	Einrede des nichterfüllten Vertrag (§ 320 BGB); § 439 HGB, Verjährung
Standgeldanspruch, § 412 Abs. 3 HGB	Verzögerung aus Risikobereich des Frachtführers, § 412 Abs. 3 HGB
Verschuldensunabhängige Haftung des Absenders, § 414 Abs. 1, Ziff. 1-4 HGB	Einwand fehlenden Verschuldens bei Verbrauchern, § 414 Abs. 3 HGB. Mitverschuldenseinwand, § 414 Abs. 2 HGB
Fautfrachtanspruch bei Kündigung des Absenders, § 415 Abs. 2, Zff. 2 HGB	Kündigung aus dem Risikobereich des Frachtführers, § 415 Abs. 2, Ziff. 2, S. 2 HGB
Aufwendungsersatz für Teilbeförderungen, § 416 HGB	Verursachung aus dem Risikobereich des Frachtführers, § 416, S. 4 HGB
Bei Nichteinhaltung der Ladezeit, § 417 Abs. 2, Abs. 3 HGB	Verursachung aus dem Risikobereich des Frachtführers, § 417 Abs. 4 HGB
Aufwendungsersatz bei Beförderungs- und Ablieferhindernissen, § 419 Abs. 1, S. 3, Abs. 3 HGB	Verursachung aus dem Risikobereich des Frachtführers, § 419 Abs. 1, S. 3; Abs. 4 HGB

Die wichtigsten Gegennormen des Absender gegen Ansprüche des Frachtführers

Anspruch des Absenders auf	Gegennorm / Einwendung des Frachtführers
§§ 425ff. HGB (Schadensersatz)	§§ 427 HGB (Besondere Haftungsausschlussgründe), § 426 HGB (Haftungsausschlussgründe), § 425 Abs. 2 HGB (Mitverschulden des Absenders); Haftungsbegrenzungen § 431, 433, 434 HGB. Reklamation, 438 HGB, Verjährung 439 HGB
§ 435 HGB (Unbegrenzte Haftung)	Verjährung, § 439 Abs. 1 S. 2 HGB
§ 418 HGB (Weisungsbefolgung)	Nachteilseinwand, § 418 Abs. 1, S. 2 HGB
§ 408 Abs. 2, S. 2 HGB (Unterschrift des Frachtführers)	Einwand der fehlenden Unterschrift des Absenders (§ 408, Abs. 2, S. 1 HGB); Einwand mangelnder Richtigkeit
§ 409 Abs. 3, S. 2 HGB (Überprüfungspflicht durch den Frachtführer)	Einwand des Fehlens technischer Mittel zur Überprüfung, § 409 Abs. 3, S. 2, 2. HS HGB
Jederzeitige Kündigung, § 415 HGB; Herausgabeanspruch	Zurückbehaltungsrecht am Gut, § 415 Abs. 3, S. 2 HGB
Ablieferung des Transportgutes, § 407 Abs. 1 HGB	§ 441 HGB (Pfandrecht), § 369 HGB (kaufmännisches Zurückbehaltungsrecht)

Einwendungen des Frachtführers gegen Ansprüche des Absenders

1

1.3.3 Die rechtliche Erörterung der anzuwendenden Normen

Sofern die einschlägigen Normen gefunden sind, so ist man auf dem besten Weg zu einer „richtigen Lösung". Das heißt es ist zu prüfen, ob die aufgefundenen Normen auf den zu beurteilenden Fall angewendet werden können.

Hierbei ist als Prüfungsreihenfolge zu beachten:

— Aufsuchen der einschlägigen (Anspruchs-)Normen.
— Prüfung der normierten Voraussetzungen, ob sich diese mit dem vorgegebenen Sachverhalt decken.

Prüfungsabfolge

— Falls dies zu bejahen ist, tritt die normierte Rechtsfolge ein.

vom Tatbestand der Norm zum „Lebenssachverhalt" des Falles

Zentraler Punkt bei der rechtlichen Prüfung, ist die Antwort auf die Frage, welche gesetzlichen Voraussetzungen erfüllt sein müssen, und ob diese Voraussetzungen auch tatsächlich im Sachverhalt vorliegen. Diesen Vorgang bezeichnet man als Subsumtion. Hierbei wird der Sachverhalt den Normen untergeordnet. Erst wenn alle Voraussetzungen des Anspruchs gegeben sind, dann ist auch der Anspruch gegeben. Hiernach sind Einwendungen und geltend gemachte Einreden zu prüfen. Als Faustformel für die Prüfung eines Anspruchs kann gelten:

— Anspruchsentstehung (durch Rechtsgeschäft oder Gesetz)
— Erlöschen des Anspruchs wegen Einwendungen;
— Erhebung von Einreden;
— Ergebnis.

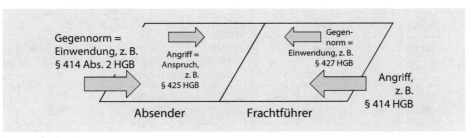

Das große Spiel

Beispiel

Bezogen auf unseren Beispielsfall heißt dies: Der V hat einen Schadensersatzanspruch gegen TU wegen der Lieferfristüberschreitung gem. § 425 i. V. m. § 423 HGB (siehe oben). Wenn TU gegen diesen Anspruch des V nicht wirksam Gegennormen erheben kann, so muss TU hierfür Schadensersatz leisten.

Als eine solche Gegennorm käme § 427 Abs. 1 HGB in Frage, dort insbesondere die Ziffer 2, da laut Sachverhalt anlässlich der Schadensaufnahme festgestellt worden ist, dass die Maschinenteile in drei Kisten zerstört worden waren wegen schlechter Verpackung. Gem. § 427 Abs. 1 Ziff. 2 HGB ist der Frachtführer von seiner Haftung bei Substanzschäden und Überschreitung der Lieferfrist befreit, wenn der Schaden auf ungenügende Verpackung zurückzuführen ist.

Dieses Ergebnis könnte jedoch insofern zweifelhaft sein, da die von V verwendete Verpackung vielleicht ausgereicht hätte, wenn der Unfall des TU nicht eingetreten wäre. Die Regelung in § 427 Abs. 2 HGB bestimmt hierzu ausdrücklich, dass bei Eintritt eines Schadens, der aus einer der in Abs. 1 bezeichneten Gefahren entstehen konnte, vermutet wird, dass der Schaden gerade auch aus dieser Gefahr entstanden ist. Hierbei handelt es sich um eine sog. widerlegliche Vermutung. Aber der zu beurteilende Sachverhalt liefert keine Anhaltspunkte für eine wirksame Widerlegung dieser gesetzlichen Vermutung. Insbesondere enthält er keinen Hinweis darauf, dass die Maschinenteile aus den schlecht verpackten Kisten innerhalb kürzerer Zeit nachgeliefert werden konnten als die Teile aus den anderen Kisten. Wenn aber die Lackiermaschine erst am 10.01. hergestellt werden konnte, weil die nachgearbeiteten Teile erst zu diesem Zeitpunkt hergestellt waren und die Hälfte dieser Teile wegen schlechter Verpackung zerstört und auch diese Teile erst zum 10.01. angeliefert worden sind, dann ist durch die Zerstörung der ordentlich verpackten drei Kisten keine besondere Verzögerung eingetreten. Somit greift der besondere Haftungsausschluss in § 427 HGB hinsichtlich des Wegfalls des Haftungsgrundes wie auch hinsichtlich der Haftungshöhe. Somit entfällt die Haftung des TU gegenüber dem V für die Lieferfristüberschreitung.

Hinsichtlich der Herstellungskosten für die Ersatzlieferung in Höhe von 132.000,– € ist zu differenzieren: Denn von den sechs Kisten mit einem Gewicht von je 50 kg war der Inhalt von drei Kisten beschädigt, weil dieser schlecht verpackt

Einwendungen

Haftung wegen
Sustanzschadens

1

Einwendung zum
Haftungsgrund

Einwendungen zur
Haftungshöhe

zusätzliche
Ansprungsgrundlage

Zerstörung von
Einwendungen
objektiver Tatbestand
einer Norm

war, also greift auch hier der besondere Haftungsausschluss-grund gem. § 427 Abs. 1 Ziff. 2 HGB.

Jedoch für die Zerstörung der restlichen drei Kisten mit einem Wert von je 22.000,– € haftet der TU gem. §§ 425 Abs. 1, 428 HGB da der TU die Obhut über diese Kisten hatte und diese während der Obhutsdauer zerstört wurden. Haftungsausschlussgründe §§ 427, 426 HGB oder ein Mitverschulden des V sind hier nicht erkennbar. Also ist die Haftung des TU gem. § 425 HGB dem Grunde nach gegeben und der TU ist verpflichtet, den Schaden, hier die Kosten für die Ersatzherstellung, auszugleichen, gem. § 429 Abs. 2 HGB, also 66.000,– €.

Die Haftung des Frachtführers ist jedoch bei Verlust und Beschädigung der Höhe nach begrenzt gem. § 431 Abs. 1 HGB auf 8,33 SZR je kg. Also haftet der TU maximal mit 3 x 50 kg x 8,33 SZR x 1,14 € = 1424,43 €.

Eine Haftungserhöhung hierüber kommt noch wegen des Ersatzes von transportbezogenen Kosten in Frage gem. § 432 HGB. Hier sind die Transportkosten für die ordentlich verpackten drei Kisten, die gleichwohl zerstört wurden, auszugleichen. Diese bestehen in Höhe der Fracht 3800,– € × 3 Kisten/14 Kisten = 814,29 €.

Ein Wegfall der Haftungsgrenzen greift nur, wenn § 435 HGB gegeben ist. Dann müsste der TU vorsätzlich oder leichtfertig und in dem Bewusstsein gehandelt haben, dass ein Schaden mit Wahrscheinlichkeit eintreten werde. Hier hatte jedoch der TU überhaupt nicht gehandelt, sondern nur sein Fahrer F. Gem. § 428 HGB muss sich der TU das Handeln seiner Leute zurechnen lassen wie eigenes Handel. Fraglich ist also, ob der F mit seiner Unachtsamkeit beim Wechseln der CDs leichtfertig gehandelt hat. Leichtfertiges Handeln wäre hier gegeben, wenn der F die im Verkehr erforderliche Sorgfalt in einem ungewöhnlich hohen Maße außer Acht gelassen hat. Einerseits darf es als allgemein bekannt gelten, dass jede Ablenkung beim Autofahren durch andere Tätigkeiten wie Telefonieren, Rauchen, Diktieren und auch das Auswechseln von CDs eine Beeinträchtigung der Fähigkeit ein Kfz zu führen mit sich bringt. Eine solche nicht etwa nur spontane Ablenkung, sondern eine vorsätzlich ablenkende Handlung, kann auch, angesichts der Kenntnisse der damit verbundenen Gefahren, als eine über das normale Maß hinausgehende Sorgfaltspflichtverletzung angesehen werden. Also wäre das Handeln des F in seinem objektiven Wertgehalt als leichtfertig einzustufen.

Fraglich ist jedoch, ob der F subjektiv auch in dem Bewusstsein gehandelt hat, dass ein Schaden mit Wahrscheinlichkeit eintreten werde. Wenn jedoch F einen Unfall für wahrscheinlich gehalten hätte, so darf bei ihm als Berufskraftfahrer davon ausgegangen werden, dass er nicht die Kassette gewechselt hätte und seine berufliche Zukunft aufs Spiel setzt. Also handelte er nicht mit dem Bewusstsein, dass wegen seines objektiv grob fahrlässigen Verhaltens auch ein Unfall mit Wahrscheinlichkeit eintreten werde. Somit erfüllt das Verhalten des F nicht die Voraussetzungen für eine Anwendung von § 435 HGB und einer damit unbegrenzten Haftung des TU für das Verhalten des F.

subjektiver Tatbestand einer Norm

Selbst wenn man die Anwendbarkeit der Anspruchsgrundlage bejaht hat, sind hiernach noch alle weiteren Anspruchsnormen zu prüfen. Praktisch kann dies große Bedeutung haben, wenn die Voraussetzungen einer Anspruchsnorm sich in einem Prozess als nicht nachweisbar herausstellen würden. Also alle einschlägigen Normen prüfen!

Alle möglichen Anspruchsgrundlagen prüfen!

Zur Anwendung auf den Beispielfall: Wenn der TU nicht gem. § 435 HGB unbegrenzt haftet, sondern nach § 431 HGB nur mit 1511,90 €, könnte an eine Haftung des TU gem. § 823 BGB i. V. m. § 831 BGB gedacht werden. Da der F den Unfall zumindest fahrlässig verursacht hat, so müsste er und ggf. auch der TU gem. § 823 Abs. 1 BGB für den Eigentumsschaden haften. Aber gem. §§ 434 Abs. 1, 436 HGB kann sich der TU und der F bei außervertraglichen Ansprüchen, wie bei einem Anspruch aus § 823 Abs. 1 BGB auf die besonderen Haftungsbegrenzungen des Transportrechts berufen. Somit scheitert die Anwendung des Deliktsrechts mit seinem unbegrenzten Schadensersatzanspruch, die es auch erlaubt hätte, den über die 1511,90 € hinausgehenden Verlustschaden auszugleichen.

1.3.4 Das Formulieren der Lösung

Ist der Fall auch gelöst, so fehlt das Formulieren der Lösung. Dies bedeutet, das Ergebnis der rechtlichen Prüfung mit den entsprechenden Fachausdrücken und unter Nennung der angewendeten Normen zu Papier zu bringen.

Im Laufe der Prüfung bietet es sich an, nach Erörterung einzelner Voraussetzungen eines Anspruchs, den „Zwischenstand" in einem Zwischenergebnis festzuhalten (z. B.: Nach Prüfung der Frage, ob der Betroffene überhaupt haftet, ist nunmehr die Höhe des Schadensersatzes zu ermitteln). Hieran anschließend folgt dann nach Prüfung der ausstehenden Voraussetzungen die Formulierung des Endergebnisses mit Formulierungen, wie „also", „deshalb", „daraus folgt".

1

Der Stil des Gutachtens:
- übersichtlich gegliedert;
- von der Hypothese zur Feststellung des Ergebnisses;
- geordnet nach rechtlicher Wichtigkeit;
- klare und verständliche Sätze.

Beispiel

Wie dies im Beispielsfall aussehen würde, konnten Sie den vorhergehenden Passagen entnehmen.

Schlusssatz: Der TU muss an V keinen Schadensersatz wegen der verspäteten Lieferung der Maschine zahlen (Glück gehabt), da die Zerstörung und Nacharbeitung von zumindest drei Kisten wegen schlechter Verpackung dem V zuzurechnen ist und die restlichen drei Kisten nicht später fertig geworden sind als die vorgenannten. Hinsichtlich der Zerstörung der drei Kisten haftet zwar der TU hierfür, aber seine Haftung ist limitiert auf 1511,90 €. Alle anderen Schadensersatzforderungen des V kann der TU zurückweisen.

Auf den Punkt gebracht
1. Transportrecht hat nationale und internationale rechtliche Anknüpfungspunkte.
2. National gilt das Einheitsrecht, orientiert am Frachtrecht für jede Art des Gütertransports, außer dem Seetransport.
3. Bei der Logistik ist zu differenzieren, ob Transportrecht oder das Recht der Produzenten, d. h. Werkvertragsrecht oder Produkthaftungsrecht angewendet wird.
4. An den Anfang jeden Rechtsfalles, sollte die Fragestellung stehen: Worum geht es in diesem Fall überhaupt?
5. Zuerst die Frage nach den Parteien und deren Begehren. Entsprechend ist auch die Lösung zu gliedern.
6. Die Fragestellung kann vielfach präzisiert und geklärt werden mittels der 4 W Frage: Wer will Was von Wem Woraus?
7. Dann sind alle denkbar möglichen Anspruchsgrundlagen für dieses Begehren aufzulisten.
8. Hiernach ist zu fragen, ob die im Gesetz geforderten Voraussetzungen der Anspruchsgrundlagen hier vorliegen.
9. Hierzu müssen ggf. einzelne Voraussetzungen anhand sogenannter Hilfsnormen geklärt werden.
10. Wenn das Vorliegen einer Anspruchsgrundlage bejaht wurde, ist zu prüfen, ob der Gegner des bejahten Anspruchs hiergegen Einwendungen hat bzw. Einreden geltend machen kann.
11. Hierbei sind alle möglichen Einwendungen aufzufinden. Dann ist zu prüfen, welche Voraussetzungen für die Anwendung dieser Norm vorliegen müssen und ob diese in dem zu beurteilenden Fall gegeben sind.
12. Alle für unseren Fall denkbar möglichen Anspruchsgrundlagen und Gegennormen sind zu prüfen.

Das deutsche Frachtrecht

© Springer-Verlag GmbH Deutschland, ein Teil von Springer Nature 2019
T. Wieske, *Transportrecht – Schnell erfasst*, Recht – schnell erfasst,
https://doi.org/10.1007/978-3-662-58488-0_2

2.1 Der Anwendungsbereich des Frachtrechts

Der Frachtvertrag – Ein Konsensualvertrag

Anknüpfungspunkt des neuen Frachtrechts ist der Frachtvertrag.

§ 407 HGB – Frachtvertrag

(1) Durch den Frachtvertrag wird der Frachtführer verpflichtet, das Gut zum Bestimmungsort zu befördern und dort an den Empfänger abzuliefern.

(2) Der Absender wird verpflichtet, die vereinbarte Fracht zu zahlen.

(3) Die Vorschriften dieses Unterabschnitts gelten, wenn

1. das Gut zu Lande, auf Binnengewässern oder mit Luftfahrzeugen befördert werden soll und

2. die Beförderung zum Betrieb eines gewerblichen Unternehmens gehört.

Erfordert das Unternehmen nach Art oder Umfang einen in kaufmännischer Weise eingerichteten Geschäftsbetrieb nicht und ist die Firma des Unternehmens auch nicht nach § 2 in das Handelsregister eingetragen, so sind in Ansehung des Frachtgeschäfts auch insoweit die Vorschriften des Ersten Abschnitts des Vierten Buches ergänzend anzuwenden; dies gilt jedoch nicht für die §§ 348 bis 350.

Frachtvertrag und Anwendungsbereich des Gesetzes

gilt zu Lande, auf dem Wasser und in der Luft

bei gewerblicher Beförderung

2

örtliche Geltung, bei
Be- und Entladung in
Deutschland

Örtlich gelten die Regelungen des vierten Abschnitts des
HGB für alle Frachtverträge, die in Deutschland ausgeführt
werden, d. h. dort wo sich Lade- und Entladeort in Deutschland befinden.

Soweit Frachtverträge jedoch neben Deutschland andere
Staaten berühren, so ist zu prüfen, ob jeweils internationale
Abkommen vorangehen, soweit die Bundesrepublik Deutschland den jeweiligen internationalen Konventionen beigetreten ist, z. B. der CMR, bei Landbeförderung.

Besonderheiten bei See- und Binnengewässerberührung:
- Binnengewässer: §§ 407 ff. HGB
- See und Binnengewässer: § 450 HGB
- Seegewässer: Seefrachtrecht, §§ 476 ff. HGB

Sonderfall: See- und
Binnengewässer

Bei einem Transport, der See- und Binnengewässer berührt,
findet **Seefrachtrecht** Anwendung, gem. § 450 HGB, wenn
- über den gesamten Transport ein Konnossement
  ausgestellt wurde oder
- die auf Seegewässern zurückgelegte Strecke die größere ist.

sachliche Geltung

Sachlich gelten die Regelungen im HGB über den Frachtvertrag für alle Verträge über Güterbeförderung, egal ob zu Wasser (Binnenschifffahrt), zu Lande (Straßentransport, Eisenbahntransport) oder in der Luft (nationaler Lufttransport,
egal ob mit dem Flugzeug oder Transportluftschiff).

persönliche Geltung

Die §§ 407 ff. HGB sind nur anzuwenden auf gewerbliche
Transporte
- durch Kaufleute
- durch Nichtkaufleute, jedoch mit Einschränkungen
  gemäß § 407 Abs. 3, Satz 2 HGB

*Das heißt wenn Privatleute im Wege der „Nachbarschaftshilfe"
sich beim Transport helfen, dann sind nicht die Normen des
HGB anwendbar.*

*Diese sind aber anwendbar, wenn ein Student ab und zu
gewerblich Transporte nach Innerasien vermittelt, für eine Gebühr. Denn dann ist er ein sog. „Teils doch Kaufmann" für den
dann die Bestimmungen des Transportrechts des HGB gelten,
wie für einen Kaufmann.*

Auch auf das Handeln von Privatpersonen als Auftraggeber für Transportaufträge ist das Transportrecht im HGB anzuwenden.

Verbraucher haben
Sonderrechte.

Besondere Rechte haben Privatpersonen als Verbraucher in
einer Vielzahl von Vorschriften des deutschen Transportrechts:
§§ 414 Abs. 3, 449 Abs. 3, 451 a Abs. 2, 451 b Abs. 2, Abs. 3, 451 g,
451 h Abs. 1, 466 Abs. 4, 468 Abs. 2 und 4, 472 Abs. 1, 475 h HGB.

In § 13 BGB ist der Verbraucherbegriff definiert:

> **§ 13 BGB**
> Verbraucher ist jede natürliche Person, die ein Rechtsgeschäft zu einem Zwecke abschließt, der weder ihrer gewerblichen noch ihrer selbstständigen beruflichen Tätigkeit zugerechnet werden kann.

Beispiel: Herr Meyer schickt mittels der Firma Schnelltransport AG eine von ihm selbst gebaute Farbspritze an seinen Vetter nach Ingolstadt, der diese zum Streichen seines Hauses nutzen will. Herr Meyer hat einen Transportauftrag erteilt, somit kommen die Bestimmungen des Transportrechts im HGB §§ 407 anwendbar. Da aber Herr Meyer auch Verbraucher i. S. d. § 13 BGB ist, kommen die besonderen Regelungen für Verbraucher zur Anwendung.

Regelungen des Transportrechts

2.2 Die Grundstruktur des Frachtvertrages – die Beteiligten

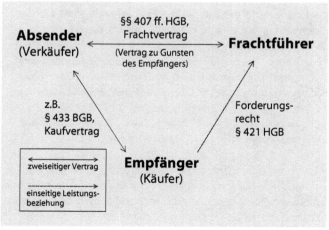

Die Beteiligten

2

> **§ 407 Abs. 1, 2 HGB – Frachtvertrag**
> (1) Durch den Frachtvertrag wird der Frachtführer verpflichtet, das Gut zum Bestimmungsort zu befördern und dort an den Empfänger abzuliefern.
> (2) Der Absender wird verpflichtet, die vereinbarte Fracht zu zahlen.

Parteien des Frachtvertrages: Absender und Frachtführer

Vertragsparteien des Frachtvertrages sind nur der Absender und der Frachtführer!

Zusätzlich ist noch der Empfänger Beteiligter am Frachtvertrag, aber er ist nicht Vertragspartei. Er kann also auch nicht mit Vertragspflichten aus dem Frachtvertrag belastet werden. Der Frachtvertrag ist ein Vertrag (zu Gunsten Dritter) zu Gunsten des Empfängers.

Damit finden auf ihn die Regelungen des §§ 328 ff. BGB Anwendung, soweit die Spezialnormen des Transportrechts im HGB (§§ 407 ff.) Fragen offen lassen.

Erkenne den Absender!

Absender ist diejenige Partei, die den Auftrag gegeben hat, das Transportgut an einen anderen Ort zu transportieren. Die Person des Absenders erschließt sich ausschließlich vertraglich. Die physische Übergabe der Ware ist nicht notwendig, sondern kann durch Dritte erfolgen. Wenn bei Auftragserteilung nicht erkennbar ist, dass der Auftraggeber lediglich als Vertreter für einen anderen handelt, ist derjenige Absender, der den Auftrag gegeben hat (§ 164 Abs. 2 BGB).

Beispiel

Der Werkzeughersteller die V-AG in Donaueschingen verkauft eine Maschine („frei Haus") an die K-GmbH in Lübeck. Die V-AG (Absender) gibt den Transportauftrag an den Frachtführer F.

Anders wäre der Fall, wenn die V-AG nicht die Lieferung übernommen hätte (§ 269 BGB, „ex works"), die K-GmbH aber die V-AG bevollmächtigt hätte, den F mit dem Transportauftrag zu betrauen, dann wäre der Transportvertrag zwischen dem Frachtführer F und der K-GmbH geschlossen. Die K-GmbH wäre dann nach Transportrecht als (vertraglicher) Absender anzusehen, mit den entsprechenden Rechten und Pflichten. Gleichzeitig wäre die K-GmbH Empfänger. Die V-AG wäre in Bezug auf den Transportvertrag lediglich Vertreter der K-GmbH!

Wer Vertragspartner im Transportrecht ist, kann sich vielfach aus dem (Kauf-) Vertrag ergeben, der zwischen Absender und Empfänger geschlossen wurde, auch aus den oft damit vereinbarten Incoterms.

Incoterm	Ort des Gefahren übergangs auf den Käufer	Transportverantwortlichkeit	
		des Verkäufers	des Käufers
EXW (ex works = Ab Werk)	Ware verpackt und versandfertig auf dem Gelände (Rampe) des Verkäufers	nein	ja
FCA (free carrier = Frei Frachtführer)	Ware verpackt und versandfertig an den Frachtführer des Käufers [für alle »Nichtwasser-Transporte«]	nein (höchstens Vorlauf zum Frachtführer)	ja (durch Frachtführer)
FAS (free alongside ship = Frei Längsseite des Schiffs)	Wie oben, aber Lieferung längsseits Schiff [Schiffstransporte]	nein, aber Vorlauftransport bis »längsseits Schiff«	ja
FOB (free on board = Frei Schiff)	Wie oben, aber an Bord	Wie oben bis auf das Schiff (Beladekosten / -risiko)	ja
CFR (cost and freight = Kosten und Fracht)	Wie FOB an Bord [Schiffstransporte]	ja, schließt den Beförderungsvertrag, trägt die Kosten des Transports (nicht das Risiko)	nein
CIF (cost, insurance and freight = Kosten, Fracht und Versicherung)	Wie CFR/FOB an Bord	ja, wie CFR und die Versicherungskosten (Transportrisiko beim Käufer)	nein
CPT (carriage paid to... = Frachtfrei bis...)	Wie FCA (Übernahme erster Frachtführer) [Für alle »Nichtwassertransporte«]	ja, schließt den Beförderungsvertrag, trägt die Kosten des Transports (nicht das Risiko)	nein
CIP (carriage, insurance paid to... = Frachtfrei, versicherungsfrei bis...)	Wie CPT	ja, wie CPT plus Versicherung (-skosten)	nein
DAT (delivered at terminal... = Geliefert bis Terminal...)	Terminal / Bestimmungshafen/ -ort (Ware ist entladen)	ja	nein
DAP (delievered at place... = Geliefert bis Ort)	am Bestimmungsort (Ware ist entladebereit)	ja	nein
DDP (delivered duty paid = Geliefert, Einfuhrzoll bezahlt)	am Bestimmungsort	ja	nein

Incoterms 2010 (ab 01.01.2020 gelten die Incoterms 2020, die Klausel DAT wird ersetzt durch DPU, Delivered Place Unloaded).

2

Frachtführer

Frachtführer ist derjenige, der vertraglich übernommen hat, den Transport durchzuführen. Der Frachtführer muss den Vertrag nicht physisch abwickeln, sondern kann sich hierbei Dritter (Subunternehmer) bedienen.

Frachtvertrag ist Werkvertrag.

Der Frachtvertrag ist eine Sonderform des Werkvertrages (siehe § 631 BGB), denn geschuldet wird ein Erfolg bestehend in einer Ortsveränderung des Transportgutes. Daneben enthält der Frachtvertrag auch Elemente eines Geschäftsbesorgungsvertrages (§§ 675 ff. BGB), da der Frachtführer auch verpflichtet ist, die Interessen des Verfügungsberechtigten im Falle von Problemen z. B. bei Ablieferhindernissen wahrzunehmen (vgl. § 419 HGB).

Beispiel: Ein Rahmenvertrag, der die Erbringung von Transportleistungen vorsieht und dessen Bezahlung von den Transporterfolgen abhängt, ist auch dann ein Werkvertrag, wenn dieser als „Dienstleistungsvertrag" oder „Service Agreement" überschrieben wird!

Der Frachtvertrag ist ein gegenseitiger Vertrag, d. h. er kommt durch zwei übereinstimmende Willenserklärungen zustande. Der Frachtvertrag ist formfrei. Ein Frachtbrief kann lediglich die Beweisurkunde sein.

Auftrag-Nr.:	**ABC-Transporte**
Datum:	Musterstr. 10
	12345 Musterstadt

Empfänger:	Absender:

Ort und Tag der Übernahme:	Ablieferungsstelle:

Besondere Vermerke des Absenders:

Zeichen und Nr.:	Anzahl:	Art der Verpackung:	Inhalt:	Wirkl. Bruttogewicht in kg:	Rauminhalt in dm³:

FRANKATUR	Warenwert	WARENWERT-NACHNAHME	GEFÄHRLICHE GÜTER	Sperrigkeits-
☐ unfrei	Wenn keine Wertangabe	incl. MWSt.	Gefahrklasse, Ziffer,	faktor:
☐ frei Best.-Ort	erfolgt, wird ein Waren-		sowie Hinweis auf GGVS	
☐ frei Haus	wert von 2.500 € zugrunde gelegt.			
		€	€	

Entfernung km	Frachtpfl. Gewicht kg			Paletten Euro-Flachpaletten 800 x 1200
	beim **Empfänger** nachzunehmen	USt.-freie nichtsteuerbare **Beträge**	dem Absender zu belasten	
Vorkosten				Euro-Gitterpaletten 800 x 1200
Kundensatz / Frachtübernahme				
Behältermiete				
Nachnahmeprovision Papiere / Porti				nicht getauscht / Unterschrift Kunde / getauscht / Unterschrift Fahrer
zusätzl. Leistungen				
Zwischensumme 1				Die Gutschrift von Frachtnachnahmen erfolgt nach Einlösung durch den Empfänger und Eingang.
Avis / Überweisung				
Selbstabholung				Vorstehende Sendungen in einwandfreiem Zustand und vollzählig erhalten:
HAUSFRACHT				
Zwischensumme 2				
Umsatzsteuer **Zahlung durch den Absender**				Datum und Unterschrift
	€	←	→ €	Betrag erhoben durch ☐ Rechnung ☐ Kasse

Erfüllungsort und Gerichtsstand für beide Teile ist Musterstadt.

Muster: Frachtbrief

2.3 Der Frachtbrief

2

Möglichkeit:
Elektronischer
Frachtbrief

§ 408 HGB – Frachtbrief, Verordnungsermächtigung
(1) Der Frachtführer kann die Ausstellung eines Frachtbriefs mit folgenden Angaben verlangen:

Ort und Tag der Ausstellung;
2. Name und Anschrift des Absenders;
3. Name und Anschrift des Frachtführers;
4. Stelle und Tag der Übernahme des Gutes sowie die für die Ablieferung vorgesehene Stelle;
5. Name und Anschrift des Empfängers und eine etwaige Meldeadresse;
6. die übliche Bezeichnung der Art des Gutes und die Art der Verpackung, bei gefährlichen Gütern ihre nach den Gefahrgut-vorschriften vorgesehene, sonst ihre allgemein anerkannte Bezeichnung;
7. Anzahl, Zeichen und Nummern der Frachtstücke;
8. das Rohgewicht oder die anders angegebene Menge des Gutes;
9. die bei Ablieferung geschuldete Fracht und die bis zur Ablieferung anfallenden Kosten sowie einen Vermerk über die Frachtzahlung;
10. den Betrag einer bei der Ablieferung des Gutes einzuziehen-den Nachnahme;
11. Weisungen für die Zoll- und sonstige amtliche Behandlung des Gutes;
12. eine Vereinbarung über die Beförderung in offenem, nicht mit Planen gedecktem Fahrzeug oder auf Deck.
In den Frachtbrief können weitere Angaben eingetragen werden, die die Parteien für zweckmäßig halten.

(2) Der Frachtbrief wird in drei Originalausfertigungen ausge-stellt, die vom Absender unterzeichnet werden. Der Absender kann verlangen, daß auch der Frachtführer den Frachtbrief unter-zeichnet. Nachbildungen der eigenhändigen Unterschriften durch Druck oder Stempel genügen. Eine Ausfertigung ist für den Absender bestimmt, eine begleitet das Gut, eine behält der Frachtführer.

(3) Dem Frachtbrief gleichgestellt ist eine elektronische Aufzeichnung, die dieselben Funktionen erfüllt wie der Frachtbrief, sofern sichergestellt ist, dass die Authentizität und die Integrität der Aufzeichnung gewahrt bleiben (elektronischer Frachtbrief). Das Bundesministerium der Justiz und für Verbraucherschutz wird ermächtigt, im Einvernehmen mit dem Bundesministerium des Innern durch Rechtsverordnung, die nicht der Zustimmung des Bundesrates bedarf, die Einzelheiten der Ausstellung, des Mitführens und der Vorlage eines elektroni-schen Frachtbriefs sowie des Verfahrens einer nachträglichen Eintragung in einen elektronischen Frachtbrief zu regeln.

Der Frachtbrief ist Beweisurkunde über:
- den Abschluss eines Frachtvertrages (Wer hat was mit wem vereinbart?);
- seinen Inhalt (Was soll wohin transportiert werden?) und
- die Übernahme des Gutes (Was wurde von wem, wann übernommen?).

Gleichzeitig ist der Frachtbrief Instruktionspapier für den Frachtführer, hinsichtlich seiner Aufgaben aus dem Frachtvertrag.

Der Frachtbrief ist auf Verlangen des Frachtführers vom Absender auszustellen. Der Frachtführer hat also gegenüber dem Absender einen Anspruch auf die Ausstellung des Frachtbriefs.

Um ein Papier als Frachtbrief bezeichnen zu können, muss es die folgenden Mindestanforderungen enthalten:
- Person des Absenders
- Person des Frachtführers
- Mitteilung über die Erteilung eines Transportauftrages
- für spezifiziertes Transportgut
- Unterschrift des Absenders (§ 408, Abs. 2, Satz 1 HGB) eigenhändig oder durch Unterschriftsnachbildung durch Druck oder Stempel (§ 408 Abs. 2, Satz 3 HGB).

Beispiel: Sofern die vorgenannten Mindestanforderungen in schriftlicher Form auf ihm enthalten sind, kann auch ein „Bierdeckel" zum Frachtbrief werden.

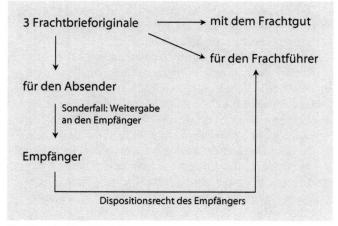

Der Weg des Frachtbriefs

2

2.3.1 Die Einzelangaben im Frachtbrief

die Einzelangaben im
Frachtbrief, § 408 HGB

Absender

Frachtführer

Empfänger

Gefahrgutvorschriften

Rohgewicht wichtig für
Schadensersatzberech-
nung

Die nachfolgenden Angaben können, aber müssen nicht in einem Frachtbrief enthalten sein, außer den vorgenannten Mindestanforderungen:

— Abs. 1, Satz 1 Nr. 1: Ort und Tag der Ausstellung.
— Abs. 1, Satz 1 Nr. 2: Name und Anschrift des Absenders, d. h. des Vertragspartners des Frachtführers, nicht unbedingt des physischen Absenders. Als Absender kommt ein Spediteur oder auch der Hauptfrachtführer bei einem Unterfrachtvertrag in Frage.
— Abs. 1, Satz 1 Nr. 3: Name und Anschrift des Frachtführers, d. h. desjenigen, der sich gegenüber dem Absender zur Güterbeförderung verpflichtet hat, des sog. „vertraglichen Frachtführers". Dies kann also auch derjenige sein, der nicht selber transportiert, sondern die Durchführung einem Unterfrachtführer übertragen hat.
— Abs. 1, Satz 1 Nr. 4: Stelle und Tag der Übernahme und Ablieferungsstelle des Gutes, d. h. die genaue geografische/postalische Bezeichnung (Straße und Hausnummer), nicht nur der Ort.
— Abs. 1, Satz 1 Nr. 5: Name und Anschrift des Empfängers. Erst bei Ablieferung bei benanntem Empfänger tritt Erfüllung des Frachtvertrages ein.
— Abs. 1, Satz 1 Nr. 6: Bezeichnung des Gutes, Verpackung und Gefahrgutbezeichnung. Die Klassifizierung als gefährliches Gut ergibt sich aus den Gefahrgutvorschriften (international: ADR, RID, ADNR, IMDG-Code, IATA-DGR; national: GefahrgutbeförderungsG, GGVSE, GGVSee, GGVBinSch, LuftVerkehrsG, Luftverkehrszulassungsordnung).
— Abs. 1, Satz 1 Nr. 7: Frachtstückbezeichnung, d. h. Anzahl, Zeichen und Nummern der Frachtstücke.
— Abs. 1, Satz 1 Nr. 8: Rohgewichts oder die anders angegebene Menge des Gutes; Rohgewicht ist das Gewicht der Ware plus Gewicht der Verpackung. Die Festlegung der Höhe des Rohgewichtes ist sehr wichtig, da dieses auch die Basis für die Berechnung der Höhe des Schadensersatzes bei § 414 Abs. 1 und § 431 Abs. 1 HGB bildet.
— Abs. 1, Satz 1 Nr. 9: Kosten und Frachtzahlung; umfassende Kostendarlegung, die den Anspruch des Frachtführers gegen den Empfänger konkretisiert (gem. § 421 Abs. 1, Satz 1 HGB). Hier sind die Hinweise für die Frachtnachnahmen einzutragen (Beachte! nicht Warennachnahme i. S. v. § 422 HGB, dazu nächste Ziffer).

— Abs. 1, Satz 1 Nr. 10: Warennachnahme nicht die Frachtnachnahme, da diese in Nr. 9 bereits geregelt ist. Eine Nachnahmevereinbarung kann jedoch auch geschlossen sein, ohne dass eine Eintragung hierüber im Frachtbrief erforderlich ist. Diese Eintragung hat jedoch Beweiswirkung.

— Abs. 1, Satz 1 Nr. 11: Zollinstruktionen und Hinweise zu sonstigen amtlichen Behandlungen gelten als vereinbart, d. h. bei Änderung ist § 418 Abs. 4 HGB zu beachten.

— Abs. 1, Satz 1 Nr. 12: Offene Beförderung, Beförderung an Deck. Auch ohne diese Regelung können die Parteien eine offene Beförderung vereinbart haben. Aber die Nichteintragung hat jedoch erheblichen Beweiswert.

Über die o. g. Angaben hinaus sind die Parteien berechtigt, dem Frachtbrief weitere Angaben hinzuzufügen (§ 408, Abs. 1 HGB, letzter Satz).

Beispiel: Der Absender verzichtet im Frachtbrief auf sein Recht, dem Frachtführer spätere Weisungen zu erteilen.

Dies ist immer dann von Wichtigkeit, wenn die Übernahme des Frachtgutes Voraussetzung für die Zahlung des Kaufpreises ist, als Sicherheit für den Käufer (Empfänger), da so verhindert wird, dass der Verkäufer (Absender) nach Beförderungsbeginn und Empfang des Kaufpreises das Frachtgut umleiten kann (§ 418 HGB).

Der Frachtbrief wird in drei (gleichwertigen) Originalausfertigungen ausgestellt, von denen ein Exemplar beim Absender verbleibt, ein Exemplar der Frachtführer erhält und ein Exemplar mit dem Frachtgut reist (§ 408 Abs. 2, Satz 3 HGB).

3 Originale

Durch die Weitergabe seines Exemplars, wenn dieses von Absender und Frachtführer unterzeichnet ist, an den Empfänger kann der Absender sein Dispositionsrecht über das Frachtgut aufgeben und überträgt dieses auf den Empfänger (§ 418 Abs. 4 HGB).

Aufgabe des
Weisungsrechts

Der Frachtbrief muss nur vom Absender unterschrieben werden (§ 408 Abs. 2, S. 1 HGB).

Recht der Unterschrift
auf Frachtbrief

Gem. § 408 Abs. 2, S. 2 HGB hat jedoch der Absender das Recht, die Unterschrift des Frachtführers auf dem Frachtbrief zu fordern. Dies sollte der Absender auch fordern. Denn hierdurch wird der Frachtbrief zur Beweisurkunde für Absender wie für Frachtführer (§ 409 Abs. 1, 2 HGB).

Von der Verordnungsermächtigung in Abs. 4 hat bisher das Bundesjustizministerium keinen Gebrauch gemacht.

VO für elektronischen
Frachtbrief

2

2.3.2 Die Rechtswirkungen des beidseitig unterzeichneten Frachtbriefs

für Frachtvertrag

für Unversehrtheit

für Rohgewicht

§ 409 HGB – Beweiskraft des Frachtbriefs

(1) Der von beiden Parteien unterzeichnete Frachtbrief dient bis zum Beweis des Gegenteils als Nachweis für Abschluß und Inhalt des Frachtvertrages sowie für die Übernahme des Gutes durch den Frachtführer.

(2) Der von beiden Parteien unterzeichnete Frachtbrief begründet ferner die Vermutung, daß das Gut und seine Verpackung bei der Übernahme durch den Frachtführer in äußerlich gutem Zustand waren und daß die Anzahl der Frachtstücke und ihre Zeichen und Nummern mit den Angaben im Frachtbrief übereinstimmen. Der Frachtbrief begründet diese Vermutung jedoch nicht, wenn der Frachtführer einen begründeten Vorbehalt in den Frachtbrief eingetragen hat; der Vorbehalt kann auch damit begründet werden, daß dem Frachtführer keine angemessenen Mittel zur Verfügung standen, die Richtigkeit der Angaben zu überprüfen.

(3) Ist das Rohgewicht oder die anders angegebene Menge des Gutes oder der Inhalt der Frachtstücke vom Frachtführer überprüft und das Ergebnis der Überprüfung in den von beiden Parteien unterzeichneten Frachtbrief eingetragen worden, so begründet dieser auch die Vermutung, daß Gewicht, Menge oder Inhalt mit den Angaben im Frachtbrief übereinstimmt. Der Frachtführer ist verpflichtet, Gewicht, Menge oder Inhalt zu überprüfen, wenn der Absender dies verlangt und dem Frachtführer angemessene Mittel zur Überprüfung zur Verfügung stehen; der Frachtführer hat Anspruch auf Ersatz seiner Aufwendungen für die Überprüfung.

Beweisurkunde und Sperrpapier

Besondere Rechtswirkungen hat der vom Absender und Frachtführer unterzeichnete Frachtbrief. Dieser ist zum einen Beweisurkunde und zum anderen kann er auch eine Sperrwirkung gem. § 418 Abs. 4 gegenüber späteren Weisungen entfalten.

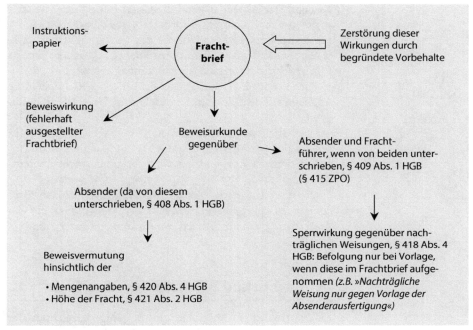

Rechtswirkungen des Frachtbriefs

Im Einzelnen werden durch den beidseitig unterschriebenen Frachtbrief für folgende Erklärungen die Beweisvermutung begründet für

— § 409, Abs. 1 HGB: Vertragsschluss, d. h. die Parteien und dessen Inhalt (z. B. wenn strittig ist, ob eine Terminvereinbarung getroffen wurde) und Übernahme des Gutes durch den Frachtführer. *Beispiel: Durch den beidseitig unterschriebenen Frachtbrief entsteht auch die Beweisvermutung hinsichtlich der Parteien des Transportvertrages.*

Beweisvermutung für Frachtvertrag

— § 409, Abs. 2 HGB: Äußerliche Unversehrtheit des Gutes und seiner Verpackung, Anzahl der Packstücke. Hiergegen muss ein begründeter Vorbehalt erhoben werden. Als begründet gilt ein Vorbehalt, wenn dieser möglichst konkret ist und ein Dritter diesen nachvollziehen kann.

Unversehrtheit des Gutes

— § 409, Abs. 3 HGB: Gewicht und Menge oder Inhalt des Transportgutes nach besonderer Überprüfung.

Gewicht und Menge

2

Beachte: Der Absender kann die Überprüfung der Mengenangaben vom Frachtführer fordern (§ 409 Abs. 3, S. 2 HGB), wenn angemessene Mittel hierfür zur Verfügung stehen (z. B. eine geeichte Waage). Dann muss aber der Absender hierfür dem Frachtführer dessen Aufwendungen ersetzen.

Der Frachtführer muss nach Prüfung, bei Richtigkeit die Angaben auf dem Frachtbrief durch seine Unterschrift bestätigen.

Vorbehalte gegen eine Erklärung im Frachtbrief sind mindestens auf der Ausfertigung des Vertragspartners anzubringen, ansonsten Einwand, dass die Originale nicht übereinstimmen.

Beispiel: Äußerlich sichtbare Beschädigungen an dem übernommenen Transportgut vermerkt der Frachtführer auf der Ausfertigung des Frachtbriefs die für den Absender bestimmt ist.

2.4 Rechte und Pflichten des Absenders

Als (vertraglicher) Absender wird derjenige bezeichnet, der Auftraggeber des Frachtführers ist. Der Absender oder ein von ihm beauftragter Dritter übergibt dem Frachtführer das Frachtgut.

2.4.1 Die Pflichten des Absenders

Hauptpflicht:
Frachtzahlung
Nebenpflichten

Hauptpflicht: Frachtzahlung, § 407 Abs. 2 HGB
    Nebenpflichten:
— Verpackungspflicht, § 411 HGB
— Kennzeichnungspflicht, § 411 HGB
— Informationspflichten, §§ 410, 413 HGB
— Verladepflicht, § 412 HGB
— Entladepflicht, § 412 HGB
— Urkundenvorlage, § 413 HGB
— Frachtbrieferstellung, § 408 HGB

2.4.1.1 Zahlungspflichten

Frachtzahlung

§ 407 Abs. 2 HGB – Frachtvertrag
(2) Der Absender wird verpflichtet, die vereinbarte Fracht zu zahlen.

Diese Regelung macht deutlich, dass Schuldner der Fracht der Absender bleibt. Auch eine Mitteilung des Absenders, dass der Empfänger die Fracht bezahlen werde, ändert nichts daran, dass bis zur Bezahlung der Fracht der vertragliche Absender der Schuldner des Frachtführers bleibt.

Der Absender ist Frachtschuldner

---

§ 420 HGB – Zahlung. Frachtberechnung

(1) Die Fracht ist bei Ablieferung des Gutes zu zahlen. Der Frachtführer hat über die Fracht hinaus einen Anspruch auf Ersatz von Aufwendungen, soweit diese für das Gut gemacht wurden und er sie den Umständen nach für erforderlich halten durfte.

Frachtzahlung bei Ablieferung

(2) Der Anspruch auf die Fracht entfällt, soweit die Beförderung unmöglich ist. Wird die Beförderung infolge eines Beförderungs- oder Ablieferungshindernisses vorzeitig beendet, so gebührt dem Frachtführer die anteilige Fracht für den zurückgelegten Teil der Beförderung, wenn diese für den Befrachter von Interesse ist.

(3) Abweichend von Absatz 2 behält der Frachtführer den Anspruch auf die Fracht, wenn die Beförderung aus Gründen unmöglich ist, die dem Risikobereich des Absenders zuzurechnen sind oder die zu einer Zeit eintreten, zu welcher der Absender im Verzug der Annahme ist. Der Frachtführer muss sich jedoch das, was er an Aufwendungen erspart oder anderweitig erwirbt oder zu erwerben böswillig unterlässt, anrechnen lassen.

Zahlung bei vorzeitiger Beendigung

(4) Tritt nach Beginn der Beförderung und vor Ankunft an der Ablieferungsstelle eine Verzögerung ein und beruht die Verzögerung auf Gründen, die dem Risikobereich des Absenders zuzurechnen sind, so gebührt dem Frachtführer neben der Fracht eine angemessene Vergütung.

Zahlung bei Verzögerung

(5) Ist die Fracht nach Zahl, Gewicht oder anders angegebener Menge des Gutes vereinbart, so wird für die Berechnung der Fracht vermutet, daß Angaben hierzu im Frachtbrief oder Ladeschein zutreffen; dies gilt auch dann, wenn zu diesen Angaben ein Vorbehalt eingetragen ist, der damit begründet ist, daß keine angemessenen Mittel zur Verfügung standen, die Richtigkeit der Angaben zu überprüfen.

Die Fracht ist bei Beendigung des Frachtauftrags zu zahlen. Beendigung liegt vor bei Zielerreichung und Ablieferung des Gutes beim Empfänger.

Beendigung des Frachtvertrages

Die Zahlung der Fracht hat Zug um Zug gegen Ablieferung des Gutes zu erfolgen, d. h. voller Anspruch auf Bezahlung der gesamten Fracht wird exakt eine „logische Sekunde" vor der vollständigen Auslieferung fällig. Vielfach haben die Parteien aber Zahlungsfristen vereinbart.

Der Frachtführer hat darüber hinaus Anspruch auf Ersatz der Aufwendungen, soweit diese auf das Gut gemacht wurden (objektiver Maßstab) und er diese für erforderlich halten durfte (subjektives Element).

Aufwendungsersatz

2

Begriff der Aufwendungen

Welche Aufwendungen sind aber gesondert abrechenbar? Alle Aufwendungen, die nicht schon Bestandteil der Frachtvereinbarung sind. Also die Kosten, die nicht im Zuge eines regelmäßigen Transportverlaufes entstanden sind, sondern solche, die aus nachträglichen Weisungen oder aus außergewöhnlichen Situationen (wg. Beförderungs- und Ablieferungshindernissen) entstanden sind. Jedoch kein Ersatz von Aufwendungen, die von der Rechtsordnung missbilligt werden (Bußgelder für das Überschreiten der Lenkzeiten).

Distanzfracht

Abs. 2 beruht auf dem Grundsatz in § 326 BGB, dass bei Unmöglichkeit der Leistungserfüllung durch den Schuldner das Recht auf Gegenleistung entfällt.

Risikobereich

Wenn das Hindernis nicht dem Risikobereich des Absenders zuzurechnen ist, hat der Absender nur dann Distanzfracht zu zahlen, wenn die Distanzbeförderung für den Absender von Interesse ist (Abs. 2). Wenn hingegen das Hindernis dem Risikobereich des Absenders zugerechnet werden kann, dann behält der Frachtführer den Anspruch auf volle Fracht und muss sich nur das anrechnen lassen, was er durch das eingetretene Hindernis an Aufwendungen erspart hat, gem. Abs. 3. Was bedeutet in diesem Zusammenhang zurechenbarer Risikobereich?

Der Begriff findet sich nicht nur in § 420 Abs. 3 und § 419 Abs. 1 sowie 4 HGB (Risikobereich des Frachtführers) sondern auch in § 420 Abs. 3 (Risikobereich des Absenders) und § 412 Abs. 3 HGB.

Grundsätzlich ist ein Ereignis dann zurechenbar, wenn es von einer Person zu vertreten ist (§ 276 BGB). Darüber hinaus wird aber auch dann ein Ereignis, dass zwar von keiner Partei zu vertreten ist, jedoch seinen kausal nächsten Bezug in dem Handeln oder Unterlassen einer Partei seine Ursache hat, dem Risikobereich dieser Partei zugerechnet.

Risikobereich ist weniger als Verschulden.

Beispiel: Eine falsche Information, die zu einer erheblichen Verzögerung des Transports führt, die der Absender von einem Dritten bekommen hat, wird dem Risikobereich des Absenders zugerechnet.

Risikobereich des Absenders

— Risikobereich des Absenders:
— Bei Verschulden des Absenders;
— Alle Risiken die in der Spähre des Absenders ihre Ursache haben, z. B. vom Empfänger oder von einer vom

Absender oder Empfänger eingesetzten Person oder in deren Interesse handelnden Person herrührt. *Beispiele: (1) Ablieferungsverzögerung wegen eines Fehlers des Zolls bei der Einfuhr in das Empfängerland. (2) Falsche Information, die der Absender von einem Dritten bekommen hatte und auf deren Richtigkeit er vertrauen durfte.*

- Risikobereich des Frachtführers:
- Bei Verschulden des Frachtführers;
- Alle Risiken die in der Spähre des Frachtführers ihre Ursache haben, auch durch das Handeln Dritter. *Beispiel: Autobahnblockade durch andere Frachtführer*

Risikobereich des Frachtführers:

Abs. 4 bestimmt, dass der Absender neben der Fracht dem Frachtführer eine angemessene Vergütung zu zahlen habe:
- für Verzögerungen,
- wenn diese nicht nur unwesentlich sind, und
- soweit diese Gründe dem Risikobereich des Absenders zuzurechnen sind.

Zahlung bei Verzögerung

Hierbei geht es um den Zeitraum nach der Beladung und vor der Entladung. Verzögerungen bei Be- und Entladung sind speziell geregelt (§ 412 Abs. 3 HGB).

Beendigungs-grund	Kündigung, § 415 HGB	Beförderungsstopp durch den Absender (nachträgliche Weisung), § 418 HGB	Beförderungs-/Ablieferungs-hindernis, § 419 HGB	»Notmaßnahmen« durch den Frachtführer bei »Gefahr im Verzuge«, § 419 Abs. 4 HGB
Zahlung	§ 415 Abs. 2 HGB (volle Fracht, minus ersparten Aufwendungen oder Fautfracht	§ 418 Abs. 1 HGB (Fracht + Aufwendungen)	§ 420 Abs. 2 HGB (Distanzfracht = anteilige Fracht), wenn Beförderung im Interesse des Absenders	§ 419 Abs. 3 S. 5 HGB (Distanzfracht+ Aufwendungsersatz)
Kein Frachtausgleich, wenn der Beendigungsgrund dem Risikobereich des Frachführers zuzurechnen ist.				

Ausgleichspflicht des Absenders bei vorzeitiger Beendigung

2

2.4.1.2 Pflicht zur Information über die Gefährlichkeit des Gutes

> **§ 410 HGB – Gefährliches Gut**
>
> (1) Soll gefährliches Gut befördert werden, so hat der Absender dem Frachtführer rechtzeitig in Textform die genaue Art der Gefahr und, soweit erforderlich, zu ergreifende Vorsichtsmaßnahmen mitzuteilen.
>
> (2) Der Frachtführer kann, sofern ihm nicht bei Übernahme des Gutes die Art der Gefahr bekannt war oder jedenfalls mitgeteilt worden ist,
>
> 1. gefährliches Gut ausladen, einlagern, zurückbefördern oder soweit erforderlich, vernichten oder unschädlich machen, ohne dem Absender deshalb ersatzpflichtig zu werden, und
>
> 2. vom Absender wegen dieser Maßnahmen Ersatz der erforderlichen Aufwendungen verlangen.

Bei dem Transport gefährlicher Güter hat der Absender besondere Sorgfaltspflichten gegenüber dem Frachtführer.

Informationspflicht

Der erste Absatz statuiert die Informationspflichten des Absenders an den Frachtführer bei der Beförderung von gefährlichem Gut:
- rechtzeitig auf die Gefahr hinweisen
- in lesbarer Form hinzuweisen und
- Vorsichtsmaßnahmen mitzuteilen.

gefährliches Gut

Der Begriff des gefährlichen Gutes ist weiter als der Begriff in den Gefahrgutvorschriften, § 408, Abs. 1, Ziff. 6 HGB. Gefährliches Gut können auch Raubtiere sein, die keine Gefahrgüter i. S. der Gefahrgutvorschriften sind oder scharfkantige Stahlträger.

Beispiele: Scharfkantige Stahlträger, Raubtiere, Gefahrgut i. S. des GGutG.

Gegenrechte des Frachtführers

Der zweite Absatz gibt dem Frachtführer Gegenrechte wenn der Absender seine Pflichten aus Abs. 1 nicht erfüllt hat und dies auch bis zum Zeitpunkt der Übernahme nicht getan hat.

Dann kann der Frachtführer das gefährliche Gut vom Transportmittel:
- entfernen, gem. Ziff. 1 und
- Kostenersatz erhalten, durch den Absender, gem. Ziff. 2.

Beim Transport von gefährlichen Gütern ist hinsichtlich der Gegenrechte des Frachtführers zeitlich wie folgt zu differenzieren bei Informations- und Hinweispflicht des Absenders:

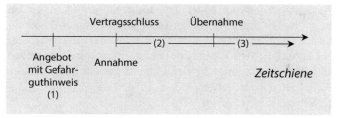

Gegenrechte des Frachtführers

- Information bei Angebot vor Vertragsschluss (1): Vertrag wird vom Frachtführer in Kenntnis der Gefährlichkeit geschlossen, d. h. der Frachtführer ist zur Leistung verpflichtet.
- Information vor Übernahme (2): Mitteilung, Abs. 1. Der Frachtführer erhält erst nach Vertragsschluss, aber vor Beladung, Kenntnis von der Gefährlichkeit der Güter. Dann hat der Frachtführer ein außerordentliches Kündigungsrecht.
- Information nach Übernahme (3): Rechte aus § 410, Abs. 2 HGB. Nach Übernahme hilft keine Kündigung mehr. Er kann Maßnahmen nach § 410, Abs. 2 Ziff. 1 HGB treffen: entladen und sichern.

2.4.1.3 Pflicht zur Aushändigung der Begleitpapiere

§ 413 HGB – Begleitpapiere

(1) Der Absender hat dem Frachtführer alle Urkunden zur Verfügung zu stellen und Auskünfte zu erteilen, die für eine amtliche Behandlung, insbesondere eine Zollabfertigung, vor der Ablieferung des Gutes erforderlich sind.

(2) Der Frachtführer ist für den Schaden verantwortlich, der durch Verlust oder Beschädigung der ihm übergebenen Urkunden oder durch deren unrichtige Verwendung verursacht worden ist, es sei denn, daß der Verlust, die Beschädigung oder die unrichtige Verwendung auf Umständen beruht, die der Frachtführer nicht vermeiden und deren Folgen er nicht abwenden konnte. Seine Haftung ist jedoch auf den Betrag begrenzt, der bei Verlust des Gutes zu zahlen wäre.

2

Informationspflicht

Abs. 1 gibt dem Absender eine Informationspflicht: Er hat dem Frachtführer alle für den Transport relevanten Informationen über das Gut zu geben, sei es, dass sie als Urkunden zur Verfügung gestellt werden oder dass Auskünfte zu erteilen sind, die für die amtliche Behandlung des Gutes vor dessen Ablieferung erforderlich sind, insbesondere für eine Zollabfertigung.

Der Frachtführer hat keine Prüfungspflicht der Informationen bzw. Begleitpapiere des Absenders. Nur bei offensichtlicher Unrichtigkeit, Fehlerhaftigkeit (Verschreiben) hat er eine Hinweispflicht gegenüber dem Absender.

Schadensersatzanspruch gegen den Frachtführer

Abs. 2 betrifft keine Pflicht des Absenders, sondern gibt dem Absender einen Schadensersatzanspruch gegen den Frachtführer unter den Voraussetzungen:

- Der Frachtführer hat vom Absender vollständige und richtige Unterlagen erhalten.
- Verlust, Beschädigung der Begleitpapiere oder unrichtige Verwendung der Begleitpapiere, z. B. bei falscher Zolldeklaration.
- keine Unvermeidbarkeit oder Unabwendbarkeit des Schadenereignis.
- Haftungsbegrenzung wie bei Totalverlust (§ 431 HGB). Beachte! Bei gleichzeitigem Verlust von Transportunterlagen und zu transportierendem Gut ist der Schaden nur einmal auszugleichen.

2.4.1.4 Pflicht zur Verpackung und Kennzeichnung der Ware

§ 411 HGB – Verpackung. Kennzeichnung
Der Absender hat das Gut, soweit dessen Natur unter Berücksichtigung der vereinbarten Beförderung einer Verpackung erfordert, so zu verpacken, daß es vor Verlust und Beschädigung geschützt ist und daß auch dem Frachtführer keine Schäden entstehen. Soll das Gut in einem Container, auf einer Palette oder in oder auf einem sonstigen Lademittel, das zur Zusammenfassung von Frachtstücken verwendet wird, zur Beförderung übergeben werden, hat der Absender das Gut auch in oder auf dem Lademittel beförderungssicher zu stauen und zu befestigen. Der Absender hat das Gut ferner, soweit dessen vertragsgemäße Behandlung dies erfordert, zu kennzeichnen.

Die richtige Verpackung bestimmt sich nach den Eigenschaften des Transportgutes, die der Absender am besten kennt, und nach der Art des Transportes (z. B. ist besondere Verpackung notwendig, wenn das Gut in offenen Fahrzeugen oder an Deck transportiert werden soll).

Die Verpackung bestimmt sich deshalb nach den Umständen des Einzelfalles, nach Handelsbräuchen und Verkehrssitte. Der Absender hat so zu verpacken, dass das Transportgut unter normalen Transportbedingungen nicht beschädigt werden kann und auch nicht andere Güter beschädigt.

Auch die Kennzeichnung des Gutes ist bestimmt durch die Art des Gutes (besondere Diebstahlsgefahr) und des durchzuführenden Transportes (Transport durch mehrere Transportträger mit Auslandsbezug). Üblicherweise werden die Packstücke mit Nummern, Zeichen oder mit Barcode versehen.

Bei Nichteinhaltung dieser Pflicht haftet der Absender gem. § 414 HGB.

> Verpackungspflicht
> beförderungssichere
> Stauung

> Kennzeichnungspflicht

2.4.1.5 Die Absenderhaftung

> **§ 414 HGB – Verschuldensunabhängige Haftung des Absenders in besonderen Fällen**
>
> (1) Der Absender hat, auch wenn ihn kein Verschulden trifft, dem Frachtführer Schäden und Aufwendungen zu ersetzen, die verursacht werden durch
> 1. ungenügende Verpackung oder Kennzeichnung,
> 2. Unrichtigkeit oder Unvollständigkeit der in den Frachtbrief aufgenommenen Angaben,
> 3. Unterlassen der Mitteilung über die Gefährlichkeit des Gutes oder
> 4. Fehlen, Unvollständigkeit oder Unrichtigkeit der in § 413 Abs. 1 genannten Urkunden oder Auskünfte.
>
> (2) Hat bei der Verursachung der Schäden oder Aufwendungen ein Verhalten des Frachtführers mitgewirkt, so hängen die Verpflichtung zum Ersatz sowie der Umfang des zu leistenden Ersatzes davon ab, inwieweit dieses Verhalten zu den Schäden und Aufwendungen beigetragen hat.
>
> (3) …

> Anspruchsgrundlage
> gegen den Absender

2

Haftung für Schäden und Aufwendungen

Der Absender haftet dem Frachtführer gegenüber, auch ohne eigenes Verschulden und zwar immer dann, wenn im Bereich des Absenders eine der vorgenannten Pflichten nicht oder nicht ordnungsgemäß erfüllt wurde und hierdurch Schäden und Aufwendungen entstanden sind, wie:

- Schäden am Beförderungsmittel
- Schäden an Gütern Dritter
- Personenschäden, z. B. beim Fahrpersonal
- Schadensbeseitigungs- und Entsorgungskosten
- Vermögensschäden wegen Stillstand, Betriebsausfall, sonstigen Zusatzkosten

Unlimitierte Absenderhaftung – limitiert durch Ziff. 29 ADSp(2017)

Nunmehr haftet der Absender für alle Schäden die durch Situationen im Sinne von Satz 1 ausgelöst werden, verschuldensunabhängig und unlimitiert. Es besteht aber die Möglichkeit der Haftungsbegrenzung gem. § 449 Abs. 1 und 2, S. 2 durch Individualvertrag oder AGB. Eine solche Begrenzung der Haftung zu Gunsten des Absenders enthält Ziff. 29.1 ADSp(2017).

Beachte: Nach dem Wortlaut greift diese Limitierung nur bei Schäden, d. h. für (Zusatz-) Aufwendungen haftet der Absender unlimitiert.

Mitverschuldenseinwand

Abs. 2 in § 414 HGB regelt eine Selbstverständlichkeit: Normiert wird der im Zivilrecht anerkannte Grundsatz der verringerten Haftung bei Mitverschulden des Anspruchsberechtigten, hier des Frachtführers. Man denke z. B. bei Schäden am Frachtgut, weil der Absender nicht seiner Pflicht zur Ladungssicherheit nachgekommen ist, der Schaden aber besonders groß ist, weil der Frachtführer sehr unachtsam gefahren ist.

Verbraucherprivilegierung

Abs. 3 trägt dem Grundsatz des Verbraucherschutzes Rechnung, denn Verbraucher haften nur bei Verschulden aber dann unlimitiert.

Der Begriff des Verbrauchers ist definiert in § 13 BGB als natürliche Person, die den Vertrag abschließt, der weder ihrer gewerblichen noch selbständigen Tätigkeit zugerechnet werden kann.

Diese Definition der Verbraucher wird noch vielfach Bedeutung haben, siehe §§ 449 Abs. 3, 451 h Abs. 1, 466 Abs. 4 HGB.

2.4.1.6 Verladen und Entladen durch den Absender

§ 412 HGB – Verladen und Entladen. Verordnungsermächtigung

(1) Soweit sich aus den Umständen oder der Verkehrssitte nicht etwas anderes ergibt, hat der Absender das Gut beförderungssicher zu laden, zu stauen und zu befestigen (verladen) sowie zu entladen. Der Frachtführer hat für die betriebssichere Verladung zu sorgen.

(2) Für die Lade- und Entladezeit, die sich mangels abweichender Vereinbarung nach einer den Umständen des Falles angemessenen Frist bemißt, kann keine besondere Vergütung erlangt werden.

(3) Wartet der Frachtführer auf Grund vertraglicher Vereinbarung oder aus Gründen, die nicht seinem Risikobereich zuzurechnen sind, über die Lade- oder Entladezeit hinaus, so hat er Anspruch auf eine angemessene Vergütung (Standgeld).

(4) Das Bundesministerium der Justiz wird ermächtigt, im Einvernehmen mit dem Bundesministerium für Verkehr, Bau und Stadtentwicklung durch Rechtsverordnung, die nicht die Zustimmung des Bundesrates bedarf, für die Binnenschifffahrt unter Berücksichtigung der Art der zur Beförderung bestimmten Fahrzeuge, der Art und Menge der umzuschlagenden Güter, der beim Güterumschlag zur Verfügung stehenden technischen Mittel und der Erfordernisse eines beschleunigten Verkehrsablaufs die Voraussetzungen für den Beginn der Lade- und Entladezeit, deren Dauer sowie die Höhe des Standgeldes bestimmen.

Abs. 1 betrifft die Frage, wer für welche Pflichten bei der Verladung des Transportgutes verantwortlich ist, während die Absätze 2 bis 4 Regelungen hinsichtlich der Dauer der Ladezeiten und deren Vergütung (Standgelder) enthalten.

Der Absender hat die Pflicht, das Gut beförderungssicher zu verladen, d. h. zu laden, zu stauen und zu befestigen. Die konkreten Anforderungen an die Art der Verladung sind abhängig vom Transportgut und den Besonderheiten des Transportes.

Ladungssicherungspflicht des Absenders

Im Einzelnen hat der Absender hierzu die VDI-Richtlinien und DIN-Vorschriften bei der Verladung zu beachten (z. B. VDI-Richtlinie 2700 – Ladungssicherheit auf Straßenfahrzeugen; DIN 2701 – Ladungssicherheit auf Straßenfahrzeugen – Zurrmittel).

2

Entladepflicht des
Absenders

Ferner hat der Absender die Pflicht, das Transportgut zu entladen bzw. soweit er dies nicht selber vornehmen kann, für die Entladung zu sorgen, z. B. durch entsprechende Vereinbarung mit dem Empfänger, der i. d. R. der Vertragspartner des Absenders ist.

Betriebssicherheit:
Pflicht des
Frachtführers, Abs. 1,
Satz 2

Der Frachtführer hingegen ist für die betriebssichere Verladung verantwortlich; d. h. der Gesetzgeber ist von der Prämisse ausgegangen, dass der Frachtführer am besten die Betriebssicherheit des von ihm eingesetzten Fahrzeuges beurteilen kann, zumal der Frachtführer auch die Verantwortung für die Verkehrssicherheit (§§ 22, 23 StVO) trägt. Er hat z. B. darauf zu achten, dass durch die Art der Beladung keine Wagenüberlastungen, Stabilitätsverluste, Bremsbeeinträchtigungen eintreten.

> **§ 23 Abs. 1 StVO – Pflichten des Fahrzeugführers**
> (1) Der Fahrzeugführer ist dafür verantwortlich, daß seine Sicht und das Gehör nicht durch die Besetzung, Tiere, die Ladung, Geräte oder den Zustand des Fahrzeugs beeinträchtigt werden. Er muß dafür sorgen, daß das Fahrzeug, der Zug, das Gespann sowie die Ladung und die Besetzung vorschriftsmäßig sind und daß die Verkehrssicherheit des Fahrzeugs durch die Ladung oder die Besetzung nicht leidet. …

Deshalb hat der Frachtführer eine Kontroll- und Hinweispflicht hinsichtlich der Beladung durch den Absender und auch das Recht, dem Absender Weisungen zur Änderung der Beladung zu erteilen.

Beispiel: Ein Container löst sich vom Lkw und beschädigt diesen und nachfolgende Fahrzeuge, weil der Container nicht richtig befestigt war. Hierfür haftet der Absender dem Frachtführer gem. § 412. Der Frachtführer hat jedoch auch für die nicht ausreichende Verkehrssicherheit seines beladenen Fahrzeugs die Verantwortung zu tragen (§ 22 i. V. m. § 49 Abs. 1 Ziff. 21, 22 StVO).

Abs. 3 verpflichtet den Absender zur Zahlung von Standgeld an den Frachtführer, wenn er über die vertraglich vereinbarte oder eine angemessene Ladezeit hinaus warten muss, aus Gründen, die nicht seinem Risikobereich zuzurechnen sind.

Standgeld

Der Ausschluss von Standgeld in Absender-AGB ist unzulässig gem. § 307 Abs. 1 Satz 1, Abs. 2 Nr. 1, Abs. 3 BGB, so BGH Urt. 12.05.2010, I ZR 37/09. Die Dauer der Wartezeit ist von den Umständen des Einzelfalls abhängig. Eine Wartezeit von mehr als zwei Stunden für die Übergabe von Palletten wird vielfach als unzumutbar angesehen, vgl. AG Unna, Urt. v. 25.01.07-16 C 379/06; vgl. auch Ziff. 11.2 ADSp mit zwei Stunden als standgeldfrei.

Landtransport bis zu 2 Stunden Be- und Entladen standgeldfrei!

Für den Bereich der Binnenschifffahrt gibt Abs. 4 eine Verordnungsermächtigung an das Bundesministerium der Justiz, die Ladezeiten und die Höhe des Standgeldes festzulegen (Verordnung über die Lade- und Löschzeiten sowie das Liegegeld in der Binnenschifffahrt – BinSchLV, in der Fassung der Bekanntmachung vom 25. Januar 2010 (BGBL I. S. 162)).

Von § 412 HGB abweichende Pflichtenverteilung kann sich ergeben aus:

von § 412 HGB abweichende Pflichtenverteilung

- Verkehrssitte: wenn sich in den beteiligten Verkehrskreisen auf freiwilliger Basis über einen längeren Zeitraum eine Praxis herausgebildet hat, dass der Frachtführer zu be- und/oder zu entladen hat.
- Umständen des Einzelfalles: Dies kann dann der Fall sein, wenn Be- und Entladung nur mittels technischer Vorrichtungen des eingesetzten Fahrzeugs möglich ist, z. B. mit bordeigenen Pumpvorrichtungen bei Tankfahrzeugen, Hebebühnen oder bei Kran- oder Silofahrzeugen, sofern solche vom Absender bestellt wurden.
- Vertraglicher Vereinbarung zwischen Absender und Frachtführer über den Einsatz von Spezialfahrzeugen (z. B. Fahrzeug mit Hebebühne), die auch eingesetzt werden sollen. Ansonsten hat die Verwendung eines Spezialfahrzeuges durch den Frachtführer jedoch keine automatische Beladepflicht des Frachtführers zur Folge (BGH, TranspR 2008, 205).

Sofern keine abweichende Pflichtenverteilung vorliegt, haften für Schäden bei der Be- und Entladung, auch bei der Mitwirkung Dritter, der Absender bzw. der Empfänger. Für diese Haftung bedarf es jedoch des Verschuldens i. S. v. §§ 276 ff. BGB.

Nicht selten passiert es in der Praxis, dass der Fahrer bei der Be- und Entladung tätig wird, z. B. weil der Fahrer nicht mehr warten will oder der Empfänger ihn darum bittet, ohne dass hierüber konkrete Absprachen getroffen sind und dass bei dieser Tätigkeit der Fahrer das Transportgut und auch Drittgüter beschädigt.

Sonderproblem: Mithilfe des Fahrers bei der Be- und Entladung

In diesen Fällen stellt sich die Frage, wer für diese Schäden verantwortlich ist: der Absender/Empfänger oder der Frachtführer oder ganz und gar der Fahrer?

Die Zurechnung des Verhaltens des Fahrers beurteilt sich aufgrund der Umstände des Einzelfalles, insbesondere danach, wer die „Oberaufsicht" über den konkreten Be- und

2

Entladevorgang hat. Hierbei sind folgende unterschiedliche (Haupt-)Konstellationen denkbar:

1. Der **Fahrer wird auf Bitten des Empfängers** tätig, ohne Kenntnis des Frachtführers und ohne dass der Fahrer berechtigt wäre, zusätzliche vertragliche Verpflichtungen für den Frachtführer einzugehen. Dann Entladung aus Gefälligkeit, hier handelt der Fahrer nicht als Erfüllungsgehilfe des Frachtführers, sondern als Erfüllungsgehilfe des Empfängers (OLG Köln TranspR 1996, 379, 380). Dann keine Haftung des Frachtführers für ein Fehlverhalten seines Fahrers (BGH, VersR 1971, 755).

2. **Mithilfe des Fahrers in Kenntnis und Duldung des Frachtführers.** Dann verleiht quasi der Frachtführer seinen Fahrer für die Dauer des Be- und Entladevorgangs an den Absender bzw. Empfänger. Der Fahrer wird hier unter der (Ober-)Aufsicht des Absenders/Empfängers tätig und deshalb trifft den Frachtführer keine Obhutshaftung, höchstens eine solche wegen Auswahlverschuldens (Vergleiche BGH VersR 1979, 83, 85; NJW 1971, 1129).

Literatur zur Vertiefung des Sonderproblems: Neufang/Valder, TranspR 2010, 325;

3. **Entladung auf eigene Initiative des Fahrers** hin, ohne Kenntnis des Empfängers (Stichwort: „Wartezeit an der Rampe"), Verantwortlichkeit des Frachtführers für Beschädigungen gem. § 280 Abs. 1 Satz 1 BGB, auch wenn dieser keine Kenntnis vom Tätigwerden seines Fahrers hat, aber der Frachtführer muss immer damit rechnen, dass sich das Fahrpersonal in die Entladevorgänge einschalten könnte (BGH, Urt. v.28.11.2013-I ZR144/12). Soweit jedoch dem Fahrer von dem Frachtführer ausdrücklich untersagt worden ist, z. B. in einer Fahreranweisung, nicht selbständig Entladungen vorzunehmen, der Fahrer gleichwohl tätig geworden ist, dann ist der Fahrer „bei Gelegenheit tätig" geworden, ohne dass dem Frachtführer dieses Verhalten zurechenbar wäre (BGH, VersR 1985, 1060, 1061).

2.4.1.7 Ausgleichspflicht des Absenders bei Nichteinhaltung der Ladezeit

> **§ 417 HGB – Rechte des Frachtführers bei Nichteinhaltung der Ladezeit**
> (1) Verlädt der Absender das Gut nicht innerhalb der Ladezeit oder stellt er, wenn ihm das Verladen nicht obliegt, das Gut nicht innerhalb der Ladezeit zur Verfügung, so kann ihm der Frachtführer eine angemessene Frist setzen, innerhalb derer das Gut verladen oder zur Verfügung gestellt werden soll.

(2) Wird bis zum Ablauf der nach Absatz 1 gesetzten Frist kein Gut verladen oder zur Verfügung gestellt oder ist offensichtlich, dass innerhalb dieser Frist kein Gut verladen oder zur Verfügung gestellt wird, so kann der Frachtführer den Vertrag kündigen und die Ansprüche nach § 415 Abs. 2 geltend machen.

(3) Wird das Gut bis zum Ablauf der nach Absatz 1 gesetzten Frist nur teilweise verladen oder zur Verfügung gestellt, so kann der Frachtführer mit der Beförderung des bereits verladenen Teils des Gutes beginnen und die Ansprüche nach § 416 Satz 2 und 3 geltend machen.

(4) Der Frachtführer kann die Rechte nach Absatz 2 oder 3 auch ohne Fristsetzung ausüben, wenn der Absender sich ernsthaft und endgültig weigert, das Gut zu verladen oder zur Verfügung zu stellen. Er kann ferner den Vertrag nach Absatz 2 auch ohne Fristsetzung kündigen, wenn besondere Umstände vorliegen, die ihm unter Abwägung der beiderseitigen Interessen die Fortsetzung des Vertragsverhältnisses unzumutbar machen.

(5) Dem Frachtführer stehen die Rechte nicht zu, wenn die Nichteinhaltung der Ladezeit auf Gründen beruht, die seinem Risikobereich zuzurechnen sind.

In konsequenter Fortsetzung der Regelung in § 412 HGB, insbesondere in Abs. 3, gewährt diese Vorschrift dem Frachtführer die notwendigen Gegenrechte für den Fall, dass der Absender nicht innerhalb der Ladezeit verlädt oder das Gut nicht zur Verfügung stellt.

Gegenrecht des Frachtführers

Voraussetzungen des § 417 HGB Abs. 1 HGB:

Rücktritt nach § 417 HGB

— Nichtverladung innerhalb vereinbarter oder angemessener Zeit;
— Aufforderung zur Verladung innerhalb angemessener Frist (zur Dauer der Angemessenheit, vergleiche Hk-HGB/Wieske, § 412, Rn. 9 mit Beispielen) es sei denn, der Absender hat ernsthaft einen weitere Verladung verweigert oder dem Frachtführer ist ein Zuwarten nicht zumutbar gem. § 417 Abs. 4 Satz 2, z. B. weil sich durch das Zuwarten die Transportumstände verschlechtern.

Soweit diese Voraussetzungen erfüllt sind, hat der Frachtführer folgende Rechte gemäß § 417 Abs. 2 HGB:

Rechte des Frachtführers

— Kündigung des Frachtvertrages
— Anspruch auf vereinbarte Fracht, plus Standgelder und Aufwendungen minus ersparte Kosten oder
— Fautfracht in Höhe von einem Drittel der vereinbarten Fracht, ohne Einzelnachweise (pauschalierter Schadensersatz).

Bei Verladung einer Teilladung gewährt Abs. 3 dem Frachtführer das Recht, nur die Teilladung zu transportieren und

Teilladungstransport

2

gleichwohl die Rechte aus § 416 Satz 2 und 3 HGB einzufordern, d. h. volle Fracht, plus Standgeld und Aufwendungen minus möglicher Erlöse für Beförderung für Dritte.

Die Regelung in Abs. 4 folgt aus den Bestimmungen in § 286 Abs. 2, Ziff. 3 BGB. Abs. 5 verweist bezüglich der Rechte des Frachtführers, dass diese nur dann ihm zustehen, wenn die Verzögerungen nicht aus dessen Risikobereich entstammen.

2.4.1.8 Zusammenfassung: Die Pflichten des Absenders

Pflicht	Fracht-zahlung	Laden, Entladen	Ladung sichern	Verpacken
Regelung	§ 407 Abs. 2 HGB	§ 412 HGB	§ 412 HGB	§ 411 HGB
Rechts-folge bei Verletzung	§§ 323 ff. BGB	§ 412 Abs. 3, § 417 HGB	§ 280 Abs. 1 BGB	§ 414 Abs. 1 HGB

Pflichten des Absenders

Pflicht	Kennzeich-nung	Gefahrgut-informa-tionen	Begleit-papiere	Fracht-brief-angaben
Regelung	§ 411 HGB	§ 410 HGB	§ 413 HGB	§ 408 HGB
Rechts-folge bei Verletzung	§ 414 Abs. 1 HGB	§ 414 Abs. 1 HGB	§ 414 Abs. 1 HGB	§ 414 Abs. 1 HGB

Pflichten des Absenders

2.4.2 Die Rechte des Absenders

Der Absender hat vielfältige Rechte aus dem Transportvertrag.

Hauptrechte:
- Transport(ziel)bestimmung
- Kündigungsrecht, § 415 Abs. 1 HGB

Nebenrechte:
- Weisungsrecht, §§ 418, 419 HGB;
- Recht auf Teilbeförderung, § 416 HGB;

- Anspruch auf Unterschrift des Frachtführers auf dem Frachtbrief, § 408, Abs. 2, S. 2 HGB;
- Anspruch auf Bestätigung der Mengenangaben im Frachtbrief, § 409, Abs. 3, S. 2 HGB;
- Verlustvermutung, § 424 HGB.

2.4.2.1 Kündigung durch den Absender

§ 415 HGB – Kündigung durch den Absender

(1) Der Absender kann den Frachtvertrag jederzeit kündigen.

(2) Kündigt der Absender, so kann der Frachtführer entweder

1. die vereinbarte Fracht, das etwaige Standgeld sowie zu ersetzende Aufwendungen unter Anrechnung dessen, was er infolge der Aufhebung des Vertrages an Aufwendungen erspart oder anderweitig erwirbt oder zu erwerben böswillig unterläßt, oder

2. ein Drittel der vereinbarten Fracht (Fautfracht) verlangen. Beruht die Kündigung auf Gründen, die dem Risikobereich des Frachtführers zuzurechnen sind, so entfällt der Anspruch auf Fautfracht nach Satz 1 Nr. 2; in diesem Falle entfällt auch der Anspruch nach Satz 1 Nr. 1, soweit die Beförderung für den Absender nicht von Interesse ist.

(3) Wurde vor der Kündigung bereits Gut verladen, so kann der Frachtführer auf Kosten des Absenders Maßnahmen entsprechend § 419 Abs. 3 Satz 2 bis 4 ergreifen oder vom Absender verlangen, daß dieser das Gut unverzüglich entlädt. Der Frachtführer braucht das Entladen des Gutes nur zu dulden, soweit dies ohne Nachteile für seinen Betrieb und ohne Schäden für die Absender oder Empfänger anderer Sendungen möglich ist. Beruht die Kündigung auf Gründen, die dem Risikobereich des Frachtführers zuzurechnen sind, so ist abweichend von den Sätzen 1 und 2 der Frachtführer verpflichtet, das Gut, das bereits verladen wurde, unverzüglich auf eigene Kosten zu entladen.

Wie der Besteller im Werkvertragsrecht des BGB (§ 649 BGB), kann auch beim Frachtvertrag der Absender den Frachtvertrag jederzeit kündigen, § 415 Abs. 1 HGB.

Aber ebenso wie im BGB hat der Absender, wenn er kündigt, die Verpflichtung, dem Frachtführer die vereinbarte Fracht zu zahlen; abzüglich der Kosten, die durch die Nichtausführung einspart wurden (z. B. Treibstoffkosten) bzw. der Einnahmen, die vom Frachtführer statt dessen effektiv erlöst werden oder die der Frachtführer böswillig unterlassen hat zu erlösen, weil er sich nicht nach anderen Aufträgen umgesehen hat. Hier trifft den Frachtführer wiederum eine Schadensminderungspflicht, § 415, Abs. 2, Ziff. 1 HGB.

Fautfrachtzahlung

2

keine Ausgleichspflicht
des Absenders

Alternativ kann jedoch der Frachtführer „ein Drittel der vereinbarten Fracht" als Fautfracht einfordern, ohne dann konkret seine Kosten und Einsparungen darlegen zu müssen. Dieser Anspruch des Frachtführers entfällt jedoch, wenn die Kündigung des Absenders auf Gründen beruht, die im Risikobereich des Frachtführers (kein Verschulden notwendig!) ihre Ursache haben.

Abs. 3 betrifft das Recht des Absenders auf Herausgabe des Transportgutes bei vorzeitiger Kündigung. Hierbei wird hinsichtlich der Rechtsfolgen nach Risikobereichen differenziert:

— Abs. 3, Satz 1 und 2 (Kündigung aus Risikobereich des Absenders): Dann muss der Frachtführer das Transportgut nur herausgeben, wenn hierdurch nicht seine eigenen (z. B. aus einem Pfandrecht) oder fremde Interessen verletzt werden.

— Abs. 3, letzter Satz (Kündigung aus Risikobereich des Frachtführers): Dann ist der Frachtführer zur unverzüglichen Entladung verpflichtet.

2.4.2.2 Die Transport(ziel)bestimmung durch den Absender

Der Absender ist Herr
des Transports

Der Transportvertrag ist ein Werkvertrag über die Ortsveränderung des Transportgutes. Hauptrecht des Absenders ist deshalb zu bestimmen, was wohin zu transportieren ist und an wen das Transportgut ausgeliefert werden soll.

Da während der Ausführung von Transportverträgen vielfach Änderungen oder Hindernisse auftreten können, hat der Gesetzgeber einerseits dem Absender spezifische Weisungsrechte (§§ 418, 419 HGB) gegeben, andererseits dem Frachtführer auch Gegenrechte eingeräumt, da durch neue Weisungen der ursprünglich zwischen Absender und Frachtführer geschlossene Transportvertrag durch den Absender eine einseitige Änderung erfährt.

2.4.2.3 Die Weisungsrechte des Absenders

Auch nach Beförderungsbeginn hat der Absender gegenüber dem Frachtführer

— Weisungsrechte als nachträgliches Weisungsrecht § 418 HGB

— Weisungsrecht(-pflicht) bei Beförderungs- und Ablieferhindernissen § 419 HGB

§ 418 HGB – Nachträgliche Weisungen

(1) Der Absender ist berechtigt, über das Gut zu verfügen. Er kann insbesondere verlangen, daß der Frachtführer das Gut nicht weiterbefördert oder es an einem anderen Bestimmungsort, an einer anderen Ablieferungsstelle oder an einen anderen Empfänger abliefert. Der Frachtführer ist nur insoweit zur Befolgung solcher Weisungen verpflichtet, als deren Ausführung weder Nachteile für den Betrieb seines Unternehmens noch Schäden für die Absender oder Empfänger anderer Sendungen mit sich zu bringen droht. Er kann vom Absender Ersatz seiner durch die Ausführung der Weisung entstehenden Aufwendungen sowie eine angemessene Vergütung verlangen; der Frachtführer kann die Befolgung der Weisung von einem Vorschuß abhängig machen.

Anspruch des Absenders auf Weisungsbefolgung

(2) Das Verfügungsrecht des Absenders erlischt nach Ankunft des Gutes an der Ablieferungsstelle. Von diesem Zeitpunkt an steht das Verfügungsrecht nach Absatz 1 dem Empfänger zu. Macht der Empfänger von diesem Recht Gebrauch, so hat er dem Frachtführer die entstehenden Mehraufwendungen zu ersetzen sowie eine angemessene Vergütung zu zahlen; der Frachtführer kann die Befolgung der Weisung von einem Vorschuß abhängig machen.

Erlöschen des Weisungsrechts beim Empfänger

(3) Hat der Empfänger in Ausübung seines Verfügungsrechts die Ablieferung des Gutes an einen Dritten angeordnet, so ist dieser nicht berechtigt, seinerseits einen anderen Empfänger zu bestimmen.

(4) Ist ein Frachtbrief ausgestellt und von beiden Parteien unterzeichnet worden, so kann der Absender sein Verfügungsrecht nur gegen Vorlage der Absenderausfertigung des Frachtbriefs ausüben, sofern dies im Frachtbrief vorgeschrieben ist.

Weisungsrechte nur gegen Vorlage der Absenderausfertigung des Frachtbriefes

(5) Beabsichtigt der Frachtführer, eine ihm erteilte Weisung nicht zu befolgen, so hat er denjenigen, der die Weisung gegeben hat, unverzüglich zu benachrichtigen.

(6) Ist die Ausübung des Verfügungsrechts von der Vorlage des Frachtbriefs abhängig gemacht worden und führt der Frachtführer eine Weisung aus, ohne sich die Absenderausfertigung des Frachtbriefs vorlegen zu lassen, so haftet er dem Berechtigten für den daraus entstehenden Schaden. Die Haftung ist auf den Betrag begrenzt, der bei Verlust des Gutes zu zahlen wäre.

Haftung des Frachtführers bei Weisungsbefolgung ohne Frachtbrief

Gem. Absatz 1 hat der Absender bis zur Ankunft des Gutes beim Empfänger das Verfügungsrecht über das Transportgut. Insbesondere kann er verlangen:

Verfügungsrecht des Absenders

– Abbruch/Unterbrechung der Beförderung;
– Transport an einen anderen Bestimmungsort;
– Transport an eine andere Ablieferungsstelle = Bestimmungsadresse;
– Auslieferung an einen anderen Empfänger.

2

Einwendungen des Frachtführers

Der Frachtführer hat hiergegen ein Einwendungsrecht, wenn durch diese Änderungen des ursprünglich vereinbarten Frachtvertrages:

- Nachteile für seinen Betrieb drohen, auch Vermögensnachteile, z. B. wenn der Frachtführer an der Ausführung einer ihm gegebenen Anweisung gehindert wird oder
- die Gefahr von Schäden für andere Absender/Empfänger besteht.

Beispiel: Der Absender hatte den Frachtführer beauftragt, einen Container von Bremerhaven nach Berlin, Firma Kiko GmbH, Unter den Linden 220, zu transportieren. Während der Reise erfährt der Absender, dass der Empfänger, die Kiko GmbH, in Berlin wahrscheinlich zahlungsunfähig ist. Er beauftragt nunmehr den Frachtführer den Container statt nach Berlin nach Düsseldorf zu transportieren zur Firma Zahlgut AG. Der Frachtführer ist hierzu verpflichtet, es sei denn durch diese Änderungen entstehen ihm Nachteile.

Aufwendungsersatzanspruch

Bei Weisungen hat der Frachtführer neben seinem Frachtanspruch Anspruch auf Aufwendungsersatz gegenüber dem Absender, einschließlich des Rechts, hierfür einen besonderen Vorschuss zu verlangen.

Ende des Weisungsrechts

Das Weisungsrecht des Absenders reicht gem. Abs. 2 bis zur Ankunft des Gutes an der Ablieferungsstelle/-adresse. Dann geht dieses auf den Empfänger über, d. h. in dem Moment, wenn der Frachtführer angekommen ist und den Empfänger über seine Ankunft unterrichtet hat.

Nunmehr ist es am Empfänger, das Transportgut anzunehmen, durch:

- physische Annahme oder
- Erteilung neuer Weisungen, gem. § 418 Abs. 2 HGB, Rechtsfolge: Ersatz der Mehraufwendungen, Vergütungspflicht, ggf. Vorschuss.

Abs. 3 schließt das Weisungsrecht eines Dritten regelmäßig aus, es sei denn dieser handelt als Vertreter des Empfängers oder des Absenders (§§ 164 ff. BGB). Durch diese Regelung soll verhindert werden, dass der Frachtführer vom Empfänger A zu B und dann zu C geschickt wird.

Der Frachtführer kann sich aber freiwillig dem Weisungsrecht eines Dritten unterwerfen, jedoch nur mit Zustimmung des weisungsberechtigten Absenders (Dies kann bei Akkreditivgeschäften von Bedeutung sein, wenn der Empfänger, z. B. ein Kreditinstitut, auf sein Weisungsrecht verzichtet hat und dann ein Dritter – „Meldeadresse"/„notify" – dadurch das Weisungsrecht erhält, § 408 Abs. 1, Ziff. 5.).

Sperrwirkung des Frachtbriefs gem. Abs. 4, d. h. kein nachträgliches Weisungsrecht des Absenders, wenn:

- Frachtbrief ausgestellt und
- von beiden Parteien unterschrieben und
- Vereinbarung der Sperrwirkung i. S. von § 408 Abs. 1 Satz 2 HGB und
- keine Vorlage der Absenderausfertigung des Frachtbriefs.

Um der Vorlagepflicht zu genügen, reicht es aus, wenn die Absenderausfertigung mit dem eingetragenen Sperrvermerk dem Frachtführer vorgewiesen wird.

Sperrwirkung des Frachtbriefs

2.4.2.4 Weisungsrechte des Absenders bei Beförderungs- und Ablieferungshindernissen

§ 419 HGB – Beförderungs- und Ablieferungshindernisse

(1) Wird nach Übernahme des Gutes erkennbar, dass die Beförderung oder Ablieferung

nicht vertragsgemäß durchgeführt werden kann, so hat der Frachtführer Weisungen des nach § 418 oder § 446 Verfügungsberechtigten einzuholen. Ist der Empfänger verfügungsberechtigt und ist er nicht zu ermitteln oder verweigert er die Annahme des Gutes, so ist, wenn ein Ladeschein nicht ausgestellt ist Verfügungsberechtigter nach Satz 1 der Absender; ist die Ausübung des Verfügungsrechts von der Vorlage eines Frachtbriefs abhängig gemacht worden, so bedarf es in diesem Fall der Vorlage des Frachtbriefs nicht. Der Frachtführer ist, wenn ihm Weisungen erteilt worden sind und das Hindernis nicht seinem Risikobereich zuzurechnen ist, berechtigt, Ansprüche nach § 418 Abs. 1 Satz 4 geltend zu machen.

(2) Tritt das Beförderungs- oder Ablieferungshindernis ein, nachdem der Empfänger auf Grund seiner Verfügungsbefugnis nach § 418 die Weisung erteilt hat, das Gut an einen Dritten abzuliefern, so nimmt bei der Anwendung des Absatzes 1 der Empfänger die Stelle des Absenders und der Dritte die des Empfängers ein.

(3) Kann der Frachtführer Weisungen, die er nach § 418 Abs. 1 Satz 3 befolgen müßte, innerhalb angemessener Zeit nicht erlangen, so hat er die Maßnahmen zu ergreifen, die im Interesse des Verfügungsberechtigten die besten zu sein scheinen. Er kann etwa das Gut entladen und verwahren, für Rechnung des nach § 418 oder § 446 Verfügungsberechtigten einem Dritten zur Verwahrung anvertrauen oder zurückbefördern; vertraut der Frachtführer das Gut einem Dritten an, so haftet er nur für die

2

sorgfältige Auswahl des Dritten. Der Frachtführer kann das Gut auch gemäß § 373 Abs. 2 bis 4 verkaufen lassen, wenn es sich um verderbliche Ware handelt oder der Zustand

des Gutes eine solche Maßnahme rechtfertigt oder wenn die andernfalls entstehenden Kosten in keinem angemessenen Verhältnis zum Wert des Gutes stehen. Unverwertbares Gut darf der Frachtführer vernichten. Nach dem Entladen des Gutes gilt die Beförderung als beendet.

(4) Der Frachtführer hat wegen der nach Absatz 3 ergriffenen Maßnahmen Anspruch auf Ersatz der erforderlichen Aufwendungen und auf angemessene Vergütung, es sei denn, daß das Hindernis seinem Risikobereich zuzurechnen ist.

Weisungsrecht bei Hindernissen

Gem. Abs. 1, Satz 1 haben der Absender oder ein von ihm benannter Empfänger oder Ladescheininhaber (vgl. §§ 443 ff. HGB) bei Beförderungs- oder Ablieferungshindernissen das Recht und die Pflicht, dem Frachtführer Weisungen zu erteilen.

Weisungsrecht trotz Sperrwirkung des Frachtbriefs

Satz 2 bestimmt für (Sonder-) Fälle, dass der Empfänger zwar verfügungsberechtigt ist, aber dieses Recht nicht ausübt bzw. nicht zu ermitteln ist: In einem solchen Fall erhält der Absender das Weisungsrecht zurück. Hierdurch können sogar die Sperrwirkung des Frachtbriefes (mit absoluten Schutz in § 418, Abs. 4 und 6 HGB) und die Rechte des Inhabers eines Ladescheins außer Kraft gesetzt werden.

Kostenerstattungsanspruch des Frachtführers

Satz 3 spricht dem Frachtführer ein Kostenerstattungsrecht zu, bei erteilten Weisungen und zwar für Aufwendungen und als angemessene Vergütung, soweit das Hindernis nicht dem Risikobereich des Frachtführers zuzurechnen ist.

Abs. 2 regelt den Fall, dass der Empfänger nach Ankunft die Weisung zur Auslieferung an einen Dritten erteilt hat und nunmehr bei der Auslieferung an diesen Dritten Auslieferhindernisse auftreten. Dann ist dieser Fall entsprechend der Regelung in Absatz 1 zu behandeln, nur hat nun das Weisungsrecht der Empfänger anstatt des Absenders.

eigenes Handlungsrecht des Frachtführers

Abs. 3 betrifft den Fall, dass der Frachtführer von dem jeweils Verfügungsberechtigten (gem. Absatz 1 oder 2) keine Weisungen innerhalb angemessener Zeit erlangen kann.

Die Angemessenheit der Zeit beurteilt sich danach, wie dringend die Entscheidung zu treffen ist. Wenn ein Not- oder Eilfall vorliegt, kann sich diese Frist u. U. auf Null reduzieren.

Vergütungsanspruch des Frachtführers

In einem solchen Fall ist der Frachtführer berechtigt, selbstständig tätig zu werden, unter Berücksichtigung der Interessen des Verfügungsberechtigten (d. h. Absender oder Empfänger, sofern bekannt, oder sonst nach den mutmaßlichen

Interessen). Hierbei handelt es sich um eine Geschäftsbesorgung i. S. §§ 675, 670 BGB. Der Frachtführer hat das Recht zur: Entladung, Einlagerung, Rückbeförderung, aber auch zum Notverkauf (Satz 3) und zur Vernichtung (Satz 4) und zum Aufwendungsersatz (Abs. 4).

Der Frachtführer muss jedoch damit rechnen, dass er dem Verfügungsberechtigten im Nachhinein, das Vorliegen eines Not- oder Eilfalles nachweisen muss und dass die von ihm getroffene Entscheidung dem wirklichen oder vermuteten Interesse des Verfügungsberechtigten entsprochen habe, nach einer wirtschaftlichen Betrachtungsweise.

Mit der Entladung gilt die Beförderung als beendet, d. h. der Frachtführer hat keine weitere Beförderungspflicht mehr und auch keine Obhutspflicht hinsichtlich des Frachtgutes.

Der Schuldner des Aufwendungsersatzanspruchs gem. Abs. 4 ist der Absender. Der Empfänger kann nur dann hierfür in Anspruch genommen werden, wenn dieser die Weisung erteilt oder die Auslieferung des Frachtgutes vom Frachtführer verlangt hat (§ 421 Abs. 1) (BGH Urt. 22.04.10, I ZR 74/08).

2.4.2.5 Anspruch auf Unterschrift des Frachtführers auf dem Frachtbrief

§ 408 Abs. 2 S. 2 HGB
(2) ... Der Absender kann verlangen, daß auch der Frachtführer den Frachtbrief unterzeichnet.

§ 409 Abs. 3 S. 2 HGB – Beweiskraft des Frachtbriefs
(3) ... Der Frachtführer ist verpflichtet, Gewicht, Menge oder Inhalt zu überprüfen, wenn der Absender dies verlangt und dem Frachtführer angemessene Mittel zur Überprüfung zur Verfügung stehen; der Frachtführer hat Anspruch auf Ersatz seiner Aufwendungen für die Überprüfung.

Beide Regelungen geben dem Absender das Recht, vom Frachtführer die Unterschrift auf dem Frachtbrief zu verlangen und damit diesen zur Beweisurkunde mit Beweiskraft für die in ihm enthaltenen Angaben zu machen (▶ Abschn. 2.3.2).

2

2.4.2.6 Das Recht der Verlustvermutung

§ 424 HGB – Verlustvermutung

(1) Der Anspruchsberechtigte kann das Gut als verloren betrachten, wenn es weder innerhalb der Lieferfrist noch innerhalb eines weiteren Zeitraums abgeliefert wird, der der Lieferfrist entspricht, mindestens aber zwanzig Tage, bei einer grenzüberschreitenden Beförderung dreißig Tage beträgt.

(2) Erhält der Anspruchsberechtigte eine Entschädigung für den Verlust des Gutes, so kann er bei deren Empfang verlangen, daß er unverzüglich benachrichtigt wird, wenn das Gut wiederaufgefunden wird.

(3) Der Anspruchsberechtigte kann innerhalb eines Monats nach Empfang der Benachrichtigung von dem Wiederauffinden des Gutes verlangen, daß ihm das Gut Zug um Zug gegen Erstattung der Entschädigung, gegebenenfalls abzüglich der in der Entschädigung enthaltenen Kosten, abgeliefert wird. Eine etwaige Pflicht zur Zahlung

der Fracht sowie Ansprüche auf Schadenersatz bleiben unberührt.

(4) Wird das Gut nach Zahlung einer Entschädigung wiederaufgefunden und hat der Anspruchsberechtigte eine Benachrichtigung nicht verlangt oder macht er nach Benachrichtigung seinen Anspruch auf Ablieferung nicht geltend, so kann der Frachtführer über das Gut frei verfügen.

Voraussetzungen:

- Nichtanlieferung des Transportgutes innerhalb der Frist (§ 423 HGB).
- Ablauf der doppelten Lieferfrist,
- Mindestens nach 20 Tagen (national)/30 Tagen (international).

Fristen für die Verlustvermutung

Das heißt, auch bei einem „24 Stunden Lieferservice" bedarf es der gesetzlichen Mindestfrist von 20 Tage, um die Verlustvermutung in Anspruch nehmen zu können.

Rechtsfolge

Rechtsfolge: Unwiderlegliche Verlustvermutung, der Absender bzw. Anspruchsberechtigte, wenn das Verfügungsrecht über das Transportgut auf den Empfänger übergegangen ist (§§ 418, 421), muss den Verlust nicht mehr nachweisen, sondern dieser wird durch Gesetz vermutet! Dann gilt Haftung des Frachtführers (► Kap. 6).

Abs. 2: Der Anspruchsberechtigte hat bei Eintritt der Verlustvermutung zwei Rechte nebeneinander:
- Recht auf Schadenersatz für den Verlust
- Anspruch auf Benachrichtigung bei Wiederauffinden des Gutes

Dadurch erhält der Anspruchsberechtigte bei Wiederauffinden des Gutes das Wahlrecht zwischen:

Wahlrecht bei Wiederauffinden Herausgabe des Gutes

- Herausgabe des Gutes gegen Rückzahlung der Entschädigung abzüglich der Kosten, § 424 Abs. 3 HGB; sonstige Schadenersatzansprüche wie z. B. wg. Verspätung bleiben erhalten. *Beispiel: Der Absender erhält sein vor acht Monaten verloren gegangenes Bild zurück und muss seinerseits den empfangenen Schadensersatz an den Frachtführer zurückzahlen, kann jedoch den Teil zurückbehalten der ihm als Schaden entstanden ist, z. B. wenn er einen Privatdetektiv mit der Suche des Bildes beauftragt hatte.*
- Kein Herausgabeverlangen innerhalb eines Monats nach Auffinden. Der Anspruchsberechtigte behält die Entschädigung, § 424 Abs. 4 HGB. Der Frachtführer erhält nach Zahlung des Schadensersatzes das Verfügungsrecht über das Gut. *Beispiel: Nach Eintritt der Verlustvermutung hat der Absender vergleichbare Ware erhalten. Er hat nach sechs Monaten kein Interesse an dem wiederaufgefundenen Transportgut. Er behält die Schadensersatzsumme. Der Frachtführer (oder sein Versicherer) ist verfügungsberechtigt über das wiederaufgefundene Transportgut.*

kein Herausgabeverlagen

2.5 Rechte und Pflichten des Frachtführers

2.5.1 Die Rechte des Frachtführers

2.5.1.1 Der Frachtzahlungsanspruch

Gemäß § 407 Abs. 2 HGB ist Hauptanspruch des Frachtführers der Frachtzahlungsanspruch. Siehe hierzu Pflichten des Absenders, §§ 407 Abs. 2, 420 HGB ▶ Abschn. 2.4.1.1).

Die Sicherungsrechte des Frachtführers

2

Zur Durchsetzung des Anspruchs auf die Bezahlung der Fracht und sonstiger Aufwendungen, gibt der Gesetzgeber dem Frachtführer zwei Arten der Sicherungsrechte am Transportgut:

- das Frachtführerpfandrecht, §§ 440 ff. HGB
- das Zurückbehaltungsrecht, § 369 HGB, § 273 BGB

2.5.1.2 Das Frachtführerpfandrecht

Pfandrecht wegen „unbestrittener Forderungen"

§ 440 HGB – Pfandrecht des Frachtführers

(1) Der Frachtführer hat für alle Forderungen aus dem Frachtvertrag ein Pfandrecht an dem ihm zur Beförderung übergebenen Gut des Absenders oder eines Dritten, der der Beförderung des Gutes zugestimmt hat. An dem Gut des Absenders hat der Frachtführer auch ein Pfandrecht für alle unbestrittenen Forderungen aus anderen mit dem Absender abgeschlossenen Fracht-, Seefracht-, Speditions- und Lagerverträgen. Das Pfandrecht nach den Sätzen 1 und 2 erstreckt sich auf die Begleitpapiere.

(2) Das Pfandrecht besteht, solange der Frachtführer das Gut in seinem Besitz hat, insbesondere solange er mittels Konnossements, Ladescheins oder Lagerscheins darüber verfügen kann.

Sonderfall: besitzloses Pfandrecht

(3) Das Pfandrecht besteht auch nach der Ablieferung fort, wenn der Frachtführer es innerhalb von drei Tagen nach der Ablieferung gerichtlich geltend macht und das Gut noch im Besitz des Empfängers ist.

Androhung des Pfandverkaufs an den Empfänger

(4) Die in § 1234 Abs. 1 des Bürgerlichen Gesetzbuchs bezeichnete Androhung des Pfandverkaufs sowie die in den §§ 1237 und 1241 des Bürgerlichen Gesetzbuchs vorgesehenen Benachrichtigungen sind an den nach § 418 oder § 446 Verfügungsberechtigten Empfänger zu richten. Ist dieser nicht zu ermitteln oder verweigert er die Annahme des Gutes, so haben die Androhung und die Benachrichtigung gegenüber dem Absender zu erfolgen.

Das Frachtführerpfandrecht gibt dem Frachtführer das Recht, bei Nichtbezahlung der Fracht, Zahlungsausgleich durch Verwertung des Transportgutes im Wege der Befriedigung durch Pfandverkauf (§§ 1257, 1204 ff. BGB) zu suchen.

(1) Unerfüllte Forderung

(Mit Erfüllung der Forderung erlischt das Pfandrecht automatisch, § 1252 BGB):

Aus dem jeweiligen Frachtvertrag (= konnexes Pfandrecht) gegen den Absender / Empfänger	Aus anderen mit dem Absender geschlossenen (nur!) Fracht-, Speditions- oder Lagerverträgen, wenn diese unbestritten sind (= inkonnexes Pfandrecht).

(2) Besitz am Transportgut

Unmittelbarer Besitz, § 440, Abs. 2 HGB	Mittelbarer Besitz, § 440, Abs.2 (§ 868 BGB)	Achtung: keinen Besitz mehr, § 440, Abs. 3 HGB
Der Frachtführer hat die tatsächliche **Sachherrschaft** über das Frachtgut (§ 854 BGB) direkt, oder mittels eines **Besitzdieners**, d.h. einer Person, die in sozialer Abhängigkeit zum Frachtführer steht (§ 855 BGB, *Beispiel: ein angestellter Fahrer*) oder mittels eines **Traditionspapiers** *(wie eines Ladescheins, Konnossements oder Lagerscheins).*	Der Frachtführer hat zwar keine tatsächliche Sachherrschaft. Diese hat ein anderer, jedoch im Auftrag des Frachtführers. Zwischen dem Frachtführer und demjenigen der den direkten Zugriff auf das Transportgut hat, besteht ein sog. **Besitzmittlungsverhältnis (§ 868 BGB).** *Beispiel: Ein Unterfrachtführer hat Besitz, der Hauptfrachtführer hat mittelbaren Besitz.*	**Voraussetzungen:** • Max. drei Tage nach Ablieferung; • Besitz des Empfängers am Gut (ausreichend der mittelbare Besitz); • Gerichtliche Durchsetzung des Pfandrechts *(Beispiel: Klage, Arrestantrag, Antrag auf Erlass einer einstweiligen Verfügung)* Beachte: Der Tag der Ablieferung wird bei der Drei-Tagesfrist nicht mitgerechnet.

(3) Eigentum des Absenders

beim konnexem Pfandrecht	bei inkonnexem Pfandrecht
Eigentum nicht notwendig, da auch gutgläubiger Erwerb bei gutem Glauben in das Verfügungsrecht möglich ist (§ 366 Abs. 1, Abs. 3 1.HS;§§ 1257, 1207, 932 BGB)	Eigentum des Absenders notwendig. Gutgläubiger Erwerb nur bei gutem Glauben an das Eigentum des Absenders möglich (guter Glaube in das Verfügungsrecht, z. B. eines Spediteurs, reicht nicht aus, § 366 Abs. 3, 2. HS,vgl. BGH NJW-RR 2010, 1546,1550). Beispiel: Dort wo der Name eines Markenartiklers an dem Lagerhaus steht und sich dessen Waren darin befinden, darf auch der Frachtführer gutgläubig an dessen Eigentumsposition glauben.

Abs. 4 regelt die Durchführung des Pfandverkaufs (geregelt in §§ 1234 Abs. 1, 1237 und 1241 BGB) und bestimmt den **Empfänger als Adressaten** der Androhung des Pfandverkaufs.

Beachte: Lieferklauseln wie »frei Haus« oder »frei gegen Kosten« verhindern nur den Zahlungsanspruch gegen den Empfänger, nicht aber Pfandrechtsansprüche gegen den Absender.

Voraussetzungen der Entstehung des Frachtführerpfandrechts

2

2.5.1.3 Das Pfandrecht nachfolgender Frachtführer

> **§ 441 HGB – Nachfolgender Frachtführer**
>
> (1) Hat im Falle der Beförderung durch mehrere Frachtführer der letzte bei der Ablieferung die Forderungen der vorhergehenden Frachtführer einzuziehen, so hat er die Rechte der vorhergehenden Frachtführer, insbesondere auch das Pfandrecht, auszuüben. Das Pfandrecht jedes vorhergehenden Frachtführers bleibt so lange bestehen wie das Pfandrecht des letzten Frachtführers.
>
> (2) Wird ein vorhergehender Frachtführer von einem nachgehenden befriedigt, so gehen Forderung und Pfandrecht des ersteren auf den letzteren über.
>
> (3) Die Absätze 1 und 2 gelten auch für die Forderungen und Rechte eines Spediteurs, der an der Beförderung mitgewirkt hat.

Diese Regelung betrifft die Ausübung des Pfandrechts zur Einziehung von Forderungen, die in einer Kette von Frachtführern entstanden sind, um die Weitergabe des Transportgutes zwischen den Frachtführern zu ermöglichen, ohne dass ein jeder Frachtführer das Transportgut zurückhalten muss, bis dessen Forderung erfüllt ist.

Beispiel: Der Frachtführer Fix hat seinen Frachtlohn vom Absender A noch nicht erhalten. Der nachfolgende Frachtführer Fox, hat jedoch von A seinen Frachtlohn schon erhalten. Gemäß § 441 hat Fox auch ein Pfandrecht gegenüber A zur Realisierung der Forderung des Fix.

Besitzmittlungsverhältnis nachfolgender Frachtführer

Schadensersatzpflicht des letzten Frachtführers

Deshalb wird bestimmt, dass das Pfandrecht eines jeden am Transport beteiligten Frachtführers bis zur Auslieferung durch den letzten Frachtführer bestehen bleibt (Abs. 1, Satz 2).

Der letzte Frachtführer ist damit verpflichtet, neben den eigenen Ansprüchen auch die Ansprüche der anderen Frachtführer bei Auslieferung einzuziehen. Soweit er diese Verpflichtung verletzt, so ist er schadensersatzpflichtig. Voraussetzung hierfür ist jedoch, dass die vorhergehenden Frachtführer dem letzten Frachtführer ihre Forderungen mitteilen.

Beispiel: Wenn also der Fox das Transportgut an den Empfänger ausliefert, obgleich er von dem Pfandrecht des Fix wegen des von A unbezahlten Frachtlohns weiß, so ist der Fox dem Fix zum Schadensersatz verpflichtet.

Abs. 3 stellt klar, dass diese Regelungen auch in Transportketten gelten, wenn ein Spediteur, also kein Frachtführer, Teil einer solchen Transportkette ist, um ein ununterbrochenes Fortwirken des Frachtführerpfandrechts auch in solchen Situationen zu ermöglichen.

2.5.1.4 Der Rang mehrerer Pfandrechte

Vorbemerkung: Wenn an einem Gegenstand mehrere Pfandrechte entstanden sind, z. B. von verschiedenen Werkunternehmern beim Bau einer beweglichen Anlage, so gilt für diese untereinander das Prioritätsprinzip § 1209 BGB, d. h. das ältere Pfandrecht geht dem jüngeren vor, es sei denn eine gesetzliche Sonderregelung wie § 442 HGB gilt:

§ 1209 BGB: Wer zuerst kommt, mahlt zuerst.

> **§ 442 HGB – Rang mehrerer Pfandrechte**
>
> (1) Bestehen an demselben Gut mehrere nach den §§ 397, 441, 464, 475b und 495 begründete Pfandrechte, so geht unter denjenigen Pfandrechten, die durch die Versendung oder durch die Beförderung des Gutes entstanden sind, das später entstandene dem früher entstandenen vor.
>
> (2) Diese Pfandrechte haben Vorrang vor dem nicht aus der Versendung entstandenen Pfandrecht des Kommissionärs und des Lagerhalters sowie vor dem Pfandrecht des Spediteurs, des Frachtführers und des Verfrachters für Vorschüsse.

Abs. 1 bestimmt, dass unter den dort genannten Pfandrechten des 3.und 4. Abschnitts des 4. Buchs des HGB sowie des 5. Buches des HGB (§§ 397, 441, 464, 475b und 495) das später entstandene Pfandrecht dem früher entstanden vorgeht („Umgekehrte Priorität").

umgekehrte Priorität im Frachtrecht

Beispiel: Im Unterschied zur oben geschilderten Situation hat A die Frachtlohnforderung weder von Fix (1200,– €) noch von Fox (900,– €) erfüllt. Der A wird zahlungsunfähig und bei dem Pfandverkauf wird lediglich eine Summe von 1400,– € realisiert. Nach dem Grundsatz der umgekehrten Priorität wird also die Forderung des letzten Frachtführers zuerst befriedigt. Also werden an Fox 900,– € gezahlt, während der Fix nur 500,– € erhält.

Abs. 2 normiert, dass unter den dort genannten besonderen Pfandrechten dasjenige, welches aus der Beförderung des Gutes entstanden ist, den Vorrang hat.

Beachte! Soweit ein Pfandrecht nicht dem Katalog von § 442 HGB unterfällt, z. B. das Werkunternehmer Pfandrecht

2

gemäß § 647 BGB, gilt der Prioritätsgrundsatz, auch beim Zusammentreffen mit Pfandrechten aus dem Katalog des § 442 HGB.

Rangfolge der Pfandrechte:

— Prioritätsprinzip, § 1209 BGB: Das ältere Pfandrecht geht dem jüngeren vor, z. B. das ältere Werkunternehmer-, § 647 BGB, dem jüngeren Transportpfandrecht, § 442 HGB. Voraussetzung des Werkunternehmerpfandrechts gem. § 647 BGB ist jedoch, dass der Werkunternehmer noch Besitz am zu bearbeitenden Werk hat. Wenn also das Werk auf den Transport geschickt wurde, hat also der Werkunternehmer im Regelfall den Besitz verloren, es sei denn, der Frachtführer ist als Logistikunternehmer gleichzeitig Werkunternehmer und hat noch Besitz im Rahmen seines Frachtführerpfandrechts (siehe Ausführungen zur Logistik).

— Bei Pfandrechten aus Versendung/Beförderung gem. § 442 HGB: aus §§ 397, 441, 464, 475 b, 495 HGB: Vorrang des jüngeren Pfandrechts vor dem älteren („Umgekehrte Priorität"), § 442 Abs. 1 HGB.

— Transportpfandrechte: Vorrang der Pfandrechte aus der Versendung, § 442 Abs. 1 gegenüber den in § 442 Abs. 2 HGB genannten Pfandrechten.

Beispiel: Der Werkunternehmer W hat eine dem Transport vorhergehende logistische (Zusatz) Leistung auf das Frachtgut erbracht (Werklohnforderung. 1200,– €), das im Eigentum des A (Absenders) steht und nunmehr an A zurück transportiert werden soll. Wenn der A zahlungsunfähig würde und die Gläubiger des A versuchen, Befriedigung aus dem Pfandgegenstand (Erlös 1400,– €) zu erzielen (W, Fix und Fox), geht die pfandgesicherte Forderung des W voraus, gem. Prioritätsgrundsatz, sofern der W noch Besitz am Gegenstand hat. Sofern jedoch der Pfandgegenstand den Transportunternehmern übergeben wurde, ist der Besitz des W erloschen und eine Pfandverwertung beurteilt sich ausschließlich nach den transportrechtlichen Regelungen §§ 440 ff. HGB.

2.5.1.5 **Das kaufmännische Zurückbehaltungsrecht des Frachtführers**

kaufmännisches Zurückbehaltungsrecht des Frachtführers, § 369 HGB

Soweit der Frachtvertrag ein beiderseitiges Handelsgeschäft ist, hat der Frachtführer neben dem Pfandrecht auch ein kaufmännisches Zurückbehaltungsrecht am Transportgut und Wertpapieren (z. B. Konnossement, Lade- oder Lagerschein), gem. § 369 HGB, das es ihm erlaubt, das Transportgut bis zur Bezahlung aller fälligen Ansprüche aus den Handelsgeschäften zurückzubehalten.

Im Verkehr mit Nichtkaufleuten gilt dagegen § 273 BGB, der ein Recht zur Zurückbehaltung nur einräumt bei „Forderungen aus demselben rechtlichen Verhältnis".

2.5.2 Die Pflichten des Frachtführers

2.5.2.1 Einführung: Haupt- und Nebenpflichten

Frachtführer ist die Partei, die sich vertraglich gegenüber dem Absender verpflichtet hat, das Gut zum Bestimmungsort zu befördern und dort dem Empfänger zu übergeben (§ 407 Abs. 1 HGB).

Die **Hauptleistungspflichten:**

Hauptleistungspflichten

— Transport des Gutes an den Bestimmungsort, § 407 Abs. 1 HGB innerhalb vereinbarter oder üblicher Fristen, § 423 HGB.
— Ablieferung beim Empfänger, § 407 Abs. 1 HGB und Obhut über das Gut.

Nebenpflichten

Die **Nebenpflichten:**

— Weisungseinholungspflicht bei Abliefer- und Beförderungshindernissen, § 419 HGB.
— Besondere vertraglich vereinbarte Pflichten, wie z. B. Nachnahmeeinzug, § 422 HGB.
— Mitwirkung beim Ausstellen des Frachtbriefs (§ 408 HGB).

2.5.2.2 Die Transport- und Ablieferungspflicht – als Hauptpflicht

Die Transportpflicht heißt, das Transportgut innerhalb der vereinbarten oder üblichen Zeit an den Empfänger abzuliefern (§ 423 HGB). Bestimmungsort und Empfänger sind vom Absender ausgewählt. Nach der gesetzlichen Frist von mindestens 20 Tagen gilt durch die unwiderlegliche Verlustvermutung der Transport als gescheitert und gibt dem Frachtführer die Pflicht zum Schadensersatz (siehe Verlustvermutung, § 424 HGB).

Transport- und Ablieferungspflicht als Hauptpflicht, § 407 HGB

Deshalb ist die fristgerechte Lieferung auch als Hauptleistungspflicht des Frachtführers anzusehen.

2

Pflichtverletzung	Lieferfristüber-schreitung	Nichtauslieferung wegen Verlust	Nichtleistung / Leistungs-verweigerung
Beispiel	*Frachtführer liefert nicht innerhalb der Lieferfrist*	*Transportgut ist verloren oder beschädigt*	*Frachtführer lehnt die Erfüllung des Fracht-vertrages ab.*
Rechtsfolge	Ausgleich des Ver-mögensschadens Frachtführerhaftung	Schadensersatz nach Frachtführerhaftung	Schadensersatz, Er-satzvornahme durch Dritten
Regelung	§ 425 i.V.m. § 431 Abs. 3 HGB ⇨ siehe 6.	§§ 425 ff. HGB ⇨ siehe 6.	§§ 280, 323 BGB

Die Verletzung von Haupleistungspflichten durch den Frachtführer und Ersatzpflichten

2.5.2.3 Die Lieferfristeinhaltung

> **§ 423 HGB – Lieferfrist**
> Der Frachtführer ist verpflichtet, das Gut innerhalb der vereinbar-ten Frist oder mangels Vereinbarung innerhalb der Frist abzuliefern, die einem sorgfältigen Frachtführer unter Berück-sichtigung der Umstände vernünftigerweise zuzubilligen ist (Lieferfrist).

Lieferfrist heißt der gesamte Zeitraum von der Übernahme bis zur vertragsgemäßen Ablieferung.

Bestimmung der Lieferfrist

↙   ↘

Lieferfrist nach der Vereinbarung (1. Alternative)	Lieferfrist nach Billigkeits-überlegungen (2. Alternative)
Vereinbarte Lieferfrist muss kalendarisch bestimmbar sein *Beispiel: Klauseln wie »schnellstmöglich« oder »umgehend« oder »Express« beinhalten für sich noch keine Lieferfristvereinbarung*	… ist zu ermitteln unter Berück-sichtigung der konkreten Um-stände vor Ort, aus Sicht eines sorgfältigen Frachtführers. *Beispiel: bei verderblichem Gut ist eine unverzügliche Lieferung zu erwarten.*

Bestimmung der Lieferfrist

Rechtsfolge von Lieferfristüberschreitungen:

— Vermögensschaden wegen Lieferfristüberschreitung: § 425 i. V. m. § 431 Abs. 3 HGB (▶ Abschn. 2.6 – Obhutshaftung)

— Verlustvermutung wegen Lieferfristüberschreitung: + 20/30 Tagesfrist, § 425 i. V. m. § 424 HGB (▶ Abschn.2.4.2.6)

— Kündigung, § 415 HGB (▶ Abschn. 2.4.2.2)

— Vertragsrücktritt ohne Frachtzahlungsfrist, § 323 BGB.

2.5.2.4 Die Pflicht des Frachtführers, Weisungen einzuholen

Bei Beförderungs- und Ablieferhindernissen ist der Frachtführer verpflichtet, hierüber den Absender zu informieren (§ 419 Abs. 1 S. 1 HGB) und von ihm Weisungen einzuholen (▶ Abschn. 2.4.2.3 – Weisungsrechte des Absenders). Bei Nichtbeachtung haftet der Frachtführer nach §§ 280, 323 BGB.

§ 419 HGB: Informations- und Weisungseinholungspflicht

2.5.2.5 Einzug der Warennachnahme

§ 422 HGB – Nachnahme

(1) Haben die Parteien vereinbart, daß das Gut nur gegen Einziehung einer Nachnahme an den Empfänger abgeliefert werden darf, so ist anzunehmen, daß der Betrag in bar oder in Form eines gleichwertigen Zahlungsmittels einzuziehen ist.

(2) Das auf Grund der Einziehung Erlangte gilt im Verhältnis zu den Gläubigern des Frachtführers als auf den Absender übertragen.

(3) Wird das Gut dem Empfänger ohne Einziehung der Nachnahme abgeliefert, so haftet der Frachtführer, auch wenn ihn kein Verschulden trifft, dem Absender für den daraus entstehenden Schaden, jedoch nur bis zur Höhe des Betrages der Nachnahme.

2

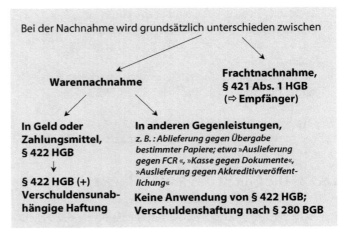

Warennachnahme

§ 422 HGB nur bei
Geldeinzug

§ 422 HGB regelt ausschließlich die Warennachnahme, d. h.
die Ablieferung des Gutes gegen Zahlung des vereinbarten
Betrages.

Dem Bargeld sind gleichwertig als Zahlungsmittel:
— Electronic cash
— bankbestätigter Scheck (Beachte: unterschiedliche
Rechtsprechung).

Abs. 2 stellt fest, dass Nachnahmen immer für den Absender
erfolgen, d. h. Rechte Dritter an der Warennachnahme, z. B.
wegen eines Eigentumsvorbehalts, sind nicht vom Frachtführer zu berücksichtigen. Der Frachtführer kann die Nachnahme auch mit eigenen Forderungen gegen den Empfänger
bzw. Absender verrechnen.

Ersatzanspruch gegen
Frachtführer

Voraussetzungen für Schadenersatz nach § 422 HGB:
— Nachnahmevereinbarung (Klauseln: „Auslieferung gegen
Nachnahme", „cash on delivery", „pay on delivery")
— Auslieferung ohne die Nachnahme kassiert zu haben
— oder Akzeptierung eines Zahlungsmittels, das nicht dem
Bargeld gleichwertig ist (z. B. einen Verrechnungsscheck)
— Schaden des Absenders
— (Beachte! Kein Verschulden des Frachtführers notwendig).

Rechtsfolge:
— Volle Haftung bis zum Betrag der Nachnahme.
— Haftungsminderung bei Mitverschulden des Absenders
(Koller, § 422, Rn. 19; Hk-HGB/Wieske, § 422, Rn. 7,8; a.
A. Müko-HGB/Czerwenka, § 422, Rn. 18).

2.5.2.6 Die Pflicht zur Mitwirkung beim Ausstellen des Frachtbriefes

Bei der Ausstellung des Frachtbriefes hat der Frachtführer auf Verlangen des Absenders die Pflicht, den Frachtbrief zu unterzeichnen (§ 408, Abs. 2, S. 2 HGB) und die Mengenangaben im beidseitig unterzeichneten Frachtbrief zu überprüfen (§ 409, Abs. 3, S. 2 HGB). Siehe hierzu ► Abschn. 2.3.2 – Frachtbrief; ► Abschn. 2.4.2.5 – Rechte des Absenders.

Pflicht zur Unterschrift und Überprüfung des Frachtbriefs, §§ 408, 409 HGB

2.6 Die Obhutshaftung des Frachtführers – Herzstück des Frachtrechts

2.6.1 Die Haftung für Güter- und Verspätungsschaden

> **§ 425 Abs. 1 HGB – Haftung für Güter- und Verspätungsschäden**
> (1) Der Frachtführer haftet für den Schaden, der durch Verlust oder Beschädigung des Gutes in der Zeit von der Übernahme zur Beförderung bis zur Ablieferung oder durch Überschreitung der Lieferfrist entsteht.

Durch § 425 Abs. 1 HGB sind Substanzschäden und Lieferfristüberschreitung, als die typischsten Schäden während des Transportverlaufs, sanktioniert.

Substanzschäden sind: Totalverlust, Teilverlust oder Beschädigung, nicht jedoch andere Vermögensschäden (z. B. Nichteinzug der Nachnahme, – Spezialregelung § 422 HGB –; oder Mitteilung der Lieferantenadresse, entgegen ausdrücklicher Weisung des Absenders = Vermögensschaden, Haftung nach § 433 HGB).

Substanzschäden

Eine Lieferfristüberschreitung beurteilt sich nach § 423 HGB.

Voraussetzungen § 425 Abs. 1 HGB:
- Schaden als Substanzschaden (Verlust oder Beschädigung) oder
- Vermögensschaden wegen Lieferfristüberschreitung, gem. § 423 HGB.
- Entstanden in der Zeit von der Übernahme des Frachtgutes bis zur Ablieferung (Obhutszeitraum).
- Kein Verschulden notwendig (Obhutshaftung des Frachtführers!).

2

---

§ 425 HGB: OBHUT des Frachtführers + SCHADEN

Zeit von
Übernahme ⟶ Ablieferung

kommerzialisierbarer
nach-weisbarer
Schaden als
• Substanzschaden am
  Frachtgut *oder*
• Vermögensschaden
  durch Lieferfristüber-
  schreitung

Prüfungsübersicht für § 425

Rechtsfolge: Schadensersatzpflicht des Frachtführers!
Die **Übernahme des Frachtgutes** ist dann gegeben, wenn der
Absender seine Pflichten bei Übergabe erfüllt hat, wie z. B.
Beladung und deren Sicherung. Soweit der Frachtführer auf
Grund besonderer Vereinbarung einzelne Absenderpflichten bei der Übernahme übernimmt, z. B. die Beladung, so
unterfallen diese Pflichten nicht dem Obhutszeitraum nach §
425 Abs. 1 HGB, sondern sin diesem vorgelagert und würden sich nach § 280 Abs. 1 Satz 1 BGB (BGH Urt. v.
28.11.2013-I ZR 144/12).

Beispiel: Nach Übernahme von 1000 Videokameras durch den
Frachtführer erreichen den Empfänger nur 985 Kameras. Der
Frachtführer haftet für die fehlenden Kameras unabhängig
von seinem Verschulden an diesem Verlust.

Haftung des
Frachtführers für Dritte

2.6.1.1 Haftung des Frachtführers für andere

§ 428 HGB – Haftung für andere
Der Frachtführer hat Handlungen und Unterlassungen seiner
Leute in gleichem Umfange zu vertreten wie eigene Handlungen
und Unterlassungen, wenn die Leute in Ausübung ihrer
Verrichtungen handeln. Gleiches gilt für Handlungen und
Unterlassungen anderer Personen, deren er sich bei Ausführung
der Beförderung bedient.

Haftung des
Frachtführers für seine
Leute

Haftung des Frachtführers für …
— **seine Leute, § 428, Satz 1 HGB,** alle Personen, die im
Unternehmen des Frachtführers tätig sind, z. B. Fahrer,
Lager- und Büroangestellte usw., wenn diese in Ausführung ihrer Verrichtung handeln oder etwas unterlassen,
was sie zu tun hätten. Beispiel: *Die Obhutspflicht gegenüber*

dem Transportgut und deshalb Haftung, wenn der Fracht-
führer das Transportgut nicht vor Diebstählen Dritter
wirksam schützt. Rückgriffsrecht gem. arbeitsvertraglichen
Grundsätzen über die herabgesenkte Haftung bei gefahr-
geneigter Arbeit

— **andere Personen, § 428, Satz 2 HGB**, derer er sich bei der
Erfüllung des Frachtvertrages bedient (§ 278 BGB), z. B.
Unterfrachtführer und deren Erfüllungsgehilfen. Rück-
griffsrecht gem. Haftungsregeln des HGB, wenn diese in
Ausführung der Beförderung tätig sind, also wenn der
Frachtführer sich dieser zur Erfüllung seiner frachtver-
traglichen Pflichten bedient.

Haftung des
Frachtführers für
andere Personen

2.6.1.2 Haftungsausschlüsse

Die Obhutshaftung des Frachtführers wird aufgehoben,
durch:

— **Besondere Haftungsausschlussgründe i. S. v. § 427 HGB.**
— **Unvermeidbarkeit i. S. v. § 426 HGB.**
— **Mitwirkendes Verschulden gem. § 425, Abs. 2 HGB.**

Haftungsausschlüsse,
§§ 425 Abs. 2/426/427
HGB

Beachte! Bei der Prüfung von Haftungsausschlüssen ist mit §
427 HGB zu beginnen, dann § 426 und dann § 425 Abs. 2
HGB zu prüfen.

Die in § 427 Abs. 1 HGB genannten Haftungsausschlussgründe sind abschließend und bezeichnen typische Gefahren
des Gütertransports, für die jedoch der Frachtführer nicht
einzustehen hat. Vielfach korrespondieren die vorgenannten
Ausschlussgründe mit den Pflichten des Absenders, wie sie in
§§ 411 ff. HGB statuiert sind.

Prüfung immer mit §
427 HGB beginnen

---

§ 427 HGB – Besondere Haftungsausschlussgründe
(1) Der Frachtführer ist von seiner Haftung befreit, soweit der
Verlust, die Beschädigung oder die Überschreitung der Lieferfrist
auf eine der folgenden Gefahren zurückzuführen ist:
1. vereinbarte oder der Übung entsprechende Verwendung von
    offenen, nicht mit Planen gedeckten Fahrzeugen oder
    Verladung auf Deck;
2. ungenügende Verpackung durch den Absender;
3. Behandeln, Verladen oder Entladen des Gutes durch den
    Absender oder den Empfänger;
4. natürliche Beschaffenheit des Gutes, die besonders leicht zu
    Schäden, insbesondere durch Bruch, Rost, inneren Verderb,
    Austrocknen, Auslaufen, normalen Schwund, führt;
5. ungenügende Kennzeichnung der Frachtstücke durch den
    Absender;
6. Beförderung lebender Tiere.

besondere
Haftungsausschlüsse
bei Pflichtverletzung
durch den Absender

§ 411 HGB
§ 412 HGB

§ 410 HGB

§ 411 HGB

§ 410 HGB

2

Beweisregelung zu
Gunsten des
Frachtführers

Sonderfälle bei
besonderen Weisungen
des Absenders

(2) Ist ein Schaden eingetreten, der nach den Umständen des
Falles aus einer der in Absatz 1 bezeichneten Gefahren entstehen
konnte, so wird vermutet, daß der Schaden aus dieser Gefahr
entstanden ist. Diese Vermutung gilt im Falle des Absatzes 1 Nr. 1
nicht bei außergewöhnlich großem Verlust.

(3) Der Frachtführer kann sich auf Absatz 1 Nr. 1 nur berufen,
soweit der Verlust, die Beschädigung oder die Überschreitung
der Lieferfrist nicht darauf zurückzuführen ist, daß der Frachtführer besondere Weisungen des Absenders im Hinblick auf die
Beförderung des Gutes nicht beachtet hat.

(4) Ist der Frachtführer nach dem Frachtvertrag verpflichtet, das
Gut gegen die Einwirkung von Hitze, Kälte, Temperaturschwankungen, Luftfeuchtigkeit, Erschütterungen oder ähnlichen Einflüssen besonders zu schützen, so kann er sich auf Absatz 1 Nr. 4 nur
berufen, wenn er alle ihm nach den Umständen obliegenden
Maßnahmen, insbesondere hinsichtlich der Auswahl, Instandhal-
tung und Verwendung besonderer Einrichtungen, getroffen und
besondere Weisungen beachtet hat.

(5) Der Frachtführer kann sich auf Absatz 1 Nr. 6 nur berufen,
wenn er alle ihm nach den Umständen obliegenden Maßnahmen getroffen und besondere Weisungen beachtet hat.

Einzelheiten zu § 427 Abs. 1 HGB:
- Ziff. 1, Transport mit offenen Fahrzeug, Decksverladung
  (Anwendung des Transportrecht auch auf die Binnenschifffahrt) entweder basierend auf einer Vereinbarung
  oder wenn diese Transportart der Übung entspricht …
- Ziff. 2, Ungenügende Verpackung durch den Absender;
  siehe § 411 HGB (Pflichten des Absenders)
- Ziff. 3, Behandeln, Verladen, Entladen durch Absender
  oder Empfänger; siehe § 412 HGB (Pflichten des Absenders)
- Ziff. 4, Natürliche Beschaffenheit des Gutes; Unterschied
  zu § 425 Abs. 2 HGB: Hier geht es nicht um schadens-
  trächtige Einzelstücke (Stichwort: „Montagsproduktion"),
  sondern um die durchschnittliche Schadensträchtigkeit
  des Transportgutes. Sonderregelung nach entsprechenden Vereinbarungen, in § 427 Abs. 4 HGB.
- Ziff. 5, Ungenügende Kennzeichnung durch den Absender, siehe § 411 HGB (Pflichten des Absenders)
- Ziff. 6, Lebende Tiere (Sonderfall, siehe § 410 HGB,
  Unterlassene Hinweispflicht, Sonderregelung in § 427
  Abs. 5 HGB).

Beweisvermutung zu
Gunsten des
Frachtführers

Sofern eine der vorgenannten Situationen gegeben ist, wird zu
Gunsten des Frachtführers vermutet, dass der Schaden auch
seine Ursache in diesem Grund hatte. Diese Vermutung gilt

bis der Anspruchsteller den Gegenbeweis erbracht hat, dass der Schaden nicht aus einem der vorgenannten Gründe entstanden ist (Abs. 2) und damit der Frachtführer hierfür verantwortlich ist.

Die Absätze 3 bis 5 regeln besondere und typische Situationen, in denen sich der Frachtführer nur unter Berücksichtigung der beschriebenen Voraussetzungen auf die Haftungsausschlussgründe erfolgreich berufen kann. Hierbei handelt es sich um besondere Weisungen hinsichtlich der Beschaffenheit des Gutes oder um besondere Vereinbarungen. Wenn ihm solche erteilt wurden und der Frachtführer diese nicht beachtet hat, dann wiederum kann er sich nicht auf die Haftungsbefreiungen des § 427 Abs. 1 HGB berufen.

bei besonderen Weisungen des Absenders: Abs. 3 bis 5

---

§ 426 HGB – Haftungsausschluß
Der Frachtführer ist von der Haftung befreit, soweit der Verlust, die Beschädigung oder die Überschreitung der Lieferfrist auf Umständen beruht, die der Frachtführer auch bei größter Sorgfalt nicht vermeiden und deren Folgen er nicht abwenden konnte.

Haftungsausschluss bei unabwendbarem Ereignis

Unvermeidbarkeit:
Der Schaden i. S. v. § 425 HGB war nicht zu vermeiden.
– Absolute Unvermeidbarkeit (objektiver Maßstab), Beispiel: Höhere Gewalt
– Nachweis, dass trotz größter Sorgfalt des Frachtführers der Schaden nicht vermieden werden konnte (subjektiver Maßstab).

Fallgruppen

„Größte Sorgfalt" ist mehr als durchschnittliche Sorgfalt!

Unvermeidbar sind Unfälle, auf die der Frachtführer keinen Einfluss hat, wie z. B. *bei der Kollision eines mit angemessener Geschwindigkeit ganz rechts fahrenden Lkw mit einem Sattelzug, der über die Mittellinie geraten war; bei Reifenbrand infolge Reifendruckabfalls wegen eines nicht sichtbaren einschneidenden Gegenstandes auf der Straße.*

Beachte! I. d. R. gelten Fahrzeugdefekte als vermeidbare Ereignisse. Gleiches gilt auch für Unfälle aus ungeklärter Ursache.

Die Beweislast für das Vorliegen eines unvermeidbaren Ereignisses hat der Frachtführer.

Beispiele für subjektive Unvermeidbarkeit

Beweislast beim Frachführer

---

§ 425 Abs. 2 HGB – … Schadensteilung
(2) Hat bei der Entstehung des Schadens ein Verhalten des Absenders oder des Empfängers oder ein besonderer Mangel des Gutes mitgewirkt, so hängen der Verpflichtung zum Ersatz sowie der Umfang des zu leistenden Ersatzes davon ab, inwieweit diese Umstände zu dem Schaden beigetragen haben.

Mitverschuldenseinwand/Schadensteilung

2

Mitverschuldensein-
wand des Frachtführers

Haftungsbeschränkung durch Mitwirkendes Verhalten des Absenders oder Empfängers ist gemäß § 425 Abs. 2 HGB gegeben:

wenn Handeln/Unterlassen des Absenders/Empfängers führt:

— zur Schadensverursachung *(z. B. mangelnder Hinweis auf die besondere Empfindlichkeit oder Selbstentzündungsgefahr der Ladung)*

— zu höherem Schaden *(z. B. unterlassener Hinweis des Absenders auf die Gefahr eines ungewöhnlich hohen Schadens)*

— wenn besondere Eigenschaften des Transportgutes zum Schaden führen *(z. B. „Montagsproduktion", bspw. bei Fehler in der Elektronik einer transportierten Maschine, der zu einem Brand führte; mangelnder Vorkühlung von zu transportierendem Kühlgut)*

Kausalität notwendig

— Kausalität gegeben ist *(z. B. Ohne Elektronikfehler in der transportierten Maschine, wäre diese nicht abgebrannt. Wenn der Absender den Frachtführer darauf hingewiesen hätte, dass bei mehrstündiger Erschütterung durch den Transport, das Transportgut explodiert, dann hätte der Frachtführer entsprechend Fahrtunterbrechungen einlegen können und damit wäre die Explosion zu verhindern gewesen.)*

Zwischen diesen Ursachen und dem Schadenseintritt besteht Kausalität, d. h. ein ursächlicher Zusammenhang, wenn bei Wegfall der Ursache auch der Schaden entfallen würde.

Wenn § 425 Abs. 2 HGB gegeben ⇨ Haftungsausschuss oder Schadensteilung zwischen Frachtführer und Anspruchsberechtigten nach Grad der Verursachung, z. B. 1/2 zu 1/2; oder 1/4 zu 3/4.

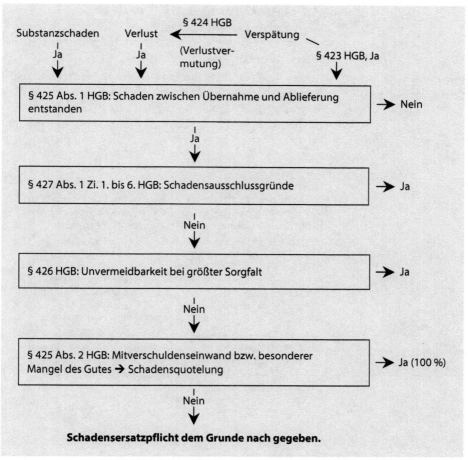

Prüfungsschema, ob die Haftung des Frachtführers dem Grunde nach gegeben ist

2

2.6.2 Berechnung der Höhe des Schadensersatzes

2.6.2.1 Wertersatz

Durch § 429 HGB wird nur der Wertersatz bei Substanzschäden geregelt, nicht der Ausgleich für Vermögensschäden bei Verspätung (Schutzgut in § 425 HGB). Im Falle von Substanzschäden wird der Frachtführer zum Wertersatz in Geld verpflichtet.

---

§ 429 HGB – Wertersatz

(1) Hat der Frachtführer für gänzlichen oder teilweisen Verlust des Gutes Schadenersatz zu leisten, so ist der Wert am Ort und zur Zeit der Übernahme zur Beförderung zu ersetzen.

(2) Bei Beschädigung des Gutes ist der Unterschied zwischen dem Wert des unbeschädigten Gutes am Ort und zur Zeit der Übernahme zur Beförderung und dem Wert zu ersetzen, den das beschädigte Gut am Ort und zur Zeit der Übernahme gehabt hätte. Es wird vermutet, daß die zur Schadensminderung und Schadensbehebung aufzuwendenden Kosten dem nach Satz 1 zu ermittelnden Unterschiedsbetrag entsprechen.

(3) Der Wert des Gutes bestimmt sich nach dem Marktpreis, sonst nach dem gemeinen Wert von Gütern gleicher Art und Beschaffenheit. Ist das Gut unmittelbar vor Übernahme zur Beförderung verkauft worden, so wird vermutet, daß der in der Rechnung des Verkäufers ausgewiesene Kaufpreis abzüglich darin enthaltener Beförderungskosten der Marktpreis ist.

Abs. 1 regelt den Wertersatz bei gänzlichen oder teilweisen Verlust des Transportgutes. Die Wertberechnung erfolgt auf der Basis des Wertes des Transportgutes am Ort und zur Zeit der Übernahme. Wertsteigerungen infolge der Ortsveränderung bleiben damit unberücksichtigt.

Abs. 2 bestimmt die Höhe des Wertersatzes bei Beschädigung. Die Wertminderung wird auf Basis eines Kostenvergleichs zwischen beschädigtem Gut und unbeschädigtem Gut am Übernahmeort zur Übernahmezeit festgestellt. Die so ermittelte Differenz stellt damit die Obergrenze für den Wertersatz dar.

Schadensminderungskosten, z. B. Umverpackungskosten, Reparaturkosten oder Bergungskosten, sind nur dann erstattungsfähig, wenn sie nicht die vorgenannte Wertdifferenz überschreiten. Jedoch begründet Abs. 2 Satz 2 die widerlegliche Vermutung, dass die Kosten zur Schadensminderung der

o. g. Differenz entsprechen. Wenn also diese Kosten dem Frachtführer als zu hoch erscheinen, kann er versuchen, diese Vermutung durch Gegenbeweis zu zerstören.

Beispiel: In Pappkartons verpackte Oberhemden sind auf dem Transport total durchnässt. Für die Kosten der Aufarbeitung der Hemden und Neuverpackung gilt die gesetzliche Vermutung, dass diese der Wertminderung entsprechen. Sollten diese jedoch höher sein als die Wertminderung des Transportgutes, kann der Frachtführer seinen Schadenersatz begrenzen.

Der einer Wertberechnung zugrunde zu legende Wert bestimmt sich nach dem Marktpreis bzw. Durchschnittspreis, so dass besondere wertverändernde Umstände, wie z. B. der Transport des Gutes, außer Betracht bleiben. Als Vermutungsregel nach Abs. 3, Satz 2 gilt bis zum Beweis des Gegenteils, dass bei unmittelbaren Verkauf der Ware, der ausgewiesene Verkaufspreis abzüglich der Beförderungskosten als Marktpreis gilt.

Marktpreis = Verkaufspreis – Transportkosten

2.6.2.2 Schadensfeststellungskosten

> **§ 430 HGB – Schadensfeststellungskosten**
> Bei Verlust oder Beschädigung des Gutes hat der Frachtführer über den nach § 429 zu leistenden Ersatz hinaus die Kosten der Feststellung des Schadens zu tragen.

Neben den Wertersatzkosten hat der Frachtführer bei Verlust oder Beschädigung auch die Kosten der Schadensfeststellung zu tragen, wie z. B. die Kosten eines Havariekommissars oder Sachverständigenkosten.

Der maximale Ausgleichsanspruch wird jedoch auch bei § 429 plus § 430 HGB durch die Haftungshöchstbeträge in § 431 HGB begrenzt.

2.6.2.3 Die Haftungshöchstbeträge

> **§ 431 HGB – Haftungshöchstbetrag**
> (1) Die nach den §§ 429 und 430 zu leistende Entschädigung wegen Verlust oder Beschädigung der gesamten Sendung ist auf einen Betrag von 8,33 Rechnungseinheiten für jedes Kilogramm des Rohgewichts des Gutes begrenzt.

2

> (2) Besteht das Gut aus mehreren Frachtstücken (Sendung) und sind nur einzelne Frachtstücke verloren oder beschädigt worden, so ist der Berechnung nach Absatz 1
>
> 1. die gesamte Sendung zu Grunde zu legen, wenn die gesamte Sendung entwertet ist,
>
> 2. der entwertete Teil der Sendung zu Grunde zu legen, wenn nur ein Teil der Sendung entwertet ist.
>
> (3) Die Haftung des Frachtführers wegen Überschreitung der Lieferfrist ist auf den dreifachen Betrag der Fracht begrenzt.
>
> (4) Die in den Absätzen 1 und 2 genannte Rechnungseinheit ist das Sonderziehungsrecht des Internationalen Währungsfond. Der Betrag wird in Euro entsprechend dem Wert des Euro gegenüber dem Sonderziehungsrecht am Tag der Übernahme des Gutes zur Beförderung oder an dem von den Parteien vereinbarten Tag umgerechnet. Der Wert des Euro gegenüber dem Sonderziehungsrecht wird nach der Berechnungsmethode ermittelt, die der Internationale Währungsfonds an dem betreffenden Tag für seine Operationen und Transaktionen anwendet.

Maximalwert: 8,33 SZR je kg

Die Haftung des Frachtführers für Substanzschäden nach § 429 und Schadensfeststellungskosten gem. § 430 HGB ist begrenzt auf 8,33 SZR für jedes Kilogramm des Rohgewichts der gesamten Sendung (Abs. 1).

Rohgewicht bedeutet das Gewicht des Transportgutes plus Gewicht der Verpackung.

Abs. 2 bestimmt die Berechnung des Kilogrammwertes bei zusammenhängenden Sendungen, die aus mehreren Frachtstücken bestehen. Wenn durch den Teilverlust die gesamte Sendung wertlos geworden ist, dann berechnet sich der Haftungshöchstbetrag nach dem Gewicht der Gesamtsendung (Abs. 2, 1. Alt.), ansonsten nur nach dem Gewicht des verloren gegangenen Teils (Abs. 2, 2. Alt.).

Lieferfristüberschreitung: 3 x Fracht

Abs. 3 bestimmt den Schadensersatz bei Verspätungen/Lieferfristüberschreitung und maximiert diesen mit dem dreifachen Satz der Fracht.

Abs. 4 regelt die Höhe der Umrechnung der Rechnungseinheiten des Internationalen Währungsfonds Sonderziehungsrecht (SZR) in Euro. Das SZR ist eine „Kunstwährung", die aus einem Währungskorb gebildet wird, bestehend aus US-Dollar, Euro, japanischer Yen, britisches Pfund und chinesischer Renminbi Yuan. Die Umrechnung eines SZR in Euro ist daher den Währungsschwankungen ausgesetzt, so betrug der Kurs für ein SZR in € (vgl. ► www.tis.gdv.de):

Am 02.03.2018 = 1,17773

Am 16.03.2018 = 1,8103.

2.6.3 Sonstiger Kostenersatz bei Verlust

> **§ 432 HGB – Ersatz sonstiger Kosten**
> Haftet der Frachtführer wegen Verlust oder Beschädigung, so hat
> er über den nach den §§ 429 bis 431 zu leistenden Ersatz hinaus
> die Fracht, öffentliche Abgaben und sonstige Kosten aus Anlaß
> der Beförderung des Gutes zu erstatten, im Fall der Beschädi-
> gung jedoch nur in dem nach § 429 Abs. 2 zu ermittelnden
> Wertverhältnis. Weiteren Schaden hat er nicht zu ersetzen.

Die Regelung in § 432 HGB trägt dem Umstand Rechnung,
dass der zu ersetzende Schaden sich bestimmt nach dem
Wert des Frachtgutes am Übernahmeort. Die vom Absender
aufgewendeten Kosten für den Transport: öffentliche Abgaben, wie Zölle, Verbrauchssteuern, Import- oder Exportsteu-
ern und sonstige Kosten aus Anlass der Beförderung, z. B.
Wiege-, Be- und Entladungskosten werden bei der Schadensberechnung nach §§ 429, 430 HGB nicht erfasst.

Diese Kosten können jedoch einen wesentlichen Teil des
Schadens des Absenders ausmachen. Sie werden durch § 432
HGB erstattungsfähig, der jedoch nur bei Verlust oder Beschädigung des Transportgutes zur Anwendung kommt. Damit unterliegen sie auch nicht der Haftungslimitierung in §
431 HGB und sind deshalb in voller nachgewiesener Höhe
durch den Frachtführer auszugleichen.

Ausgleich der Frachtkosten neben § 431 HGB bei Verlust/ Beschädigung

Neben den ausdrücklich genannten Positionen, wie Fracht
und öffentliche Abgaben (Steuern, Zölle) umfasst der Begriff
„sonstige Kosten": alle Kosten, die nach der Übergabe des
Transportgutes beförderungsbedingt entstanden sind, wie z.
B. Umladekosten.

2.6.4 Haftungshöchstbetrag bei sonstigen Vermögensschäden

> **§ 433 HGB – Haftungshöchstbetrag bei sonstigen
> Vermögensschäden**
> Haftet der Frachtführer wegen der Verletzung einer mit der
> Ausführung der Beförderung des Gutes zusammenhängenden
> vertraglichen Pflicht für Schäden, die nicht durch Verlust oder
> Beschädigung des Gutes oder durch Überschreitung der
> Lieferfrist entstehen, und handelt es sich um andere Schäden als
> Sach- oder Personenschäden, so ist auch in diesem Falle die
> Haftung des Frachtführers begrenzt, und zwar auf das Dreifache
> des Betrages, der bei Verlust des Gutes zu zahlen wäre.

bei Verletzung sonstiger vertraglicher Pflichten

2

Verschuldenshaftung
bei § 433 HGB

Durch § 433 HGB wird die Haftung des Frachtführers bei Vermögensschäden (außer bei Lieferfristüberschreitung) begrenzt auf das Dreifache des Betrages, den der Frachtführer bei Verlust zu zahlen hätte.

Voraussetzungen des § 433 HGB:
- Vermögensschaden
- keine Überschreitung der Lieferfrist
- Verletzung einer beförderungstypisch Vertragspflicht
- Kausalität zwischen Pflichtverletzung und Schaden
- Rechtswidrigkeit (in der Regel gegeben, entfällt nur bei Notwehr, § 228 BGB; Notstand, § 229 BGB)
- Verschulden des Frachtführers (Fahrlässigkeit ausreichend, vgl. §§ 276 ff. BGB)

Vermögensschaden

Vermögensschaden i. S. d. § 433 HGB: kommerzialisierbarer Schaden, der kein Substanzschaden oder Schaden wegen Überschreitung der Lieferfrist ist. Ferner darf es sich bei diesen Schäden nicht um Personen- oder Sachschäden handeln (dann unbegrenzte Haftung nach §§ 823 ff. BGB).

Verletzung einer
Vertragspflicht

Bei der Verletzung einer Vertragspflicht kommen alle möglichen vertraglichen Haupt- und Nebenpflichten in Frage.

Die Vertragspflicht muss jedoch beförderungstypisch sein: Hier geht es um eine Abgrenzung zu nicht beförderungstypischen Pflichten. Soweit es sich um eine beförderungstypische Nebenpflicht des Frachtführers handelt, die nicht speziell im HGB geregelt ist, wie z. B. Verspätung (§ 425 Abs. 1 HGB), Nachnahme (§ 422 Abs. 3 HGB) oder Fehlgebrauch von Unterlagen (§ 413 Abs. 2 HGB).

§ 433 HGB ist zu bejahen, z. B. bei Unterlassen des Abschlusses einer Transportversicherung; Überprüfungspflichten aus Vereinbarung, die im Zusammenhang mit dem Transport stand; Fehler bei der Zollbehandlung, unberechtigte Weitergabe des Namens des Lieferanten an den Empfänger.

unbegrenzte Haftung
bei Verletzung nicht
beförderungstypischer
Pflichten

Wenn **keine beförderungstypische Pflichtverletzung** vorliegt, z. B. bei reinen Werkleistungen, wie Montage einer vorher transportierten Anlage, dann findet § 433 HGB keine Anwendung mit Folge, dass der Frachtführer unbegrenzt nach Werkvertragsrecht haftet, §§ 631 ff. BGB (Risiko bei Logistikvereinbarungen, wenn der Schwerpunkt der Leistungen im nichttransportspezifischen Werkvertragsrecht liegt, siehe Logistik).

Kausalität

Kausalität ist zu bejahen, wenn der Vermögensschaden nicht eingetreten wäre, ohne die Pflichtverletzung.

Verschulden ist gegeben, wenn die Pflichtverletzung dem Frachtführer mindestens fahrlässig zuzurechnen ist (§ 276 BGB).

Wenn diese Voraussetzungen erfüllt sind, dann Rechtsfolge:

Maximale Haftung des Frachtführers ist auf den dreifachen Betrag begrenzt, der bei Verlust des Gutes zu zahlen wäre! Maximalhaftung des Frachtführers = 3 × Gewicht × kg × 8,33 SZR x Umrechnung in €.

> Verschulden

> Haftungsbegrenzung durch § 433 HGB

2.6.5 Haftungsgrenzen bei außervertraglichen Ansprüchen

> **§ 434 HGB – Außervertragliche Ansprüche**
> (1) Die in diesem Unterabschnitt und im Frachtvertrag vorgesehenen Haftungsbefreiungen und Haftungsbegrenzungen gelten auch für einen außervertraglichen Anspruch des Absenders oder des Empfängers gegen den Frachtführer wegen Verlust oder Beschädigung des Gutes oder wegen Überschreitung der Lieferfrist.
>
> (2) Der Frachtführer kann auch gegenüber außervertraglichen Ansprüchen Dritter wegen Verlust oder Beschädigung des Gutes die Einwendungen nach Absatz 1 geltend machen. Die Einwendungen können jedoch nicht geltend gemacht werden, wenn
>
> 1. sie auf eine Vereinbarung gestützt werden, die von den in § 449 Absatz 1 Satz 1 genannten Vorschriften zu Lasten des Absenders abweicht,
>
> 2. der Dritte der Beförderung nicht zugestimmt hat und der Frachtführer die fehlende Befugnis des Absenders, das Gut zu versenden, kannte oder infolge grober Fahrlässigkeit nicht kannte oder
>
> 3. das Gut vor Übernahme zur Beförderung dem Dritten oder einer Person, die von diesem ihr Recht zum Besitz ableitet, abhandengekommen ist.

Durch diese Regelung soll erreicht werden, dass die gesetzlichen und frachtvertraglichen Haftungsgrenzen zu Gunsten des Frachtführers bei Verlust, Beschädigung oder Lieferfristüberschreitung nicht durch die Anwendung außervertraglicher nichttransportrechtlicher Anspruchsnormen wie §§ 812 ff.; 823 ff.; 667 ff., 861 ff.; 985 ff. BGB umgangen werden. Dass z. B. der Absender oder Empfänger als Eigentümer einer zu transportierenden Sache nicht bei schon fahrlässigem Verlust vom Frachtführer unbegrenzten Schadensersatz gem. § 823 Abs. 1 BGB einfordern kann und dass damit die vorgenannte Haftungsbegrenzung aufgehoben wird.

> Haftungsgrenzen des Frachtrechts gelten für alle Ansprüche des Absenders und Empfängers gegenüber dem Frachtführer.

2

Die Überwindung der Haftungsgrenzen des Frachtrechts durch andere Vorschriften ist daher für Absender und Empfänger durch § 434 Abs. 1 HGB ausgeschlossen.

Haftungsbeschränkend zum Vorteil des Absenders kommen auch §§ 434 und 436 zur Anwendung, wonach diese Haftungsobergrenzen auch für außervertragliche Ansprüche, wie auch für die Haftung der Leute des Absenders gelten sollen.

Gemäß Abs. 2 kann der Frachtführer die Einwendungen zur Haftungsbegrenzung auch Dritten entgegenhalten, die nicht Parteien des Frachtvertrages sind, es sei denn:

— Der Dritte hatte dem Transport nicht zugestimmt und dies war dem Frachtführer bekannt oder zumindest hätte dies bekannt sein müssen (Ziffer 1) oder

— das Transportgut ist dem rechtmäßigen Eigentümer abhandengekommen (Ziffer 2) (ähnlich die Regelung in § 935 BGB).

So wie § 434 HGB die außervertragliche Haftung des Frachtführers begrenzt, wird auch die Haftung der Leute des Frachtführers ebenfalls begrenzt auf die frachtvertragliche Haftung durch § 436 HGB.

> **§ 436 HGB – Haftung der Leute**
> Werden Ansprüche aus außervertraglicher Haftung wegen Verlust oder Beschädigung des Gutes oder wegen Überschreitung der Lieferfrist gegen einen der Leute des Frachtführers erhoben, so können sich auch die Leute auf die in diesem Unterabschnitt und im Frachtvertrag vorgesehenen Haftungsbefreiungen und -begrenzungen berufen. Dies gilt nicht, wenn sie vorsätzlich oder leichtfertig und in dem Bewußtsein, daß ein Schaden mit Wahrscheinlichkeit eintreten werde, gehandelt haben.

Durch § 436 wird sichergestellt, dass der Absender nicht durch Anspruchsgrundlagen außerhalb des Transportrechts die Leute des Frachtführers direkt verantwortlich hält, z. B. wegen (einfachen) fahrlässigen Verhaltens, um damit die Haftungsgrenzen zugunsten des Frachtführers zu umgehen. Deshalb werden die Leute i. S. v. § 428 in den Schutzbereich der begrenzten Haftung nach dem Transportrecht einbezogen. § 436 ist letztlich die „positive" Seite der Leutehaftung des Frachtführers i. S. v. § 428.

Keine Anwendung findet diese Haftungslimitierung bei vorsätzlicher Schadensverursachung oder leichtfertigem Verhalten der Leute, wie in § 435 beschrieben, mit der Folge der unlimitierten persönlichen Haftung der Leute. Keine Anwendung findet § 436 bei Personenschäden und bei Schäden an Drittgütern, die nicht Gegenstand des Frachtvertrages sind,

z. B. der Fahrer des Frachtführers beschädigt das Tor des Empfängers. Dann Haftung gem. § 7 StVG bzw. § 823 Abs. 1 BGB. Soweit hierbei auch Frachtgut beschädigt wurde beurteilt sich jedoch der Schaden am Frachtgut ausschließlich nach §§ 425 ff. HGB.

2.6.6 Unbegrenzte Haftung des Frachtführers

2.6.6.1 Wegfall der Haftungsbefreiungen und -begrenzungen

> **§ 435 HGB – Wegfall der Haftungsbefreiungen und -begrenzungen**
> Die in diesem Unterabschnitt und im Frachtvertrag vorgesehenen Haftungsbefreiungen und Haftungsbegrenzungen gelten nicht, wenn der Schaden auf eine Handlung oder Unterlassung zurückzuführen ist, die der Frachtführer oder eine in § 428 genannte Person vorsätzlich oder leichtfertig und in dem Bewußtsein, daß ein Schaden mit Wahrscheinlichkeit eintreten werde, begangen hat.

Diese Regelung begründet eine unbeschränkte Haftung des Frachtführers bei qualifiziertem Verschulden des Frachtführers.

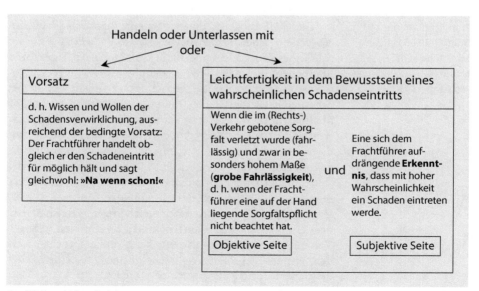

Qualifiziertes Verschulden

2

Beweislast des
Anspruchstellers
Einlassungspflicht des
Frachtführers (sog.
„sekundäre Beweislast")

Beachte! Die Beweis- und Darlegungslast, dass den Frachtführer ein qualifiziertes Verschulden trifft, liegt beim Anspruchsteller. Diese Darlegungslast erfüllt der Anspruchsteller
schon dann, wenn der Klagevortrag nach den Umständen des
Falles ein qualifiziertes Verschulden des Frachtführers mit gewisser Wahrscheinlichkeit nahe legt oder Anhaltspunkte sich
aus dem Sachverhalt ergeben. In einem solchen Fall muss der
Frachtführer die Umstände des Einzelfalls die zu dem Schaden
geführt haben in zumutbarer Weise aufklären. Ein bloßes Be-
streiten reicht dann nicht aus (BGH Urt. 13.12.2013, I ZR
236/11). Insbesondere hat der Frachtführer substanziiert darzulegen, welche Sorgfalt er zur Vermeidung des eingetretenen
Schadens konkret aufgewendet hat (z. B. Bezeichnung der be-
nutzten und bewachten Parkplätze, BGH Urt. 10.12.2009, IZR
154/07). Wenn der Frachtführer seiner Einlassungsobliegen-
heit genügt hat, dann muss der Anspruchsteller die Voraussetzungen für eine unbeschränkte Haftung des Frachtführers
darlegen und beweisen (BGH Urt. 10.12.2009, IZR 154/07).

2.6.6.2 Rechtsprechung

Die tatbestandlichen Voraussetzungen für ein qualifiziertes
Verschulden sind für den Begriff der Leichtfertigkeit in der
Literatur umstritten. Einige Autoren reduzieren die Leichtfertigkeit zur „bewussten groben Fahrlässigkeit" und auch das
tatbestandlich geforderte Bewusstsein eines möglichen Schadenseintritts auf grobe Fahrlässigkeit, deren Vorliegen dann
mittels objektiver Kriterien erschlossen werden soll.

zum Problem der
unlimitierten Haftung
im Frachtrecht
grobe Fahrlässigkeit als
Maßstab

Dies läuft jedoch im Ergebnis, auf die Bejahung des qualifizierten Verschuldens schon bei objektivem Vorliegen der groben
Fahrlässigkeit hinaus, ohne Berücksichtigung der subjektiven
Komponente in § 435 HGB („in dem Bewußtsein"). Dieser An-
satz ist in der Literatur vielfältig kritisiert worden, weil hierbei
der vom Gesetzgeber in der Transportrechtsreform angehobene
Maßstab für ein qualifiziertes Verschulden wieder auf den Maßstab der groben Fahrlässigkeit reduziert wird, der bereits in stän-
diger Rechtsprechung zu Art. 29 CMR als ausreichend für die
unlimitierte Haftung des CMR-Frachtführers angesehen wurde.

Jedoch gebietet bereits der Wortlaut von § 435 eine Differenzierung zwischen objektiven Voraussetzungen („Leichtfertigkeit") und subjektiven Voraussetzungen („Bewusstsein,
dass ein Schaden mit Wahrscheinlichkeit eintreten werde").
Von einem solchen Bewusstsein kann nur gesprochen werden, wenn eine größere Wahrscheinlichkeit für einen Schadenseintritt spricht als gegen einen solchen.

Einschränkungen vom
Wortlaut des § 435

Dieses Bewusstsein muss auch einen höheren Schaden im
Auge haben als nur die Regelhaftung des Frachtführers gemäß

§§ 431, 432. Denn mit der Regelhaftung hat der Frachtführer immer zu rechnen. Der Umstand, dass das Transportgut besonders wertvoll ist, kann nur dann von dem Frachtführer berücksichtigt werden, wenn er davon spätestens bei Vertragsschluss Kenntnis hat, was vielfach in der Praxis nicht der Fall ist, weil dann der höhere Wert und die damit erhöhte Gefahr sich auch in einem höheren Transportpreis widerspiegeln könnte. Ein späterer Hinweis ist hierfür nicht ausreichend (BGH Urt. 13.6.2012, IZR87/11). Denn der Transport von Diamanten, Bargeld oder Computerplatinen ist wegen des aus dem Wert dieser Güter abgeleiteten Risikos objektiv gefährlicher als der Transport von Kies.

Diese Gefahr hat aber zunächst einmal ihre objektive Ursache nicht in dem Handeln des Frachtführers, sondern im objektiven Wert des Transportgutes, einem Umstand also, der in der Sphäre des Absenders seine Ursache hat.

erhöhter Wert = erhöhtes Risiko

Die Rechtsprechung vor der Transportrechtsreform hat in diversen Entscheidungen zum Thema „grobes Organisationsverschulden" des Frachtführers/Spediteurs den Maßstab der groben Fahrlässigkeit als ausreichend angesehen, um eine unlimitierte Haftung des Frachtführers/Spediteurs zu bejahen (Vergleiche: BGH in TranspR 2002, 161, 162 f.; 2003, 255, 257). Angesichts der Bedeutung moderner EDV im Transportwesen entfallen die Haftungsbeschränkungen des Frachtrechts vielfach dann, wenn die EDV des Frachtführers in hohem Maße fehlerhaft ist, z. B. die korrekte Empfängeranschriften nicht verarbeitet, weil dem Empfänger in der EDV noch keine Kundennummer zugewiesen ist (OLG Oldenburg Urt. 23.05.2001-2 U 77/01) und es sich dabei nicht nur um ein Augenblickversagen handelt (BGH Urt. v. 21.11.2006, VI ZR 115/05: Herbeiführung eines Unfalls durch „spontanes" Einnicken des Fahrers)

EDV-Probleme – qualifiziertes Organisationsverschulden

Die neuere Rechtsprechung des BGH (BGH NJW 2003, 3626, 3628) stellt zwar ausdrücklich fest, dass Leichtfertigkeit i. S. v. § 435 nicht identisch sei mit „dem in den bisherigen transportrechtlichen Regelungen verwendeten Begriff der groben Fahrlässigkeit" und folgert daraus, dass nicht bei jedem leichtfertigen Verhalten ein Bewusstsein der Wahrscheinlichkeit des Schadenseintritts verbunden sein müsse (BGHZ 74, 162, 168 = NJW 1979, 2474; BGH NJW 2003, 3626, 3628). Sie geht aber gleichwohl den Weg, auf Basis einer generalisierenden Betrachtungsweise bei ungeklärtem Schadenshergang auf ein qualifizierendes Verschulden zu schließen. Hierdurch wird aber durch eine die Kombination aus „generalisierender Betrachtungsweise" und sekundärer Darlegungslast der gesetzliche Ausnahmefall, nämlich unlimitierte Haftung des Frachtführers, zum Regelfall beim Verlust hochwertiger Güter.

neuere Rechtsprechung

2

Prüfung des
Mitverschuldens des
Absenders

Da dies jedoch vielfach in der Praxis dazu geführt hat, dass Absender hochwertige Güter zu geringsten Kosten transportieren lassen, ohne zusätzliche (kostenverursachende) Sicherungsmaßnahmen vom Frachtführer zu verlangen und vielfach die Frachtführer überhaupt keine Kenntnis vom Wert der transportierten Güter haben, lässt sich in der Rechtsprechung eine Tendenz erkennen, ein mögliches Mitverschulden des Absenders wegen Nichtanzeige der Gefahren aufgrund des hohen Wertes der Güter (vergleiche BGH in NJW 2003, 3626, 3629) zu prüfen. Voraussetzung hierfür ist jedoch, dass der Beklagte in einer solchen Situation konkret darlegen kann, dass er bei höherer Wertangabe ein umfassenderes Sicherheitskonzept umgesetzt hätte, z. B. einen zweiten besonders sicheren (und damit auch teueren) Transportweg.

Fallgruppen des
Mitverschuldens durch
den Absender

Nach der jüngsten Rechtsprechung des BGH ist eine Verfestigung dahingehend zu erkennen, dass der BGH den Vorwurf des Mitverschuldens gegenüber dem Anspruchsteller (Absender, Empfänger oder deren Versicherer) in Fällen des Anspruchs aus § 435 HGB prüft.

Hierbei kann die Rechtsprechung die zur Bejahung eines des Mitverschuldens kommt, in nachfolgende Gruppen eingeteilt werden:

(1) Mitverschulden wegen Kenntnis des Absenders über die mangelhafte Betriebsorganisation des Frachtführers

Mitverschulden wegen Kenntnis des Absenders über die mangelhafte Betriebsorganisation des Frachtführers (BGH, TranspR 2003, 467 ff., 2005, 311). Der Absender, der den bekanntermaßen schlechtesten Frachtführer, meist auch billigsten Frachtführer, mit dem Transport seiner hochwertigen Güter beauftragt, soll für diese Entscheidung nicht doppelt „belohnt" werden, mit der günstigen Frachtrate und mit dem vollen Schadensersatz im Verlustfall.

konkrete Hinweise für
Schadensverursachung
durch den Frachtführer

Eine Anspruchsminderung kann auch in Betracht kommen, wenn der Absender einen Spediteur mit der Transportdurchführung beauftragt, von dem er weiß oder zumindest hätte wissen müssen, dass es in dessen Unternehmen aufgrund von groben Organisationsmängeln immer wieder zu Verlusten gekommen ist. Bei der Bewertung solcher Vorgänge darf nach Ansicht des BGH (Urt. v. 30.03.2006 – I ZR 57/03 m. w. N.) nicht der Grundsatz vernachlässigt werden, dass der Spediteur/Frachtführer grundsätzlich die alleinige Verantwortung für die Transportabwicklung trägt. Dementsprechend kann der Absender nur dann in einen nach § 254 Abs. 1 BGB beachtlichen Selbstwiderspruch geraten, wenn ihm der konkrete Sachverhalt Anlass für die Annahme bietet, der Unternehmer werde durch die ihm angetragenen Arbeiten überfordert, weil er die erforderliche Ausstattung oder die notwendige fachliche Kompetenz nicht besitzt. Die Auftragserteilung beinhaltet unter solchen Umständen die Inkaufnahme eines Risikos, um Kosten für den Absender zu sparen, dessen Verwirklichung allein dem Schädiger anzulasten unbillig erscheint und mit dem der Regelung des § 254 BGB zugrunde liegenden Gedanken von Treu und Glauben unvereinbar ist.

(2) Gefahr eines außergewöhnlich hohen Schadens

Eine Mitverantwortlichkeit des Geschädigten kann sich mit Blick auf § 254 Abs. 2 Satz 1 BGB auch daraus ergeben, dass der Geschädigte es unterlassen hat, den Frachtführer/Spediteur auf die Gefahr eines ungewöhnlich hohen Schadens aufmerksam zu machen, die dieser weder kannte oder kennen musste (BGHZ 149, 337 (353); BGH, TranspR 2003, 317, 2005, 311). Die Obliegenheit zur Warnung hat den Zweck, dem Transportunternehmer Gelegenheit zu geben, geeignete (zusätzliche) Schadensabwendungsmaßnahmen zu ergreifen. Diese Rechtsprechung wurde fortgesetzt durch die Entscheidung in BGH, TranspR 2006, 208; Urt. vom 15.12. 2005 – I ZR 95/03 bei der dann schon das Vorliegen eines ungewöhnlich hohen Schadens angenommen wurde, wenn der Wert der Sendung etwa den zehnfachen Betrag der Haftungshöchstgrenze übersteigt, die der Frachtführer seinen Beförderungsleistungen zugrunde legt bzw. die gesetzlich vorgesehen sind, also bei Gütern von einem Wert von mehr als 100 € je kg.

kein Hinweis auf Schaden von mehr als 100 € je kg durch den Absender

(3) Unterlassen einer Wertdeklaration

Grundlage für ein Mitverschulden ist das Unterlassen einer Wertdeklaration durch den Absender.

So hat der BGH (TranspR 2002, 295; 2003, 317; 2004, 399) entschieden, dass ein klagender Absender in einen nach § 254 Abs. 1 BGB beachtlichen Selbstwiderspruch geraten kann, wenn er trotz Kenntnis, dass der Frachtführer die Sendung bei zutreffender Wertangabe mit größerer Sorgfalt behandelt, von einer Wertdeklaration absieht und bei Verlust gleichwohl vollen Schadensersatz verlangt. Der Absender muss jedoch von der Möglichkeit, dass der Frachtführer besondere Sicherungsmaßnahmen bei Wertdeklaration umsetzt, Kenntnis haben oder zumindest hierüber Kenntnis erlangen können (BGH TranspR 2006, 166; 2006, 121 m.w.N.) Ein „Kennen müssen" auf der Seite des Absenders ist z. B. dann anzunehmen, wenn aus den Geschäftsbedingungen des Frachtführers entnommen werden kann, dass der Frachtführer anbietet, für den Fall des Verlustes oder der Beschädigung von Wertpaketen höher zu haften. Denn zur Vermeidung der versprochenen

Absender wählt billigste Transportart

2

höheren Haftung werden erfahrungsgemäß höhere Sicherheitsstandards gewählt.

Die Haftungsbegrenzung für den Frachtführer entfällt nicht nur, wenn der Frachtführer vorsätzlich oder leichtfertig gehandelt hat, sondern auch wenn ihm ein gleiches Handeln seiner Hilfspersonen i. S. v. § 428 zugerechnet werden kann.

Die Eingrenzung einer ausufernden Rechtsprechung in allen Fällen in denen der Frachtführer den Verlust nicht detailgenau darlegen konnte, über den Gedanken des Mitverschuldens seitens des Absenders, hat das Regressrisiko für die Anspruchsteller erheblich erhöht und führt zu einer Begrenzung der Haftung nach § 435 HGB. Aber im Ergebnis stellt sich in vielen dieser Fälle dann die Frage nach dem konkreten Grad des Mitverschuldens. Dies führt dazu, dass hierdurch die Schadensabwicklungen nicht schnell erfolgt, sondern zeitlich sehr aufwändig ist. Damit widerspricht die daraus entstandene Praxis dem ursprüngliche Grundgedanken einer limitierten Obhutshaftung des Frachtführers, die der schnellen Schadensabwicklung dienen sollte (Begründung zum Reg-Entw des HGB, BT Drucksache 13/8445, S. 66).

2.6.6.3 **Rechtsfolge von § 435**

Rechtsfolge des qualifizierten Verschuldens ist, dass keine transportrechtlichen Haftungslimitierungen gelten. Der Frachtführer haftet unbeschränkt für alle Schäden.

Aber der Geschädigte hat seinen Schaden konkret nachzuweisen (gem. §§ 249 ff. BGB), hierzu gehört auch der entgangene Gewinn § 252 BGB, wenn er nicht die Pauschalierungen in §§ 431 f. gewählt hat. Wenn also der Geschädigte Ersatzgüter nachbestellt, um diese später zu verkaufen, so realisiert er hierdurch seinen Verkaufsgewinn und der Frachtführer hat dann nur den Verlust in Höhe des Einkaufspreises auszugleichen, den er ja wg. des Verlustes zweimal zu zahlen hat (BGH I 39/09, in VersR 2011, 819, 822).

Rechtfolge bei § 435 HGB

Beispiel: Ein stark angetrunkener Lkw-Fahrer kann sich nicht auf die Haftungsausschlüsse nach § 427 Abs. 1 HGB berufen, auch wenn das Transportgut schlecht verpackt war, sondern der Frachtführer haftet unbegrenzt für den vollen Schadenersatz, d. h. für den Substanzschaden wie auch einen möglichen Vermögensschaden (Produktionsausfälle).

Verlust aller Haftungsbegrenzungen

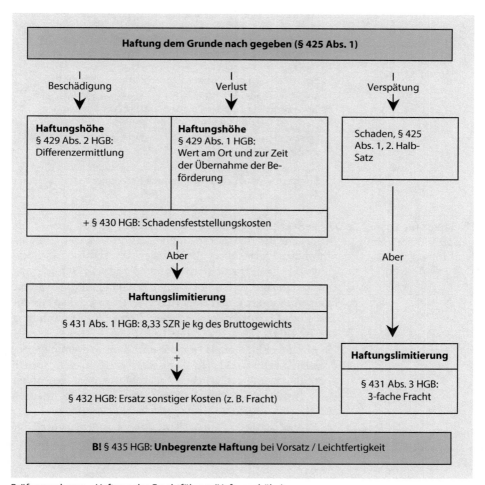

Prüfungsschema – Haftung des Frachtführers (Haftungshöhe)

2

2.6.7 Der Direktanspruch gegen den ausführenden Frachtführer

---

§ 437 HGB – Ausführender Frachtführer

(1) Wird die Beförderung ganz oder teilweise durch einen Dritten ausgeführt (ausführender Frachtführer), so haftet dieser für den Schaden, der durch Verlust oder Beschädigung des Gutes oder durch Überschreitung der Lieferfrist während der durch ihn ausgeführten Beförderung entsteht, so, als wäre er der Frachtführer. Vertragliche Vereinbarungen mit dem Absender oder Empfänger, durch die der Frachtführer seine Haftung erweitert, wirken gegen den ausführenden Frachtführer nur, soweit er ihnen schriftlich zugestimmt hat.

(2) Der ausführende Frachtführer kann alle Einwendungen und Einreden geltend machen, die dem Frachtführer aus dem Frachtvertrag zustehen.

(3) Frachtführer und ausführender Frachtführer haften als Gesamtschuldner.

(4) Werden die Leute des ausführenden Frachtführers in Anspruch genommen, so gilt für diese § 436 entsprechend.

Direktanspruch gegen den ausführenden Frachtführer

Diese Regelung begründet Forderungsrechte und prozessuale Ansprüche des Absenders/Empfängers direkt gegen den ausführenden Frachtführer für Schäden bei Verlust, Beschädigung oder Lieferfristüberschreitung, die aus der Beförderung entstanden sind. Diese Vorschrift des § 437 greift jedoch nur dann ein, wenn auf den Hauptfrachtvertrag zwischen Absender und Frachtführer deutsches Recht zur Anwendung kommt (BGH Urt.v. 30.10.2008 I ZR 12/06).

Absender/Empfänger haben also bei Anwendung des deutschen Frachtrechts ein Wahlrecht, ob sie ihren Anspruch gegenüber dem vertraglichen Frachtführer oder gegenüber dem ausführenden Frachtführer direkt geltend machen (BGHZ 172, 330; BGH Urt.v. 30.10.2008 IZR 12/06).

Dies ist vor allem dann wichtig, wenn sich die Durchsetzung des Anspruchs gegenüber dem vertraglichen Frachtführer als schwierig oder undurchführbar erweist, z. B. weil dieser nicht zahlungsfähig ist. Auch wenn der Anspruchsberechtigte eine Verbindlichkeit gegen den ausführenden Frachtführer hat, dann kann er mit dieser aufrechnen.

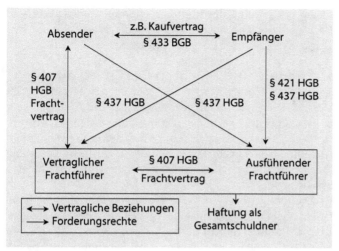

Forderungsrechte

Der ausführende Frachtführer haftet direkt, jedoch maximal mit der gesetzlichen Haftung. Vertragliche Regelungen zwischen dem Absender und dem vertraglichen Frachtführers, die die Haftung des Frachtführers erweitern, gelten jedoch nur dann für den ausführenden Frachtführer, wenn der ausführende Frachtführer diesen schriftlich vorher zugestimmt hat Abs. 1, Satz 2.

Der ausführende Frachtführer kann überdies dem Anspruchsteller alle Einwendungen des vertraglichen Frachtführers aus dem Frachtvertrag entgegenhalten, neben den eigenen Einwendungen, Abs. 2. So kann der ausführende Frachtführer nach § 437 Abs. 2 HGB geltend machen, dass der Hauptfrachtführer nach dem geltenden ausländischen Recht nicht haftet (OLG Düsseldorf, Urt. v. 17.01.2007, I-18 U 98/05). Die Haftung des ausführenden Frachtführers ist Schuldbeitritt zur Haftung des Hauptfrachtführers. Entfällt dessen Haftung entfällt also auch die Haftung des ausführenden Frachtführers (OLG Köln, Urt. 16.01.2007, 3 U 157/04).

Gemäß Abs. 3 haften der vertragliche Frachtführer und der ausführende Frachtführer als Gesamtschuldner. Untereinander sind dann die Frachtführer zum Ausgleich gem. § 426 BGB verpflichtet.

Einwendungen und Einreden des ausführenden Frachtführers

2

Abs. 4 gewährt die Haftungsbeschränkungen des § 436 HGB auch den „Leuten des ausführenden Frachtführers".

2.7 Rechte und Pflichten des Empfängers

Der Empfänger ist nicht Vertragspartner des Transportvertrags, aber er ist i. d. R. der Begünstigte aus dem Transportvertrag. Daneben ist auch seine Mitwirkung notwendig zur Annahme des Transportgutes und damit zur Beendigung der Frachtführerobhut (▶ Abschn. 2.2 – „Die Grundstruktur des Frachtvertrages").

Die bloße Übernahme des Frachtgutes durch den Empfänger reicht nicht aus, um eine eigene Pflicht des Empfängers zur Zahlung der Fracht zu begründen (BGH I ZR 177/04, VersR 2007, 1585, 1586). In der Praxis begründet der Frachtführer, z. B. durch bloßes Abstellen auf den Hof des Empfängers, keinen Anspruch gegen den Empfänger und lockert gleichzeitig sein gesetzliches Pfandrecht (siehe § 441), wenn er nicht vorher eine Vereinbarung mit dem Empfänger trifft, dass dieser den Frachtlohnanspruch auch zu zahlen bereit ist, auf Grund der Ablieferung der Güter, z. B. durch Abstellen auf dem Hof des Empfängers.

Herausgabeanspruch des Empfängers und Schadensersatzansprüche

§ 421 HGB – Rechte des Empfängers. Zahlungspflicht
(1) Nach Ankunft des Gutes an der Ablieferungsstelle ist der Empfänger berechtigt, vom Frachtführer zu verlangen, ihm das Gut gegen Erfüllung der Verpflichtungen aus dem Frachtvertrag abzuliefern. Ist das Gut beschädigt oder verspätet abgeliefert worden oder verloren gegangen, so kann der Empfänger die Ansprüche aus dem Frachtvertrag im eigenen Namen gegen den Frachtführer geltend machen; der Absender bleibt zur Geltendmachung dieser Ansprüche befugt. Dabei macht es keinen Unterschied, ob Empfänger oder Absender im eigenen oder fremden Interesse handeln.

Zahlungspflicht bzgl. der Fracht

(2) Der Empfänger, der sein Recht nach Absatz 1 Satz 1 geltend macht, hat die noch geschuldete Fracht bis zu dem Betrag zu zahlen, der aus dem Frachtbrief hervorgeht. Ist ein Frachtbrief nicht ausgestellt oder dem Empfänger nicht vorgelegt worden oder ergibt sich aus dem Frachtbrief nicht die Höhe der zu zahlenden Fracht, so hat der Empfänger die mit dem Absender vereinbarte Fracht zu zahlen, soweit diese nicht unangemessen ist.

Zahlungspflicht bzgl. sonstiger Kosten

(3) Der Empfänger, der sein Recht nach Absatz 1 Satz 1 geltend macht, hat ferner ein Standgeld oder eine Vergütung nach § 420 Abs. 4 zu zahlen, ein Standgeld wegen Überschreitung der

Ladezeit und eine Vergütung nach § 420 Abs. 4 jedoch nur, wenn ihm der geschuldete Betrag bei Ablieferung des Gutes mitgeteilt worden ist.

(4) Der Absender bleibt zur Zahlung der nach dem Vertrag geschuldeten Beträge verpflichtet.

Absenderpflichten bleiben erhalten.

Mit der Ankunft des Gutes am Sitz des **Empfängers hat** dieser primär ein **Wahlrecht**, ob er

Wahlrecht des Empfängers ist Willenserklärung

— ... die **Annahme des Gutes ablehnt.** Damit keine Rechte und Pflichten aus dem Frachtvertrag, § 421 Abs. 2 HGB. ⇨ Keine Rechte und Pflichten für den Empfänger aus dem Transportvertrag! ⇨ Weisungsrecht und -pflicht des Absenders, § 419 Abs. 1 HGB, Kostentragung durch den Absender.

— ... **das Gut annehmen will.** Hieraus ergeben sich die folgenden Rechte und Pflichten des Empfängers: ⇨ Forderungsrecht des Empfängers gegen den Frachtführer auf Ablieferung des Frachtgutes (§ 421 Abs. 1, 1. Halbsatz HGB). ⇨ Bei Verlust, Beschädigung und Fristüberschreitung hat der Empfänger Ersatzansprüche gegen den Frachtführer (§ 421 Abs. 1, S. 2 HGB), (siehe: Haftung des Frachtführers). ⇨ Verpflichtung des Empfängers zur Zahlung der Fracht zuzüglich aller sonstigen Aufwendungen.

Beachte: Die bloße Übernahme des Frachtgutes durch den Empfänger löst noch nicht dessen Frachtzahlungspflicht aus, sondern diese setzt eine Annahmeerklärung des Empfängers voraus, um daraus die Zahlungspflicht des Empfängers abzuleiten (BGH Urt. v. 11.01.2007, IZR 177/04). Dies kann ein Problem sein, bei der Ablieferung durch bloßes Abstellen des Frachtgutes bei Empfänger z. B. zur Nachtzeit.

2.8 Fristen und die Durchsetzung der Rechte

Recht haben ist eine Sache, jedoch Rechte auch zu realisieren, kann manchmal ein langer, mühseliger und auch teurer Weg sein. Deshalb ist dieses Kapitel so wichtig, denn der „beste Schadensersatzanspruch" (für den Anspruchsberechtigten) und der „schönste Zahlungsanspruch" (für den Frachtführer) nutzen gar nichts, wenn diese nicht realisiert werden können, weil der Anspruch verjährt oder verwirkt ist.

2.8.1   Die Reklamationsfristen

2

Reklamation bei
Ablieferung

7 Tage bei nicht
erkennbaren Schäden

Ausschlussfrist von 21
Tagen bei Lieferfrist-
überschreitung

§ 438 HGB – Schadensanzeige

(1) Ist ein Verlust oder eine Beschädigung des Gutes äußerlich erkennbar und zeigt der Empfänger oder der Absender dem Frachtführer Verlust oder Beschädigung nicht spätestens bei Ablieferung des Gutes an, so wird vermutet, daß das Gut vollständig und unbeschädigt abgeliefert worden ist. Die Anzeige muß den Verlust oder die Beschädigung hinreichend deutlich kennzeichnen.

(2) Die Vermutung nach Absatz 1 gilt auch, wenn der Verlust oder die Beschädigung äußerlich nicht erkennbar war und nicht innerhalb von sieben Tagen nach Ablieferung angezeigt worden ist.

(3) Ansprüche wegen Überschreitung der Lieferfrist erlöschen, wenn der Empfänger dem Frachtführer die Überschreitung der Lieferfrist nicht innerhalb von einundzwanzig Tagen nach Ablieferung anzeigt.

(4) Eine Schadensanzeige nach Ablieferung ist in Textform zu erstatten. Zur Wahrung der Frist genügt die rechtzeitige Absendung.

(5) Werden Verlust, Beschädigung oder Überschreitung der Lieferfrist bei Ablieferung angezeigt, so genügt die Anzeige gegenüber demjenigen, der das Gut abliefert.

Art des Schadens	Verlust und / oder Beschädigung		Fristüberschreitung
äußerliche Erkennbarkeit	erkennbar	nicht erkennbar	
Anzeigezeitpunkt	bei Ablieferung	bis 7 Tage nach Ablieferung	bis 21 Tage danach
Anzeigeform	jede / mündlich	in Textform (§ 126b BGB)	in Textform (§ 126b BGB)
Rechtsfolge bei Fristversäumnis	Beweisvermutung zu Gunsten des Frachtführers (Beachte: widerleglich)		Erlöschen des Anspruchs!

Reklamationsfristen, § 438 HGB

Verlust und äußerlich erkennbare Schäden müssen gem. Abs. 1 bei der Annahme des Gutes angezeigt werden. Die Anzeige muss den Schaden hinreichend deutlich kennzeichnen Abs. 1, Satz 2.

Reklamation muss den
Schaden spezifizieren.

Ein allgemeiner und unspezifizierter, vielleicht sogar nur automatisch aufgedruckter Vorbehalt reicht hierfür nicht aus

(z. B.: Stempel mit der Aufschrift „Annahme unter Vorbehalt"
der auf jeden Lieferschein aufgedruckt wird). Denn die Betroffenen sollen möglichst sogleich und direkt die Schäden aufnehmen.

Wenn bei Annahme kein entsprechender Vorbehalt gemacht wurde, dann wird (widerlegbar) vermutet, dass das Transportgut äußerlich unbeschädigt und vollständig den Empfänger erreicht hat.

Äußerlich nicht erkennbare Schäden, können noch innerhalb von 7 Tagen nach der Ablieferung schriftlich angezeigt werden, gem. Abs. 2.

Äußerlich erkennbar sind alle Schäden, die von den menschlichen Sinnen bei der Annahme wahrgenommen werden können. Dies sind nicht nur sichtbare Schäden, sondern auch hörbare Schäden oder durch besondere Gerüche wahrnehmbare Schäden.

Abs. 3: Ansprüchen wegen Lieferfristüberschreitung erlöschen 21 Tage nach der Ablieferung. Obgleich eine Ausschlussfrist muss diese jedoch geltend gemacht werden, weil eine Berücksichtigung von Amts wegen nicht stattfindet (LG Hamburg, 309 S 225/03, NJW-RR 05, 543).

Ausschlussfrist von 21 Tagen

Abs. 4: Die Schadensanzeigen sind in Textform zu erstatten. Es sei denn, sie werden bei Ablieferung gemacht, dann genügt Anzeige (mündlich oder besser auf dem Frachtbrief) gegenüber demjenigen, der das Gut abgeliefert hat. Was Textform bedeutet ist durch § 126 b BGB definiert:

---

§ 126 b BGB – Textform

Ist durch Gesetz Textform vorgeschrieben, so muss eine lesbare Erklärung, in der die Person des Erklärenden genannt ist, auf einem dauerhaften Datenträger abgegeben werden. Ein dauerhafter Datenträger ist jedes Medium, das

1. es dem Empfänger ermöglicht, eine auf dem Datenträger befindliche, an ihn persönlich gerichtete Erklärung so aufzubewahren oder zu speichern, dass sie ihm während eines für ihren Zweck angemessenen Zeitraums zugänglich ist, und

2. geeignet ist, die Erklärung unverändert wiederzugeben.

Das heißt, Schadensanzeigen können per E-Mail, Fax, Brief, ja sogar speicherbare Sprachnachricht erhoben werden. Zur Einhaltung der vorstehend genannten Fristen ist die rechtzeitige Absendung ausreichend (Poststempel).

2

2.8.2 Die Verjährung

> **§ 439 HGB – Verjährung**
>
> (1) Ansprüche aus einer Beförderung, die den Vorschriften dieses Unterabschnitts unterliegt, verjähren in einem Jahr. Bei Vorsatz oder bei einem dem Vorsatz nach § 435 gleichstehenden Verschulden beträgt die Verjährungsfrist drei Jahre.
>
> (2) Die Verjährung beginnt mit Ablauf des Tages, an dem das Gut abgeliefert wurde. Ist das Gut nicht abgeliefert worden, beginnt die Verjährung mit dem Ablauf des Tages, an dem das Gut hätte abgeliefert werden müssen. Abweichend von den Sätzen 1 und 2 beginnt die Verjährung von Rückgriffsansprüchen mit dem Tag des Eintritts der Rechtskraft des Urteils gegen den Rückgriffsgläubiger oder, wenn kein rechtskräftiges Urteil vorliegt, mit dem Tag, an dem der Rückgriffsgläubiger den Anspruch befriedigt hat, es sei denn, der Rückgriffsschuldner wurde nicht innerhalb von drei Monaten, nachdem der Rückgriffsgläubiger Kenntnis von dem Schaden und der Person des Rückgriffsschuldners erlangt hat, über diesen Schaden unterrichtet.
>
> (3) Die Verjährung eines Anspruchs gegen den Frachtführer wird auch durch eine Erklärung des Absenders oder Empfängers, mit der dieser Ersatzansprüche erhebt, bis zu dem Zeitpunkt gehemmt, in dem der Frachtführer die Erfüllung des Anspruchs ablehnt. Die Erhebung der Ansprüche sowie die Ablehnung bedürfen der Textform. Eine weitere Erklärung, die denselben Ersatzanspruch zum Gegenstand hat, hemmt die Verjährung nicht erneut.
>
> (4) Die Verjährung von Schadensersatzansprüchen wegen Verlust oder Beschädigung des Gutes oder wegen Überschreitung der Lieferfrist kann nur durch Vereinbarung, die im einzelnen ausgehandelt ist, auch wenn sie für eine Mehrzahl von gleichartigen Verträgen zwischen denselben Vertragsparteien getroffen ist, erleichtert oder erschwert werden.

einjährige
Verjährungsfrist

Grundsätzlich gilt für alle transportrechtlichen Ansprüche die einjährige Verjährung. Das heißt alle Ansprüche egal von wem (Absender, Empfänger oder Frachtführer) oder aus welchem Rechtsgrund (aus dem Transportvertrag oder allgemeinen Zivilrecht, wegen Beschädigung, § 434) müssen innerhalb eines Jahres erhoben werden! Achtung: Bei Ansprüchen nach § 435 HGB = drei Jahre. Die dreijährige Verjährung gilt aber auch für sog. Primärleistungsansprüche, z. B. Erfüllungsansprüche gegenüber dem Absender, wenn sich dieser (vorsätzlich) weigert, seiner Frachtzahlungspflicht gem. § 407 Abs. 2 oder Pflicht zum Ausgleich von Aufwendungsersatzansprüchen nachzukommen (BGH Urt. 22.4.2010, I ZR 31/08, TranspR 2010, 225; A.A. Herber in TranspR 2010, S. 357 ff.).

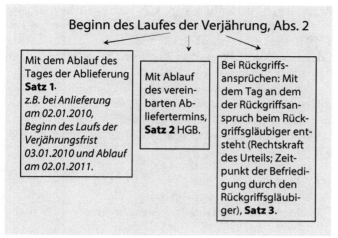

Beginn des Laufs der Verjährung

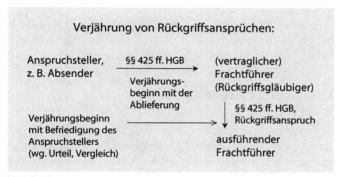

Verjährung

Dieser späte Beginn der Verjährung zu Gunsten des Rückgriffsgläubigers gilt jedoch nur unter der Voraussetzung, dass der Rückgriffsschuldner (hier: der ausführende Frachtführer) innerhalb von drei Monaten nach Kenntnis von dem Schaden durch den Rückgriffsgläubiger informiert wurde.

Wenn das nicht getan wurde, dann verjährt der Rückgriffsanspruch gegen den ausführenden Frachtführer wie Ansprüche nach Abs. 2, Satz 1 und 2, innerhalb eines Jahres nach der Ablieferung!

§ 439 Abs. 3 HGB bestimmt, dass neben der allgemeinen Verjährungshemmung (§§ 203 ff. BGB), die Verjährung auch gehemmt ist, in der Zeit von der ersten Geltendmachung des Anspruchs gegen den Frachtführer bis zu dem

Verjährungshemmung während der ersten Schadensbearbeitung

2

Zeitpunkt, an dem dieser den Anspruch zurückweist. Dies muss in Textform geschehen. Textform bedeutet gem. § 126 b BGB, dass eine lesbare Erklärung, in der die Person des Erklärenden genannt ist und auf einem dauerhaften Datenträger gespeichert ist.

Ein weiteres hierauf gerichtetes Schreiben des Anspruchstellers ist jedoch nicht mehr geeignet, die Verjährung erneut zu hemmen (§ 439, Abs. 3, Satz 2 HGB). Nach der Ablehnung läuft die Verjährung weiter und kann dann nur unterbrochen werden durch:

- Vereinbarung, § 439 Abs. 4 HGB
- Verhandlungen, § 203 BGB
- Rechtsverfolgung, § 204 BGB
- Leistungsverweigerungsrecht des Schuldners, § 205 BGB
- höhere Gewalt, § 206 BGB.

Soweit der Schuldner durch Leistungshandlungen den Anspruch des Gläubigers anerkennt, beginnt die Verjährung erneut zu laufen (§ 212 BGB).

Verjährungsregelung AGB-fest, § 439 Abs. 4 HGB

Die Verjährungsregelungen des § 439 HGB sind gem. Abs. 4 zwar abdingbar, aber nur durch Individualvereinbarung, nicht durch Allgemeine Geschäftsbedingungen.

2.8.3 Der Gerichtsstand

Der frühere Gesetztext hatte in § 440 eine Regelung über die Gerichtsstände enthalten. Diese Bestimmung wurde im Rahmen der Änderungen des HGB anlässlich des Gesetzes zur Reform des Seehandelsrechts im Jahre 2013 aufgehoben.

Bezüglich des Gerichtsstandes gilt nunmehr § 30 ZPO Gerichtsstand bei Beförderungen.

Übernahme-/ Ablieferungsort als besondere Gerichtsstände

> **§ 30 ZPO – Gerichtsstand bei Beförderungen**
>
> (1) Für Rechtsstreitigkeiten aus einer Güterbeförderung ist auch das Gericht zuständig, in dessen Bezirk der Ort der Übernahme des Gutes oder der für die Ablieferung des Gutes vorgesehene Ort liegt. Eine Klage gegen den ausführenden Frachtführer oder ausführenden Verfrachter kann auch in dem Gerichtsstand des Frachtführers oder Verfrachters erhoben werden. Eine Klage gegen den Frachtführer oder Verfrachter kann auch in dem Gerichtsstand des ausführenden Frachtführers oder ausführenden Verfrachters erhoben werden.
>
> (2) Für Rechtsstreitigkeiten wegen einer Beförderung von Fahrgästen und ihrem Gepäck ...

Neben den Gerichtsständen der Zivilprozessordnung (ZPO, §§ 12 ff.: Allgemeine Gerichtsstände: § 12: Wohnsitzgerichtsstand;

§ 17: Sitz der Gesellschaft; Besondere Gerichtsstände: § 21: Ort der Niederlassung; § 29: Erfüllungsort) lässt die ZPO in § 30, Abs. 1 zusätzlich die Gerichte am Ort der Übernahme und der Ablieferung als weitere besondere Gerichtsstände zu. Der Kläger kann deshalb auswählen, bei welchem der vorgenannten Gerichtsstände die Klage einreicht und entschieden werden soll.

Satz 2 erlaubt zusätzlich, dass der Kläger, die Klage gegen den Frachtführer auch am Gerichtsstand des ausführenden Frachtführer erheben kann, und auch umgekehrt, die Klage gegen den ausführenden Frachtführer am Gerichtsstand des Frachtführers.

Sitz des ausführenden Frachtführers auch Gerichtsstand

Da die besonderen Gerichtsstände nicht nur für den nationalen Transport, sondern auch für den Seetransport anzuwenden sind, wird in § 30 ZPO neben dem Frachtführer auch der Frachtführer des Seetransports, der „Verfrachter" bzw. der „ausführende Verfrachter" erwähnt.

Beispiel: Der Absender hat seinen Firmensitz in Hamburg, ebenso der vertragliche Frachtführer. Der ausführende Frachtführer hat seinen Firmensitz in Bremerhaven und der Transport sollte von Bremerhaven nach Hannover gehen. Der Absender will seinen Schadenersatz direkt gegen den ausführenden Frachtführer erheben, da der vertragliche Frachtführer Insolvenzantrag gestellt hat. Gemäß § 30 Abs. 1 Satz 2 ZPO kann er seine Klage gegen den ausführenden Frachtführer in Hamburg erheben, obgleich der ausführende Frachtführer weder dort seinen Firmensitz hat, noch der Transport Hamburg je berührt hat.

2.9 Der Ladeschein – ein echtes Wertpapier

Durch die Anwendung des neuen Transportrechts für alle Arten der Transporte, auch für Transporte mittels Binnenschiff ist die Notwendigkeit gegeben, eine Regelung über ein für die Binnenschifffahrt typische Urkunde, den Ladeschein oder das sog. Binnenschifffahrtskonnossement aufzunehmen, der gemäß § 448 HGB ein Wertpapier mit Traditionswirkung (Besitzverkörperung) ist.

2.9.1 Die Funktion des Ladescheins

Der Ladeschein ist eine Urkunde, die ein privates Recht verbrieft, zu dessen Ausübung die Vorlegung dieser Urkunde erforderlich ist.

2

> ### § 443 HGB – Ladeschein, Verordnungsermächtigung
>
> (1) Über die Verpflichtung zur Ablieferung des Gutes kann von dem Frachtführer ein Ladeschein ausgestellt werden, der die in § 408 Abs. 1 genannten Angaben enthalten soll. Der Ladeschein ist vom Frachtführer zu unterzeichnen; eine Nachbildung der eigenhändigen Unterschrift durch Druck oder durch Stempel genügt.
>
> (2) Ist der Ladeschein an Order gestellt, so soll er den Namen desjenigen enthalten, an dessen Order das Gut abgeliefert werden soll. Wird der Name nicht angegeben, so ist der Ladeschein als an Order des Absenders gestellt anzusehen.
>
> (3) Dem Ladeschein gleichgestellt ist eine elektronische Aufzeichnung, die dieselben Funktionen erfüllt wie der Ladeschein, sofern sichergestellt ist, dass die Authentizität und die Integrität der Aufzeichnung stets gewahrt bleiben (elektronischer Ladeschein). Das Bundesministerium der Justiz wird ermächtigt, im Einvernehmen mit dem Bundesministerium des Innern durch Rechtsverordnung, die nicht der Zustimmung des Bundesrates bedarf, die Einzelheiten der Ausstellung, Vorlage, Rückgabe und Übertragung eines elektronischen Ladescheins sowie die Einzelheiten des Verfahrens einer nachträglichen Eintragung in einen elektronischen Ladeschein zu regeln.

Abs. 1 stellt klar, dass die Ausstellung eines Ladescheins auf Parteivereinbarung beruht. Die Ausstellung erfolgt anders als beim Frachtbrief, durch den Frachtführer.

Unterschrift des Frachtführers ist Wirksamkeitsvoraussetzung.

Erforderliche Wirksamkeitsvoraussetzung ist allein, dass der Ladeschein vom Frachtführer oder seinem Vertreter unterschrieben sein muss (Abs. 1, Satz 2). Das Original erhält der Absender und sendet dieses an den Empfänger, der die Güter nur gegen Rückgabe des Originals vom Frachtführer (Binnenschiffer) erhält (§ 445 HGB). I. d. R. wird daneben eine Abschrift des Ladescheins vom Absender unterschrieben, die dann als Begleitbrief (wie ein Frachtbrief) beim Frachtführer verbleibt und das Frachtgut auf seiner Reise begleitet.

Der Ladeschein erbringt Beweis:

- über den Empfang der Güter;
- über den Inhalt des Beförderungsversprechens;
- über den Inhalt des Frachtvertrages;
- über die Art des Auslieferungsversprechen.

2.9.2 Die Arten des Ladescheins

---

§ 444 HGB – Wirkung des Ladescheins. Legitimation

(1) Der Ladeschein begründet die Vermutung, dass der Frachtführer das Gut so übernommen hat, wie es im Ladeschein beschrieben ist; § 409 Absatz 2 und 3 Satz 1 gilt entsprechend.

(2) Gegenüber einem im Ladeschein benannten Empfänger, an den der Ladeschein begeben wurde, kann der Frachtführer die Vermutung nach Absatz 1 nicht widerlegen, es sei denn, dem Empfänger war im Zeitpunkt der Begebung des Ladescheins bekannt oder infolge grober Fahrlässigkeit unbekannt, dass die Angaben im Ladeschein unrichtig sind. Gleiches gilt gegenüber einem Dritten, dem der Ladeschein übertragen wurde. Die Sätze 1 und 2 gelten nicht, wenn der aus dem Ladeschein Berechtigte den ausführenden Frachtführer nach § 437 in Anspruch nimmt und der Ladeschein weder vom ausführenden Frachtführer noch von einem für ihn zur Zeichnung von Ladescheinen Befugten ausgestellt wurde.

(3) Die im Ladeschein verbrieften frachtvertraglichen Ansprüche können nur von dem aus dem Ladeschein Berechtigten geltend gemacht werden. Zugunsten des legitimierten Besitzers des Ladescheins wird vermutet, dass er der aus dem Ladeschein Berechtigte ist. Legitimierter Besitzer des Ladescheins ist, wer einen Ladeschein besitzt, der

1. auf den Inhaber lautet,

2. an Order lautet und den Besitzer als Empfänger benennt oder durch eine ununterbrochene Reihe von Indossamenten ausweist oder

3. auf den Namen des Besitzers lautet.

---

§ 444 Abs. 3 unterscheidet zwischen 3 Arten von Ladescheinen dem Inhaberladeschein, dem Orderladeschein und dem Namens- oder Rektaladeschein. Der übliche Ladeschein ist der an Order lautende, da er im Gegensatz zum Namensladeschein mit dinglicher Wirkung übertragen werden kann und damit verkehrsfähig ist. Andererseits ist durch die Übertragung durch Indossament eine Mindestmaß an Nachvollziehbarkeit gewährleistet, anders als beim Inhaberladeschein. gem. § 444 Abs.3, Ziff.1 HGB.

2

Arten des Ladescheins	Orderladeschein (§ 443 Abs. 2, 444 Abs. 3, Ziff. 2 HGB)	Namens- oder Rektaladeschein (§ 444 Abs. 2, Ziff. 3 HGB)
Verfügungsrecht	Wenn der Ladeschein an Order lautet, dann kann diejenige Person, auf deren Order der Ladeschein lautet, über das Transportgut verfügen.	Der Ladeschein lautet auf eine bestimmte Person, an die auszuliefern ist.
Übertragbarkeit	Ein an Order ausgestellter Ladeschein kann nur durch Indossament übertragen werden (§ 444 Abs. 2 i.V.m. § 346 Abs. 2 HGB). Kein Recht des Frachtführers, dem Indossatar Einwendungen gegen den alten Berechtigten entgegen zu halten.	Diese Anspruch kann an einen Dritten abgetreten werden, gem. §§ 398 ff. BGB. Dem neuen Empfänger kann der Frachtführer alle Einwendungen gegen den alten Berechtigten entgegenhalten (§ 404 BGB).
Beispiel	»Der Gut ist an Firma Gutkauf AG oder Order auszuliefern.«	»Der Gut ist an Herrn Fritz Walther auszuliefern.«

Arten des Ladescheins

Skripturhaftung

Gem. § 444 Abs. 2 HGB, entfaltet der Ladeschein eine widerlegliche Vermutung bezüglich des Inhalts des Vertrages zwischen Frachtführer und Empfänger. Der Empfänger kann sich auf den Inhalt des Ladescheins gegenüber dem Frachtführer berufen.

verschuldensunabhängige Skripturhaftung

Der Frachtführer haftet für die Richtigkeit der von ihm unterschriebenen Ladescheinangaben verschuldensunabhängig.

Da jedoch Frachtführer und Absender den Frachtvertrag geschlossen haben, gilt in ihrem Verhältnis nicht die Skripturhaftung, sondern ihr Rechtsverhältnis bestimmt sich ausschließlich nach der frachtrechtlichen Haftung d. h. Fehleintragungen oder die Skripturhaftung gelten nicht im Verhältnis zwischen Frachtführer und Absender, sondern nur gegenüber dem Empfänger und weiteren Berechtigten aus dem Ladeschein, § 444 Abs. 2.

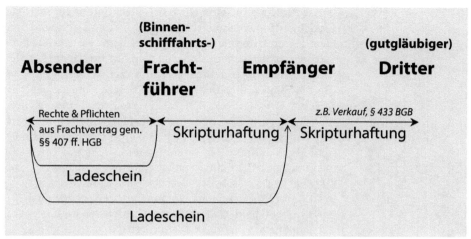

Dreieck Skripturhaftung

2.9.3 Rechte und Pflichten aus dem Ladeschein

§ 445 HGB – Ablieferung gegen Rückgabe des Ladescheins

(1) Nach Ankunft des Gutes an der Ablieferungsstelle ist der legitimierte Besitzer des Ladescheins berechtigt, vom Frachtführer die Ablieferung des Gutes zu verlangen. Macht er von diesem Recht Gebrauch, ist er entsprechend § 421 Absatz 2 und 3 zur Zahlung der Fracht und einer sonstigen Vergütung verpflichtet.

(2) Der Frachtführer ist zur Ablieferung des Gutes nur gegen Rückgabe des Ladescheins, auf dem die Ablieferung bescheinigt ist, und gegen Leistung der noch ausstehenden, nach § 421 Absatz 2 und 3 geschuldeten Zahlungen verpflichtet. Er darf das Gut jedoch nicht dem legitimierten Besitzer des Ladescheins abliefern, wenn ihm bekannt oder infolge grober Fahrlässigkeit unbekannt ist, dass der legitimierte Besitzer des Ladescheins nicht der aus dem Ladeschein Berechtigte ist.

(3) Liefert der Frachtführer das Gut einem anderen als dem legitimierten Besitzer des Ladescheins oder, im Falle des Absatzes 2 Satz 2, einem anderen als dem aus dem Ladeschein Berechtigten ab, haftet er für den Schaden, der dem aus dem Ladeschein Berechtigten daraus entsteht. Die Haftung ist auf den Betrag begrenzt, der bei Verlust des Gutes zu zahlen wäre.

Der Ladeschein legitimiert zur Herausgabe.

2

Diese Regelung soll zum einen den Frachtführer vor mehrfacher Inanspruchnahme schützen, Abs. 2, und zum anderen dem legitimierten Besitzer des Ladescheins ein eigenes Forderungsrecht geben, unabhängig vom Frachtvertrag (Abs. 1), der zwischen Absender und Frachtführer geschlossen ist. Den Bestimmungen liegt der Grundsatz des Leistungsaustauschs Zug um Zug zugrunde, d. h. Auslieferung des Transportgutes nur gegen Auslieferungsbegehren des legitimierten Besitzers des Ladescheins (vgl. § 421 HGB – Auslieferungsbegehren) und gegen Zahlung der Vergütung (Abs. 1, Satz 2) sowie gegen Rückgabe des quittierten Ladescheins (Abs. 2).

Die Legitimation des Besitzers des Ladescheins i. S. v. § 445 Abs. 1 HGB ist abhängig von der Art des Ladescheins:

- Das heißt beim Orderladeschein durch den im Indossament gem. § 364 HGB Legitimierten.
- Beim Namensladeschein nur Auslieferung an den namentlich Genannten, gem. § 797 BGB.
- Beim Inhaberladeschein an denjenigen der den Ladeschein vorlegt.

---

§ 446 HGB – Befolgung von Weisungen

(1) Das Verfügungsrecht nach den §§ 418 und 419 steht, wenn ein Ladeschein ausgestellt worden ist, ausschließlich dem legitimierten Besitzer des Ladescheins zu. Der Frachtführer darf Weisungen nur gegen Vorlage des Ladescheins ausführen. Weisungen des legitimierten Besitzers des Ladescheins darf er jedoch nicht ausführen, wenn ihm bekannt oder infolge grober Fahrlässigkeit unbekannt ist, dass der legitimierte Besitzer des Ladescheins nicht der aus dem Ladeschein Berechtigte ist.

(2) Befolgt der Frachtführer Weisungen, ohne sich den Ladeschein vorlegen zu lassen, haftet er dem aus dem Ladeschein Berechtigten für den Schaden, der diesem daraus entsteht. Die Haftung ist auf den Betrag begrenzt, der bei Verlust des Gutes zu zahlen wäre.

Bei Ausstellung eines Ladescheins steht die Weisungsrechte gem. §§ 418, 419 ausschließlich dem legitimierten Inhaber des Ladescheins zu. Für die Prüfung der Legitimation und die Haftung durch den Frachtführer gelten die gleichen Grundsätze wie bei § 445.

> **§ 447 HGB – Einwendungen**
>
> (1) Dem aus dem Ladeschein Berechtigten kann der Frachtführer nur solche Einwendungen entgegensetzen, die die Gültigkeit der Erklärungen im Ladeschein betreffen oder sich aus dem Inhalt des Ladescheins ergeben oder dem Frachtführer unmittelbar gegenüber dem aus dem Ladeschein Berechtigten zustehen. Eine Vereinbarung, auf die im Ladeschein lediglich verwiesen wird, ist nicht Inhalt des Ladescheins.
>
> (2) Wird ein ausführender Frachtführer nach § 437 von dem aus dem Ladeschein Berechtigten in Anspruch genommen, kann auch der ausführende Frachtführer die Einwendungen nach Absatz 1 geltend machen.

Zulässige Einwendungen durch den Frachtführer gegenüber dem Berechtigten aus dem Ladeschein sind nur solche:
- Die die Gültigkeit des Ladescheins betreffen, z. B. dass dieser nicht „echt" sei, z. B. eine Fotokopie.
- Die sich aus dem Inhalt des Ladescheins betreffen, z. B. die Anzahl der im Ladeschein bezeichneten Güter.
- Die der Frachtführer gegenüber dem Berechtigten aus dem Ladeschein hat, z. B. ein vertragliches Zurückbehaltungsrecht.

Wie in § 437 HGB hat der ausführende Frachtführer gegenüber dem Berechtigten aus dem Ladeschein die gleichen Einwendungen wie der der vertragliche Frachtführer, jedoch nur die ihm zustehenden persönlichen Einwendungen.

Beachte: Einwendungen aus dem Frachtvertrag sind nur dann zu berücksichtigen, wenn auch dieser mit dem Berechtigten aus dem Ladeschein geschlossen wurde (was aber dann wirtschaftlich keinen Sinn macht, die Ausstellung eines Ladescheins zu verlangen, weil der Absender fast all diese Rechte sowieso hat!).

Sofern der Frachtführer das Transportgut ausliefert oder Weisungen befolgt ohne Rückgabe des Ladescheins, so haftet der Frachtführer für hieraus entstehenden Schaden (gem. §§ 445 Abs. 3, 446 Abs. 2 HGB ähnlich wie nach § 418 Abs. 6

verschuldensunabhängige aber limitierte Haftung des Frachtführers

2

HGB). Jedoch ist auch dieser Schadensersatz auf die Limitierungen für Verlusthaftung gem. §§ 431 ff. HGB beschränkt, so dass erst bei Vorsatz und Leichtfertigkeit i. S. von § 435 HGB die unbeschränkte Haftung wie bei § 418 Abs. 6 HGB greifen würde.

2.9.4 Der Ladeschein ist Traditionspapier

Die tatsächliche Übergabe beweglicher Sachen als notwendige Voraussetzung für deren Übereignung (§ 929 BGB) wird als Traditionsprinzip bezeichnet und Papiere die diese „Übergabewirkung" haben als Traditionspapiere.

---

§ 448 HGB – Traditionswirkung des Ladescheins
Die Begebung des Ladescheins an den darin benannten Empfänger hat, sofern
  der Frachtführer das Gut im Besitz hat, für den Erwerb von Rechten an dem Gut dieselben
  Wirkungen wie die Übergabe des Gutes. Gleiches gilt für die Übertragung des
  Ladescheins an Dritte.

Durch diese Regelung wird klargestellt, dass Ladescheine, egal ob sie auf Order lauten, Ladescheine auf den Inhaber sind oder auf einen bestimmten Empfänger, Traditionspapiere sind. Dies bedeutet, dass zur Übereignung des Transportgutes die Übergabe des Ladescheins die Übergabe des Gutes ersetzt (gem. § 929 BGB).

Übergabe des Ladescheins ersetzt Übergabe des Transportgutes.

Satz 2 regelt den Fall, dass der Ladeschein an Dritte wertpapiermäßig übertragen werden kann. Eine solche wertpapiermäßige Übertragung ist im Falle des Orderladescheins gegenüber Dritten uneingeschränkt möglich, vgl. § 443 Abs. 2 HGB), ebenso beim Inhaberladeschein durch Einigung und Übergabe des Inhaberladescheins gem. § 929 BGB. Eine solche Übertragung an Dritte ist jedoch nicht beim Namensadeschein möglich, da dieser nur den namentlich genannten Besitzer legitimiert.

Beispiel: Der Verkäufer ISSO verkauft 10.000 to Erdöl an den Käufer RAFFO. RAFFO will möglichst schnell Eigentümer dieses Erdöls werden, um es weiter zu verkaufen, zu verarbeiten oder als Sicherheit seiner Bank zu geben, um einen weiteren Kredit zu erhalten. Die für die Eigentumsübertragung notwendige Besitzübergabe kann durch Besitzübertragung des Ladescheins von ISSO auf RAFFO erfolgen, sofern ein solcher von dem Frachtführer oder Verfrachter, bei einem Seetransport ausgestellt wurde Eine physische Übergabe der 10.000 to Erdöl von ISSO auf RAFFO ist nicht notwendig. Durch die Übereignung mittels Ladeschein sparen beide Parteien Zeit und Umlagerungskosten.

2.10 Abweichende Parteivereinbarungen

2.10.1 Abweichende Vereinbarungen

Das Transportrecht ist als Teil des Handelsrechts geprägt von den Grundsätzen der Privatautonomie und Vertragsfreiheit. Diese sind jedoch durch den Gesetzgeber dort modifiziert, wo sich die Vertragsparteien wirtschaftlich ungleich gegenüberstehen, typischerweise im Verhältnis zwischen Verbraucher und Gewerbetreibenden.

abweichende Vereinbarungen, § 449 HGB

Diesen Intentionen entsprechen auch die Regelungen in § 449 HGB, indem sie grundsätzlich die Privatautonomie anerkennen im gewerblichen Verkehr; diese jedoch bei Regelungen zu Lasten der Verbraucher einschränken, indem für eine Reihe von Regelungen des Frachtrechts eine Abweichung vom Frachtrecht als unzulässig erklärt wird (§ 449 Abs. 3 i. V. m Abs. 1 HGB).

Verbraucherschutz

§ 449 HGB – Abweichende Vereinbarungen über die Haftung

(1) Soweit der Frachtvertrag nicht die Beförderung von Briefen oder briefähnlichen Sendungen zum Gegenstand hat, kann von den Haftungsvorschriften in § 413 Absatz 2, den §§ 414, 418 Absatz 6, § 422 Absatz 3, den §§ 425 bis 438, 445 Absatz 3 und § 446 Absatz 2 nur durch Vereinbarung abgewichen werden, die im Einzelnen ausgehandelt wird, auch wenn sie für eine Mehrzahl von gleichartigen Verträgen zwischen denselben Vertragsparteien getroffen wird. Der Frachtführer kann sich jedoch auf eine Bestimmung im Ladeschein, die von den in Satz 1 genannten Vorschriften zu Lasten des aus dem Ladeschein Berechtigten abweicht, nicht gegenüber einem im Ladeschein benannten Empfänger, an den der Ladeschein begeben wurde, sowie gegenüber einem Dritten, dem der Ladeschein übertragen wurde, berufen.

Vertragsfreiheit bei Individualverträgen im gewerblichen Verkehr

(2) Abweichend von Absatz 1 kann die vom Frachtführer zu leistende Entschädigung wegen Verlust oder Beschädigung des Gutes auch durch vorformulierte Vertragsbedingungen auf einen anderen als den in § 431 Absatz 1 und 2 vorgesehenen Betrag begrenzt werden, wenn dieser Betrag

„Haftungskorridor"

1. zwischen 2 und 40 Rechnungseinheiten liegt und der Verwender der vorformulierten Vertragsbedingungen seinen

2

Vertragspartner in geeigneter Weise darauf hinweist, dass diese einen anderen als den gesetzlich vorgesehenen Betrag vorsehen, oder

2. für den Verwender der vorformulierten Vertragsbedingungen ungünstiger ist als der in § 431 Absatz 1 und 2 vorgesehene Betrag.

Ferner kann abweichend von Absatz 1 durch vorformulierte Vertragsbedingungen die vom Absender nach § 414 zu leistende Entschädigung der Höhe nach beschränkt werden.

(3) Ist der Absender ein Verbraucher, so kann in keinem Fall zu seinem Nachteil von den in Absatz 1 Satz 1 genannten Vorschriften abgewichen werden, es sei denn, der Frachtvertrag hat die Beförderung von Briefen oder briefähnlichen Sendungen zum Gegenstand.

(4) Unterliegt der Frachtvertrag ausländischem Recht, so sind die Absätze 1 bis 3 gleichwohl anzuwenden, wenn nach dem Vertrag sowohl der Ort der Übernahme als auch der Ort der Ablieferung des Gutes im Inland liegen.

Abweichende Regelungen zu Gunsten der Absender

Beispiel
Der Frachtführer Schlau will seine Versicherungskosten reduzieren und entwirft Allgemeine Geschäftsbedingungen, in denen er schreibt, dass er für Lieferfristüberschreitungen grundsätzlich nicht haftet und im Übrigen seine Haftung in jedem Fall auf 100,– € je Schadensfall beschränkt.
Ist dies zulässig?

Die in Absatz 1 erwähnten Regelungen im Transportrecht sind in zweierlei Beziehung von Bedeutung: Zum einen darf von diesen Regelungen nicht bei Geschäften mit Verbrauchern abgewichen werden (Abs. 3), zum anderen handelt es sich um die sog. AGB – festen Regelungen, also um solche, die auch im Verkehr mit Nicht-Verbrauchern, also Unternehmern i. S. v. § 14 BGB; nicht durch AGB abbedungen werden können. Diese sind in Abs. 1 aufgezählt und erfassen folgende Regelungen:

„AGB-feste Regelungen" = keine Abweichung durch AGB.

- § 413 Abs. 2 HGB: Haftung des Frachtführers bei Verlust oder Beschädigung der dem Frachtführer übergebenen Urkunden oder deren unrichtige Verwendung.
- § 414 HGB: Haftung des Absenders.
- § 418 Abs. 6 HGB: Haftung des Frachtführers bei Ausführung einer Weisung ohne Vorlage der Absenderausfertigung des Frachtbriefs.
- § 422 Abs. 3 HGB: Haftung des Frachtführers bei Lieferung ohne Einzug der Nachnahme.
- §§ 425 bis 438 HGB: Die Haftung des Frachtführers bei Güter- und Vermögensschäden, Schadensanzeige.

— § 445 Abs. 3 HGB: Haftung des Frachtführers bei
Auslieferung an den nicht legitimierten Besitzer des
Ladeschein.

— § 446 Abs. 2 HGB: Haftung des Frachtführers bei
Lieferung ohne Vorlage des Ladescheins.

— § 439 Abs. 4 HGB: Verjährungsdauer. Diese Regelung
findet sich zwar nicht in § 449 Abs. 1, aber wegen § 439
Abs. 4 HGB gehört sie auch zu den AGB-festen Regelungen.

Beachte! Die Schutzbestimmungen in Abs. 1 findet keine Anwendung auf Briefbeförderung (Abs. 1, Satz 1, 1. Hälfte)!

Soweit im Rahmen eines Frachtvertrages von den in
Abs. 1 genannten Regelungen abgewichen werden soll, so
kann dies nur durch Individualverträge geschehen zwischen
Nicht-Verbrauchern.

Als Individualverträge gelten auch noch Rahmenverträge
und gleichartige Verträge, wenn sie zwischen den jeweils betroffenen Parteien zumindest einmal individuell ausgehandelt
worden sind, die eine Vielzahl von Frachtaufträgen betreffen.

Eine Abweichung von den in Abs. 1 genannten Regelungen durch
abweichende Bestimmungen in den Allgemeinen Geschäftsbedingungen ist nicht zulässig. Allgemeine Bedingungen sind im
Transportgewerbe nicht ungewöhnlich, so gibt es solche von großen Frachtführern wie z. B. der Lufthansa AG oder der Deutschen
Bahn AG, die Allgemeinen Bedingungen der deutschen Möbel-
spediteure für die Beförderung von Handelsmöbeln (ABBH), die
Verlade- und Transportbedingungen für Binnenschifffahrtstrans-
porte (VTB), die Allgemeinen Beförderungsbedingungen für
Fracht (ABB), Allgemeine Geschäftsbedingungen der Bundes-
fachgruppe Schwertransporte und Kranarbeiten (BSK).

Bezogen auf einen ausgestellten Ladeschein (Abs. 1, Satz 2)
gelten die AGB-festen Vorschriften auch zu Gunsten des
Empfängers und Dritten, denen der Ladeschein übertragen
wurde. Das heißt die Bedingungen des Ladescheins dürfen
nicht von den AGB-festen Bestimmung in Abs. 1 zu Lasten
des Berechtigten abweichen, lediglich die Haftungshöchstbeträge können auch im Ladeschein auch gem. Abs. 2 modif
iziert werden.

Der Grundsatz der AGB-Festigkeit in Abs. 1, erfährt
durch Abs. 2 eine Einschränkung, als dort mittels AGB in vorformulierten Vertragsbedingungen eine Abweichung von den
Haftungshöchstbeträgen in § 431 Abs. 1 und 2 HGB bei Verlust und Beschädigung zulässig ist,

„Bei der Post ist alles anders."

Abweichung von § 449
Abs. 1 HGB in
gewerblichen
Verträgen durch
Individualverträge

Sonderfall:
Abweichung vom
Haftungshöchstbetrag
in § 431 durch
Haftungskorridor

2

Besonderer Hinweis auf Abweichung von der Gesetzlage auch im kaufmännischen Verkehr

1. wenn dieser für Verlust oder Beschädigung des Gutes, einen Ausgleichsbetrag in einem Haftungskorridor zwischen zwei und vierzig SZR vorsieht und in geeigneter Weise darauf hingewiesen wird, dass dieser Betrag von dem gesetzlich vorgesehenen Betrag abweicht (Ziffer 1 oder) oder
2. für den Verwender der vorformulierten Bedingungen ungünstiger ist als § 431 Abs. 1 und 2 (Ziffer 2) HGB.

Abs. 2 Satz 2 erweitert die Regelung, betreffend der Haftungshöhe, auch auf AGB des Absenders, die zur Begrenzung der Haftung des gewerblichen Absenders gem. § 414 HGB führen, ohne dass hierbei besondere Zusatzanforderungen an diese AGB gestellt würden wie bei den Frachtführer-AGB in Satz 1 (Haftungskorridor, Hinweis).

Beispielfall: Also sind die AGB von Schlau auch im gewerblichen Verkehr unzulässig, da sie zum einen die Haftung für Lieferfristüberschreitungen ausschließen und damit gegen die Bestimmungen in § 431 Abs. 1, 2 HGB verstoßen. Bezüglich der Haftungshöhe mit € 100,- je Schadensfall wären diese nur zulässig bei Substanzschäden mit einem Gewicht von bis zu ca. 40 kg (40 kg x 2 SZR = ca. 100 €). Ansonsten wären solche Regelungen nur zulässig im Rahmen eines individuellen Vertrags.

Abs. 3 i. V. m Abs. 1 statuiert zwingenden Verbraucherschutz, soweit der Absender ein Verbraucher i. S. von § 13 BGB ist.

Die Verjährungsbestimmungen gem. § 439 Abs. 4 HGB können hierbei auch durch qualifizierte Individualvereinbarung auch im Verbraucherverkehr verändert werden (Koller, 9. Aufl., Rn. 74).

Abs. 4 verpflichtet auch bei Frachtverträgen nach ausländischem Recht, die jedoch innerdeutsche Transporte zum Gegenstand haben, zur Einhaltung der Mindesthaftungserfordernisse wie in § 449 Abs. 1 und 2 geregelt.

Diese Bestimmung hat vor allem durch die seit dem 01.07.1998 im EU-Raum geltende Kabotagefreiheit größere Bedeutung, da nunmehr z. B. ein holländischer Frachtführer für die deutsche Niederlassung eines holländischen Konzerns, innerdeutsche Transporte abwickeln kann und hierfür die Parteien auch holländisches Recht vereinbaren können (im Rahmen von Individualverträgen; jedoch unter Berücksichtigung von § 449 Abs. 1 und 3 HGB bei Verwendung holländischer AGB).

2.10.2 Ein Prüfungsschema für § 449 Abs. 1 und 2 HGB

IPR bei Frachtverträgen

Weichen die Regelungen von §§ 407 bis 450 HGB ab?— Nein → Kein Problem
=gesetzeskonform

Ja ⬇

Weichen diese von den **AGB-festen Bestimmungen**— Nein → Kein Problem,
in § 449 Abs. 1 und § 439 Abs. 4 HGB ab? **= zulässig**

Ja ⬇

Vertrag mit **Verbraucher**? ———— Ja → Abweichung **unzulässig, § 449 Abs. 3 HGB**

Nein ⬇

Individualvertrag ———— Ja → Abweichung **zulässig, § 449 Abs. 1 S. 1 HGB**

Nein ⬇

Bei AGB Abweichung der Haftungshöchst-— Nein → **Unzulässig,** da Abweichung
beträge gem. § 431 Abs. 1 und 2 HGB? von AGB-festen Regelungen
in § 449 Abs. 1 und § 439 Abs.
Ja ⬇ 4 HGB

- **Haftungskorridor** 2 SZR und 40 SZR — Nein → Sind Bedingungen ungünstiger
- **Hinweis auf Abweichung von der gesetz-** für den Verwender als § 431 HGB?
  gesetzlichen Regelung
  Ja   Nein
Ja ⬇ ⬇   ⬇

Zulässige Abweichung der   Zulässige   Unzulässig
Haftungshöchstbeträge, § 449 Abs. 2 S. 2 HGB   Abweichung

Ein Prüfungsschema für § 449 Abs. 1 und 3 HGB

2.11 Wiederholungsfragen

? 1. Findet das Transportrecht auch Anwendung bei
Verträgen mit Privatpersonen? ► Abschn. 2.1

? 2. Wer sind die Beteiligten in einem Transportvertrag
und welche rechtlichen Beziehungen bestehen
zwischen ihnen? ► Abschn. 2.2

? 3. Was ist ein Frachtbrief? ► Abschn. 2.3

? 4. Welche Pflichten hat der Absender? ► Abschn. 2.4

2

? 5. Wie haftet der Absender in besonderen Fällen?
► Abschn. **2.4.1.5**

? 6. Was ist der Unterschied zwischen Beförderungs-
und Betriebssicherheit? ► Abschn. **2.4.1.6**

? 7. Kann der Absender während des Transports den
Bestimmungsort ändern? ► Abschn. **2.4.2.3**

? 8. Was bedeutet Sperrwirkung des Frachtbriefs?
► Abschn. **2.4.2.3**

? 9. Welche Rechtswirkung hat die Verlustvermutung?
► Abschn. **2.4.2.6**

? 10. Welche Sicherungsrechte hat der Frachtführer zur
Durchsetzung seines Frachtzahlungsanspruchs?
► Abschn. **2.5.1**

? 11. Welche Pflichten hat der Frachtführer in einem
Frachtvertrag? ► Abschn. **2.5.2**

? 12. Welche Lieferfristen hat der Frachtführer zu
beachten? ► Abschn. **2.5.2.3**

? 13. Was bedeutet Nachnahme? ► Abschn. **2.5.2.5**

? 14. Was heißt Obhutshaftung des Frachtführers?
► Abschn. **2.6**

? 15. Welche Haftungsausschlüsse und -einschränkungen
sind bei der Frachtführerhaftung zu prüfen?
► Abschn. **2.6.1.2**

? 16. Wann muss der Frachtführer einen höheren Wertersatz als die Haftungshöchstbeträge leisten?
► Abschn. **2.6.4**

? 17. Wann ist der Empfänger zur Zahlung des Frachtloh-
nes verpflichtet? ► Abschn. **2.7**

? 18. Wie sind die Reklamationsfristen bei Substanzschäden oder Lieferfristüberschreitung im Frachtrecht? ► Abschn. **2.8.1**

? 19. Was bedeutet Skripturhaftung und wo findet sie
Anwendung? ► Abschn. **2.9.2**

Besondere Regelungen im deutschen Transport- und Lagerrecht

© Springer-Verlag GmbH Deutschland, ein Teil von Springer Nature 2019
T. Wieske, *Transportrecht – Schnell erfasst*, Recht – schnell erfasst,
https://doi.org/10.1007/978-3-662-58488-0_3

3.1 Übersicht

Der Gesetzgeber des HGB hat den Frachtvertrag (§§ 407–450 HGB) in den Mittelpunkt seiner Überlegungen bei der Neuordnung des Transportrechts gestellt. Auch bei Nichtfrachtverträgen wird deshalb immer wieder auf das Frachtrecht Bezug genommen, insbesondere auf die Obhutshaftung des Frachtführers. Im Folgenden sollen dargestellt werden:

Anknüpfungspunkt ist das Frachtrecht.

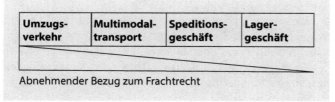

Bezug zum Frachtrecht

Während es sich beim Umzugsverkehr inhaltlich um einen reinen Frachtvertrag handelt, der nur auf ein besonderes Transportgut bezogen ist (Umzugsgut), können Lagergeschäfte völlig losgelöst von Transportvorgängen betrachtet werden.

3.2 Der Umzugsverkehr

3.2.1 Vorbemerkung

> **§ 451 HGB – Umzugsvertrag**
> Hat der Frachtvertrag die Beförderung von Umzugsgut zum Gegenstand, so sind auf den Vertrag die Vorschriften des Ersten Unterabschnitts anzuwenden, soweit die folgenden besonderen Vorschriften oder anzuwendende internationale Übereinkommen nichts anderes bestimmen.

Der Umzugsvertrag ist ein Frachtvertrag, der die Beförderung von Umzugsgut zum Gegenstand hat.

Der Frachtführer hat hier nicht nur die Pflicht, die Ortveränderung des Umzugsgutes durchzuführen, sondern auch weitergehende (werkvertragliche) Pflichten, wie den Ab- und Aufbau der Möbel und das Ver- und Entladen des Gutes (§ 451a HGB). Diese eher werkvertraglichen Pflichten werden noch erweitert, wenn der Absender Verbraucher ist bzw. diese können individualvertraglich noch erweitert werde.

3

Umzugsgut:
Abgrenzung vom
Transport von
neuwertigen
Handelsmöbeln

Was ist Umzugsgut? Umzugsgut bestimmt sich nach dem Zweck des zu befördernden Gutes. Es handelt sich um bewegliche Einrichtungsgegenstände für Wohnungen und Geschäftsräume, i. d. R. ist dieses nicht neuwertig, aber es kann auch neuwertig sein. Hierzu gehören privates, wie auch geschäftliches Umzugsgut, bei Büro- und Betriebsumzügen, wie auch Heirats- oder Erbgut. Umzugsgut ist abzugrenzen vom Transport von (neuwertigen) Handelsmöbeln.

Umzugsverkehr, §§ 451a–h + §§ 407 ff. HGB ⇔ Transport von Handelsmöbeln, §§ 407 ff. HGB

Absender = Empfänger

Anders als im meist gewerblich veranlassten Frachtvertrag, welcher i. d. R. die Erfüllung eines Kaufvertrages zwischen Absender und Empfänger zum Gegenstand hat, bedarf der Umzugsvertrag nicht eines Dritten in der Person des Empfängers, sondern i. d. R. ist der Absender bei Umzugstransporten auch der Empfänger.

Der Natur des Umzugsvertrages als besonderer Frachtvertrag entsprechend finden auf den Umzugsvertrag die frachtrechtlichen Bestimmungen Anwendung, soweit in §§ 451 ff. HGB keine besondere Regelung getroffen ist.

3.2.2 Rechte und Pflichten des Absenders im Umzugsverkehr

Der Absender im Umzugsverkehr hat vergleichbare Pflichten und Rechte wie der Absender im Frachtrecht (► Kap. 2), daher gelten die allgemeinen Reglungen (§ 414) auch für die Haftung des Absenders im Umzugsverkehr, mit Abweichungen die im Folgenden genannt sind:

Besondere Einzelpflichten	**Pflichten des Absenders**	**Rechte des Absenders**
Allgemeine Regelung	Wie nach Frachtrecht (§§ 408-414 HGB), aber mit folgenden Abweichungen:	Wie nach Frachtrecht, jedoch mit zusätzlichen Rechten
Frachtbrief-erstellung	Keine Pflicht zur Ausstellung (§ 451b Abs. 1 contra § 408 HGB)	
Belade-/ Entladepflicht	Keine Belade-/ Entladepflicht des Absenders (§ 451a Abs. 1 contra § 412 HGB)	Recht auf Beladung / Entladung durch den Frachtführer, § 451a Abs. 1 HGB.
Haftung	Verschuldensunabhängige und unlimitierte Haftung, wie § 414 Abs. 1 Beachte: § 414 Abs.3 HGB bei Verbraucher Haftung nur bei Verschulden	Maximaler Schadensersatz bei Substanzschäden 620, – € je Kubikmeter (§ 451e contra § 431 HGB)

Rechte und Pflichten des Absenders im Umzugsverkehr

3.2.3 Herabgesetzte Pflichten des Verbrauchers als Absender

Soweit der Absender im Umzugsverkehr Verbraucher ist (§ 13 BGB), hat er deutlich weniger Pflichten als der gewerbliche Absender im Umzugsverkehr.

Verbraucherschutz

3

Pflicht des Absenders im Umzugsgeschäft	Gewerblicher Absender	Verbraucher als Absender
Verpackung und Kennzeichnung des Umzugsgutes	**Pflicht des Absenders, § 411 HGB**	Pflicht des Frachtführers, § 451a Abs. 2 HGB
Gefährliches Gut	Schriftliche Unterrichtung des Frachtführers, § 410 HGB	• **Mündliche Unterrichtung durch Absender (§ 451b Abs. 2 HGB).** • **Davor Hinweis auf Unterrichtungspflicht durch den Frachtführer.**
Begleitpapiere	Informations- und Dokumentenbeschaffungspflicht, § 413 Abs. 1 HGB.	Unterrichtung des Absenders über Zollbestimmungen durch Frachtführer. **Danach** Pflicht des Absenders die Dokumente zu beschaffen, § 451b Abs. 3 HGB.
Haftung	Haftung **verschuldensunabhängig**, gem. § 414 **Abs. 1** (Möglichkeit der Haftungsbegrenzung im Individualvertrag oder AGB, § 449 Abs. 2, letzter Satz).	Haftung nur **bei Verschulden,** § 414 Abs. 3.

Herabgesetzte Pflichten des Absenders, wenn dieser Verbraucher ist

3.2.4 Rechte und Pflichten des Umzugsunternehmers

Rechte des Umzugsunternehmers = Rechte des Frachtführers

Besondere Rechte hat der Frachtführer des Umzugsvertrages nur durch die besonderen Haftungsausschlüsse (siehe: Haftung beim Umzugsvertrag, § 451d, Einwendungen), ansonsten gelten für ihn die Rechte aus dem Frachtrecht, wie z. B. das Pfandrecht (▶ Abschn. 2.5.1).

Beispiel: Der Umzugsunternehmer Schnell&Gut muss daher, wenn nichts anderes vereinbart wurde, das Umzugsgut erst dann vollständig beim Absender Felix Konkursifex abliefern, wenn dieser seinen Frachtlohn bezahlt hat (§§ 407, 416 HGB). Der Umzugsunternehmer hat zur Durchsetzung seiner Frachtlohnforderung das Frachtführerpfandrecht (§ 440 HGB).

Besondere Pflichten des Umzugsunternehmers

Soweit keine besonderen Regelungen getroffen sind, hat der Frachtführer beim Umzugsverkehr die gleichen Pflichten wie nach dem Frachtrecht (▶ Abschn. 2.5.2).

Die besonderen Pflichten des Frachtführers im Umzugsgeschäft sind in §§ 451a, b HGB geregelt:

§ 451a HGB – Pflichten des Frachtführers

(1) Die Pflichten des Frachtführers umfassen auch das Ab- und Aufbauen der Möbel sowie das Ver- und Entladen des Umzugsgutes.
(2) Ist der Absender ein Verbraucher, so zählt zu den Pflichten des Frachtführers ferner die Ausführung sonstiger auf den Umzug bezogener Leistungen wie die Verpackung und Kennzeichnung des Umzugsgutes.

Pflichten des Frachtführers	Umzugsvertrag	Umzugsvertrag mit Verbraucher
Ab- und Aufbau von Möbeln	Ja, § 451a Abs. 1 HGB	Ja, § 451a Abs. 1 HGB
Ver- und Entladen	Ja, § 451a Abs. 1 HGB	Ja, § 451a Abs. 1 HGB
Verpackung	Nein	Ja, § 451a Abs. 2 HGB
Kennzeichnung / Beschriftung	Nein	Ja, § 451a Abs. 2 HGB
Frachtbriefausstellung	Keine Verpflichtung, § 451b I	Keine Verpflichtung, § 451b Abs. 1 HGB
Unterrichtung über Hinweispflicht bei gefährlichem Gut	Nein	Ja, § 451b Abs. 2 HGB
Instruktion über Zollvorschriften	Nein	Ja, § 451a Abs. 3 HGB

Pflichten des Frachtführers bei gewerblichem Umzugsvertrag und beim Umzugsvertrag mit Verbrauchern

Der Frachtführer beim Umzug hat nicht nur die Aufgabe der Beförderung, sondern auch die Erfüllung sonstiger auf den Umzug bezogener (Zusatz-)Leistungen. Ähnlich im Speditionsvertrag, der nicht nur die Beförderung umfasst, sondern auch die Erbringung von beförderungsbezogenen Leistungen, vgl. § 454 Abs. 2 HGB.

Nunmehr sind die Informationspflichten des Absenders bei gefährlichen Gütern i. S. v. § 410 HGB, in einem besonderen Paragrafen geregelt:

§ 451b – Frachtbrief. Gefährliches Gut. Begleitpapiere. Mitteilungs- und Auskunftspflichten

(1) Abweichend von § 408 ist der Absender nicht verpflichtet, einen Frachtbrief auszustellen.
(2) Zählt zu dem Umzugsgut gefährliches Gut und ist der Absender ein Verbraucher, so ist er abweichend von § 410

3

lediglich verpflichtet, den Frachtführer über die von dem Gut ausgehende Gefahr allgemein zu unterrichten; die Unterrichtung bedarf keiner Form. Der Frachtführer hat den Absender über dessen Pflicht nach Satz 1 zu unterrichten.

(3)   Der Frachtführer hat den Absender, wenn dieser ein Verbraucher ist, über die zu beachtenden Zoll- und sonstigen Verwaltungsvorschriften zu unterrichten. Er ist jedoch nicht verpflichtet zu prüfen, ob vom Absender zur Verfügung gestellte Urkunden und erteilte Auskünfte richtig und vollständig sind.

3.2.5   Die Haftung des Umzugsunternehmers

Obhutshaftung

Vorbemerkung: Für die Haftung des Frachtführers im Umzugsrecht gelten die Regeln des Frachtrechts, d. h. der Obhutshaftung, gem. §§ 425 ff.

besondere
Haftungsregelungen
beim Umzugsvertrag

Als besondere Bestimmungen kommen jedoch zur Anwendung:

- Anstatt § 427 HGB (Besondere Haftungsausschlussgründe) ⇨ § 451d (Besondere Haftungsausschlussgründe).
- Anstatt § 431 Abs. 1 und 2 HGB (Haftungshöchstbetrag bei Verlust/Beschädigung) ⇨ § 451e HGB.
- An Stelle von § 438 ⇨ § 451f HGB (Schadensanzeige).

Zusätzlich ist bei Verträgen mit Verbrauchern im Umzugsvertrag § 451g HGB zu beachten (► Abschn. 3.2.6).

> **§ 451d HGB – Besondere Haftungsausschlussgründe**
>
> (1) Abweichend von § 427 ist der Frachtführer von seiner Haftung befreit, soweit der Verlust oder die Beschädigung auf eine der folgenden Gefahren zurückzuführen ist:

Ähnlichkeit mit § 427
HGB

> 1. Beförderung von Edelmetallen, Juwelen, Edelsteinen, Geld, Briefmarken, Münzen, Wertpapieren oder Urkunden;
> 2. ungenügende Verpackung oder Kennzeichnung durch den Absender;
> 3. Behandeln, Verladen oder Entladen des Gutes durch den Absender;
> 4. Beförderung von nicht vom Frachtführer verpacktem Gut in Behältern;
> 5. Verladen oder Entladen von Gut, dessen Größe oder Gewicht den Raumverhältnissen an der Ladestelle oder Entladestelle nicht entspricht, sofern der Frachtführer den Absender auf die Gefahr einer Beschädigung vorher hingewiesen und der Absender auf der Durchführung der Leistung bestanden hat;
> 6. Beförderung lebender Tiere oder von Pflanzen;

7. natürliche oder mangelhafte Beschaffenheit des Gutes, der zufolge es besonders leicht Schäden, insbesondere durch Bruch, Funktionsstörungen, Rost, inneren Verderb oder Auslaufen, erleidet.

(2) Ist ein Schaden eingetreten, der nach den Umständen des Falles aus einer der in Absatz 1 bezeichneten Gefahren entstehen konnte, so wird vermutet, daß der Schaden aus dieser Gefahr entstanden ist.

(3) Der Frachtführer kann sich auf Absatz 1 nur berufen, wenn er alle ihm nach den Umständen obliegenden Maßnahmen getroffen und besondere Weisungen beachtet hat.

Vergleiche § 427 HGB, Abs. 2

Hierbei sind die Haftungsbefreiungen der Ziff. 2., 3., 6., 7. den Ausschlüssen in § 427 HGB entlehnt, während die Ziffern 1., 4., 5. und zum Teil 7. den Besonderheiten des Umzugsvertrages entsprechend angepasst sind.

Den Transport von den spezifisch in **Ziff. 1** genannten Gegenständen soll entweder der Absender selber besorgen, oder er muss hierzu eine besondere Vereinbarung treffen, ansonsten bleiben Schäden haftungsfrei.

Ziff. 4 betrifft alle Fälle, in denen der Absender das Umzugsgut selbst in Behälter (z. B. Umzugskartons) verpackt und hieraus Substanzschäden an dem Umzugsgut entstehen.

Haftungsausschluss selbstverpacktes Umzugsgut

Ziff. 5 begründet einen Haftungsausschluss bei besonders sperrigem Umzugsgut, das Probleme bei Lade- und Entladestelle verursacht **und soweit der Frachtführer auf diese Probleme den Kunden hingewiesen hat.**

Beispiel: Der Umzugstransport eines Konzertflügels in eine schlecht zugängliche kleine Studentenbude. Beachte: Haftungsausschluss nur, wenn der Frachtführer vorher auf die Gefahr einer Beschädigung hingewiesen hat.

Ziff. 7 führt zu einem Haftungsausschluss des Frachtführers bei Schäden wie dem Lösen von geleimten Möbelteilen oder bei solchen an der Möbelpolitur über das Tatbestandsmerkmale „natürliche Beschaffenheit" oder „mangelhafte Beschaffenheit des Gutes", ebenso wie bei spezifischen Risiken aus dem Transport von (elektrischen) Geräten und einer späteren Funktionsstörung.

Abs. 3 statuiert quasi als Gegengewicht zu Gunsten des Absenders, dass der Frachtführer sich nur auf die Beweiserleichterung und den Haftungsausschluss in den vorgenannten Absätzen berufen kann, wenn er alle (besonderen) Weisungen des Absenders und alle ihn treffenden Obliegenheiten (Obhuts-, Hinweis- und Schutzpflichten) beachtet hat.

3

> **§ 451e HGB – Haftungshöchstbetrag**
> Abweichend von § 431 Abs. 1 und 2 ist die Haftung des
> Frachtführers wegen Verlust oder Beschädigung auf einen Betrag
> von 620 Euro je Kubikmeter Laderaum, der zur Erfüllung des
> Vertrages benötigt wird, beschränkt.

Substanzschäden

Bei Substanzschäden und bei Verlust ist je beschädigtem/verlorenem Kubikmeter Gut, 620,– € auszugleichen (Faustformel: ein Möbelwagenmeter entspricht ca. 5 Kubikmeter Laderaum).

Verspätungsschäden:
3x Fracht

Bei Verspätungsschäden im Umzugsvertrag gilt § 431 Abs. 3 HGB, d. h. der maximale Schadensersatz beträgt das Dreifache der Fracht.

Beispiel: Der vom Frachtführer F durchgeführte Umzug kommt drei Tage verspätet beim Umziehenden an. Dieser musste zwei Nächte in einem Hotel zubringen. Da gem. Gesetz keine besondere Regelung für das Umzugsrecht gilt, ist § 431 Abs. 3 HGB aus dem allgemeinen Frachtrecht anzuwenden.

sonstige
Vermögensschäden

Bei Vermögensschäden, die keine Verspätungsschäden sind, gilt § 433 i. V. m. § 451e HGB, d. h. maximal ist der dreifache Betrag auszugleichen, der bei Verlust zu zahlen wäre:

620,– € x Anzahl der Kubikmeter x 3 = Maximaler Schadensersatz bei Vermögensschaden

3.2.6 Wegfall der Haftungsgrenzen bei Verbraucherverträgen

Die Regelung in § 451g HGB findet ausschließlich auf Umzugsverträge mit Verbrauchern als Absender Anwendung:

> **§ 451g HGB – Wegfall der Haftungsbefreiungen und -begrenzungen**
> Ist der Absender ein Verbraucher, so kann sich der Frachtführer oder eine in § 428 genannte Person
> 1. auf die in den §§ 451d und 451e sowie in dem Ersten Unterabschnitt vorgesehenen Haftungsbefreiungen und Haftungsbegrenzungen nicht berufen, soweit der Frachtführer es unterläßt, den Absender bei Abschluß des Vertrages über die Haftungsbestimmungen zu unterrichten und auf die Möglichkeiten hinzuweisen, eine weitergehende Haftung zu vereinbaren oder das Gut zu versichern,
> 2. auf § 451f in Verbindung mit § 438 nicht berufen, soweit der Frachtführer es unterläßt, den Empfänger spätestens bei der Ablieferung des Gutes über die Form und Frist der Schadens-

> anzeige sowie die Rechtsfolgen bei Unterlassen der Schadens-
> anzeige zu unterrichten.
> Die Unterrichtung nach Satz 1 Nr. 1 muß in drucktechnisch
> deutlicher Gestaltung besonders hervorgehoben sein.

Der Umzugsunternehmer haftet dem Absender, wenn dieser Verbraucher ist, in voller Höhe und nicht beschränkt auf 620,– € wenn:

— Der Umzugsunternehmer i. S. von § 435 HGB den Schaden herbeigeführt hat.

— Der Umzugsunternehmer den Verbraucher nicht auf die besonderen Haftungsausschlussgründe in § 451d HGB und auf seine mit 620,– € begrenzte Haftung hingewiesen hat und nicht auf die Möglichkeit einer besonders vereinbarten höheren Haftung (gegen Zusatzzahlung durch den Absender) hingewiesen hat, gem. § 451g, Ziff. 1 HGB.

unlimitierte Frachtführerhaftung im Umzugsvertrag

> Praxistipp: Der Frachtführer sollte die Hinweise nach
> § 451g Ziff. 1 und 2 schriftlich geben! Zwar muss er gem.
> Satz 2 diesen Hinweis nur bezogen auf Ziff. 1 „in druck
> technisch deutlicher Gestaltung besonders hervorgeho
> ben" geben, aber er trägt auch für die Erteilung des
> Hinweises nach Ziff. 2 das Beweisrisiko!

Pflichthinweise sollen schriftlich gegeben werden.

Katalog der Haftungsausschlussgründe, § 451d HGB	Haftungsbefreiungen und -grenzen des allgemeinen Frachtrechts, §§ 426 ff. HGB

§ 451e HGB, Haftungshöchstbetrag von 620 Euro/m³

§ 451f, i.V.m. § 438 HGB, Versäumung der Anzeigefrist

§ 451g HGB, Frachtführer kann sich nur dann auf die Haftungsbefreiungen und -grenzen berufen wenn:

Ziff. 1:	• der Verbraucher über die **Haftungsbegrenzungen vorher informiert wurde** und • der Verbraucher auf die Möglichkeit der Haftungserweiterung und Versicherbarkeit hingewiesen wurde
Ziff. 2:	→ gemäß Abs. 2, der Verbraucher spätestens **bei Ablieferung** auf die **Schadensanzeigefrist** und -form **hingewiesen wurde**.

Sonderregelungen, wenn der Umzugsvertrag mit einem Verbraucher (§ 13 BGB) geschlossen wurde

3

3.2.7 Die Schadensanzeige, § 451f HGB

---

§ 451f HGB – Schadensanzeige
Abweichend von § 438 Abs. 1 und 2 erlöschen Ansprüche wegen
Verlust oder Beschädigung des Gutes,

1. wenn der Verlust oder die Beschädigung des Gutes äußerlich
    erkennbar war und dem Frachtführer nicht spätestens am Tag
    nach der Ablieferung angezeigt worden ist,

2. wenn der Verlust oder die Beschädigung äußerlich nicht
    erkennbar war und dem Frachtführer nicht innerhalb von
    vierzehn Tagen nach Ablieferung angezeigt worden ist.

Grundsätzlich gilt hier auch für Formen und Fristen die Bestimmungen des allgemeinen Frachtrechts, außer bei § 438 Abs. 1 und 2, denn hier findet § 451f HGB Anwendung. Daraus folgt:

Schadensart	Zeitpunkt	Form
Äußerlich erkennbare Substanzschäden	Ein Tag nach Ablieferung, § 451 f, Ziff. 1 HGB.	Textform (§ 438 Abs. 4 HGB)
Äußerlich nicht erkennbare Substanzschäden	14 Tage nach Ablieferung, § 451 f, Ziff. 2 HGB.	Textform (§ 438 Abs. 4 HGB)

Schadensanzeige: Frist und Form

**Fristen sind
Ausschlussfristen.**

Textform gem. § 126b BGB: jede lesbare Erklärung, die auf einem Datenträger dauerhaft zur Wiedergabe bestimmt ist, z. B. als Mail, als Fax oder als Foto mit Erläuterungen.

Bei den vorgenannten Fristen handelt es sich um Ausschlussfristen, d. h. bei Nichteinhaltung dieser Fristen erlöschen die Ansprüche.

Die Fristen beginnen mit Abschuss der Ablieferung zu laufen.

Bei Verspätung gilt § 438 Abs. 3 HGB.

Zur Fristwahrung genügt das Abschicken innerhalb der o. g. Fristen (§ 438 Abs. 4, Satz 3 HGB).

Beachte: Hinweispflichten des Frachtführers in Verträgen mit Verbrauchern (▶ Abschn. 3.2.6).

Der Umzugsunternehmer kann sich bei Verträgen mit Verbrauchern darüber hinaus nicht auf eine verspätete Schadensanzeige berufen (gem. § 451f HGB), wenn er nicht spätestens bei Ablieferung auf die Fristen in § 451f Ziff. 2 HGB und der Folge einer Fristversäumung hingewiesen hat.

3.2.8 Abweichende Vereinbarungen, § 451h HGB

§ 451h HGB – Abweichende Vereinbarungen

(1) Ist der Absender ein Verbraucher, so kann von den die Haftung des Frachtführers und des Absenders regelnden Vorschriften dieses Unterabschnitts sowie den danach auf den Umzugsvertrag anzuwendenden Vorschriften des Ersten Unterabschnitts nicht zum Nachteil des Absenders abgewichen werden.

(2) In allen anderen als den in Absatz 1 genannten Fällen kann von den darin genannten Vorschriften nur durch Vereinbarung abgewichen werden, die im einzelnen ausgehandelt ist, auch wenn sie für eine Mehrzahl von gleichartigen Verträgen zwischen denselben Vertragsparteien getroffen ist. Die vom Frachtführer zu leistende Entschädigung wegen Verlust oder Beschädigung des Gutes kann jedoch auch durch vorformulierte Vertragsbedingungen auf einen anderen als den in § 451e vorgesehenen Betrag begrenzt werden, wenn der Verwender der vorformulierten Vertragsbedingungen seinen Vertragspartner in geeigneter Weise darauf hinweist, dass diese einen anderen als den gesetzlich vorgesehenen Betrag vorsehen. Ferner kann durch vorformulierte Vertragsbedingungen die vom Absender nach § 414 zu leistende Entschädigung der Höhe nach beschränkt werden.

(3) Unterliegt der Umzugsvertrag ausländischem Recht, so sind die Absätze 1 und 2 gleichwohl anzuwenden, wenn nach dem Vertrag der Ort der Übernahme und der Ort der Ablieferung des Gutes im Inland liegen.

> Bei Verbraucherverträgen nicht abdingbar!

Bei Umzugsverträgen mit Nicht-Verbrauchern kann durch AGB von den Haftungshöchstbeträgen in § 451e HGB abgewichen werden, ohne dass es dabei einen Haftungskorridor wie in § 449 Abs. 2 HGB zu beachten gäbe. Diese AGB beurteilen sich dann aber nach §§ 305 ff. BGB. Auf die AGB-Abweichung gegenüber dem Gesetz ist dann hinzuweisen (§ 451e Abs. 2 HGB).

Sofern der Umzugsvertrag ausländischem Recht unterliegt, so sind die deutschen Bestimmungen anzuwenden, wenn Ort der Übernahme und Ort der Ablieferung im Inland liegen, gem. Abs. 3.

3

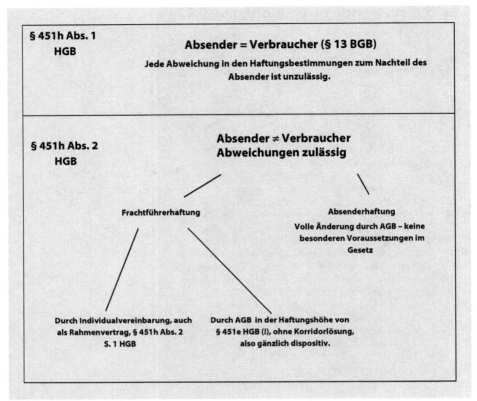

| § 451h Abs. 1
HGB | **Absender = Verbraucher (§ 13 BGB)**
Jede Abweichung in den Haftungsbestimmungen zum Nachteil des
Absender ist unzulässig. |

§ 451h Abs. 2 HGB

Absender ≠ Verbraucher
Abweichungen zulässig

Frachtführerhaftung

Absenderhaftung

Volle Änderung durch AGB – keine besonderen Voraussetzungen im Gesetz

Durch Individualvereinbarung, auch als Rahmenvertrag, § 451h Abs. 2 S. 1 HGB

Durch AGB in der Haftungshöhe von § 451e HGB (I), ohne Korridorlösung, also gänzlich dispositiv.

Abweichende Vereinbarungen bei Umzugsverträgen

3.2.9 Prüfungsschema

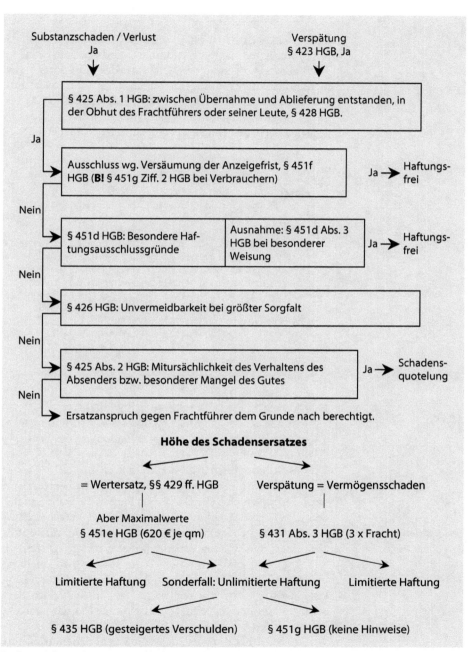

Substanzschaden / Verlust
Ja

Verspätung
§ 423 HGB, Ja

§ 425 Abs. 1 HGB: zwischen Übernahme und Ablieferung entstanden, in der Obhut des Frachtführers oder seiner Leute, § 428 HGB.

Ja

Ausschluss wg. Versäumung der Anzeigefrist, § 451f HGB (**B!** § 451g Ziff. 2 HGB bei Verbrauchern)   Ja → Haftungs-frei

Nein

§ 451d HGB: Besondere Haf-tungsausschlussgründe | Ausnahme: § 451d Abs. 3 HGB bei besonderer Weisung   Ja → Haftungs-frei

Nein

§ 426 HGB: Unvermeidbarkeit bei größter Sorgfalt

Nein

§ 425 Abs. 2 HGB: Mitursächlichkeit des Verhaltens des Absenders bzw. besonderer Mangel des Gutes   Ja → Schadens-quotelung

Nein

Ersatzanspruch gegen Frachtführer dem Grunde nach berechtigt.

Höhe des Schadensersatzes

← →

= Wertersatz, §§ 429 ff. HGB   Verspätung = Vermögensschaden

Aber Maximalwerte
§ 451e HGB (620 € je qm)   § 431 Abs. 3 HGB (3 x Fracht)

← →   ← →

Limitierte Haftung   Sonderfall: Unlimitierte Haftung   Limitierte Haftung

← →

§ 435 HGB (gesteigertes Verschulden)   § 451g HGB (keine Hinweise)

Prüfungsschema bei Substanzschäden/Verlust oder Fristüberschreitung

3

3.3 Das Recht des multimodalen Transports

3.3.1 Der multimodale Frachtvertrag

Durch den weltweiten Siegeszug des Containers im Transportgewerbe hat die Bedeutung multimodaler Transporte in großem Maße zugenommen. Diese Art des Transports findet nicht nur auf den Weltmeeren statt, auch im Land- oder Lufttransport, ob per Bahn, Binnenschiff, Flugzeug oder LKW ermöglicht der Containertransport eine schnelle und kostengünstige Form des Transports von Gütern fast aller Art.

> **§ 452 HGB – Frachtvertrag über eine Beförderung mit verschiedenartigen Beförderungsmitteln**
> Wird die Beförderung des Gutes auf Grund eines einheitlichen Frachtvertrags mit verschiedenartigen Beförderungsmitteln durchgeführt und wären, wenn über jeden Teil der Beförderung mit jeweils einem Beförderungsmittel (Teilstrecke) zwischen den Vertragsparteien ein gesonderter Vertrag abgeschlossen worden wäre, mindestens zwei dieser Verträge verschiedenen Rechtsvorschriften unterworfen, so sind auf den Vertrag die Vorschriften des Ersten Unterabschnitts anzuwenden, soweit die folgenden besonderen Vorschriften oder anzuwendende internationale Übereinkommen nichts anderes bestimmen. Dies gilt auch dann, wenn ein Teil der Beförderung über See durchgeführt wird.

Voraussetzungen

Voraussetzungen für die Anwendung des Multimodalrechts:
Ein Frachtvertrag
+ Verschiedenartigkeit der Verkehrsmittel
+ Mindestens zwei unterschiedliche Rechtsordnungen
− kein Vorrang ratifizierten internationalen Rechts (z. B. CMR, CIM, MÜ, CMNI)
= **Multimodalrecht, §§ 452, 452a ff. HGB**
Die Verschiedenartigkeit der Verkehrsmittel beurteilt sich nach der geplanten Transportabwicklung, z. B. Transport mit dem Lkw – dann Seeschiff = Verschiedenartige Verkehrsmittel.

verschiedene Verkehrsmittel

Problematisch kann dies dann sein, wenn nur kleine Strecken mit einem anderen Verkehrsmittel zurückgelegt werden, z. B. beim Umschlag im Hafen. Dann könnte die Umladung im Hafen als unselbstständiger Annex zur Seebeförderung verstanden werden, mit der Folge, dass ausschließlich Seerecht zur Anwendung käme, oder es könnte Multimodalrecht bejaht werden.

Der BGH hat das Ausladen von Schiffen, den Transport im Hafen sowie die Zwischenlagerung auf dem Terminal noch der Seestrecke zugerechnet, so dass der multimodale

Transport erst mit der Verladung des Gutes auf das Transportmittel, mit dem es aus dem Hafen entfernt werden soll, beginnt (BGH Urteil vom 18.10.2007, I ZR 138/04; BGHZ 164, 394).

Mindestens zwei unterschiedliche Rechtsordnungen liegen vor, wenn z. B. neben dem deutschen Transportrecht internationales Luft- oder Seerecht einschlägig ist bzw. auch nationales Recht eines anderen Staates.

Die Anwendung verschiedenartigen Regelungen bei innerdeutschen Transporten ist nur denkbar, wenn die Parteien für eine Teilstrecke vom HGB abweichende Regelungen gewählt haben, z. B. im Wege einer Individualabsprache, § 449 Abs. 2 HGB oder durch Anwendung eigener „Allgemeiner Geschäftsbedingungen".

Wenn jedoch für den Transport mit verschiedenartigen Transportmitteln eine von Deutschland ratifiziertes internationales Übereinkommen zur Anwendung kommt, dann geht dieses vor (z. B. gem. Art. 2 CMR bei Fähr- oder Bahntransport; Art. 18 Abs. 4 MÜ; Art. 1, §§ 3, 4 CIM).

Beispiel: Inländischer Transport eines Containers mittels verschiedener Verkehrsmittel und bei Anwendung unterschiedlicher Beförderungsbedingungen, mit Binnenschiff (IVTB), Bahn (Allgemeine Leistungsbedingungen der DB-Cargo AG) und Lkw (ADSp).

Rechtsfolge von § 452 HGB: Auch bei Multimodaltransport kommt das allgemeine Frachtrecht zur Anwendung (§§ 407 ff. HGB), wenn nicht:
— internationales ratifiziertes Recht vorgeht (z. B. CMR, MÜ/WA, CIM, CMNI).
— besondere gesetzliche Regelungen in §§ 452a ff. HGB anwendbar sind (Multimodalrecht).

Ist der Schadensort unbekannt, dann gilt beim multimodalen Transport die Haftung des Frachtführers für Verlust, Beschädigung oder Lieferfristüberschreitung nach dem Frachtrecht (§§ 407 ff. HGB).

Daher Rechtsanwendung abhängig von Kenntnis des Schadensorts:
— Unbekannter Schadensort, § 452 HGB: Vorrang internationaler Übereinkommen ansonsten Frachtführerhaftung (§§ 425 ff. HGB)
— Bekannter Schadensort, § 452a HGB: Anwendung des Rechts, das für die Teilstrecke gilt bei Verlust, Beschädigung, Lieferfristüberschreitung

Margin notes:

unterschiedliche Rechtsordnungen: unterschiedliches Recht bei Auslandsbezug

Unterschiedliches Recht bei verschiedenen AGB

Anwendung von Frachtrecht bei unbekanntem Schadensort

3

3.3.2 Schadensanzeige, Verjährung, § 452b HGB

---

§ 452b HGB – Schadensanzeige. Verjährung
(1) § 438 ist unabhängig davon anzuwenden, ob der Schadensort unbekannt ist, bekannt ist oder später bekannt wird. Die für die Schadensanzeige vorgeschriebene Form und Frist ist auch gewahrt, wenn die Vorschriften eingehalten werden, die auf einen Vertrag über eine Beförderung auf der letzten Teilstrecke anzuwenden wären.
(2) Für den Beginn der Verjährung des Anspruchs wegen Verlust, Beschädigung oder Überschreitung der Lieferfrist ist, wenn auf den Ablieferungszeitpunkt abzustellen ist, der Zeitpunkt der Ablieferung an den Empfänger maßgebend. Der Anspruch verjährt auch bei bekanntem Schadensort frühestens nach Maßgabe des § 439.

Bei multimodalen Verkehren gilt, dass für die Schadensanzeige und die Verjährung die Bestimmungen des Frachtrechts Anwendung finden.

Ergänzend (Abs. 1, Satz 2) tritt jedoch hinzu, dass die für die Schadensanzeige notwendigen Formen und Fristen auch dann gewahrt sind, wenn die Schadensanzeige in der Form und innerhalb der Frist stattfindet, die anwendbar ist für die letzte Teilstrecke.

Abs. 2 definiert den Verjährungszeitpunkt und stellt beim Start der Verjährung auf den Ablieferungszeitpunkt ab.

Transport-rechtsgebiet	Int. Seerecht	Int. Land-frachtrecht	Int. Luft-frachtrecht	Int. Eisen-bahnrecht
Anwendbare Regelung	HGB §§ 476 ff.	CMR	MÜ	CIM 1999
Bestimmung über Schadensanzeige	§ 510 HGB; bei Ablieferung	**Art. 30 ;** Annahme	Art. 31; Annahme	Art. 47; Annahme
Schadensanzeigefrist für verdeckte Schäden/Verspätung	**drei Tage**	sieben Tage / 21 Tage (Verspätung)	14 Tage / 21 Tage (Verspätung)	sieben Tage/ 60 Tage
Verjährung/ Aus-schlussfrist	**ein Jahr**	ein Jahr	zwei Jahre (Aus-schlussfrist)	ein Jahr

Fristen der letzten Teilstrecke/internationale Regelungen

Ferner bestimmt Abs. 2, Satz 2, dass auch bei bekanntem Schadensort die Mindestverjährung auf jeden Fall ein Jahr beträgt. Der Begriff der Verjährung wird dabei weit verstanden und umfasst auch Ausschluss- und Erlöschungsregelungen, z. B. nach WA/MÜ (BGH Urteil vom 02.04.2009, I ZR 60/06).

Mindestverjährung: ein Jahr

3.3.3 Abweichende Vereinbarungen, § 452d HGB

§ 452d HGB – Abweichende Vereinbarungen
(1) Von der Regelung des § 452b Abs. 2 Satz 1 kann nur durch Vereinbarung abgewichen werden, die im einzelnen ausgehandelt ist, auch wenn diese für eine Mehrzahl von gleichartigen Verträgen zwischen denselben Vertragsparteien getroffen ist. Von den übrigen Regelungen dieses Unterabschnitts kann nur insoweit durch vertragliche Vereinbarung abgewichen werden, als die darin in Bezug genommenen Vorschriften abweichende Vereinbarungen zulassen.
(2) Abweichend von Absatz 1 kann jedoch auch durch vorformulierte Vertragsbedingungen vereinbart werden, daß sich die Haftung bei bekanntem Schadensort (§ 452a)
  1. unabhängig davon, auf welcher Teilstrecke der Schaden eintreten wird, oder
  2. für den Fall des Schadenseintritts auf einer in der Vereinbarung genannten Teilstrecke
nach den Vorschriften des Ersten Unterabschnitts bestimmt.
(3) Vereinbarungen, die die Anwendung der für eine Teilstrecke zwingend geltenden Bestimmungen eines für die Bundesrepublik Deutschland verbindlichen internationalen Übereinkommens ausschließen, sind unwirksam.

Verjährungs- und Schadensanzeige sind AGB-fest.

Frachtrecht im Multimodalrecht auf bei bekanntem Schadensort

Besonders geschützt sind die Bestimmungen über den Beginn der Reklamations- und Verjährungsfristen in § 452b Abs. 2, Satz 1, die nur durch Individualvereinbarung geändert werden können, gem. § 452d Abs. 1, S. 1 HGB.

AGB-feste Regelungen

Ergänzend zu Abs. 1 erlaubt Abs. 2, dass durch Allgemeine Geschäftsbedingungen die Haftung des Frachtführers begrenzt werden kann und zwar soweit dies im Rahmen der Vorschriften des Ersten Unterabschnitt (gem. § 449 HGB) zulässig ist. Damit kann bei Multimodaltransporten eine einheitliche frachtrechtliche Haftung vereinbart werden, die unabhängig vom jeweils einschlägigen Recht der Teilstrecke angewendet werden kann.

3

Vorrang ratifizierter
internationaler
Konventionen

Gem. Abs. 3 sind abweichende Bestimmungen dann unzulässig (egal ob als Individualvertrag oder AGB), wenn für
eine Teilstrecke die zwingend die Anwendung von internationalen Übereinkommen bestimmt ist.

zwingend anwendbar
CMR, CIM, WA, MÜ,
CMNI und Haager
Regeln

Für die Bundesrepublik Deutschland sind zwingend
anwendbar, weil ratifiziert: die CMR, die CIM, das WA, das
MÜ, die CMNI und die Haager Regeln (während die Haager Regeln bisher nicht durch Deutschland ratifiziert wurden).

3.3.4 Das FIATA Multimodal Transport Bill of Lading

FIATA/FBL als
Einheitspapier für
Multimodaltransporte

Im internationalen Multimodalverkehr ist das FBL das vor-
herrschende international anerkannte Dokument mit einheitlichen Bedingungen für Transporte mit verschiedenen
Transportmitteln und bei Anwendung unterschiedlicher Haf-
tungsregelungssystemen. Es sieht in Ziff. 8.3. eine Mindest-
haftung bei Verlust oder Beschädigung vor – 2 SZR per Kilogramm oder 666,67 SZR per Packstück – und bewegt sich
damit innerhalb des Haftungskorridors von § 449 Abs. 2
HGB.

Beachte: FIATA BL an Order kann nach deutschem Recht
gem. § 452 i. V. m. § 444 HGB als Ladeschein und damit als
Orderpapier mit Traditionswirkung qualifiziert werden (La-
deschein). Nach internationalen Regelungen ist der FBL gem.
Art. 19 ERA/UCP 600 als andienungsfähiges Dokument im
Akkreditivgeschäft akzeptiert.

Die Übersicht am Ende des Kapitels zeigt Abweichungen des FBL gegenüber dem deutschen Frachtrecht. Daraus
wird von Teilen der Literatur geschlossen, dass bei Anwendung deutschen Rechts das FIATA BL unwirksam ist (Koller, § 452a, Rn. 49). Angesichts einer jahrzehntelangen und
weltweiten Verwendung des FIATA BL im Handel unter
Kaufleuten, insbesondere seit der Anerkennung im Jahre
1993 als aufnahmefähiges Dokument in ERA 500/600
(Art. 26/19) für den Multimodaltransport in internationalen Akkreditivgeschäften kann die Verwendung des FIATA
BL als Handelsbrauch qualifiziert werden (Baumbach-
Hopt, Einl. ERA, Rn. 3; ERA 19; Hk-HGB/Wieske § 452d
Rn.6, m. w. N.). Das FIATA BL unterliegt damit nicht der
Kontrolle des § 452d, die lediglich für AGB gilt.

Consignor

Consigned to order of

Notify address

	Place of receipt
Ocean vessel	Port of loading
Port of discharge	Place of delivery

Marks and numbers	Number and kind of packages	Description of goods	Gross weight	Measurement

FBL DE

NEGOTIABLE FIATA
MULTIMODAL TRANSPORT
BILL OF LADING

BSL

issued subject to UNCTAD/ICC Rules for
Multimodal Transport Documents (ICC Publication 481).

ICC

SPECIMEN

152933

according to the declaration of the consignor

Declaration of Interest of the consignor
in timely delivery (Clause 6.2.)

Declared value for ad valorem rate according to
the declaration of the consignor (Clauses 7 and 8).

The goods and instructions are accepted and dealt with subject to the Standard Conditions printed overleaf.

Taken in charge in apparent good order and condition, unless otherwise noted herein, at the place of receipt for transport and delivery as mentioned above.

One of these Multimodal Transport Bills of Lading must be surrendered duly endorsed in exchange for the goods. In Witness whereof the original Multimodal Transport Bills of Lading all of this tenor and date have been signed in the number stated below, one of which being accomplished the other(s) to be void.

Freight amount	Freight payable at	Place and date of issue
Cargo Insurance through the undersigned ☐ not covered ☐ Covered according to attached Policy	Number of Original FBL's	Stamp and signature
For delivery of goods please apply to:		

Negotiable FIATA Multimodal Transport Bill of Lading

3

Standard Conditions (1992) governing the FIATA MULTIMODAL TRANSPORT BILL OF LADING

Definitions

• "Freight Forwarder" means the Multimodal Transport Operator who issues this FBL and is named on the face of it and assumes liability for the performance of the multimodal trans-port contract as a carrier.

• "Merchant" means and includes the Shipper, the Consignor, the Consignee, the Holder of this FBL, the Receiver and the Owner of the Goods.

• "Consignor" means the person who concludes the multimodal transport contract with the Freight Forwarder.

• "Consignee" means the person entitled to receive the goods from the Freight Forwarder. - "Taken in charge" means that the goods have been handed over to and accepted for carriage by the Freight Forwarder at the place of receipt evidenced in this FBL.

• "Goods" means any property including live animals as well as containers, pallets or similar articles of transport or packaging not supplied by the Freight Forwarder, irrespective of whether such property is to be or is carried on or under deck.

1. Applicability

Notwithstanding the heading "FIATA Multimodal Transport Bill of Lading (FBL)" these conditions shall also apply if only one mode of transport is used.

2. Issuance of this FBL

1. By issuance of this FBL the Freight Forwarder
a. undertakes to perform and/or in his own name to procure the performance of the entire transport, from the place at which the goods are taken in charge (place of receipt evidenced in this FBL) to the place of delivery designated in this FBL;
b. assumes liability as set out in these conditions.

2. Subject to the conditions of this FBL the Freight Forwarder shall be responsible for the acts and omissions of his servants or agents acting within the scope of their employment, or any other person of whose services he makes use for the performance of the contract evidenced by this FBL, as if such acts and omissions were his own.

3. Negotiability and title to the goods

1. This FBL is issued in a negotiable form unless it is marked "non negotiable". It shall constitute title to the goods and the holder, by endorsement of this FBL, shall be entitled to receive or to transfer the goods herein mentioned.

2. The information in this FBL shall be prima facie evidence of the taking in charge by the Freight Forwarder of the goods as described by such information unless a contrary indication, such as "shipper's weight, load and count", "shipper-packed container" or similar expressions, has been made in the printed text or superimposed on this FBL. However, proof to the contrary shall not be admissible when the FBL has been transferred to the consignee for valuable consideration who in good faith has relied and acted thereon.

4. Dangerous Goods and Indemnity

1. The Merchant shall comply with rules which are mandatory according to the national law or by reason of International Convention, relating to the carriage of goods of a dangerous nature, and shall in any case inform the Freight Forwarder in writing of the exact nature of the danger, before goods of a dangerous nature are taken in charge by the Freight Forwarder and indicate to him, if need be, the precautions to be taken.

2. If the Merchant fails to provide such information and the Freight Forwarder is unaware of the dangerous nature of the goods and the necessary precautions to be taken and if, at any time, they are deemed to be a hazard to life or property, they may at any place be unloaded, destroyed or rendered harm-less, as circumstances may require, without compensation. The Merchant shall indemnify the Freight Forwarder against all loss, damage, liability, or expense arising out of their being taken in charge, or their carriage, or of any service incidental thereto.

3. The burden of proving that the Freight Forwarder knew the exact nature of the danger constituted by the carriage of the said goods shall rest on the Merchant.

4. If any goods shall become a danger to life or property, they may in like manner be unloaded or landed at any place or destroyed or rendered harmless. If such danger was not caused by the fault and neglect of the Freight Forwarder he shall have no liability and the Merchant shall indemnify him against all loss, damage, liability and expense arising there-from.

5. Description of Goods and Merchant's Packing and Inspection

1. The Consignor shall be deemed to have guaranteed to the Freight Forwarder the accuracy, at the time the goods were taken in charge by the Freight Forwarder, of all particulars relating to the general nature of the goods, their marks, num-ber, weight, volume and quantity and, if applicable, to the dangerous character of the goods, as furnished by him or on his behalf for insertion on the FBL.

The Consignor shall indemnify the Freight Forwarder against all loss, damage and expense resulting from any inaccuracy or inadequacy of such particulars.

The Consignor shall remain liable even if the FBL has been transferred by him.

The right of the Freight Forwarder to such an indemnity shall in no way limit this liability under this FBL to any person other than the Consignor.

2. The Freight Forwarder shall not be liable for any loss, damage or expense caused by defective or insufficient packing of goods or by inadequate loading or packing within containers or other transport units when such loading or packing has been performed by the Merchant or on his behalf by a person other than the Freight Forwarder, or by the defect or unsuitability of the containers or other transport units supplied by the Mer-chant, or if supplied by the Freight Forwarder if a defect or unsuitability of the container or other transport unit would have been apparent upon reasonable inspection by the Merchant. The Merchant shall indemnify the Freight Forwarder against all loss, damage, liability and expense so caused.

6. Freight Forwarder's Liability

1. The responsibility of the Freight Forwarder for the goods under these conditions covers the period from the time the Freight Forwarder has taken the goods in his charge to the time of their delivery.

2. The Freight Forwarder shall be liable for loss of or damage to the goods as well as for delay in delivery if the occurrence which caused the loss, damage or delay in delivery took place while the goods were in his charge as defined in Clause 2.1.a, unless the Freight Forwarder proves that no fault or neglect of his own, his servants or agents or any other person referred to in Clause 2.2., has caused or contributed to such loss, damage or delay. However, the Freight Forwarder shall only be liable for loss following from delay in delivery if the Consignor has made a declaration of interest in timely delivery which has been accepted by the Freight Forwarder and stated in this FBL.

3. Arrival times are not guaranteed by the Freight Forwarder. However, delay in delivery occurs when the goods have not been delivered within the time expressly agreed upon or, in the absence of such agreement, within the time which would be reasonable to require of a diligent Freight Forwarder, having regard to the circumstances of the case.

4. If the goods have not been delivered within ninety consecutive days following such date of delivery as determined in Clause 6.3., the claimant may, in the absence of evidence to the contrary, treat the goods as lost.

5. When the Freight Forwarder establishes that, in the circumstances of the case, the loss or damage could be attributed to one or more causes or events, ...

FIATA Standard Condition (1992)

6.5. ... specified in a-e of the present clause, it shall be presumed that it was so caused, always provided, however, that the claimant shall be entitled to prove that the loss or damage was not, in fact, caused wholly or partly by one or more of such causes or events:
a. an act or omission of the Merchant, or person other than the Freight Forwarder acting on behalf of the Merchant or from whom the Freight Forwarder took the goods in charge;
b. insufficiency or defective condition of the packaging or marks and/or numbers;
c. handling, loading, stowage or unloading of the goods by the Merchant or any person acting on behalf of the Merchant;
d. inherent vice of the goods;
e. strike, lockout, stoppage or restraint of labour
6. Defences for carriage by sea or inland waterways
7. Notwithstanding Clauses 6.2., 6.3. and 6.4. the Freight Forwarder shall not be liable for loss, damage or delay in delivery with respect to goods carried by sea or inland waterways when such loss, damage or delay during such carriage has been caused by:
a. act, neglect, or default of the master, mariner, pilot or the servants of the carrier in the navigation or in the management of the ship,
b. fire, unless caused by the actual fault or privity of the carrier, however, always provided that whenever loss or damage has resulted from unseaworthiness of the ship, the Freight Forwarder can prove that due diligence has been exercised to make the ship seaworthy at the commencement of the voyage.

7. Paramount Clauses
1. These conditions shall only take effect to the extent that they are not contrary to the mandatory provisions of International Conventions or national law applicable to the contract evidence by this FBL.
2. The Hague Rules contained in the International Convention for the unification of certain rules relating to Bills of Lading, dated Brussels 25th August 1924, or in those countries where they are already in force the Hague-Visby Rules contained in the Protocol of Brussels, dated 23rd February 1968, as enacted in the Country of Shipment, shall apply to all carriage of goods by sea and also to the carriage of goods by inland waterways, and such provisions shall apply to all goods whether carried on deck or under deck.
3. The Carriage of Goods by Sea Act of the United States of America (COGSA) shall apply to the carriage of goods by sea, whether on deck or under deck, if compulsorily applicable to this FBL or would be applicable but for the goods being carried on deck in accordance with a statement on this FBL.

8. Limitation of Freight Forwarder's Liability
1. Assessment of compensation for loss of or damage to the goods shall be made by reference to the value of such goods at the place and time they are delivered to the consignee or at the place and time when, in accordance with this FBL, they should have been so delivered.
2. The value of the goods shall be determined according to the current commodity exchange price or, if there is no such price, according to the current market price or, if there are no such prices, by reference to the normal value of goods of the same name and quality.
3. Subject to the provisions of subclauses 8.4. to 8.9. inclusive, the Freight Forwarder shall in no event be or become liable for any loss of or damage to the goods in an amount exceeding the equivalent of 666.67 SDR per package or unit or 2 SDR per kilogramme of gross weight of the goods lost or damaged, whichever is the higher, unless the nature and value of the goods shall have been declared by the Consignor and accepted by the Freight Forwarder before the goods have been taken in his charge, or the ad valorem freight rate paid, and such value is stated in the FBL by him, ...

8.3. ... then such declared value shall be the limit.
4. Where a container, pallet or similar article of transport is loaded with more than one package or unit, the packages or other shipping units enumerated in the FBL as packed in such article of transport are deemed packages or shipping units. Except as aforesaid, such article of transport shall be considered the package or unit.
5. Notwithstanding the above mentioned provisions, if the multimodal transport does not, according to the contract, include carriage of goods by sea or by inland waterways, the liability of the Freight Forwarder shall be limited to an amount not exceeding 8.33 SDR per kilogramme of gross weight of the goods lost or damaged.
6.
a. When the loss of or damage to the goods occurred during one particular stage of the multimodal transport, in respect of which an applicable international convention or mandatory national law would have provided another limit of liability if a separate contract of carriage had been made for that particular stage of transport, then the limit of the Freight Forwarder's liability for such loss or damage shall be determined by reference to the provisions of such convention or mandatory national law.
b. Unless the nature and value of the goods shall have been declared by the Merchant and inserted in this FBL, and the ad valorem freight rate paid, the liability of the Freight Forwarder under COGSA, where applicable, shall not exceed USD 500 per package or, in the case of goods not shipped in packages, per customary freight unit.
7. If the Freight Forwarder is liable in respect of loss following from delay in delivery, or consequential loss or damage other than loss of or damage to the goods, the liability of the Freight Forwarder shall be limited to an amount not exceeding the equivalent of twice the freight under the multimodal contract for the multimodal transport under this FBL.
8. The aggregate liability of Freight Forwarder shall not exceed the limits of liability for total loss of the goods.
9. The Freight Forwarder is not entitled to the benefit of the limitation of liability if it is proved that the loss, damage or delay in delivery resulted from a personal act or omission of the Freight Forwarder done with the intent to cause such loss, damage or delay, or recklessly and with knowledge that such loss, damage or delay would probably result.

9. Applicability to Actions in Tort
These conditions apply to all claims against the Freight Forwarder relating to the performance of the contract evidenced by this FBL, whether the claim be founded in contract or in tort.

10. Liability of Servants and other Persons
1. These conditions apply whenever claims relating to the performance of the contract evidenced by this FBL are made against any servant, agent or other person (including any independent contractor) whose services have been used in order to perform the contract, whether such claims are founded in contract or in tort, and the aggregate liability of the Freight Forwarder and of such servants, agents or other persons shall not exceed the limits in clause 8.
2. In entering into this contract as evidenced by this FBL, the Freight Forwarder, to the extend of these provisions, does not only act on his own behalf, but also as agent or trustee for such persons, and such persons shall to this extent be or be deemed to be parties to this contract.
3. However, if it is proved that the loss of or such loss or damage to the goods resulted from a personal act or omission of such a person referred to in Clause 10.1., done with intent to cause damage, or recklessly and with knowledge that damage would probably result, such person shall not be entitled to benefit of limitation of liability provided for in Clause 8.

3

10.4. The aggregate of the amounts recoverable from the Freight Forwarder and the persons referred to in Clause 2.2. and 10.1., shall not exceed the limits provided for in these conditions.

11. Method and Route of Transportation
Without notice to the Merchant, the Freight Forwarder has the liberty to carry the goods on or under deck and to choose or substitute the means, route and procedure to be followed in the handling, stowage, storage and transportation of the goods.

12. Delivery
1. Goods shall be deemed to be delivered when they have been handed over or placed at the disposal of the Consignee or his agent in accordance with this FBL, or when the goods have been handed over to any authority or other party to whom, pursuant to the law or regulation applicable at the place of delivery, the goods must be handed over, or such other place at which the Freight Forwarder is entitled to call upon the Merchant to take delivery.
2. The Freight Forwarder shall also be entitled to store the goods at the sole risk of the Merchant, and the Freight Forwarder's liability shall cease, and the cost of such storage shall be paid, upon demand, by the Merchant to the Freight Forwarder.
3. If at any time the carriage under this FBL is or is likely to be affected by any hindrance or risk of any kind (including the condition of the goods) not arising from any fault or neglect of the Freight Forwarder or a person referred to in Clause 2.2. and which cannot be avoided by the exercise of reasonable endeavours the Freight Forwarder may:
Abandon the carriage of the goods under this FBL and, where reasonably possible, place the goods or any part of them at the Merchant's disposal at any place which the Freight Forwarder may deem safe and convenient, whereupon delivery shall be deemed to have been made, and the responsibility of the Freight Forwarder in respect of such goods shall cease. In any event, the Freight Forwarder shall be entitled to full freight under this FBL and the Merchant shall pay any additional costs resulting from the above mentioned circumstances.

13. Freight and Charges
1. Freight shall be paid in cash, without any reduction or deferment on account of any claim, counterclaim or set-off, whether prepaid or payable at destination. Freight shall be considered as earned by the Freight Forwarder at the moment when the goods have been taken in his charge, and not to be returned in any event.
2. Freight and all other amounts mentioned in this FBL are to be paid in the currency named in this FBL or, at the Freight Forwarder's option, in the currency of the country of dispatch or destination at the highest rate of exchange for bankers sight bills current for prepaid freight on the day of dispatch and for freight payable at destination on the day when the Merchant is notified on arrival of the goods there or on the date of with-drawal of the delivery order, whichever rate is the higher, or at the option of the Freight Forwarder on the date of this FBL.
3. All dues, taxes and charges or other expenses in connection with the goods shall be paid by the Merchant. Where equipment is supplied by the Freight Forwarder, the Merchant shall pay all demurrage and charges which are not due to a fault or neglect of the Freight Forwarder.
4. The Merchant shall reimburse the Freight Forwarder in proportion to the amount of freight for any costs for deviation or delay or any other increase of costs of whatever nature caused by war, warlike operations, epidemics, strikes, government directions or force majeure.
5. The Merchant warrants the correctness of the declaration of contents, insurance, weight, measurements or value of the goods but the Freight Forwarder has the liberty to have ...

13.5. ... the contents inspected and the weight, measurements or value verified. If on such inspection it is found that the declaration is not correct it is agreed that a sum equal either to five times the difference between thecorrect figure and the freight charged, or to double the correct freight less the freight charged, whichever sum is the smaller, shall be payable as liquidated damages to the Freight Forwarder for his inspection costs and losses of freight on other goods notwithstanding any other sum having been stated on this FBL as freight payable.
6. Despite the acceptance by the Freight Forwarder of instructions to collect freight, charges or other expenses from anyother person in respect of the transport under thisFBL, the Merchant shall remain responsible for such monies on receipt of evidence of demand and the absence of payment for whatever reason.

14. Lien
The Freight Forwarder shall have a lien on the goods and any documents relating thereto for any amount due at any time to the Freight Forwarder from the Merchant including storage fees and the cost of recovering same, and may enforce such lien in any reasonable manner which he may think fit.

15. General Average
The Merchant shall indemnify the Freight Forwarder in respect of any claims of a General Average nature which may be made on him and shall provide such security as may be required by the Freight Forwarder in this connection.

16. Notice
1. Unless notice of loss or damage to the goods, specifying the general nature of such loss or damage, is given in writing by the consignee to the Freight Forwarder when the goods are delivered to the consignee in accordance with clause 12, such handing over is prima facie evidence of the delivery by the Freight Forwarder of the goods as described in this FBL.
2. Where the loss or damage is not apparent, the same prima facie effect shall apply if notice in writing is not given within 6 consecutive days after the day when the goods were delivered to the consignee in accordance with clause 12.

17. Time bar
The Freight Forwarder shall, unless otherwise expressly agreed, be discharged of all liability under these conditions unless suit is brought within 9 months after the delivery of the goods, or the date when the goods should have been delivered, or the date when in accordance with clause 6.4. failure to deliver the goods would give the consignee the right to treat the goods as lost.

18. Partial Invalidity
If any clause or a part thereof is held to be invalid, the validity of this FBL and the remaining clauses or a part thereof shall not be affected.

19. Jurisdiction and applicable law
Actions against the Freight Forwarder may be instituted only in the place where the Freight Forwarder has his place of business as stated on the reverse of this FBL and shall be decided according to the law of the country in which that place of business is situated.

The ICC logo denotes that this document has been deemed by the ICC to be in conformity with the UNCTAD/ICC Rules for Multimodal Transport Documents. The ICC logo does not imply ICC endorsement of the document nor does it in any way make the ICC party to any possible legal action resulting from the use of this document.

	FBL	**Deutsches Frachtrecht**
Schadenswertermittlung	Klausel 8.1 Wert am Ort der Auslieferung	§ 429 HGB Wert am Übernahmeort
Maximalersatz bei Verlust / Beschädigung	Klausel 8.3 und 8.5 2 SZR je kg bzw. 666,67 SZR je Packstück oder bei Nichtwassertransporten 8,33 SZR	§ 431 Abs. 1 HGB: 8,33 SZR (bei Seetransporten § 660 Abs. 1 HGB: 2 SZR je kg bzw. 666,67 je Pack- stück)
Containerbegriff	Klausel 8.4	§ 660 Abs. 2 HGB
Lieferfristüberschreitung	Klausel 8.7 2 x Fracht	§ 431 Abs. 3 HGB 3 x Fracht
Verjährung	Klausel 17 neun Monate	§ 439 HGB: ein Jahr

Abweichungen des FBL gegenüber deutschem Frachtrecht

3.4 Das Speditionsgeschäft

3.4.1 Vorbemerkung

3.4.1.1 Die gesetzlichen Regelungen, §§ 453 ff. HGB

Entgegen der landläufigen Meinung muss ein Spediteur nicht über Transportgeräte, insbesondere Lkws, verfügen, denn er ist kein Frachtführer. Durch den Speditionsvertrag wird der Spediteur auch nicht verpflichtet, den Transporterfolg herbeizuführen, anders als der Frachtführer. Er hat lediglich die Pflicht, den Transport zu organisieren. Der Spediteur wird deshalb auch als der „Architekt des Transports" bezeichnet. Merke: Der Speditionsvertrag ist kein Werkvertrag, sondern ein spezieller, entgeltlicher Geschäftsbesorgungsvertrag (§§ 675 ff. BGB), ähnlich einem Girovertrag mit einer Bank, ohne Erfolgsgarantie.

In der Praxis ist jedoch das Hauptinteresse des Auftraggebers eines Spediteurs darauf gerichtet, einen Transporterfolg zu einem möglichst niedrigen Preis zu erzielen. In einem solchen Fall, praktisch der Regelfall der Vergabe von Speditionsaufträgen zu festen Preisen, hat der Gesetzgeber bestimmt, dass der Spediteur wie ein Frachtführer haftet (▶ Abschn. 3.4.2.2).

Spedition ist Geschäftsbesorgung.

3

3.4.1.2 Die Anwendung der Allgemeinen Deutschen Spediteurbedingungen (ADSp) auf Speditionsverträge

Die meisten deutschen Speditionsverträge basieren auf den ADSp. Die ADSp gibt es seit 1927, inzwischen mehrfach überarbeitet. Sie sind aus Verhandlungen der Spitzenverbände der Speditionswirtschaft (DSLV, BGL, AMÖ) und der Verladerschaft (BWVL, BDI, DIHK, BGA, HDE) hervorgegangen. In der langen Zeit der ADSp als gemeinsame Empfehlung aller Verbände bildet das Jahr 2016 eine Ausnahme, als sich die unterschiedlichen Spitzenverbände nicht auf gemeinsame ADSp einigen konnten. Daher existierten für 2015/16 jeweils einseitige Bedingungen der Verlader mit den DTLB (Deutschen Transport- und Lagerbedingungen) und für die Spediteure mit den ADSp 2016 (DSLV) und den VBGL (Vertragsbedingungen für den Güterkraftverkehrs-, Speditions- und Logistikunternehmer des BGL). Jedoch bereits im Jahre 2016 konnten sich die Spitzenverbände wieder auf gemeinsame Spediteurbedingungen einigen, den ADSp 2017. Auf diese wird hier Bezug genommen. Rechtlich werden die ADSp 2017 **als Allgemeine Geschäftsbedingungen**/vorformulierte Vertragsbedingungen angesehen, deren Verwendung und Inhalt im kaufmännischen Verkehr üblich und bekannt ist. Voraussetzungen für ihre Einbeziehung sind:

— Vereinbarung ihrer Einbeziehung
— Persönliche Anwendbarkeit auf die Vertragsparteien
— Sachliche Anwendbarkeit auf den Vertragsinhalt.

Einbeziehung der ADSp bei Vertragsschluss

Die Vereinbarung der Einbeziehung der ADSp bei Vertragsschluss erfolgt durch:

— Ausdrückliche Vereinbarung im Vertrag: *„Dieser Vertrag basiert auf den ADSp 2017."*
— Erwähnung in der Offerte: *„Unserer Offerte liegen die ADSp 2017 zugrunde."*
— Hinweis auf dem Geschäftspapier: *„Wir arbeiten auf Basis der ADSp 2017."*
— Bezug im Bestätigungsschreiben: *„Danken für Ihren Auftrag und werden diesen auf Basis der ADSp 2017 erledigen ..."*

Hinweis auf Haftungsbeschränkungen

Im Hinblick auf die Regelung der §§ 449 Abs. 2 Satz 2 Nr. 1, 466 Abs. 2 Satz 2 Nr. 1 HGB scheidet eine vollkommen stillschweigende Einbeziehung der haftungsbeschränkenden Regelungen in den ADSp Ziff. 23 ADSp aus. Soweit in den ADSp von den gesetzlichen Bestimmungen abgewichen wird, muss der Verwender auf diese Abweichung hinweisen, um zur Anwendung zu gelangen (BGH Urteil vom 23.01.2003, I ZR 174/00 damals noch mit „drucktechnischer Hervorhebung"). Ein Blick auf die Briefbögen und Internetseiten von Speditionsunternehmen zeigt neben dem Bezug auf die Anwendung der ADSp auch vielfach Hinweise auf die Haftungsbeschränkungen in den ADSp gegenüber dem HGB.

Ziff. 2 ADSp – Anwendungsbereich
2.1 Die ADSp gelten für alle Verkehrsverträge des Spediteurs als Auftragnehmer.
2.2 Gesetzliche Bestimmungen, von denen im Wege vorformulierter Vertragsbedingungen nicht abgewichen werden darf, gehen den ADSp vor.
2.3 Die ADSp gelten nicht für Geschäfte, die ausschließlich zum Gegenstand haben
    2.3.1 Verpackungsarbeiten,
    2.3.2 die Beförderung und Lagerung von abzuschleppendem oder zu bergendem Gut,
    2.3.3 die Beförderung und Lagerung von Umzugsgut im Sinne von § 451 HGB,
    2.3.4 Lagerung und Digitalisierung von Akten; Akten sind alle Arten von verkörperten und digitalisierten Geschäftspapieren, Dokumenten, Datenträgern sowie von gleichartigen der Sammlung von Informationen dienenden Sachen,
    2.3.5 Schwer- oder Großraumtransporte, deren Durchführung eine verkehrsrechtliche Transporterlaubnis bzw. Ausnahmegenehmigung erfordert, Kranleistungen und damit zusammenhängende Montagearbeiten.
2.4 Die ADSp finden keine Anwendung auf Verkehrsverträge mit Verbrauchern i. S. v. § 13 BGB.

keine Anwendung auf Verträge mit Verbrauchern

Der persönliche Anwendungsbereich der ADSp, Ziffer 2.4:

Die ADSp finden Anwendung auf alle Verträge eines Spediteurs als Auftragnehmer, außer auf Verträge mit Verbrauchern (i. S. v. § 13 BGB = natürliche Personen bei nichtgewerblicher Tätigkeit)

Keine Anwendung der ADSp auf Verträge mit Verbrauchern.

persönlicher Anwendungsbereich

Der sachliche Anwendungsbereich der ADSp, Ziffer 2.1 bis 2.3 ADSp:

Ziffer 2.1. bestimmt, dass die ADSp für alle Verkehrsverträge und Tätigkeiten eines Spediteurs als Auftragnehmer anzuwenden sind.

Die ADSp finden daher keine Anwendung auf Verträge bei denen der Spediteur Auftraggeber ist, z. B. als Absender

sachlicher Anwendungsbereich

3

gegenüber Frachtführer. Dann können ein Individualvertrag, andere AGB oder das Gesetz zur Anwendung kommen.

Ferner gelten die ADSp nur für Verkehrsverträge. Dieser Begriff ist in Ziff. 1.14 der ADSp bestimmt:

Ziff. 1.14 ADSp – Verkehrsverträge

Verträge des Spediteurs über alle Arten von Tätigkeiten, gleichgültig ob sie Speditions-, Fracht-, Seefracht-, Lager- oder sonstige üblicherweise zum Speditionsgewerbe gehörende Geschäfte (z. B. Zollabwicklung, Sendungsverfolgung, Umschlag) betreffen.

Diese umfassen auch speditionsübliche logistische Leistungen, wenn diese mit der Beförderung oder Lagerung von Gütern in Zusammenhang stehen, insbesondere Tätigkeiten wie Bildung von Ladeeinheiten, Kommissionieren, Etikettieren und Verwiegen von Gütern und Retourenabwicklung. Als Frachtverträge gelten auch Lohnfuhrverträge über die Gestellung bemannter Kraftfahrzeuge zur Verwendung nach Weisung des Auftraggebers.

Beförderungsbezogene Leistungen

Der Begriff der Verkehrsverträge entstammt den ADSp und den dahinter liegenden Verkehrshaftungsversicherungs-Bedingungen 2003/2011(DTV-VHV ▶ Abschn. 3.4.8.1) und lässt sich nicht im Gesetz finden. Auf den ersten Blick erscheint dieser Begriff denkbar weit, um möglichst alle Leistungen zu erfassen, die Spediteure erbringen. Verkehrsverträge beschränken sich nicht nur auf Speditions-, Fracht –, Lagerverträge – und sonstige üblicherweise zum Speditionsgewerbe zusammenhängende Geschäfte, wie z. B. Zollabwicklung, Umschlag und Sendungsverfolgung. Diese Beispiele sind nicht abschließend, sondern erlauben, dass weitere Tätigkeiten zukünftig dazu kommen, soweit diese im Speditionsgewerbe eine gewisse Üblichkeit erhalten. Bei der Auslegung was üblich ist, kann auf § 454 Abs. 2, Satz 1 HGB verwiesen werden, der zu den Pflichten eines Spediteurs weitere Leistungen hinzurechnet, soweit diese auf die Beförderung, d. h. Ortveränderung, bezogen sind.

keine Anwendung der ADSp

Bestimmte Leistungen sind jedoch nach der Definition des Begriffs der Verkehrsverträge in Ziff. 1.14 ausgeschlossen:

- Speditionsunübliche logistische Leistungen
- Speditionsübliche logistische Leistungen die nicht mit der Beförderung oder Lagerung von Gütern in Zusammenhang stehen (OLG Frankfurt, 21 U 9/05 TranspR 2007, 78, 81).

Was sind speditionsunübliche logistische Leistungen? Solche Leistungen, die nicht beförderungsbezogen sind (vgl. § 454

Abs. 2 Satz 1 HGB), sondern solche, die zwar im Zusammenhang mit oder aus Anlass des Verkehrsvertrages erbracht werden, aber nicht notwendig sind, um den Verkehrsvertrag zu
erfüllen. Die speditionsunüblichen Leistungen sind eigen-
ständige Leistungen, die entweder auf die Veränderung des
(Speditions-)Gutes oder auf die vertraglichen Beziehungen
zwischen Auftraggeber und dessen Kunden bezogen sind.
Dazu können gehören Tätigkeiten, bei denen der Spediteur
bewusst und gezielt die Substanz des Gutes verändert (a),
z. B. Vormontage, Qualitätsprüfung des Gutes, Zusammen-
fügen von Gütern beim Kunden, oder (b) tätig wird, um Leistungen im Interesse des Auftraggebers mit Bezug auf dessen
Kunden zu erbringen, die nicht nur eine Ortsveränderung
zum Gegenstand haben, z. B. Callcenter, Erläuterungen zum
Gut und Vertragsabschluss mit dem Kunden für den AG, um
die Regelungen des (Fern) Absatzes für den AG zu vermeiden
(BGH Urt.v.21.04.2004, III ZR 380/03).

> speditionsunübliche
> logistische Leistungen

— Speditionsübliche logistische Leistungen, wie z. B. Verpackung, werden dann als nicht mehr speditionsüblich
angesehen, wenn sie in ihrer Bedeutung, Umfang das
gleiche Gewicht für die Vertragsparteien haben, wie die
zu erbringende Speditionsleistung. In diesem Fall
beurteilt sich die Verpackungsleistung nicht mehr nur
nach Speditionsrecht sondern nach eigenem Werkvertragsrecht (BGH Urteil vom 13.09.2007, I ZR 207/04).

> Anwendung von BGB
> auf speditionsunübliche
> Leistungen

— Speditionsunüblich sind alle in Ziff. 2.3 aufgezählten
Geschäfte soweit diese ausschließlich erbracht werden.
Diese Regelung konkretisiert die allgemeinere Regelung
in Ziff. 1.14, S. 2 wonach speditionsüblichen logistischen
Leistungen, wenn diese nicht im Zusammenhang mit
dem Transport oder der Lagerung erbracht werden, nicht
den ADSp unterfallen.

> Beispiel für unübliche
> logistische Leistungen

Die in Ziff. 1.14, Satz 2 aufgezählten Tätigkeiten „wie Bildung
von Ladeeinheiten, Kommissionieren, Etikettieren und Verwiegen von Gütern und Retourenabwicklung" sind nur dann
speditionsübliche logistische Leistungen, wenn sie „mit dem
Transport oder der Lagerung in Zusammenhang stehen".

> Beispiele
> speditionsüblicher
> Leistungen

Ferner wird in Ziff. 1.14 S. 3 klargestellt, dass Lohnfuhrverträge, d. h. Verträge in denen ein bemanntes Kraftfahrzeug
dem Auftraggeber nach dessen Weisungen zur Verfügung gestellt wird, als Frachtverträge gelten sollen. Die rechtliche Zu-
ordnung der Lohnfuhrverträge, angesiedelt zwischen Dienst-
und Frachtvertrag, ist in der Literatur strittig (vgl. Koller,
§ 407, Rn. 18).

> Lohnfuhrverträge

3

Logistik-AGB für Logistikvereinbarungen

Sofern es also nicht zur Anwendung der ADSp bzw. des Speditions-, Fracht- und Lagerrecht kommt, können das Werkvertragsrecht, das Dienst- oder Kaufrecht nach BGB zur Anwendung kommen, auch wenn Logistikleistungen vom Spediteur zu erbringen sind. Hierfür sollten dann die Parteien die Logistik-AGB vereinbart haben bzw. einen Individualvertrag vorher abgeschlossen haben, da das BGB nur bedingt den Besonderheiten von Logistikbeziehungen gerecht wird (Tätigkeit innerhalb einer Lieferkette, unlimitierte Haftung, Geheimhaltung, unterschiedliche Verjährungsvorschriften nach BGB, HGB).

Nach Ziff. 2.2 ADSp gehen gesetzliche Vorschriften, von denen nicht durch AGB abgewichen werden darf, den ADSp vor, wie z. B. die AGB-festen Normen in §§ 449 Abs. 1, 451h Abs. 2, 452d Abs. 1, 466 Abs. 1 HGB.

Ausschließliche Leistungen in 2.3

Nach Ziff. 2.3 gelten die ADSp auch nicht für die dort ausdrücklich genannten Leistungen, wenn der Spediteur ausschließlich diese Leistungen erbringt:

— Verpackungsarbeiten (Ziff. 2.3.1),
— die Beförderung und Lagerung von abzuschleppenden oder zu bergenden Gut (Ziff. 2.3.2),
— die Beförderung und Lagerung von Umzugsgut im Sinne von § 451 HGB (Ziff. 2.3.3),
— Lagerung und Digitalisierung von Akten; Akten sind alle Arten von verkörperten und digitalisierten Geschäftspapieren, Dokumenten, Datenträgern sowie von gleichartigen der Sammlung von Informationen dienenden Sachen (Ziff. 2.3.4),
— Schwer- und Großraumtransporte, deren Durchführung eine verkehrsrechtliche Transporterlaubnis bzw. Ausnahmegenehmigung erfordert, Kranleistungen und damit zusammenhängende Montagearbeiten (Ziff. 2.3.5).

Soweit ein Speditionsvertrag die in Ziff. 2.3 aufgeführten Leistungen umfasst, ist zu prüfen, ob ausschließlich diese Leistungen Gegenstand des Vertrages sind, z. B. der Spediteur ist nur mit der Verpackung des Gutes beauftragt, nicht jedoch mit dessen Versendung, dann können wegen Ziff. 2.3.1 für diesen (ausschließlichen Verpackungsauftrag) die ADSp keine Anwendung finden (BGH Urt.v.13.09.2007, I ZR 207/04; im Unterschied zu BGH Urt.v.16.02.2012, IZR150/10: Dort ist die Verpackung noch eine speditionsübliche Leistung).

Beispiele: Ein Spediteur, der ausschließlich Kranarbeiten für einen Auftraggeber durchführt, kann sich hierbei nicht auf die Geltung der ADSp berufen (2.3. ADSp); ebenso wenig ein Spediteur, soweit er neben Transporten und Lagerung auch Teilfertigungen und Produktion vornimmt (nicht mehr speditionsüblich, also Werkvertragsrecht).

Angesichts der großen Bedeutung der ADSp für das Speditionsgewerbe, durch die im Regelfall stattfindende Einbeziehung der ADSp in deutsche Speditions-, Fracht- und Lagerverträge, wird in dem folgenden Abschnitt nicht nur Bezug genommen auf die gesetzlichen Regelungen, sondern auch auf die entsprechenden Bestimmungen der ADSp.

ADSp konkretisieren die gesetzlichen Bestimmungen von §§ 453 ff. HGB.

3.4.2 Der Speditionsvertrag

3.4.2.1 Der Inhalt des Speditionsvertrages, § 453 HGB

§ 453 HGB – Speditionsvertrag
(1) Durch den Speditionsvertrag wird der Spediteur verpflichtet, die Versendung des Gutes zu besorgen.
(2) Der Versender wird verpflichtet, die vereinbarte Vergütung zu zahlen.
(3) Die Vorschriften dieses Abschnitts gelten nur, wenn die Besorgung der Versendung zum Betrieb eines gewerblichen Unternehmens gehört. Erfordert das Unternehmen nach Art oder Umfang einen in kaufmännischer Weise eingerichteten Geschäftsbetrieb nicht und ist die Firma des Unternehmens auch nicht nach § 2 in das Handelsregister eingetragen, so sind in Ansehung des Speditionsgeschäfts auch insoweit die Vorschriften des Ersten Abschnittes des Vierten Buches ergänzend anzuwenden; dies gilt jedoch nicht für die §§ 348 bis 350.

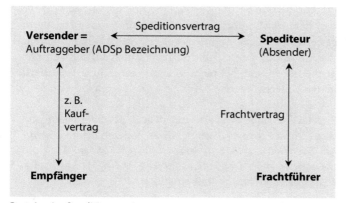

Parteien im Speditionsvertrag

3

⇗	⇘
Hauptpflichten des Spediteurs	**Hauptpflichten des Versenders**
§ 453 Abs. 1 = Versendung besorgen ⇨ § 454 HGB	§ 453 Abs. 2 = Vergütung zahlen ⇨ § 456 HGB
Interessenwahrungs- und Sorgfaltspflicht (Ziff. 4.1 ADSp)	Vergütungspflicht Ziff. 10, 16 + Zahlungspflicht Ziff.18.1 ADSp

Hauptpflichten im Speditionsvertrag

Hauptpflichten des Spediteurs im Speditionsvertrag

Hauptpflichten des Spediteurs
- § 453 Abs. 1 = Versendung besorgen ⇨ § 454 HGB
- Interessenwahrungs- und Sorgfaltspflicht (Ziff. 4.1 ADSp)

Hauptpflichten des Versenders im Speditionsvertrag

Hauptpflichten des Versenders
- § 453 Abs. 2 = Vergütung zahlen ⇨ § 456 HGB
- Vergütung (Ziff. 10,16 ADSp) + Rechnungen (Ziff. 18)

Spediteur ist kein Frachtführer.

Das Besorgen der Versendung bedeutet weder, dass der Spediteur den Transport durchführt, noch, dass er für den Transporterfolg einzustehen hat. Beachte: Der Spediteur ist kein Frachtführer!

Speditionsvertrag ist Geschäfts-besorgungsvertrag.

Daher ist der Speditionsvertrag auch kein Werkvertrag (A! siehe unten 3.2.2.), sondern ein entgeltlicher Geschäftsbesorgungsvertrag, für den die Regelungen in §§ 675 ff. BGB subsidiär anwendbar sind, wenn die jeweilige Rechtsfrage nicht durch §§ 453 ff. HGB zu lösen ist.

Abs. 3 setzt für die Anwendung des Speditionsrechts voraus, dass die Besorgung der Versendung zum Betrieb eines gewerblichen Unternehmens gehört (Satz 1). Satz 2 erweitert die Anwendung des Speditionsrechts auch auf den sog. Gelegenheitsspediteur, bei nicht in kaufmännischer Weise betriebenen Unternehmen.

Beispiel: Der Student W, der ausgebildeter Speditionskaufmann ist, bearbeitet auch noch während des Studiums mehrmals jährlich Speditionsaufträge für einen früheren Kunden. Auch auf diese gelegentliche Speditionstätigkeit finden die speditionsrechtlichen Vorschriften Anwendung.

3.4.2.2 Die Ausnahme als Regelfall: Der Spediteur wird zum Frachtführer

In den meisten Fällen in der Praxis will jedoch der Auftraggeber des Spediteurs nicht nur einen Transport organisiert bekommen, sondern möchte von dem Spediteur, dass er ihm die erfolgreiche Durchführung eines solchen Transports zu einem fest vereinbarten Preis garantiert. In einem solchen Fall, wie auch in den Fällen, in denen der Spediteur den Transport selbst durchführt bzw. das Gut im Sammeltransport versendet, gibt das Gesetz dem Spediteur die Rechte und Pflichten eines Frachtführers.

Spedition zu festen Kosten = Frachtführerhaftung

Der Spediteur hat die Rechte und Pflichten eines Frachtführers ⇨ Frachtrecht

Der Spediteur hat die Rechte und Pflichten eines Frachtführers.

- Im Selbsteintritt, § 458 HGB: Der Spediteur hat das Recht, den Transport selber durchzuführen als Frachtführer.
- Fixkostenspedition/Spedition zu festen Kosten, § 459 HGB: Der Spediteur bietet dem Versender einen festen Preis, für den er den Transporterfolg garantiert. (Wirtschaftlich ist dies für den Versender wie ein Frachtvertrag mit Erfolgsgarantie des Spediteurs)
- Sammelladung, § 460 HGB: Der Spediteur transportiert das Gut zusammen mit anderen Gütern, z. B. in einem Container, für den er einen Frachtvertrag abgeschlossen hat, um hierdurch über Transportraum zu verfügen.

---

§ 458 HGB – Selbsteintritt
Der Spediteur ist befugt, die Beförderung des Gutes durch Selbsteintritt auszuführen. Macht er von dieser Befugnis Gebrauch, so hat er hinsichtlich der Beförderung die Rechte und Pflichten eines Frachtführers oder Verfrachters. In diesem Fall kann er neben der Vergütung für seine Tätigkeit als Spediteur die gewöhnliche Fracht verlangen.

---

§ 459 HGB – Spedition zu festen Kosten
Soweit als Vergütung ein bestimmter Betrag vereinbart ist, der Kosten für die Beförderung einschließt, hat der Spediteur hinsichtlich der Beförderung die Rechte und Pflichten eines Frachtführers oder Verfrachters. In diesem Fall hat er Anspruch auf Ersatz seiner Aufwendungen nur, soweit dies üblich ist.

Fixkostenspedition

Entscheidende Voraussetzung für die Anwendung von § 459 HGB ist, dass zwischen Spediteur und Versender als Vergütung

3

Fixkostenspedition als
Regelfall in der
Speditionspraxis

ein fester Preis vereinbart wurde, der die Beförderung einschließt. Weil es gerade den Parteien auf den Preis ankommt, wird vielfach von Fixkostenspedition gesprochen.

Die Festpreisvereinbarung zwischen Spediteur und Versender ist heute der Regelfall im Speditionsgewerbe! Etwas anderes gilt, wenn der Versender mit dem Frachtführer direkt einen Vertrag geschlossen hat über die Beförderung, was insbesondere Großversender mit Luftfrachtführern oder Reedereien vereinbaren und der Spediteur nur für eine Gebühr sonstige Leistungen die mit Transport verbunden sind, durchgeführt, z. B. die Aufgaben eines Empfangsspediteurs. Dann gilt nicht § 459 HGB sondern normale Haftung des Spediteurs, § 461 HGB.

---

§ 460 HGB – Sammelladung

(1) Der Spediteur ist befugt, die Versendung des Gutes zusammen mit Gut eines anderen Versenders auf Grund eines für seine Rechnung über eine Sammelladung geschlossenen Frachtvertrages zu bewirken.

(2) Macht der Spediteur von dieser Befugnis Gebrauch, so hat er hinsichtlich der Beförderung in Sammelladung die Rechte und Pflichten eines Frachtführers oder Verfrachters. In diesem Fall kann der Spediteur eine den Umständen nach angemessene Vergütung verlangen, höchstens aber die für die Beförderung des einzelnen Gutes gewöhnliche Fracht.

Beachte: Sofern einer der vorgenannten Fälle vorliegt, so ist auf diesen Vertrag Frachtrecht anwendbar hinsichtlich der Rechte und Pflichten des Spediteurs (d. h. §§ 425 ff. und § 414 HGB) den Transport betreffend. Die Geltung und Anwendung der ADSp ist durch §§ 458 bis 460 HGB weitgehend ausgeschlossen und eine weitere Beurteilung des Falles richtet sich nach Frachtrecht (▶ Kap. 2).

3.4.3 Pflichten und Rechte des Versenders

Die Stellung des Versenders („Auftraggeber" nach ADSp, Ziff. 1.2) im Speditionsvertrag ist der Position des Absenders im Frachtvertrag durchaus vergleichbar.

3.4.3.1 Die Pflichten des Versenders

- Hauptpflicht des Versenders: Vergütungspflicht, §§ 453 Abs. 2, 456 HGB
- Nebenpflichten, § 455 HGB: Behandlung des Gutes, Mitteilungspflichten

Vergütungspflicht

> **§ 456 HGB – Fälligkeit der Vergütung**
> Die Vergütung ist zu zahlen, wenn das Gut dem Frachtführer
> oder Verfrachter übergeben worden ist.

Ziff. 10 der ADSp unterstreicht die Vergütungspflicht des Versenders als des vertraglichen Auftraggebers des Spediteurs selbst dann, wenn die Speditionskosten durch den Empfänger gezahlt werden sollen ("Sendung unfrei").

> **Ziff. 10 ADSp – Frachtüberweisung, Nachnahme**
> 10.1 Die Mitteilung des Auftraggebers, der Auftrag sei unfrei abzufertigen z. B. nach Maßgabe der Incoterms für Rechnung des Empfängers oder eines Dritten auszuführen, berührt nicht die Verpflichtung des Auftraggebers gegenüber dem Spediteur, die Vergütung sowie die sonstigen Aufwendungen (Frachten, Zölle und sonstige Abgaben) zu tragen. Nachnahmeanweisungen z. B. nach § 422, Art. 21 CMR bleiben unberührt.

Der Auftraggeber ist immer Schuldner der Vergütung.

Die Vergütungspflicht wird in den ADSp wie folgt konkretisiert:
- Höhe der Vergütung nach Angebot, Ziff. 16 (vereinbarte Vergütung, keine Nachforderungen bei regelmäßigen Verlauf, Kalkulationsfehler zu Lasten des Kalkulierenden),
- Fälligkeit der Vergütung, Ziff. 18 (Zugang der ordnungsgemäßen Rechnung, Fremdwährungsschuld, Gutschriftverfahren, Ziff. 18.4)
- Aufwendungsersatz, wenn erforderlich aus Sicht des Spediteurs und die Aufwendungen nicht von ihm zu vertreten sind, Ziff. 17

> **Ziff. 16 ADSp – Vergütung**
> Mit der vereinbarten Vergütung, die die Kosten der Beförderung und Lagerung einschließt, sind alle nach dem Verkehrsvertrag zu erbringenden Leistungen abgegolten. Nachforderungen für im regelmäßigen Verlauf der Beförderung oder Lagerhaltung anfallende und zum Zeitpunkt der Angebotsabgabe vorsehbare Kosten können nicht gesondert geltend gemacht werden, es sei denn, es ist etwas anderes vereinbart. Kalkulationsfehler gehen zu Lasten des Kalkulierenden. §§ 412, 418, 419, 491, 492 588 bis 595 HGB und vergleichbare Regelungen aus internationalen Übereinkommen bleiben unberührt.

3

Grundsätzlich soll der Spediteur an den vereinbarten und kalkulierten Preis gebunden sein gem. Ziff. 16. Kalkulationsfehler gehen nicht zu Lasten der anderen Partei. Sofern jedoch die konkreten Umstände von der Kalkulation abweichen und diese Abweichungen auch nicht für den Spediteur vorhersehbar waren und damit auch nicht Bestandteil der Kalkulation waren, hat der Versender die Pflicht zum zusätzlichen Aufwendungsersatz, zur Freistellung des Spediteurs gem. Ziff. 17 ADSp.

Beispiel: Wegen kurzfristig politisch verursachter Blockaden der Schifffahrtswege verschickt der Spediteur die schnell verderblichen Güter per Bahn an den Empfangsort. Die Mehraufwendungen hierfür gehen zu Lasten des Auftraggebers.

Für Kosten des Zolls, z. B. für die Vernichtung von Waren, die wegen einer Patentverletzung anfallen, kann der Spediteur einen Befreiungsanspruch gegen den Auftraggeber gelten machen, gem. Ziff. 17.3 ADSp.:

Ziff. 17 ADSp – Aufwendungs- und Freistellungsansprüche

Aufwendungsersatz

17.1 Der Spediteur hat Anspruch auf Ersatz der Aufwendungen, die er den Umständen nach für erforderlich halten durfte und nicht zu vertreten hat, insbesondere Beiträge zu Havereiverfahren, Detention- oder Demurrage-Kosten, Nachverpackungen zum Schutz des Gutes.

17.2 Wenn der Auftraggeber den Spediteur beauftragt, Gut in Empfang zu nehmen und bei der Ablieferung an den Spediteur Frachten, Wertnachnahmen, Zölle, Steuern oder sonstige Abgaben oder Spesen gefordert werden, ist der Spediteur berechtigt, aber nicht verpflichtet, diese – soweit er sie den Umständen nach für erforderlich halten durfte – auszulegen und vom Auftraggeber Erstattung zu verlangen, es sei denn, es ist etwas anderes vereinbart worden.

Freistellungspflicht des Auftraggebers

17.3 Von Aufwendungen wie Frachtforderungen, Beiträgen zu Havereiverfahren, Zöllen, Steuern und sonstigen Abgaben, die an den Spediteur, insbesondere als Verfügungsberechtigten oder als Besitzer fremden Gutes gestellt werden, hat der Auftraggeber den Spediteur auf Aufforderung zu befreien, wenn sie der Spediteur nicht zu vertreten hat.

Die Fälligkeit der Vergütung folgt aus dem Gesetz § 456 HGB und wird unter Ziff. 18 ADSp konkretisiert.

Ziff. 18 ADSp – Rechnungen, fremde Währungen

18.1 Vergütungsansprüche des Spediteurs erfordern den Zugang einer den gesetzlichen Anforderungen genügenden Rechnung oder Zahlungsaufstellung. Mangels abweichender Vereinbarung erfordert die Fälligkeit bei unstreitiger Ablieferung nicht die Vorlage eines Ablieferungsnachweises.

18.2 Der Spediteur ist berechtigt, von ausländischen Auftraggebern oder Empfängern nach seiner Wahl Zahlung in ihrer Landeswährung oder in Euro zu verlangen.

18.3 Schuldet der Spediteur fremde Währung oder legt er fremde Währung aus, so ist er berechtigt, entweder Zahlung in der fremden Währung oder in Euro zu verlangen. Verlangt er Zahlung in Euro, so erfolgt die Umrechnung zu dem am Tage der Zahlung des Spediteurs amtlich festgesetzten Kurs, den der Spediteur nachzuweisen hat.

18.4 Eine Zahlungsabwicklung im Gutschriftenverfahren ist ausdrücklich zu vereinbaren. Im Zweifel hat der Auftraggeber Gutschriften nach Leistungserbringung sofort zu erteilen. Ziff. 18.1 Satz 1 findet auf das Gutschriftenverfahren keine Anwendung.

Fälligkeit der Vergütung, fremde Währungen

Die Regelungen über den Verzug bestimmen sich nach der Gesetzeslage gem. §§ 286, 288 BGB, d. h. der Auftraggeber kommt in Verzug, wenn er innerhalb von 30 Tagen nach Fälligkeit und Zugang der Rechnung nicht gezahlt hat. Der Verzugszins beträgt gem. § 288 Abs. 1 Satz 2 BGB mindestens 5 Prozent über dem Basiszinssatz der EZB.

Beachte gem. Ziff. 19. ADSp besteht gegenüber Ansprüchen aus Verkehrsverträgen ein Aufrechnungs- und Zurückbehaltungsverbot, es sei denn der Gegenanspruch ist fällig, unbestritten oder rechtskräftig festgestellt oder entscheidungsreif.

Aber die Aufrechnung gegen den Anspruch des Spediteurs ist auch gegeben, wenn dieser zahlungsunfähig ist (BGH 26.02.1987, NJW-RR 1987, 883): Dies gilt auch im Falle der Zession zu Gunsten des neuen Gläubigers/des Zessionars (OLG Hamburg Urt. v. 02.10.1989, TranspR 1990, 31, 33).

Nebenpflichten des Auftraggebers

§ 455 Abs. 1 HGB – Behandlung des Gutes, Begleitpapiere, Mitteilungs- und Auskunftspflichten

(1) Der Versender ist verpflichtet, das Gut, soweit erforderlich, zu verpacken und zu kennzeichnen und Urkunden zur Verfügung zu stellen sowie alle Auskünfte zu erteilen, deren der Spediteur zur Erfüllung seiner Pflichten bedarf. Soll gefährliches Gut versendet werden, so hat der Versender dem Spediteur rechtzeitig in Textform die genaue Art der Gefahr und, soweit erforderlich, zu ergreifende Vorsichtsmaßnahmen mitzuteilen.

3

(Neben-)Pflichten des Versenders

Die ADSp konkretisieren diese (Neben-)Pflichten des Versenders durch:

- Informationspflichten bei Auftragserteilung, 3.1–3.4
- Gefahrguthinweispflicht in Textform, 3.2
- Hinweispflicht bei wertvollem oder diebstahlgefährdetem Gut in Textform, 3.3 i. V. m. Ziff. 1.3 (diebstahlgefährdetes Gut) und 1.17 (wertvolles Gute mind. 100 € je kg)ADSp
- Urkunden, Unterlagen und Auskünfte zu geben die gesetzlich vorgeschrieben sind (z. B. Zoll- und Luftfrachtsicherheit), 3.4.
- Verpackungspflicht, 6.1
- Kennzeichnungspflicht, 6.1.
- Pflicht zur Schaffung von Ladeeinheiten, Pflicht zur sicheren Verpackung, 6.2
- Benennung von Kotaktpersonen, 5.1
- Sicherstellung der Übernahme und Empfangnahme des Gutes an der Lade- bzw. Entladestelle, 5.3
- Einhaltung der Lade- und Entladezeiten, angemessen oder wie vereinbart, 11.1
- Sicherstellung der Erstellung von Ablieferungsquittungen durch den Empfänger, 8.3
- Pflicht alle Auskünfte zu erteilen, die für eine sachgerechte Lagerung notwendig sind sowie verpacken, kennzeichnen und Urkunden zur Verfügung stellen, 15.1.

Ziff. 3 ADSp – Pflichten des Auftraggebers bei Auftragserteilung; Informationspflichten, besondere Güterarten

3.1 Der Auftraggeber unterrichtet den Spediteur rechtzeitig über alle ihm bekannten, wesentlichen, die Ausführung des Auftrages beeinflussenden Faktoren. Hierzu zählen

3.1.1 Adressen, Art und Beschaffenheit des Gutes, das Rohgewicht (inklusive Verpackung und vom Auftraggeber gestellte Lademittel) oder die anders angegebene Menge, Kennzeichen, Nummern, Anzahl und Art der Packstücke, besondere Eigenschaften des Gutes (wie lebende Tiere, Pflanzen, Verderblichkeit), der Warenwert (z. B. für zollrechtliche Zwecke oder eine Versicherung des Gutes nach Ziffer 21), und Lieferfristen,

3.1.2 alle öffentlich-rechtlichen, z. B. zollrechtlichen, außenwirtschaftsrechtlichen (insbesondere waren-, personen- oder länderbezogenen Embargos) und sicherheitsrechtlichen Verpflichtungen,

3.1.3 im Falle von Seebeförderungen alle nach den seerechtlichen Sicherheitsbestimmungen (z. B. SOLAS) erforderlichen Daten in der vorgeschriebenen Form,

3.1.4 Dritten gegenüber bestehende gewerbliche Schutzrechte, z. B. marken- und lizenzrechtliche Beschränkungen, die mit dem Besitz des Gutes verbunden sind, sowie gesetzliche oder behördliche Hindernisse, die der Auftragsabwicklung entgegenstehen,

3.1.5 besondere technische Anforderungen an das Beförderungsmittel und spezielle Ladungssicherungsmittel, die der Spediteur gestellen soll.

3.2 Bei gefährlichem Gut hat der Auftraggeber rechtzeitig dem Spediteur in Textform die Menge, die genaue Art der Gefahr und – soweit erforderlich – die zu ergreifenden Vorsichtsmaßnahmen mitzuteilen. Handelt es sich um Gefahrgut im Sinne des Gesetzes über die Beförderung gefährlicher Güter oder um sonstige Güter, für deren Beförderung oder Lagerung besondere gefahrgut- oder abfallrechtliche Vorschriften bestehen, so hat der Auftraggeber die für die ordnungsgemäße Durchführung des Auftrags erforderlichen Angaben, insbesondere die Klassifizierung nach dem einschlägigen Gefahrgutrecht, mitzuteilen und spätestens bei Übergabe des Gutes die erforderlichen Unterlagen zu übergeben.

Gegenstand besonderer Informationspflichten

3.3 Bei wertvollem oder diebstahlgefährdetem Gut hat der Auftraggeber im Auftrag den Spediteur in Textform über Art und Wert des Gutes und das bestehende Risiko zu informieren, so dass der Spediteur über die Annahme des Auftrags entscheiden oder angemessene Maßnahmen für eine sichere und schadenfreie Abwicklung des Auftrags treffen kann. Nimmt er diesen Auftrag an, ist der Spediteur verpflichtet, geeignete Sicherungsmaßnahmen zum Schutz des Gutes zu ergreifen.

wertvolles Gut

3.4 Der Auftraggeber hat dem Spediteur alle Urkunden und sonstigen Unterlagen zur Verfügung zu stellen und Auskünfte (z. B. Eintarifierung) zu erteilen, die insbesondere für die ordnungsgemäße Zoll- oder sonstige gesetzlich vorgeschriebene Behandlung – hierzu zählen auch Sicherheitskontrollen z. B. für Luftfrachtsendungen – des Gutes notwendig sind.

Ziff. 6 ADSp – Verpackungs- und Kennzeichnungspflichten des Auftraggebers

6.1 Das Gut ist vom Auftraggeber zu verpacken und, soweit dies erforderlich ist, mit deutlich und haltbar angebrachten Kennzeichen für ihre auftragsgemäße Behandlung zu versehen. Alte Kennzeichen sind zu entfernen oder unkenntlich zu machen. Gleiches gilt für Packstücke.

6.2 Darüber hinaus ist der Auftraggeber verpflichtet,

6.2.1 zu einer Sendung gehörende Packstücke als zusammengehörig erkennbar zu kennzeichnen,

6.2.2 Packstücke – soweit erforderlich – so herzurichten, dass ein Zugriff auf den Inhalt ohne Hinterlassen äußerlich sichtbarer Spuren nicht möglich ist.

Pflicht zur diebstahlsanzeigenden Verpackung

3

Diese Pflichten haben eine nicht zu unterschätzende Bedeutung zur Abwehr von Verlusten bei hochwertigen Speditionsgütern. Was dabei unter diebstahlsgefährdetem und wertvollem Gute zu verstehen ist findet sich in Ziff. 1.3 und 1.17 ADSp erklärt:

Ziff. 1.3 ADSp – Diebstahlgefährdetes Gut

Gut, das einem erhöhten Raub- und Diebstahlrisiko ausgesetzt ist, wie Geld, Edelmetalle, Schmuck, Uhren, Edelsteine, Kunstgegenstände, Antiquitäten, Scheckkarten, Kreditkarten oder andere Zahlungsmittel, Wertpapiere, Valoren, Dokumente, Spirituosen, Tabakwaren, Unterhaltungselektronik, Telekommunikationsgeräte, EDV-Geräte und -Zubehör sowie Chip-Karten.

Ziff. 1.17 ADSp – Wertvolles Gut

Gut mit einem tatsächlichen Wert am Ort und zur Zeit der Übernahme von mindestens 100 Euro/kg.

Was unter gefährlichen Gütern zu verstehen ist, erklärt Ziff. 1.6 der ADSp und differenziert zwischen allgemeiner Gefährlichkeit, die sich bei vielen Gütern im Laufe des Transports konkretisieren kann (z. B. scharfkantige Stahlbleche) und Gütern, die nach Gefahrgutgesetz und -verordnung als solche bezeichnet werden.

3.4.3.2 Die Haftung des Versenders

Ähnlich wie beim Absender im Frachtrecht kennt auch das Speditionsrecht eine verschuldensunabhängige Haftung des Versenders.

---

§ 455 HGB – Behandlung des Gutes, Begleitpapiere, Mitteilungs- und Auskunftspflichten

...

(2) Der Versender hat, auch wenn ihn kein Verschulden trifft, dem Spediteur Schäden und Aufwendungen zu ersetzen, die verursacht werden durch

1. ungenügende Verpackung oder Kennzeichnung,
2. Unterlassen der Mitteilung über die Gefährlichkeit des Gutes oder
3. Fehlen, Unvollständigkeit oder Unrichtigkeit der Urkunden oder Auskünfte, die für eine amtliche Behandlung des Gutes erforderlich sind.

§ 414 Absatz 2 ist entsprechend anzuwenden.

(3) Ist der Versender ein Verbraucher, so hat er dem Spediteur Schäden und Aufwendungen nach Absatz 2 nur zu ersetzen, soweit ihn ein Verschulden trifft.

Haftung	Verschuldensunabhängige Haftung	Verschuldenshaftung
Anspruchsgrundlage	§ 455 Abs. 2 HGB	§ 280 BGB
Pflichtverletzungen	Verletzung der in § 455 Abs. 2 HGB genannten Pflichten des Versenders	Verletzung anderer Nebenpflichten als in § 455 Abs. 2 HGB genannt, z. B. bei nicht rechtzeitiger Mitteilung von Vorsichtsmaßnahmen.
Verschulden	Kein Verschulden notwendig A! Versender Verbraucher: § 455 Abs. 3 HGB Verschulden	Verschulden ist notwendig
Haftungslimitierung	Unlimitierte Haftung, aber AGB – Limitierung durch Ziff. 29.1 ADSp auf 200.000,- € je Schadensereignis.	Unlimitierte Haftung

Haftung des Versenders

Die ADSp begrenzen in Ziff. 29.1 die unlimitierte und verschuldensfreie Haftung des Auftragnehmers in § 455 HGB, aber auch in den anderen Fällen des Fracht- und Lagerrechts, in denen der Auftraggeber unlimitiert und verschuldensfrei zu haften hat auf € 200.000,00 je Schadensereignis.

Die Definition eines Schadensereignisses und Schadensfalls findet sich in Ziff. 1.11 ADSp.

Ziff. 1.11 ADSp – Schadenfall/Schadenereignis
Ein **Schadenfall** liegt vor, wenn ein Geschädigter aufgrund eines äußeren Vorgangs einen Anspruch aus einem Verkehrsvertrag oder anstelle eines verkehrsvertraglichen Anspruchs geltend macht; ein **Schadenereignis** liegt vor, wenn aufgrund eines äußeren Vorgangs mehrere Geschädigte aus mehreren Verkehrsverträgen Ansprüche geltend machen.

Somit kann ein Schadensereignis mehrere Schadensfälle enthalten, z. B. bei dem Unfall eines Sammelladungs-LKWs (Schadensereignis) kommt es zu Schäden an den Gütern verschiedener Auftraggeber, also zu einer Vielzahl von

3

Schadensfällen. Sofern der Unfall durch ein Verhalten eines Auftraggebers ausgelöst wurde, dieser hat nicht über die Gefährlichkeit der Güter informiert, die dann explodiert sind, den Auftraggeber hieran kein Verschulden oder nur Fahrlässigkeit trifft, dann haftet er dem Spediteur gem. Ziff. 29.1 ADSp mit maximal 200.000,– € für dieses Schadensereignis, auch wenn der tatsächliche Schaden weit höher liegen sollte (zerstörter Lkw, zerstörte Güter anderer Auftraggeber, Verunreinigung der Straße, Kosten für Feuerwehr und Rettungsdienste).

> **Ziff. 29 ADSp – Auftraggeberhaftung**
> 29.1 Die Haftung des Auftraggebers aus §§ 414, 455, 468 und 488 HGB ist begrenzt auf 200.000 Euro je Schadenereignis.
> 29.2 Die vorstehende Haftungsbegrenzung findet keine Anwendung bei Personenschäden, also Verletzung des Lebens, des Körpers oder der Gesundheit, oder wenn der Schaden verursacht worden ist durch Vorsatz oder grobe Fahrlässigkeit des Auftraggebers oder seiner Erfüllungsgehilfen oder durch Verletzung vertragswesentlicher Pflichten, wobei Ersatzansprüche in letzterem Fall begrenzt sind auf den vorhersehbaren, typischen Schaden.

Grundsätzlich hat der Gesetzgeber eine Limitierung der Auftraggeberhaftung durch AGB gem. § 466 Abs. 2, letzter Satz HGB, wie auch § 449 Abs. Abs. 2, letzter Satz HGB erlaubt. Ob jedoch eine, wie hier vorgesehene, starre Obergrenze von 200.000 € der Haftung des Auftraggebers in jedem Fall, z. B. auch bei großen Schadensereignissen, AGB-rechtlich Bestand hat, darf in Zweifel gezogen werden (z. B.: Ein unterlassener Gefahrguthinweis führt zu einem Schiffsunglück). In einem solchen Fall könnte eine mit 200.000 € limitierte Haftungsobergrenze als unausgewogen erscheinen. Hier weichen die deutschen AGB-Regelungen von der in internationalen Konventionen statuierten unlimitierten und verschuldensfreien Absenderhaftung ab.

Soweit jedoch der Auftraggeber oder seine Erfüllungsgehilfen den Schaden herbeigeführt haben durch:

— Vorsatz
— Grobe Fahrlässigkeit

— Verletzung vertragswesentlicher Pflichten
— Schuldhafte Verletzung anderer nicht in Ziff. 29.1
  genannten Bestimmungen, z. B. §§ 280 BGB, 823 ff. BGB,
— oder es sich um einen Personenschaden handelt,

dann haftet der Auftraggeber in voller Höhe. Bei den vertragswesentlichen Pflichten wird diese Haftung jedoch begrenzt auf den vorhersehbaren, typischen Schaden (Das heißt, außergewöhnliche und nicht vorhersehbare Schäden werden nicht erfasst).
Vertragswesentliche Pflichten sind in Ziff. 1.16 ADSp definiert:

> **Ziff. 1.16 ADSp – Vertragswesentliche Pflichten**
> Pflichten, deren Erfüllung die ordnungsgemäße Durchführung des Verkehrsvertrags (Ziffer 1.14) erst ermöglicht und auf deren Einhaltung der Vertragspartner regelmäßig vertrauen darf.

3.4.3.3 Die Rechte des Versenders

Der Versender hat Anspruch auf Wahrnehmung seiner Interessen durch den Spediteur: Spedition ist eine spezielle Form der entgeltlichen Geschäftsbesorgung des Handelsrechts. Daher hat der Versender gegenüber dem Spediteur den Anspruch, dass dieser die besonderen (Vermögens-)Interessen des Versenders wahrnimmt.

Vermögenswahrnehmungsinteresse

> **§ 457 HGB – Forderungen des Versenders**
> Der Versender kann Forderungen aus einem Vertrag, den der Spediteur für Rechnung des Versenders im eigenen Namen abgeschlossen hat, erst nach der Abtretung geltend machen. Solche Forderungen sowie das in Erfüllung solcher Forderungen Erlangte gelten jedoch im Verhältnis zu den Gläubigern des Spediteurs als auf den Versender übertragen.

Diese Regelung macht deutlich, dass der Spediteur fremde Vermögensinteressen wahrnimmt, aber die hierzu notwendigen Verträge im eigenen Namen abschließt und dass die daraus entstehenden Rechte des Spediteurs erst nach Abtretung auf den Versender übergehen.
Vergleichbar der Position des Absenders hat der Versender gegenüber dem Spediteur das Weisungsrecht gem. Ziff. 9 ADSp und ein Auskunfts- und Herausgaberecht gem. Ziff. 14 ADSp:

Weisungsrecht

3

Weisungsrecht des
Auftraggebers

> **Ziff. 9 ADSp – Weisungen**
> Der Spediteur ist verpflichtet, jede ihm nach Vertragsschluss erteilte Weisung über das Gut zu beachten, es sei denn, die Ausführung der Weisung droht Nachteile für den Betrieb seines Unternehmens oder Schäden für die Auftraggeber oder Empfänger anderer Sendungen mit sich zu bringen. Beabsichtigt der Spediteur, eine ihm erteilte Weisung nicht zu befolgen, so hat er denjenigen, der die Weisung gegeben hat, unverzüglich zu benachrichtigen.

Hierbei ist zu beachten, dass im Fall einer vorherigen Vereinbarung oder des Verzichts auf das Weisungsrecht der Versender kein solches hat, z. B. bei der Abwicklung eines Akkreditivgeschäfts.

Auskunfts- und
Herausgabeanspruch

> **Ziff. 14 ADSp – Auskunfts- und Herausgabepflicht des Spediteurs**
> 14.1 Der Spediteur ist verpflichtet, dem Auftraggeber die erforderlichen Nachrichten zu geben, auf Verlangen über den Stand des Geschäftes Auskunft zu geben und nach dessen Ausführung Rechenschaft abzulegen; zur Offenlegung der Kosten ist er jedoch nur verpflichtet, wenn er für Rechnung des Auftraggebers tätig wird.
> 14.2 Der Spediteur ist verpflichtet, dem Auftraggeber alles, was er zur Ausführung des Geschäfts erhält und was er aus der Geschäftsführung erlangt, herauszugeben.

Ferner hat der Versender gem. Ziff. 20.3 das Recht, die Ausübung des Pfandrechts durch Stellung gleichwertiger Sicherungsleistungen abzuwenden (vgl. ▶ Abschn. 3.4.4.1, Ziff. 20.3 ADSp).

3.4.4 Die Rechte und Pflichten des Spediteurs

3.4.4.1 Die Rechte des Spediteurs

Vergütungsanspruch

Das wichtigste Recht des Spediteurs ist der Vergütungsanspruch, § 453 Abs. 2, 456 HGB Abschn. 4.3.1.1 Vergütungspflicht).

Zur Durchsetzung seiner Rechte gibt der Gesetzgeber dem Spediteur ein gesetzliches Pfandrecht in § 464 HGB.

---

§ 464 HGB – Pfandrecht des Spediteurs
Der Spediteur hat für alle Forderungen aus dem Speditionsvertrag ein Pfandrecht an dem ihm zur Versendung übergebenen Gut des Versenders oder eines Dritten, der der Versendung des Gutes zugestimmt hat. An dem Gut des Versenders hat der Spediteur auch ein Pfandrecht für alle unbestrittenen Forderungen aus anderen mit dem Versender abgeschlossenen Speditions-, Fracht-, Seefracht- und Lagerverträgen. § 440 Absatz 1 Satz 3 und Absatz 2 bis 4 ist entsprechend anzuwenden.

Diese Regelung entspricht weitgehend dem Frachtführerpfandrecht (§ 440 HGB). Hiernach hat der Spediteur auch für inkonnexe Forderungen ein Pfandrecht, sofern diese unbestritten sind.

Das Pfandrecht nachfolgender Spediteure, § 465, beurteilt sich wie das Pfandrecht nachfolgender Frachtführer (§ 441 HGB), z. B. bei Transportketten, bei dem Gut, das mit einem Pfandrecht des Frachtführers belastet ist, dem (Empfangs-) Spediteur übergeben wird.

Pfandrecht nachfolgender Spediteure

---

§ 465 HGB – Nachfolgender Spediteur
(1) Wirkt an einer Beförderung neben dem Frachtführer auch ein Spediteur mit und hat dieser die Ablieferung zu bewirken, so ist auf den Spediteur § 441 Abs. 1 entsprechend anzuwenden.
(2) Wird ein vorhergehender Frachtführer oder Spediteur von einem nachfolgenden Spediteur befriedigt, so gehen Forderung und Pfandrecht des ersteren auf den letzteren über.

Eine besondere Konkretisierung erfährt das Spediteurpfandrecht durch Ziff. 20 ADSp da dort:
- in Ziff. 20.2.1 die Verkaufsandrohung an den Empfänger zu richten ist, da der Versender ja nicht zahlungswillig oder -fähig und der Empfänger zumindest wirtschaftlich Begünstigter aus dem Verkehrsvertrag ist (vgl. § 440 Abs. 4 HGB bei Frachtvertrag) und
- in Ziff. 20.2.2 die Frist der Verkaufsandrohung gem. § 1234 BGB auf eine Woche reduziert wird.
- in Ziff. 20.3 Wird dem Versender das Recht eingeräumt, die Ausübung des Pfandrechts durch ein gleichwertiges Sicherungsmittel abzuwenden.

Das letztere Recht hat vor allem eine gr0ße Bedeutung für Auftraggeber die Markenartikler sind und auch bei Streit über Zahlungen zu vermeiden suchen, dass ihre Markenprodukte

3

im Zuge einer Pfandverwertung weit unter dem Markenpreis „verramscht" werden.

Diese pfandrechtlichen Regelungen der ADSp gelten nur für ADSp Verkehrsverträge und sind daher nicht anwendbar auf „speditionsunübliche" Logistikverträge (Logistik-AGB, Individualverträge).

Ziff. 20 ADSp – Pfand- und Zurückbehaltungsrecht

20.1 Zur Absicherung seiner Forderungen aus verkehrsvertraglichen Leistungen darf der Spediteur sich auf die ihm zustehenden gesetzlichen Pfand- und Zurückbehaltungsrechte berufen.
20.2 Die Pfandverwertung erfolgt nach den gesetzlichen Bestimmungen mit der Maßgabe, dass
20.2.1 bei Ausübung des gesetzlichen Pfandrechts des Frachtführers oder Verfrachters die Androhung des Pfandverkaufs und die erforderlichen Benachrichtigungen an den Empfänger zu richten sind,
20.2.2 an die Stelle der in § 1234 BGB bestimmten Frist von einem Monat die von einer Woche tritt.

Verkaufsandrohungsfrist: eine Woche!

20.3 Der Auftraggeber ist berechtigt, die Ausübung des Pfandrechts zu untersagen, wenn er dem Spediteur ein hinsichtlich seiner Forderungen gleichwertiges Sicherungsmittel (z. B. selbstschuldnerische Bankbürgschaft) einräumt.

3.4.4.2 Die Pflichten des Spediteurs

Gem. § 453 ist die Hauptpflicht des Spediteurs: „Die Versendung zu besorgen". Was das heißt, sagt § 454 HGB:

---

§ 454 HGB – Besorgung der Versendung

(1) Die Pflicht, die Versendung zu besorgen, umfaßt die Organisation der Beförderung, insbesondere
1. die Bestimmung des Beförderungsmittels und des Beförderungsweges,
2. die Auswahl ausführender Unternehmer, den Abschluß der für die Versendung erforderlichen Fracht-, Lager- und Speditionsverträge sowie die Erteilung von Informationen und Weisungen an die ausführenden Unternehmer und
3. die Sicherung von Schadenersatzansprüchen des Versenders.
(2) Zu den Pflichten des Spediteurs zählt ferner die Ausführung sonstiger vereinbarter auf die Beförderung bezogener Leistungen wie die Versicherung und Verpackung des Gutes, seine Kennzeichnung und die Zollbehandlung. Der Spediteur schuldet jedoch nur den Abschluß der zur Erbringung dieser Leistungen erforderlichen Verträge, wenn sich dies aus der Vereinbarung ergibt.

(3) Der Spediteur schließt die erforderlichen Verträge im eigenen Namen oder, sofern er hierzu bevollmächtigt ist, im Namen des Versenders ab.

(4) Der Spediteur hat bei Erfüllung seiner Pflichten das Interesse des Versenders wahrzunehmen und dessen Weisungen zu befolgen.

Die Besorgung der Versendung durch den Spediteur erfolgt in drei Phasen:

Besorgung der Versendung

— Ziffer 1, sog. Konzeptionsphase, in der das Beförderungsmittel und der Beförderungsweg bestimmt werden, ohne dass es schon zu Realisierung käme, die in der nächsten Phase erfolgt.

Konzeption

— Ziffer 2, sog. Realisierungsphase, in der die notwendigen Verträge mit den ausführenden Unternehmen geschlossen und Informationen ausgetauscht werden.

Realisierung

— Ziffer 3, sog. Nachphase, die der Sicherung von Schadensersatzansprüchen dient und deutlich macht, dass der Spediteur die Vermögensinteressen des Versenders umfänglich zu betreuen hat.

Sicherung

Da der Spediteur im Interesse des Versenders tätig wird und mit diesem abrechnet, ist er dem Versender zur umfassenden Auskunft über die Preise verpflichtet (oft in sog. „cost plus Vereinbarungen" geregelt), es sei denn, der Spediteur hat mit dem Versender einen Festpreis, einschließlich der Beförderung vereinbart, dann gilt § 459 HGB (▶ Abschn. 3.4.2.2).

Während Abs. 1 die Kernaufgaben eines Spediteurs bestimmt, gibt Abs. 2 die Möglichkeit, den Aufgabenkreis des Spediteurs durch Vereinbarung von beförderungsbezogenen Leistungen (wie Versicherung, Verpackung, Zollbehandlung Aufzählung nur beispielhaft) zu erweitern, auf die dann Speditionsrecht anzuwenden ist (einschließlich ADSp).

beförderungsbezogene Zusatzleistungen

Voraussetzung für Abs. 2:

— Vereinbarung der Zusatzleistungen zwischen Spediteur und Versender

— Zusatzleistungen sind beförderungsbezogen (so auch Ziff. 2.1 ADSp „Verkehrsverträge" i. V. m. Ziff. 1.14 ADSp, Anwendungsbereich ADSp ▶ Abschn. 3.4.1.2).

3

Abgrenzung:
beförderungsbezogene
Leistung oder Logistik

Die Erbringung von Zusatzleistungen gewinnt unter dem Stichwort „Logistik" immer größere Bedeutung im Speditionsgeschäft. Das geht in der Praxis soweit, dass Spediteure auch solchen Leistungen übernehmen, die nicht mehr speditionstypisch oder beförderungsbezogen sind (▸ Abschn. 3.4.1.2, Stichworte: Vormontage, Aufbau, Belabeln). Die Abgrenzung zwischen beförderungsbezogener Leistung, unter Speditionsrecht und ADSp, oder nichtbeförderungsbezogene Leistung als Logistik/Werkvertragsrecht ist manchmal schwierig: So wendet der BGH bei Verpackungsarbeiten Werkvertragsrecht an, wenn diese nicht nur ein Annex zur Beförderung bilden; während das OLG Karlsruhe (15 U 43/06, TranspR 2009, 96, 98 „Flügelschlitten") den Anbau eines Teils um die Beförderung eines Konzertflügels zu ermöglichen als beförderungsbezogenen Leistung ansieht und kein Werkvertragsrecht, sondern Frachtrecht anwendet.

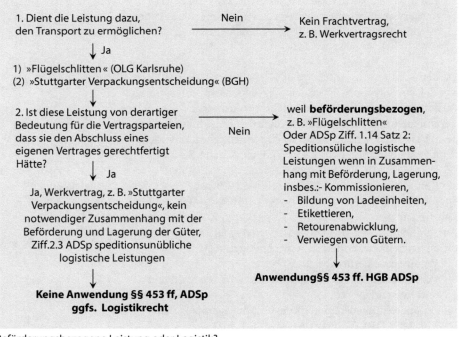

Beförderungsbezogene Leistung oder Logistik?

§ 454 Abs. 3 gibt das Recht, dass der Spediteur die notwendigen Verträge (z. B. mit Frachtführern, oder bei Zollanmeldung)

… im eigenen Namen, aber für Rechnung des Versenders schließt (§ 408 a.F. HGB vor 1998).

… im Namen und für Rechnung des Versenders abschließt, als Vertreter des Versenders.

Abs. 4 hält fest, dass der Spediteur im fremden Interesse tätig ist und damit die Interessen des Versenders wahrnimmt, hieraus folgt auch das Weisungsrecht des Versenders.

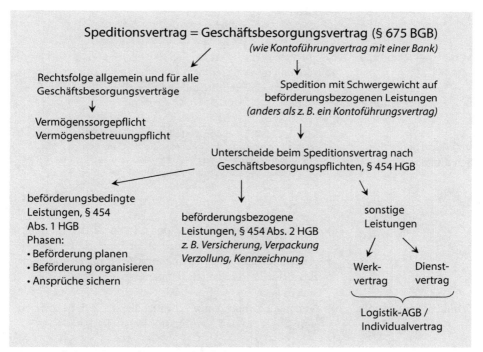

Leistungspflichten des Spediteurs aus Speditionsvertrag

3.4.4.3　Die Pflichten des Spediteurs nach ADSp

Die ADSp konkretisieren die Pflichten des Spediteurs aus § 454 HGB und verdeutlichen seine konkreten Einzelpflichten bei Abschluss eines Speditionsvertrages:

— Interessenwahrnehmung für Auftraggeber, 4.1
— bei offensichtlichen Mängeln Prüf- und Hinweispflicht,
— Ladungssicherungsmittel und Transportmittel einwandfrei, 4.2,

Einzelpflichten des Spediteurs

3

- setzt geeignete Leute ein mit den notwendigen Bescheinigungen und Mindestlohn, 4.3, 32.
- Verzollung, 4.6
- Benennung einer Kontaktperson, 5.1
- Schnittstellenkontrolle, 7.2
- Ladungssicherung bei Sammelladungen, 7.1
- Quittungserteilung, 8
- Weisungsbefolgung, 9
- Weisungseinholung bei Lieferfristproblemen, 13.2
- Auskunfts- und Herausgabepflicht, 14
- Lagerung, 15
- Versicherungspflicht, 28. und 21.

Schnittstellenkontrolle

Von großer Wichtigkeit bei der Haftung des Spediteurs ist die Schnittstellenkontrolle.
Wann ist eine Schnittstelle gegeben?

Definition der
Schnittstelle

> **Ziff. 1.12 ADSp – Schnittstelle**
> Nach Übernahme und vor Ablieferung des Gutes durch den Spediteur jede Übergabe des Gutes von einer Rechtsperson auf eine andere, jede Umladung von einem Fahrzeug auf ein anderes, jede (Zwischen-)Lagerung.

Schnittstellenkontrolle

- Bei Wechsel der Rechtsperson (z. B. Spediteur übergibt an Frachtführer; Frachtführer A an Frachtführer B)
- Am Ende jeder Beförderungsstrecke (z. B. bei Änderung des Beförderungsmittels, Umladung vom Lkw in die Bahn)
- Vertraglich vereinbarte Schnittstellen (z. B. Übergabe aus dem Lager- in den Kommissionierbereich).

> **Ziff. 7.2 ADSp – Kontrollpflichten des Spediteurs**
> Der Spediteur ist verpflichtet, an jeder Schnittstelle Kontrollen durchzuführen. Er hat das Gut auf Vollzähligkeit und Identität sowie äußerlich erkennbare Schäden und Unversehrtheit von Label, Plomben und Verschlüssen zu überprüfen und Unregelmäßigkeiten zu dokumentieren.

Die Schnittstellenkontrolle bedeutet:
- Kontrolle auf Vollzähligkeit
- Kontrolle auf wahrnehmbare (äußere) Beschädigungen
- Dokumentation (Ziff. 7.2).

Gem. Ziff. 4.6.1 ADSp darf der Spediteur nunmehr Packstücke auspacken, sofern dies zum Zweck der Durchführung einer gesetzlich vorgeschriebenen Kontrolle erforderlich ist (z. B. in der Luftfracht, wenn der Spediteur als Reglementierter Beauftragter handelt).

Inhaltskontrolle gem. Ziff. 4.6.1 (als Reglementierter Beauftragter)

Ziff. 8 ADSp – Quittung

8.1 Der Spediteur hat die Übernahme des Gutes – gegebenenfalls mit Vorbehalt – zu quittieren. Mit der Übernahmequittung bestätigt der Spediteur im Zweifel nur die Anzahl und Art der Packstücke, nicht jedoch deren Inhalt, Wert, Gewicht oder anders angegebene Menge.

8.2 Bei vorgeladenen oder geschlossenen Ladeeinheiten wie Containern oder Wechselbrücken und vorab vom Auftraggeber übermittelten Daten gilt die Richtigkeit einer Übernahmequittung über Anzahl und Art der geladenen Packstücke als widerlegt, wenn der Spediteur dem Auftraggeber unverzüglich (Mengen-)Differenzen und Beschädigungen meldet, nachdem er die Ladeeinheit entladen hat.

8.3 Als Ablieferungsnachweis hat der Spediteur vom Empfänger eine Ablieferungsquittung über die im Auftrag oder in sonstigen Begleitpapieren genannten Packstücke zu verlangen. Weigert sich der Empfänger, die Ablieferungsquittung zu erteilen, so hat der Spediteur Weisung einzuholen. Der Auftraggeber kann die Herausgabe der Ablieferungsquittung innerhalb eines Jahres nach Ablieferung des Gutes verlangen.

8.4 Als Übernahme- oder Ablieferungsquittung dienen alle die Auftragsdurchführung nachweisenden, unterzeichneten Dokumente, wie Lieferscheine, Spediteurübernahmescheine, Fracht- und Seefrachtbriefe, Ladescheine oder Konnossemente.

8.5 Die Übernahme- oder Ablieferungsquittung kann auch elektronisch oder digital erstellt werden, es sei denn, der Auftraggeber verlangt die Ausstellung eines Fracht- oder Seefrachtbriefs, Ladescheins oder Konnossements.

Quittungserteilung

Recht auf Empfangsbestätigung

Der Spediteur hat die folgenden Pflichten nur, wenn diese Gegenstand besonderer Vereinbarung sind:

- Transportversicherung, 21
- Prüfung der Angaben des Versenders, außer bei offensichtlichen Fehlern, 4.1;
- Verpackung und Kennzeichnung, 6.1
- Palettengestellung, 4.8.1
- Ver- oder Entladung der Güter, 4.8.2

keine automatischen Pflichten des Spediteurs

3

- Bereitstellung eines Sendungsverfolgungssystems, es sei denn ein solches ist branchenüblich 4.8.4.

Für die Einhaltung von bestimmten Fristen hat der Spediteur nur einzustehen, wenn solche vorher mit dem Auftraggeber vereinbart worden sind gem. Ziff. 13.2 ADSp – Aber er ist verpflichtet, innerhalb einer angemessenen Zeit die Ablieferung herbeizuführen. Hier knüpfen die ADSp an § 423 HGB an, der neben vereinbarten Lieferfristen auch die üblichen Fristen eines sorgfältigen Frachtführers kennen.

modernes Leitbild Fixkostenspediteur

Die ADSp 2017 verdeutlichen, Leitbild des Spediteurs ist nicht mehr „nur" der reine Geschäftsbesorgungsspediteur, sondern ein Spediteur, der (zusätzlich) die Rechte und Pflichten eines Frachtführers hat. Diese hat er zumindest dann, wenn er zu einem Fixpreis tätig wird gem. § 459 HGB. Die Idee der Fixkostenspedition scheint auch Pate bei der Regelung in Ziffer 16 der ADSp 2017 gestanden zu haben, dass mit der vereinbarten Vergütung „alle nach dem Verkehrsvertrag zu erbringenden Leistungen abgegolten" sind.

3.4.5 Die Haftung des Spediteurs

3.4.5.1 Die Obhuts- und Verschuldenshaftung in § 461

Obhutshaftung

Verschuldenshaftung

Mitverschuldens- einwand

> **§ 461 HGB – Haftung des Spediteurs**
> (1) Der Spediteur haftet für den Schaden, der durch Verlust oder Beschädigung des in seiner Obhut befindlichen Gutes entsteht. Die §§ 426, 427, 429, 430, 431 Abs. 1, 2 und 4, die §§ 432, 434 bis 436 sind entsprechend anzuwenden.
> (2) Für Schaden, der nicht durch Verlust oder Beschädigung des in der Obhut des Spediteurs befindlichen Gutes entstanden ist, haftet der Spediteur, wenn er eine ihm nach § 454 obliegende Pflicht verletzt. Von dieser Haftung ist er befreit, wenn der Schaden durch die Sorgfalt eines ordentlichen Kaufmanns nicht abgewendet werden konnte.
> (3) Hat bei der Entstehung des Schadens ein Verhalten des Versenders oder ein besonderer Mangel des Gutes mitgewirkt, so hängen die Verpflichtung zum Ersatz sowie der Umfang des zu leistenden Ersatzes davon ab, inwieweit diese Umstände zu dem Schaden beigetragen haben.

Obhut

Abs. 1 unterwirft den Spediteur der Obhutshaftung, hinsichtlich der Risiken des Verlustes und der Beschädigung des Gutes.

Voraussetzung der Haftung des Spediteurs ist die Obhut an dem Gut zum Zwecke der Beförderung bzw. Lagerung = Gewahrsam = Besitz, z. B. *bei Gütern, die ihm übergeben wurden oder die sich seinem Speditionslager befinden oder Besitz durch einen Besitzdiener (Mitarbeiter), beim Abholen durch den Spediteur, Übernahme in einem Zwischenlager des Spediteurs oder bei Beladearbeiten durch den Spediteur.*

Anders ist dies beim reinen „Schreibtischspediteur" (Geschäftsbesorgungsspediteur), dem die Übernahme des Gutes durch den Frachtführer nicht zugerechnet wird, da der Spediteur nur den Abschluss von Verträgen zur Beförderung schuldet, nicht aber die Beförderung selbst. Er hat keine Obhut am Gut. Bei Verlust kann sich aber der Versender an den Frachtführer halten (Frachtführerhaftung, §§ 425 ff. HGB ► Abschn. 2.6).

Schreibtischspediteur hat keine Obhut.

Soweit jedoch der Frachtführer nicht haftbar gehalten werden kann, z. B., weil der mit dem Spediteur individualrechtlich einen Haftungsausschluss vereinbart hat oder der Frachtführer illiquide ist, so ist die Haftung des Spediteurs, gem. § 461 Abs. 2 HGB, zu prüfen, wegen Auswahlverschuldens.

Beachte: Der Spediteur haftet wie ein Frachtführer auch als Schreibtischspediteur bei Festpreisvereinbarung §§ 458 bis 460 HGB.

Beachte: §§ 458 bis 460 HGB gehen der Obhutshaftung nach § 461 Abs. 1 HGB vor.

Für alle anderen Schäden, die nicht Substanzschäden sind oder bei denen der Spediteur keine Obhut hatte, trifft den Spediteur gem. § 461 Abs. 2 HGB die Verschuldenshaftung, wenn er eine ihm nach § 454 (Abs. 1 und 2) HGB obliegende Pflicht (schuldhaft) verletzt hat.

Verschuldenshaftung gem. § 461 Abs. 2 HGB

Entlastungsmöglichkeit (-beweis) in Fällen des Abs. 2:

Entlastungsmöglichkeit

a. Keine schuldhafte Pflichtverletzung des Spediteurs
b. der Schaden ist nicht begründet, in der vorgeworfenen Pflichtverletzung; bzw.
c. der Schaden hätte auch mit der Sorgfalt eines ordentlichen Kaufmanns nicht abgewendet werden können, z. B. wenn dieser durch ein unabwendbares Ereignis herbeigeführt wurde (Entlastungsbeweis in Abs. 2, Satz 2 liegt beim Spediteur).

Ferner hat der Spediteur gem. Abs. 3 Mitverschuldenseinwand.

Mitverschuldenseinwand

3

Art der Haftung	Obhutshaftung, § 461 Abs. 1 HGB	Verschuldenshaftung, § 461 Abs. 2 HGB
Schutzgut	Schäden an der Substanz = Verlust / Beschädigung des Speditionsgutes	Alle sonstigen Schäden; **oder** Verlust oder Beschädigung ohne Obhut des Spediteurs.
Haftungsvoraussetzung	Obhut am Speditionsgut (ohne Verschulden)	Schuldhafte Pflichtverletzung i.S.v. § 454 HGB durch Spediteur (ggf. i.V.m. ADSp Ziff. 22)
Rechtsfolge	Entsprechend Frachtführerhaftung, limitiert, **A!** § 435 HGB.	Unlimitierte Haftung mit Befreiungsmöglichkeit. Begrenzung dieser Haftung durch Anwendung der ADSp Ziff. 23.

Übersicht Spediteurshaftung gem. § 461 HGB

3.4.5.2 Haftung des Spediteurs für seine Leute

§ 462 HGB – Haftung für andere
Der Spediteur hat Handlungen und Unterlassungen seiner Leute in gleichem Umfange zu vertreten wie eigene Handlungen und Unterlassungen, wenn die Leute in Ausübung ihrer Verrichtungen handeln. Gleiches gilt für Handlungen und Unterlassungen anderer Personen, deren er sich bei Erfüllung seiner Pflicht, die Versendung zu besorgen, bedient.

Leutehaftung des Spediteurs wie beim Frachtführer, § 428 HGB

Die Haftung des Spediteurs für seine Leute, ist ähnlich wie die Haftung des Frachtführers (§ 428 HGB).

3.4.5.3 Die Haftung des Spediteurs nach ADSp

Diese Regelungen (Ziff. 22 bis 27) sind das Kernstück der ADSp und modifizieren die Haftungsreglungen der § 461 Abs. 1 und Abs. 2, aber auch in §§ 425 ff. iV.m. §§ 458–460 HGB.

Ziff. 22 ADSp – Haftung des Spediteurs, Abtretung von Ersatzansprüchen
22.1 Der Spediteur haftet für Schäden nach Maßgabe der gesetzlichen Vorschriften. Es gelten jedoch die folgenden Regelungen, soweit zwingende oder AGB-feste Rechtsvorschriften nichts anderes bestimmen.

22.2 In allen Fällen, in denen der Spediteur nach den Ziffern 23.3 und 24 verschuldensabhängig für Verlust oder Beschädigung des Gutes (Güterschäden) haftet, hat er statt Schadenersatz Wert- und Kostenersatz entsprechend den §§ 429, 430, 432 HGB zu leisten.

22.3 Bei Inventurdifferenzen kann der Spediteur bei gleichzeitigen Fehl- und Mehrbeständen desselben Auftraggebers zur Ermittlung des Wertersatzes in den von Ziffer 24 erfassten Fällen eine wertmäßige Saldierung des Lagerbestands vornehmen.

22.4 Hat der Spediteur aus einem Schadenfall, für den er nicht haftet, Ansprüche gegen einen Dritten oder hat der Spediteur gegen einen Dritten seine eigene Haftung übersteigende Ersatzansprüche, so hat er diese Ansprüche dem Auftraggeber auf dessen Verlangen abzutreten, es sei denn, dass der Spediteur aufgrund besonderer Abmachung die Verfolgung der Ansprüche für Rechnung und Gefahr des Auftraggebers übernimmt. §§ 437, 509 HGB bleiben unberührt.

Schadensersatz ist Wertersatz

Recht zur Saldierung bei Inventurdifferenzen

Abtretungsmöglichkeit

Ziff. 22 ADSP berührt den Grund der Haftung, während Ziff. 23 ADSp die Haftungshöhe regelt.

Soweit die Haftung des Spediteurs nach § 461 Abs. 1 HGB betroffen ist (Güterschaden) und da es sich bei dieser Bestimmung um eine AGB-feste Vorschrift handelt (vgl. § 466 HGB), wird in Ziff. 22.2 lediglich definiert, wie der Schadensersatz zu berechnen ist, nämlich auf Wertersatz und verweist damit auf §§ 429, 430, 432 HGB aus dem Frachtrecht. Durch das Wertersatzprinzip wird der Ausgleich eines individuellen und besonderen (Sachfolge-)Schadens ausgeschlossen.

Wertersatzprinzip

Soweit der Anspruchsteller vorsteuerabzugsberechtigt ist, so ist Wertersatz abzüglich Mehrwertsteuer zu zahlen (§ 15 UStG).

Für Inventurdifferenzen erlaubt Ziff. 22.3 eine summarische Saldierung durch den Spediteur von Mehr- mit Fehlbeständen. Diese Reglung gilt nur für Lagerbestände (vgl. Ziff. 24).

Ziff. 22.4 betrifft den Fall, dass der Spediteur in einem Schadensfall nicht haftet, gleichwohl ein Schaden entstanden ist, aber der Spediteur Ersatzansprüche gegen Dritte hat (z. B. den Zoll) oder diese höher sind als die Schadensersatzleistung des Spediteurs, dann können diese auf Verlangen an den Auftraggeber abgetreten werden.

Ziff. 23 ADSp – Haftungsbegrenzungen
23.1 Die Haftung des Spediteurs für Güterschäden in seiner Obhut gemäß § 431 Abs. 1, 2 und 4 HGB ist mit Ausnahme von

3

8,33 SZR je kg als
Standardhaftung des
Spediteurs bei
Güterschäden

Multimodalschäden
mit Seebeförderung
2 SZR

Schäden aus Seebeförderungen und verfügten Lagerungen der Höhe nach wie folgt begrenzt:

23.1.1 auf 8,33 Sonderziehungsrechte für jedes Kilogramm, wenn der Spediteur

- Frachtführer im Sinne von § 407 HGB,
- Spediteur im Selbsteintritt, Fixkosten- oder Sammelladungsspediteur im Sinne von §§ 458 bis 460 HGB
- oder
- Obhutsspediteur im Sinne von § 461 Abs. 1 HGB ist;

23.1.2 auf 2 statt 8,33 Sonderziehungsrechte für jedes Kilogramm, wenn der Auftraggeber mit dem Spediteur einen Verkehrsvertrag über eine Beförderung mit verschiedenartigen Beförderungsmitteln unter Einschluss einer Seebeförderung geschlossen hat und der Schadenort unbekannt ist.

Bei bekanntem Schadenort bestimmt sich die Haftung nach § 452a HGB unter Berücksichtigung der Haftungsausschlüsse und Haftungsbegrenzungen der ADSp.

23.1.3 Übersteigt die Haftung des Spediteurs aus Ziffer 23.1.1. einen Betrag von 1,25 Millionen Euro je Schadenfall, ist seine Haftung außerdem begrenzt aus jedem Schadenfall höchstens auf einen Betrag von 1,25 Millionen Euro oder 2 Sonderziehungsrechte für jedes Kilogramm, je nachdem, welcher Betrag höher ist.

23.2 Die Haftung des Spediteurs bei Güterschäden in seiner Obhut ist bei einem Verkehrsvertrag über eine Seebeförderung und bei grenzüberschreitenden Beförderungen auf den für diese Beförderung gesetzlich festgelegten Haftungshöchstbetrag begrenzt. Ziffer 25 bleibt unberührt.

23.3 In den von Ziffern 23.1 und 23.2 nicht erfassten Fällen (wie § 461 Abs. 2 HGB, §§ 280 ff BGB) ist die Haftung des Spediteurs für Güterschäden entsprechend § 431 Abs. 1, 2 und 4 HGB der Höhe nach begrenzt

23.3.1 bei einem Verkehrsvertrag über eine Seebeförderung oder eine Beförderung mit verschiedenartigen Beförderungsmitteln unter Einschluss einer Seebeförderung auf 2 Sonderziehungsrechte für jedes Kilogramm,

23.3.2 bei allen anderen Verkehrsverträgen auf 8,33 Sonderziehungsrechte für jedes Kilogramm.

23.3.3 Außerdem ist die Haftung des Spediteurs begrenzt aus jedem Schadenfall höchstens auf einen Betrag von 1,25 Millionen Euro.

23.4 Die Haftung des Spediteurs für andere als Güterschäden mit Ausnahme von Schäden bei verfügten Lagerungen, Personenschäden und Sachschäden an Drittgut ist der Höhe nach begrenzt auf das Dreifache des Betrags, der bei Verlust des Gutes nach Ziffer 23.3.1 bzw. 23.3.2 zu zahlen wäre. Außerdem ist die Haftung des Spediteurs begrenzt aus jedem Schadenfall höchstens auf einen Betrag von 125.000 Euro.

23.4.1 Die §§ 413 Abs. 2, 418 Abs. 6, 422 Abs. 3, 431 Abs. 3, 433, 445 Abs. 3, 446 Abs. 2, 487 Abs. 2, 491 Abs. 5, 520 Abs. 2, 521 Abs. 4, 523 HGB sowie entsprechende Haftungsbestimmungen in internationalen Übereinkommen, von denen im

Wege vorformulierter Vertragsbedingungen nicht abgewichen werden darf, bleiben unberührt.

23.4.2 Ziffer 23.4 findet keine Anwendung auf gesetzliche Vorschriften wie Art. 25 MÜ, Art. 5 CIM oder Art. 20 CMNI, die die Haftung des Spediteurs erweitern oder zulassen, diese zu erweitern.

23.5 Übersteigt die Haftung des Spediteurs aus den Ziffern 23.1, 23.3 und 23.4 einen Betrag von 2,5 Millionen Euro je Schadenereignis, ist seine Haftung unabhängig davon, wie viele Ansprüche aus einem Schadenereignis erhoben werden, außerdem begrenzt höchstens auf 2,5 Millionen Euro je Schadenereignis oder 2 Sonderziehungsrechte für jedes Kilogramm der verlorenen und beschädigten Güter, je nachdem, welcher Betrag höher ist; bei mehreren Geschädigten haftet der Spediteur anteilig im Verhältnis ihrer Ansprüche.

Haftungsgrenzen bei Güterschäden von mehr als 2,5 Mio. € auf 2 SZR je kg reduziert

Die Haftungsgrenzen für Güterschäden nach ADSp sind nunmehr weitgehend identisch mit den Haftungsgrenzen im HGB für die Frachtführerhaftung oder des Spediteurs als Fixkosten-, Sammelladungsspediteur oder im Selbsteintritt (§§ 458–460 HGB), sowie im Fall der Obhutshaftung des Spediteurs (§ 461 Abs. 1 HGB) und betragen 8,33 SZR je Kilogramm Rohgewicht gem. ADSp Ziff. 23.1.

Haftungsgrenzen ADSp vergleichbar HGB

Diese werden jedoch in bestimmten Fällen auf andere Werte (meist 2 SZR je kg) modifiziert:

- Multimodalverkehr unter Einschluss des Seeverkehrs bei unbekanntem Schadensort auf 2 SZR je kg, ADSp Ziff. 23.1.2.
- Wenn die Haftung des Spediteurs je Schadensfall die Summe von 1,25 Mio. € übersteigt, dann reduziert sich der Haftungsbetrag gem. Ziff. 23.1.1 ADSp auf 2 SZR je kg, gem. ADSp Ziff. 23.1.3 (Korridorlösung gem. §§ 449 Abs. 2, 466 Abs. 2 HGB).
- Bei einer Seebeförderung und grenzüberschreitenden Beförderung bemisst sich die Haftung des Spediteurs für Güterschäden nach den gesetzlich und internationalen. Haftungsbestimmungen (z. B. CMR, MÜ), gem. ADSp Ziff. 23.2.

Für Güterschäden die nicht der Obhutshaftung des Spediteurs oder Frachtführers unterfallen (z. B. gem. § 461 Abs. 2 bzw. § 280 ff. BGB) beträgt die Haftung gleichwohl 8,33 SZR je kg, bei Multimodaltransport mit Seestrecke 2 SZR je kg und ist je Schadensfall limitiert auf 1,25 Mio. € bzw. 2 SZR je kg, gem. ADSp Ziff. 23.3 (mit Unterpunkten 23.3.1–23.3.3).

3

— Bei Nichtgüterschäden auf das Dreifache des Betrages, der bei Verlust zu zahlen wäre – vergleichbar der Regelung in § 433 HGB-, mit einer Obergrenze von € 125.000 je Schadensfall, gem. ADSp Ziff. 23.4

Nichtgüterschaden
Schadensfall

Beispiel: Vermögensschäden aus falscher Beratung oder Schäden aus anderen speditionsüblichen Leistungen i.S. von § 454 Abs. 2. Beachte: Fristüberschreitungen im Bereich der Regelungen §§ 458–460 beurteilen sich nach §§ 425, 431 Abs. 3 (Dreifache der Fracht)

Allg. Obergrenze 2,5
Mio. € oder 2 SZR je kg
je Schadensereignis

— Allgemeine Obergrenze je Schadensereignis in den Fällen nach ADSp 23.1(Obhutshaftung), 23.3 (Multimodalhaftung) und 23.4 (Nichtgüterschäden) beträgt 2.5 Mio. € bzw. 2 SZR je kg, je nachdem welcher Betrag für den Anspruchsteller höher ist gem. ADSp Ziff. 23.5.

Schadensereignis

— Schadensereignis gem. ADSp Ziff. 1.11: Der gleiche Lebenssachverhalt, der bei einer Vielzahl von Personen zu jeweils individualisierbaren Schadensfällen führt.

Beispiel: Ein LKW beladen mit Sammelgut mehrerer Auftraggeber brennt ab. Dann handelt es sich hierbei um ein Schadensereignis, bestehend aus einer Vielzahl von einzelnen Schadensfällen. Die einzelnen Schadensfälle der betroffenen Auftraggeber können sich ihrerseits aus mehreren Schäden zusammensetzen, z. B. aus dem Substanzschaden wegen des Verbrennens des Gutes, einem möglichen Verspätungsschaden und denkbaren Vermögensschäden, weil für die zerstörten Produkte Werbungsaufwendungen gemacht wurden.

Die o. g. Haftungsgrenzen gelten aber nicht bei:
— Personenschäden und Sachschäden an Drittgut (ADSp Ziff. 23.4: Spediteur verletzt den Empfänger und beschädigt dessen Gebäude, §§ 823 ff. BGB),
— Schäden bei verfügten Lagerungen (ADSp Ziff. 24),
— bei See- und Binnenschifffahrtsbeförderungen (ADSp Ziff. 23.2 + 25, Seefrachtrecht),
— bei qualifiziertem Verschulden (ADSp Ziff. 27).

Die Haftungsbegrenzungen der ADSp gelten nicht:

unlimitierter
Schadensersatz bei
qualifiziertem
Verschulden

Ziff. 27 ADSp – Qualifiziertes Verschulden
27.1 Die in den Ziffern 22.2, 22.3, 23.3 und 23.4 i. V. m. 23.5, 24 sowie 26 genannten Haftungsausschlüsse und -begrenzungen gelten nicht, wenn der Schaden verursacht worden ist
27.1.1 durch Vorsatz oder grobe Fahrlässigkeit des Spediteurs oder seiner Erfüllungsgehilfen oder

> 27.1.2 durch Verletzung vertragswesentlicher Pflichten,
> wobei Ersatzansprüche in letzterem Fall begrenzt sind auf den
> vorhersehbaren, typischen Schaden.
>   27.2 Abweichend von Ziffer 27.1.2 entfallen die Haftungsbe-
> grenzungen in Ziffer 24.1 und 24.2 nur bei einer grob fahrlässi-
> gen oder vorsätzlichen Verletzung vertragswesentlicher
> Pflichten.
>   27.3 §§ 435, 507 HGB bleiben in ihrem jeweiligen Anwen-
> dungsbereich unberührt.
>   27.4 Ziffer 27.1 findet keine Anwendung auf gesetzliche
> Vorschriften wie Art. 25 MÜ, Art. 36 CIM oder Art. 20, 21 CMNI,
> die die Haftung des Spediteurs erweitern oder zulassen, diese zu
> erweitern, oder die Zurechnung des Verschuldens von Leuten
> oder sonstigen Dritten ausdehnen.

- Wenn §§ 435 HGB (Frachtführerhaftung) oder § 507 HGB (unlimitierte Verfrachterhaftung) auf das Handeln des Spediteurs anwendbar sind, ADSp Ziff. 27.3.
- bei Vorsatz/oder grober Fahrlässigkeit (nicht Leichtfertigkeit notwendig wie in § 435 HGB!) des Spediteurs oder seiner Erfüllungsgehilfen (ADSp Ziff. 27.1.1.) oder
- Verletzung von vertragswesentlichen Pflichten (vgl. 1.16 ADSp) auch ohne qualifiziertes Verschulden (BGH v.15.09.2005, ZR58/03), jedoch mit einer Begrenzung der Ersatzleistungen auf den vorhersehbaren, typischen Schaden.

Wenn also der Spediteur von Anfang an ein untaugliches Beförderungsgerät einsetzt, so dass der Transport nicht zu realisieren ist, so liegt darin eine „Verletzung vertragswesentlicher Pflichten". In diesem Fall sind die Ersatzansprüche auf den vorhersehbaren, typischen Schaden begrenzt, d. h. außergewöhnliche Schäden werden nicht berücksichtigt.

ADSp Ziff. 27.4 dient nur der Klarstellung, dass die Bestimmungen über eine unlimitierte Haftung des Spediteurs nicht als Haftungserweiterungen gem. MÜ (Art. 25), CIM und CMNI verstanden werden sollen, wie es in BGH Urteil vom 22.07.2010 I ZR 194/08 – für die ADSp 2003 im Falle des MÜ entschieden wurde, die jedoch nicht eine Regelung wie 27.4 enthalten haben.

Gem. ADSp Ziff. 27.2. entfallen bei verfügter Lagerung die Haftungsgrenzen nur bei vorsätzlicher oder grob fahrlässiger Verletzung vertragswesentlicher Pflichten.

Verletzung
vertragswesentlicher
Pflichten schon
fahrlässig.

3

3.4.5.4   Sonderfall: Haftungsbegrenzung bei verfügter Lagerung, Ziff. 24

8,33 SZR je kg
Obergrenzen je
Schadensfall/35.000 €
bei Inventurdifferenzen
70.000 €

Ziff. 24 ADSp – Haftungsbegrenzungen bei verfügter Lagerung, Inventuren und Wertdeklaration
24.1 Die Haftung des Spediteurs bei Güterschäden ist bei einer verfügten Lagerung der Höhe nach begrenzt
  24.1.1 entsprechend § 431 Abs. 1, 2 und 4 HGB auf 8,33 Sonderziehungsrechte für jedes Kilogramm,
  24.1.2 höchstens 35.000 Euro je Schadenfall.
  24.1.3 Besteht der Schaden eines Auftraggebers in einer Differenz zwischen Soll- und Ist-Bestand des Lagerbestands, ist die Haftung des Spediteurs abweichend von Ziffer 24.1.2 der Höhe nach auf 70.000 Euro pro Jahr begrenzt, unabhängig von Anzahl und Form der durchgeführten Inventuren und von der Zahl der für die Inventurdifferenz ursächlichen Schadenfälle.
24.2 Der Auftraggeber kann gegen Zahlung eines zu vereinbarenden Zuschlags vor Einlagerung in Textform einen Wert zur Erhöhung der Haftung angeben, der die in Ziffer 24.1 bestimmten Höchstbeträge übersteigt. In diesem Fall tritt der jeweils angegebene Wert an die Stelle des betreffenden Höchstbetrages.
24.3 Die Haftung des Spediteurs für andere als Güterschäden mit Ausnahme von Personenschäden und Sachschäden an Drittgut ist bei einer verfügten Lagerung begrenzt auf 35.000 Euro je Schadenfall.
24.4 Die Haftung des Spediteurs – mit Ausnahme von Personenschäden und Sachschäden an Drittgut – ist in jedem Fall, unabhängig davon, wie viele Ansprüche aus einem Schadenereignis erhoben werden, bei einer verfügten Lagerung auf 2,5 Millionen Euro je Schadenereignis begrenzt; bei mehreren Geschädigten haftet der Spediteur anteilig im Verhältnis ihrer Ansprüche. Ziffer 24.2 bleibt unberührt.

verfügte Lagerung

Verfügte Lagerung: Speditionsgut, welches auf Verfügung des Auftraggebers, Einlagerers, eingelagert wird, meist längerfristig und diese Einlagerung nicht transportbedingt ist (Unterschied zur Vor- oder Zwischenlagerung).

Saldierung bei
Inventuren

Beachte: Gem. Ziff. 22.3 ADSp werden bei Inventurdifferenzen Fehlbestände mit Mehrbeständen saldiert.

Haftungsbegrenzung bei verfügter Lagerung :

Güterschaden

— Güterschaden, Ziff. 24.1.1 ADSp: 8,33 SZR je kg bei Verlust/ Beschädigung, jedoch: max. 35.000,– € je Schadensfall (Ziff. 24.1.2 ADSp); max. 70.000,– € bei Inventurdifferenz unabhängig von der Zahl der Schadensfälle (Ziff. 24.1.3 ADSp)

Vermögensschaden

— Vermögensschaden, Ziff. 24.3 ADSp: max. 35.000,– € je Schadensfall bei Vermögensschaden, unabhängig vom Gewicht.

— Max. Haftung je Schadensereignis ist jedoch begrenzt auf 2,5 Mio. €. (Ziff. 24.4 ADSp) Aufhebung der Haftungsgrenzen gem. Ziff. 27.1 bei qualifiziertem Verschulden!

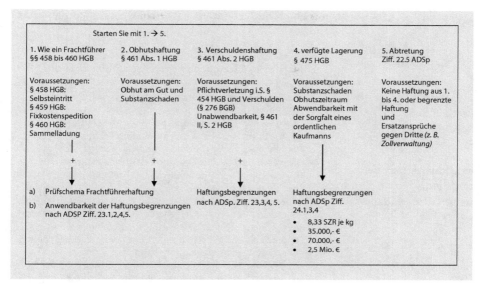

Prüfungsschema: Haftung des Spediteurs

3.4.6 Verjährung und Schadensanzeige

Die Verjährung im Speditionsrecht entspricht gem. § 463 HGB der des Frachtrechts (siehe: Frachtrecht, Verjährung, § 439 HGB).

einjährige Verjährung im Speditionsrecht

> **§ 463 HGB – Verjährung**
> Auf die Verjährung der Ansprüche aus einer Leistung, die den Vorschriften dieses Abschnitts unterliegt, ist § 439 entsprechend anzuwenden.

Besondere Bedingungen zur Schadensanzeige enthalten weder das HGB noch die ADSp. Diese bestimmen sich nach dem jeweiligen Frachtrecht.

3.4.7 Abweichende Vereinbarungen im Speditionsrecht

§ 466 HGB im Speditionsrecht ist § 449 HGB im Frachtrecht vergleichbar. Soweit der Spediteur die Rechte und Pflichten

3

eines Frachtführers hat, ist § 449 HGB direkt auf diesen anwendbar.

AGB-feste
Bestimmungen im
Speditionsrecht

Individualvertrag
zwischen
Gewerbetreibenden

Haftungskorridor

Versender-AGB

Bei Frachtführerhaftung
des Spediteurs gilt
§ 449 HGB.

Verbraucherschutz

§ 466 HGB – Abweichende Vereinbarungen über die Haftung

(1) Soweit der Speditionsvertrag nicht die Versendung von Briefen oder briefähnlichen Sendungen zum Gegenstand hat, kann von den Haftungsvorschriften in § 455 Absatz 2 und 3, § 461 Absatz 1 sowie in den §§ 462 und 463 nur durch Vereinbarung abgewichen werden, die im Einzelnen ausgehandelt wird, auch wenn sie für eine Mehrzahl von gleichartigen Verträgen zwischen denselben Vertragsparteien getroffen wird.

(2) Abweichend von Absatz 1 kann die vom Spediteur zu leistende Entschädigung wegen Verlust oder Beschädigung des Gutes auch durch vorformulierte Vertragsbedingungen auf einen anderen als den in § 431 Absatz 1 und 2 vorgesehenen Betrag begrenzt werden, wenn dieser Betrag

1. zwischen 2 und 40 Rechnungseinheiten liegt und der Verwender der vorformulierten Vertragsbedingungen seinen Vertragspartner in geeigneter Weise darauf hinweist, dass diese einen anderen als den gesetzlich vorgesehenen Betrag vorsehen, oder

2. für den Verwender der vorformulierten Vertragsbedingungen ungünstiger ist als der in § 431 Absatz 1 und 2 vorgesehene Betrag. Ferner kann durch vorformulierte Vertragsbedingungen die vom Versender nach § 455 Absatz 2 oder 3 zu leistende Entschädigung der Höhe nach beschränkt werden.

(3) Von § 458 Satz 2, § 459 Satz 1 und § 460 Absatz 2 Satz 1 kann nur insoweit durch vertragliche Vereinbarung abgewichen werden, als die darin in Bezug genommenen Vorschriften abweichende Vereinbarungen zulassen.

(4) Ist der Versender ein Verbraucher, so kann in keinem Fall zu seinem Nachteil von den in Absatz 1 genannten Vorschriften abgewichen werden, es sei denn, der Speditionsvertrag hat die Beförderung von Briefen oder briefähnlichen Sendungen zum Gegenstand.

(5) Unterliegt der Speditionsvertrag ausländischem Recht, so sind die Absätze 1 bis 4 gleichwohl anzuwenden, wenn nach dem Vertrag sowohl der Ort der Übernahme als auch der Ort der Ablieferung des Gutes im Inland liegen.

Auch diese Bestimmung ist der frachtrechtlichen Regelung nachempfunden. Gem. Abs. 4 in Verbindung mit Abs. 1 darf bei Speditionsverträgen mit Verbrauchern (§ 13 BGB) von §§ 455 Abs. 2, 461 Abs. 1, 462, 463 HGB (= AGB-feste Regelungen) nicht abgewichen werden.

Deshalb finden die ADSp auch ausdrücklich keine Anwendung auf Verträge mit Verbrauchern gem. Ziff. 2.4 ADSp.

Abs. 1 gewährt im gewerblichen Verkehr bei individuell ausgehandelten Vereinbarungen uneingeschränkte Vertragsfreiheit (Satz 1).

Sofern jedoch durch vorformulierte Vertragsbedingungen vom Gesetz abgewichen werden soll, ist dies nur zulässig bei den nicht-AGB-festen Vorschriften (Abs. 1) oder soweit in den AGB lediglich von den Haftungsbeträgen in § 431 Abs. 1 und 2 HGB abgewichen wird:

1. in einem Haftungskorridor zwischen 2 und 40 SZR und wenn in geeigneter Weise darauf hingewiesen wird – früher bis 2013 war hierzu eine „drucktechnische Hervorhebung" notwendig, nunmehr reicht ein einfacher Hinweis aus – dass diese einen anderen als den gesetzlichen Betrag vorsehen oder
2. bei Bedingungen die für den Verwender ungünstiger sind als die gesetzlichen.

Ferner kann auch die Höhe der Haftung des Versenders gem. § 455 Abs. 2 und 3 durch AGB beschränkt werden.

Hierfür sind jedoch keine Vorgaben hinsichtlich der Höhe, wie im Falle der Spediteur-AGB gemacht. Alle AGB-Regelungen müssen jedoch im Rahmen der allgemeinen AGB-Regelungen nach §§ 305 ff. BGB zulässig sein. Eine Haftungsbegrenzung zu Gunsten des Versenders in Höhe von € 200.000 je Schadensereignis ist in Ziff. 29.1 ADSp geregelt.

Gem. Abs. 3 ist bei Selbsteintritt des Spediteurs, Fixkostenspedition, und Sammelladungsspedition Frachtrecht anwendbar und Abweichungen davon beurteilen sich ausschließlich nach Frachtrecht, mithin nach der Regelung in § 449 HGB.

Auch wenn der Speditionsvertrag ausländischem Recht unterliegt, aber der Ort der Übernahme und der Ablieferungsort sich im Inland befinden, dann gelten die Bestimmungen in Abs. 1 bis 4, gem. Abs. 5.

3.4.8 Die Versicherungen der ADSp

Der Spediteur nimmt fremde Vermögensinteressen wahr und hat damit auch die Verantwortung für die Güter seiner Auftraggeber, die durchaus einen größeren Wert haben können als das eingesetzte Speditionsunternehmen. Deshalb ist es für den Auftraggeber wie auch Spediteur von größter Wichtigkeit, dass dieses Risiko abgesichert ist, wofür die ADSp von ihrer Entstehung an einen besonderen Versicherungsschutz mit der haftungsersetzenden Speditionsversicherung geschaffen hatte.

3

Mit der Neugestaltung der ADSp im Jahre 2003 ist dieses System der haftungsersetzenden Speditionsversicherung weggefallen und wurde ersetzt durch zwei in den ADSp verankerten Versicherungen:

- Haftungsversicherung des Spediteurs (Ziff. 28) und
- (Waren)Versicherung des Gutes in Ziff. 21.

3.4.8.1 Die Haftungsversicherung des Spediteurs

GDV-Modell DTV-VHV
2003/2011 als
Grundlage

Die Haftungsversicherung der ADSp basiert auf dem Modell des Gesamtverbandes der Versicherungswirtschaft (GDV), den DTV-Verkehrshaftungsversicherungs-Bedingungen für Frachtführer, Spedition und Lagerhalter 2003/2011 (DTV-VHV 2003/2011) vom November 2017, als unverbindlicher Verbandsempfehlung, auf deren Basis jeder Versicherer seine Haftungsversicherung selbstständig ausformulieren kann. Deshalb sind die Regelungen in Ziff. 28 ADSp vor dem Hintergrund der DTV-VHV 2003/2011 zu lesen (vgl. Häuser/Abele, TranspR 2003, 8, 11).

Ziff. 28 ADSp – Haftungsversicherung des Spediteurs
28.1 Der Spediteur ist verpflichtet, bei einem Versicherer seiner Wahl eine Haftungsversicherung zu marktüblichen Bedingungen abzuschließen und aufrecht zu erhalten, die mindestens im Umfang der Regelhaftungssummen seine verkehrsvertragliche Haftung nach den ADSp und nach dem Gesetz abdeckt. Die Vereinbarung einer Höchstersatzleistung je Schadenfall, Schadenereignis und Jahr ist zulässig; ebenso die Vereinbarung einer angemessenen Selbstbeteiligung des Spediteurs.

28.2 Der Spediteur hat dem Auftraggeber auf Verlangen das Bestehen eines gültigen Haftungsversicherungsschutzes durch die Vorlage einer Versicherungsbestätigung nachzuweisen. Erbringt er diesen Nachweis nicht innerhalb einer angemessenen Frist, kann der Auftraggeber den Verkehrsvertrag außerordentlich kündigen.

Haftpflichtversicherung
ist Pflichtversicherung.

28.3 Der Spediteur darf sich gegenüber dem Auftraggeber auf die Haftungsbestimmungen der ADSp nur berufen, wenn er bei Auftragserteilung einen ausreichenden Versicherungsschutz vorhält.

Ziff. 28 betrifft ausschließlich Pflichten des Spediteurs, der bei Anwendung der ADSp verpflichtet ist, eine Haftungsversicherung für sein Handeln abzuschließen. Die ursprüngliche Speditionsversicherung, die auch eine Schadensversicherung des Auftraggebers umfasste, ist damit abgeschafft worden, da die Versicherungswirtschaft nicht bereit war, angesichts mehrjähriger dramatischer Schadensverläufe, diese weiterhin zur Verfügung zu stellen.

Die Eindeckung der Haftungsversicherung ist jetzt folgendermaßen geregelt:

Verkehrshaftungsversicherungs-Bedingungen für die laufende Versicherung für Frachtführer, Spediteure und Lagerhalter

Ziff. 1 DTV-VHV 2003/2011 – Gegenstand der Versicherung

1.1 Verkehrsverträge. Gegenstand der Versicherung sind Verkehrsverträge (Fracht-, Speditions- und Lagerverträge) des Versicherungsnehmers als Frachtführer im Straßengüterverkehr, als Spediteur oder Lagerhalter, die während der Laufzeit dieses Versicherungsvertrages abgeschlossen und nach Maßgabe der Ziffer 11 aufgegeben werden, wenn und soweit die damit zusammenhängenden Tätigkeiten in der Betriebsbeschreibung ausdrücklich dokumentiert sind.

Verkehrsverträge TUL + Betriebsbeschreibung

1.2 Es besteht – unbeschadet der übrigen Vertragsbestimmungen – Versicherungsschutz nur, soweit und solange dem keine auf die Vertragsparteien direkt anwendbaren Wirtschafts-, Handels- oder Finanzsanktionen bzw. Embargos der Europäischen Union oder der Bundesrepublik Deutschland entgegenstehen.

Dies gilt auch für Wirtschafts-, Handels- oder Finanzsanktionen bzw. Embargos, die durch die Vereinigten Staaten von Amerika in Hinblick auf den Iran erlassen werden, soweit dem nicht europäische oder deutsche Rechtsvorschriften entgegenstehen.

1.3 Vorsorgeversicherung.

Gegenstand der Versicherung sind auch Verkehrsverträge des Versicherungsnehmers als Frachtführer im Straßengüterverkehr, Spediteur oder Lagerhalter nach Maßgabe des Versicherungsvertrages über zu diesem Verkehrsgewerbe üblicherweise gehörenden Tätigkeiten, wenn der Versicherungsnehmer nach Abschluss des Versicherungsvertrages diese Tätigkeiten neu aufnimmt (neues Risiko). Der Versicherungsschutz beginnt sofort mit dem Eintritt des neuen Risikos, ohne dass es einer besonderen Anzeige bedarf. Der Versicherungsnehmer ist aber verpflichtet, binnen eines Monats nach Beginn des neuen Risikos, dieses dem Versicherer anzuzeigen. Unterlässt der Versicherungsnehmer die rechtzeitige Anzeige oder kommt innerhalb Monatsfrist nach Eingang der Anzeige bei dem Versicherer eine Vereinbarung über die Prämie für das neue Risiko nicht zustande, so entfällt der Versicherungsschutz für das neue Risiko rückwirkend von Beginn an.

Vorsorgeversicherung

Der Versicherungsschutz der Vorsorge ist auf den Betrag von EUR .... je Schadenereignis begrenzt.

1.4 Die Versicherung gilt nicht für Verträge, die ganz oder teilweise zum Inhalt haben

- Beförderung und beförderungsbedingte Lagerung von Gütern, die der Versicherungsnehmer als Verfrachter (Seefahrt und Binnenschifffahrt), Luftfrachtführer oder Eisenbahnfrachtführer im Selbsteintritt (tatsächlich) ausführt;

3

- — Beförderung und Lagerung von folgenden Gütern:
- — ....
- — ....
- — Beförderung und Lagerung von Umzugsgut;
- — Beförderung und Lagerung von Schwergut sowie Großraumtransporte, Kran- oder Montagearbeiten;
- — Beförderung und Lagerung von abzuschleppenden oder zu bergenden Gütern; Produktionsleistungen, werkvertragliche oder sonstige nicht speditions-, beförderungs- oder lagerspezifische vertragliche Leistungen im Zusammenhang mit einem Verkehrsvertrag, die über die primäre Vertragspflicht eines Frachtführers, Spediteurs und Lagerhalters gemäß dem deutschen Handelsgesetzbuch (HGB) hinausgehen. Hierzu zählen nicht das Kommissionieren, Etikettieren, Verpacken und Verwiegen von Gütern, wenn diese Tätigkeiten in Verbindung mit einem Verkehrsvertrag zu erfüllen sind.

keine Versicherung für Logistikleistungen über Ziff. 1.14 ADSp hinaus.

Vorsorgeversicherung

Der Abschluss der Haftungsversicherung erfolgt nunmehr nicht mehr zu einem pauschalierten Satz, sondern gem. angemeldetem Risiko im Rahmen einer Vorsorgeversicherung (individuell beschränkt auf einen Höchstwert, z. B. 250.000 € je Schadensereignis). Innerhalb der Frist von einem Monat hat der Versicherer die Möglichkeit, das Risiko abzulehnen, mit der Folge, dass auch der Spediteur dieses Geschäft nicht mehr (versichert und auf Basis der ADSp) betreiben kann.

Anzeigepflicht bei neuen Tätigkeiten/ Risiken

Werden die übernommenen Aufgaben des Spediteurs später durch neue Tätigkeiten ergänzt, z. B. durch die Einlagerung und Vormontage von Teilen, die bisher nur transportiert worden sind, so sind diese neuen Tätigkeiten dem Versicherer anzuzeigen, der innerhalb der einmonatigen Vorsorgeversicherung eine Risiko- und Prämienkalkulation vornehmen muss.

keine Versicherung von logistischen Zusatzleistungen gem. 1.3

Beachtenswert erscheint, dass die Haftungsversicherung des Spediteurs sich auf die verkehrsvertragliche Haftung nach ADSp beschränkt und daher nur in geringem Umfang Haftungsrisiken aus dem Logistikbereich abdeckt und nur dann, wenn diese „speditionsüblich sind" („Kommissionieren, Etikettieren, Verpacken und Verwiegen von Gütern") und auch nur dann, „wenn diese mit der Beförderung oder Einlagerung von Gütern in Zusammenhang stehen" (Ziff. 1.14, Satz 2 ADSp).

Risikoanalyse und Betriebsbeschreibung

Die wesentlichen Punkte des neuen Modells der Haftungsversicherung sind folgende:

1. Risikoanalyse und Betriebsbeschreibung

Risikoübernahme nur der angemeldeten Risiken

Die Speditionen erhalten zu Beginn der Versicherung Risikofragebögen (vergleichbar den Gesundheitsfragebögen in der Lebensversicherung). Darin wird erfragt, wer

Versicherungsnehmer sein soll (Firma) und welche Tätigkeiten ausgeführt werden sollen (Spedition, Lager, Frachtführer), sowie welche Haftungen übernommen werden. Auf Grundlage dieser Angaben erstellen sie dann die Betriebsbeschreibung und kalkulieren die Prämie für die Haftungsversicherung. Nicht aufgeführte Tätigkeiten des Spediteurs sind nicht im Rahmen der Haftungsversicherung versichert.

2. Vorsorgeversicherung (Ziff. 1.3 DTV-VHV 2003/2011)
Sofern die Tätigkeiten nicht angemeldet sind, oder der Versicherer die Versicherung ablehnt oder keine Einigung über die Prämie zustande kommt, sind die Zusatztätigkeiten nicht versichert.

   Vorsorgeversicherung

3. Bausteinsystem der Haftung (Ziff. 3 DTV-VHV 2003/2011)
Die Versicherungsdeckung gilt nur noch für die in der Police beschriebenen Tätigkeiten. Hierbei kann der Spediteur auswählen, für welche Tätigkeiten und nach welchen Haftungssystemen er sich versichern lassen will, z. B. nach CMR, CIM, MÜ, HGB und nach ADSp oder fremden AGB (z. B. nach holländischen FENEX-Bedingungen). Hiervon ist dann auch die Höhe der Prämie abhängig.

   Haftungsbausteine

4. Geltungsbereich
   a) Räumlicher Geltungsbereich (Ziff. 5 DTV-VHV 2003/2011)
   Der Geltungsbereich des Versicherungsschutzes nach den DTV-VHV 2003/2011 ist auf den EWR-Raum nebst Schweiz und Island beschränkt. Soweit ein Spediteur also weltweit tätig ist, muss er den Versicherer um zusätzlichen Versicherungsschutz nachsuchen.

   räumlicher Geltungsbereich

   b) Sachlicher Geltungsbereich
   Die DTV-Verkehrshaftungsbedingungen gelten ausschließlich für sog. Verkehrsverträge (Ziff. 1.1). Ausdrücklich sind „Produktionsleistungen, werkvertragliche oder sonstige nicht speditions-, beförderungs- oder lagerspezifische" Logistikleistungen ausgeschlossen worden (Ziff. 1.3; 6.9). Das heißt, sofern ein Speditionsunternehmen logistische Zusatzleistungen erbringt, so muss es sich in jedem Einzelfall durch den Versicherer bestätigen lassen, dass hierfür auch Versicherungsschutz besteht bzw. pauschal einen solchen nach Logistik-AGB eindecken.

   sachlicher Geltungsbereich

3

kein Direktanspruch
gegen die Versicherung

5. Wegfall des Direktanspruchs gegen den Versicherer
    Die alte Speditionsversicherung, einschließlich Haftungs-
    versicherung, gewährte dem Anspruchsteller einen Di-
    rektanspruch gegen den Versicherer (5.2 SpV a.F.). Dieser
    Direktanspruch ist weggefallen. Im Schadensfall kann sich
    der Anspruchsteller nunmehr nur noch direkt an den Spe-
    diteur wenden, mit dem entsprechend höheren Insolvenz-
    risiko.

Deckungssummen des
Versicherungsschutzes

6. Neue Deckungssummen des Versicherungsschutzes
    (Ziff. 8 DTV-VHV 2003/2011)
    Der Deckungsschutz der Versicherung wird in jedem
    Fall nach oben begrenzt und in einem sog. Bausteinsys-
    tem angeboten, bei dem nach den individuellen Bedürf-
    nissen die Art und Höhe des Versicherungsschutzes
    vereinbart werden kann. Bei diesen Höchstsummen
    wird differenziert nach Fracht-, Speditions- und Lager-
    verträgen sowie je Schadensfall, je Schadensereignis und
    Versicherungsjahr.

**Begrenzung der Versicherungsleistung (Bausteinsys-
tem)**
8.1 Schadenfall
    Begrenzung der Versicherungsleistung bei gesetzlicher oder
vertraglicher Haftung
    Die maximale Versicherungsleistung beträgt je Schadenfall,
also je Geschädigten und je Verkehrsvertrag
— für Frachtverträge:
— bei Güterschäden .... EUR;
— bei reinen Vermögensschäden .... EUR;
— für Speditionsverträge:
— bei Güter- und Güterfolgeschäden .... EUR;
— bei reinen Vermögensschäden .... EUR;
— für Lagerverträge:
— bei Güter- und Güterfolgeschäden .... EUR;
— bei Differenzen zwischen Soll- und Ist-Bestand des
    Lagerbestandes leistet der Versicherer jedoch maximal
    .... EUR, unabhängig von der Zahl der
— für die Inventurdifferenz ursächlichen Schadenfälle;
— bei reinen Vermögensschäden .... EUR,
— für Ansprüche nach dem Recht der unerlaubten Handlung
    (Deliktsrecht) – unabhängig von der Art des Verkehrsvertra-
    ges oder des Schadens – .... EUR,
    8.2 Schadenereignis
    Begrenzung der Versicherungsleistung je Schadenereignis

Der Versicherer leistet höchstens .... EUR. Die durch ein Ereignis mehreren Geschädigten entstandenen Schäden werden unabhängig von der Anzahl der

Geschädigten und der Verkehrsverträge anteilmäßig im Verhältnis ihrer Ansprüche ersetzt, wenn sie zusammen die äußerste Grenze der Versicherungsleistung übersteigen.

8.3 Jahresmaximum

8.3.1 Begrenzung der Versicherungsleistung pro Versicherungsjahr

Die Höchstersatzleistung des Versicherers beträgt für alle Schadenereignisse der versicherten Verkehrsverträge eines Versicherungsjahres .... EUR.

8.3.2 Zusätzliche Begrenzung bei qualifiziertem Verschulden

Die Versicherungsleistung des Versicherers ist zusätzlich je Versicherungsjahr bei Schäden, die vom Versicherungsnehmer, seinen gesetzlichen Vertretern oder seinen leitenden Angestellten durch Leichtfertigkeit und in dem Bewusstsein, dass ein Schaden mit Wahrscheinlichkeit

entstehen werde, herbeigeführt, durch Kardinalpflichtverletzung oder durch grobes Organisationsverschulden verursacht worden sind, über die gesetzliche oder vertragliche Regelhaftung (§ 449 HGB Korridor) und unabhängig vom Schadenfall und -ereignis, begrenzt bis maximal .... EUR.

Hinzu kommt, dass alle Ansprüche, die über die gesetzliche Regelhaftung oder vertraglich vereinbarte Haftung hinausgehen, nur noch bis zu einem bestimmten Jahreshöchstbetrag versichert sind. Das heißt, wenn die geltend gemachten Ansprüche wegen § 435 HGB oder Art. 29 CMR in ihrer Summe diesen Betrag überschreiten (Stichwort: grobes Organisationsverschulden), so muss der Versicherer nur bis zu diesem Jahreshöchstbetrag leisten. Den darüber hinaus gehenden Betrag muss dann das versicherte Unternehmen aus der eigenen Tasche bezahlen. Umgekehrt muss nunmehr auch der Anspruchsteller damit rechnen, dass sein Anspruch das Unternehmen in die Insolvenz treibt (Kein Automatismus des Ausgleichs beim Vorwurf des groben Organisationsverschuldens durch die Versicherungswirtschaft).

Ferner sind Möglichkeiten vorgesehen, dass der Versicherungsnehmer sich mit einem zu vereinbarenden Prozentsatz an den Schadenskosten beteiligt (Selbstbehalt, Ziff. 9 DTV-VHV 2003/2011 und Ziff. 28.1, letzter Satz ADSp).

> Jenseits der Regelhaftung gelten Jahreshöchstbeträge

3

Schadensbeteiligung
des Spediteurs

> **Schadenbeteiligung**
> 9.1 Die allgemeine Schadenbeteiligung des Versicherungsneh-
> mers beträgt .... % der Versicherungsleistung je Schaden-
> fall, mindestens EUR ...., höchstens EUR ....
>   9.2 Die Schadenbeteiligung des Versicherungsnehmers bei
> Manko- oder Fehlmengenschäden bei verfügter Lagerung wird
> das Ausmaß eines Schadenfalls mit EUR .... angenommen, es
> sei denn, er weist einen anderen Betrag nach.

3.4.8.2 (Waren-/Transport-)Versicherung des Gutes, Ziff. 21

Warenversicherung
nach Auftrag

Vermutungsregelung
zu Gunsten des
Spediteurs

Untersagungsregelung
verhindert die
Vermutung

> **Ziff. 21 ADSp – Versicherung des Gutes**
> 21.1 Der Spediteur besorgt die Versicherung des Gutes
> (z. B. Transport- oder Lagerversicherung) bei einem Versicherer
> seiner Wahl, wenn der Auftraggeber ihn damit vor Übergabe des
> Gutes beauftragt.
>   21.2 Der Spediteur hat die Versicherung des Gutes zu
> besorgen, wenn dies im Interesse des Auftraggebers liegt. Der
> Spediteur darf dies insbesondere vermuten, wenn
>   21.2.1 der Spediteur bei einem früheren Verkehrsvertrag im
> Rahmen noch laufender Geschäftsbeziehung eine Versicherung
> besorgt hat, oder gem. Ziff. 21.2.2 der Auftraggeber im Auftrag
> einen „Warenwert für eine Versicherung des Gutes" angegeben
> hat.
>   21.3 Die Vermutung des Interesses an der Eindeckung einer
> Versicherung nach Ziffer 21.2 besteht insbesondere nicht, wenn
>   21.3.1 der Auftraggeber die Eindeckung untersagt,
>   21.3.2 der Auftraggeber ein Spediteur, Frachtführer oder
> Lagerhalter ist.
>   21.4 Der Spediteur hat bei der Besorgung einer Versicherung
> Weisungen des Auftraggebers insbesondere hinsichtlich
> Versicherungssumme und der zu deckenden Gefahren zu
> befolgen. Erhält er keine Weisung, hat der Spediteur nach
> pflichtgemäßem Ermessen über Art und Umfang der Versiche-
> rung zu entscheiden und sie zu marktüblichen Bedingungen
> abzuschließen.
>   21.5 Kann der Spediteur wegen der Art der zu versichernden
> Güter oder aus einem anderen Grund keinen Versicherungs-
> schutz eindecken, hat der Spediteur dies dem Auftraggeber
> unverzüglich mitzuteilen.
>   21.6 Besorgt der Spediteur nach Vertragsabschluss auf
> Weisung des Auftraggebers eine Versicherung, übernimmt er die
> Einziehung eines Entschädigungsbetrags oder sonstige
> Tätigkeiten bei Abwicklung von Versicherungsfällen und
> Havareien, so steht ihm auch ohne Vereinbarung eine ortsüb-
> liche, ansonsten angemessene Vergütung neben dem Ersatz
> seiner Auslagen zu.

Durch Ziff. 21 ADSp wird dem Auftraggeber/Versender die Möglichkeit eingeräumt, die Güter durch den Spediteur zu versichern, im Rahmen einer (Waren-/Transport-)Versicherung gegen Verlust, Beschädigung und sonstige Substanzschäden.

Die Regelungen in Ziff. 21 ADSp weisen einige Ähnlichkeiten mit der Schadensversicherung im Rahmen der alten Speditionsversicherung bis 1998/2003 auf (Vermutungsregelung vergleichbar der Automatik der Schadensversicherung als „aufgedrängter Transportversicherung", schriftliche Untersagung vergleichbar der früheren Verzichtskundenerklärung.).

Beachte: Sofern der Spediteur die Warenversicherung besorgt, wird er von dieser bei Schäden auch nicht in Regress genommen mit dem Vorwurf der groben Fahrlässigkeit, z. B. wegen groben Organisationsverschuldens.

Ziff. 21 – kein Regress des Versicherers gegen den Spediteur

Wenn jedoch die Warentransportversicherung durch den Auftraggeber direkt abgeschlossen wird, dann muss der Spediteur damit rechnen, dass die Warentransportversicherung den Spediteur mit dem Vorwurf des groben Organisationsverschuldens in Regress nimmt.

Aus diesem Grunde hatten sich einige Spediteure nach dem 01.01.2003 veranlasst gesehen, Auftraggebern die direkt eine Warentransportversicherung und nicht über den Spediteur eindecken, einen Haftungszuschlag zusätzlich zu berechnen.

Haftungszuschlag bei Untersagungskunden

Aus den vorgenannten Regelungen folgt:

Statt der bisherigen Schadensversicherung hat der Spediteur die Pflicht, eine Versicherung des Gutes zu besorgen, wenn er damit vom Auftraggeber beauftragt wurde oder dies im vermuteten Interesse des Auftraggebers liegt (21.2) und dieser die Eindeckung einer solchen Versicherung nicht untersagt hat (21.3.1). Die Prämie und alle Auslagen hierfür hat der Auftraggeber dem Spediteur zu ersetzen (21.6).

Prämienausgleich durch den Auftraggeber

Insbesondere an den Vermutungsregelungen in Ziff. 21.2.1 und 2 ADSp entzündet sich die Kritik in der Literatur, wonach schon die frühere Eindeckung einer Transportversicherung die Vermutung des erneuten Abschlusses einer Versicherung nach Ziff. 21 begründet.

Beispiel: Stellt man sich vor, der vorhergehende Transport betraf Unterhaltungselektronik, die versichert werden sollte, dann ist es aber nicht unbedingt im wirtschaftlichen Interesse des Auftraggebers, für den nunmehr zu transportierenden Elektronikschrott (Rücktour) ebenfalls eine Warenversicherung abzuschließen.

3

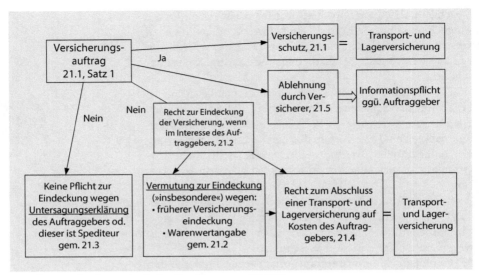

Versicherung des Gutes durch den Spediteur gem. 21 ADSp

3.5 Das Lagergeschäft

3.5.1 Der Lagervertrag

3.5.1.1 Wesen und Einordnung des Lagervertrages

Abgrenzung von Miete und Zwischenlagerung

Die §§ 467 ff. HGB regeln den Lagervertrag. Dieser ist abzugrenzen vom Mietvertrag (§§ 535 ff. BGB), der Verwahrung (§§ 688 ff. BGB) und der transportbedingten Zwischenlagerung.

Ob Frachtrecht heranzuziehen ist, beurteilt sich nach der Hauptpflicht des „Werkleisters" (Frachtführers oder Lagerhalters). Wenn die Beförderung Hauptpflicht ist, dann ist Frachtrecht gegeben, *z. B. wenn das Gut kurzzeitig zur Übernahme durch einen anderen Verkehrsträger zwischengelagert wird.*

Vertragstyp nach Hauptpflichten

Eine neue Art der gewerblichen Aufbewahrung von Gütern wird als „Self-Storage" („Mietlager") bezeichnet und ist gekennzeichnet, durch die Anmietung von Lagerräumen durch den „Einlagerer", die vom Einlagerer befüllt und kontrolliert werden, also eher ein mietvertragliches Rechtsverhältnis darstellen, jedoch mit Elementen eines Lagervertrages.

Lagerung = gewerbliche Aufbewahrung auf Zeit

Wenn jedoch die stationäre Lagerung und Aufbewahrung den Schwerpunkt des Geschäfts bilden, dann sind die Regelungen des Lagergeschäfts des HGB (§§ 467 ff.) gegeben.

	Miete	Verwahrung	Selfstorage	Lagerung	Transportbedingte Zwischenlagerung
Regelungen im BGB / HGB	§§ 535 ff. BGB	§§ 688 ff. BGB	keine gesetzliche Regelung	§§ 467ff. HGB	§§ 407 ff. HGB
Zweck	**Gebrauchsüberlassung einer Sache auf Zeit,** z. B. Miete von Lager räumen zum »self-storing«	nichtgewerbliche Lagerung	gewerbliche oder private Miete von Raum in einem Lager	gewerbliche Aufbewahrung von Sachen auf Zeit	**kurzzeitige Aufbewahrung von Sachen zum Zwecke der Weiterbe- förderung**

Abgrenzung von Miete und Zwischenlagerung

---

§ 467 HGB – Lagergeschäft

(1) Durch den Lagervertrag wird der Lagerhalter verpflichtet, das Gut zu lagern und aufzubewahren.

(2) Der Einlagerer wird verpflichtet, die vereinbarte Vergütung zu zahlen.

(3) Die Vorschriften dieses Abschnitts gelten nur, wenn die Lagerung und Aufbewahrung zum Betrieb eines gewerblichen Unternehmens gehören. Erfordert das Unternehmen nach Art oder Umfang einen in kaufmännischer Weise eingerichteten Geschäftsbetrieb nicht und ist die Firma des Unternehmens auch nicht nach § 2 in das Handelsregister eingetragen, so sind in Ansehung des Lagergeschäfts auch insoweit die Vorschriften des Ersten Abschnittes des Vierten Buches ergänzend anzuwenden; dies gilt jedoch nicht für die §§ 348 bis 350.

Gegenstand des Lagervertrages ist die Lagerung und Aufbe-wahrung von Gütern (Abs. 1).

Lagerung bedeutet die Pflicht des Lagerhalters, das Gut in geeigneten und dazu bestimmten Räumen für eine verein-barte Zeitdauer für den Einlagerer unterzubringen.   **Lagerung**

Aufbewahrung geht über die bloße Lagerung hinaus, da der Lagerhalter neben der Raumgestellung auch die Pflicht hat, Obhut hinsichtlich des Lagergutes zu übernehmen.   **Aufbewahrung**

Beim Lagervertrag bedeutet Obhut: **Elemente der Obhut**
- ordnungsgemäße Unterbringung;   **des Lagerhalters**
- Eingangs- und Ausgangskontrolle und regelmäßige Kont-rolle des Gutes;
- Schutz vor dem rechtswidrigen Zugriff Dritter;
- Beobachtungspflicht des Lagergutes;
- Unterrichtung des Einlagerers über zu befürchtende und eingetretene Veränderungen des Gutes.

3

Abs. 2 gibt dem Einlagerer die Hauptpflicht, die Vergütung zu zahlen. Vergütungsbestandteile sind das Lagergeld, Auslagen für Fracht und Zölle, sowie für erforderliche Aufwendungen.

Fälligkeitsregelung nach § 699 Abs. 1 BGB

Die Fälligkeit bestimmt sich nach § 699 Abs. 1 BGB, der in Ermangelung einer speziellen Regelung im HGB ergänzend herangezogen wird.

> **§ 699 BGB – Fälligkeit der Vergütung**
> (1) Der Hinterleger hat die vereinbarte Vergütung bei Beendigung der Aufbewahrung zu entrichten. Ist die Vergütung nach Zeitabschnitten bemessen, so ist sie nach Ablauf der einzelnen Zeitabschnitte zu entrichten.
> (2) Endigt die Aufbewahrung vor de, Ablauf der für sie bestimmten Zeit, so kann der Verwahrer einen seinen bisherigen Leistungen entsprechenden Teil der Vergütung verlangen, sofern nicht aus der Vereinbarung über die Vergütung sich ein anderes ergibt.

3.5.1.2 Ein Sonderfall – die Sammellagerung, § 469

> **§ 469 HGB – Sammellagerung**
> (1) Der Lagerhalter ist nur berechtigt, vertretbare Sachen mit anderen Sachen gleicher Art und Güte zu vermischen, wenn die beteiligten Einlagerer ausdrücklich einverstanden sind.
> (2) Ist der Lagerhalter berechtigt, Gut zu vermischen, so steht vom Zeitpunkt der Einlagerung ab den Eigentümern der eingelagerten Sachen Miteigentum nach Bruchteilen zu.
> (3) Der Lagerhalter kann jedem Einlagerer den ihm gebührenden Anteil ausliefern, ohne daß er hierzu der Genehmigung der übrigen Beteiligten bedarf.

Einzellagerung: Leitbild des Gesetzgebers

Die Vorschrift über die Sammellagerung verdeutlicht, dass gesetzgeberisches Leitbild die Einzellagerung ist. Als Sonderfall lässt jedoch § 469 Abs. 1 HGB die Sammellagerung zu und regelt vor allem die eigentumsrechtliche Problematik, wenn z. B. mehrere Einlagerer ihr Eigentum bei Sammellagerung in ein großes Silo kippen (Abs. 2, 3):

Voraussetzungen:

Voraussetzungen für Sammellagerung

— Vertretbare Sachen, bestimmt sich nach § 91 BGB: bewegliche Sachen, die im Verkehr nach Zahl, Maß und Gewicht bestimmt werden.
— Güter gleicher Art und Güte, beurteilt sich nach der Verkehrsauffassung *(z. B. Äpfel und Äpfel, aber nicht Äpfel mit Birnen).*
— Einverständnis des Einlagerers.

Rechtsfolge: Sammellagerung, Eigentum der jeweiligen Einlagerer an den von ihnen eingelagerten Sachen erlischt mit der Sammellagerung Abs. 2. Der Einlagerer wird Miteigentümer zu Bruchteilen, an allen in Sammellagerung aufbewahrten Sachen.

Miteigentum der Einlagerer bei der Sammellagerung

Der Lagerhalter hat eine besondere Erhaltungspflicht für das Gut bei der Sammellagerung (siehe § 471, Abs. 1 HGB).

Abs. 3 gibt dem Lagerhalter das Aufteilungsrecht bei der Entnahme aus dem Bestand des Sammellagergutes.

3.5.2 Die Pflichten und Rechte des Einlagerers

3.5.2.1 Die Pflichten des Einlagerers

Die Pflichten des Einlagerers sind:

- Vergütungspflicht, § 467 Abs. 2 HGB (Hauptpflicht)
- Aufwendungsersatz, § 474 HGB
- Sicherungspflichten, § 468 Abs. 1 HGB (Nebenpflichten)

> **§ 474 HGB – Aufwendungsersatz**
> Der Lagerhalter hat Anspruch auf Ersatz seiner für das Gut gemachten Aufwendungen, soweit er sie den Umständen nach für erforderlich halten durfte.

Diese Regelung zeigt, dass der Lagerhalter neben der vereinbarten Vergütung vom Einlagerer noch Ersatz der Aufwendungen verlangen kann. Als typische Aufwendungen im Lagergeschäft dürften Abgaben und Kosten für eine besondere amtliche Behandlung des Gutes anzusehen sein (z. B. für Abgaben und Zölle), ebenso wie auch Kosten für eine außergewöhnliche Bewegung des Gutes, die vom Lagerhalter vorgenommen wurde, z. B. aus klimabedingten Gründen.

Die Nebenpflichten und Haftung des Einlagerers werden geregelt in:

Aufwendungsersatz

> **§ 468 HGB – Behandlung des Guts. Begleitpapiere.**
> **Mitteilungs- und Auskunftspflichten**
> (1) Der Einlagerer ist verpflichtet, dem Lagerhalter, wenn gefährliches Gut eingelagert werden soll, rechtzeitig schriftlich oder in sonst lesbarer Form die genaue Art der Gefahr und,

Nebenpflichten des Einlagerers:
  Gefahrinformation
  Verpackung
  Kennzeichnung
  Auskünfte

3

soweit erforderlich, zu ergreifende Vorsichtsmaßnahmen mitzuteilen. Er hat ferner das Gut, soweit erforderlich, zu verpacken und zu kennzeichnen und Urkunden zur Verfügung zu stellen sowie alle Auskünfte zu erteilen, die der Lagerhalter zur Erfüllung seiner Pflichten benötigt.

Verbraucherschutz

(2) Ist der Einlagerer ein Verbraucher, so ist abweichend von Absatz 1
   1. der Lagerhalter verpflichtet, das Gut, soweit erforderlich, zu verpacken und zu kennzeichnen.
   2. der Einlagerer lediglich verpflichtet, den Lagerhalter über die von dem Gut ausgehende Gefahr allgemein zu unterrichten; die Unterrichtung bedarf keiner Form.

Der Lagerhalter hat in diesem Falle den Einlagerer über dessen Pflicht nach Satz 1 Nr. 2 sowie über die von ihm zu beachtenden Verwaltungsvorschriften über eine amtliche Behandlung des Gutes zu unterrichten.

verschuldensunabhängige, limitierte Haftung des Einlagerers, § 414 Abs. 1 HGB entsprechend

(3) Der Einlagerer hat, auch wenn ihn kein Verschulden trifft, dem Lagerhalter Schäden und Aufwendungen zu ersetzen, die verursacht werden durch
   1. ungenügende Verpackung oder Kennzeichnung,
   2. Unterlassen der Mitteilung über die Gefährlichkeit des Gutes oder
   3. Fehlen, Unvollständigkeit oder Unrichtigkeit der in § 413 Abs. 1 genannten Urkunden oder Auskünfte. § 414 Absatz 2 ist entsprechend anzuwenden.

(4) Ist der Einlagerer ein Verbraucher, so hat er dem Lagerhalter Schäden und Aufwendungen nach Absatz 3 nur zu ersetzen, soweit ihn ein Verschulden trifft.

Diese Bestimmung ist der Absenderhaftung in § 414 HGB des Frachtrechts nachgestaltet.

Ebenso wie der Absender im Frachtrecht hat der Einlagerer in Abs. 1, Satz 1 die Verpflichtung des Einlagerers:

— den Lagerhalter auf Gefährlichkeit des Lagergutes hinzuweisen, insbesondere rechtzeitig, d. h. vor Einlagerung und schriftlich (Papier) oder lesbar (elektronisch).
— Mitteilung von Vorsichtsmaßnahmen.
— Verpackungspflicht.
— Kennzeichnungspflicht.
— Urkundengestellungspflicht.
— Auskunfts- und Informationspflicht.

Abs. 2 privilegiert den Verbraucher (§ 13 BGB) als Einlagerer, der den Lagerhalter nur in mündlicher Form und „allgemein" über die Gefahren zu unterrichten hat. Während der Lagerhalter das Gut zu verpacken und zu kennzeichnen hat, sowie den Einlagerer über dessen Pflichten und über weitere Pflichten zu unterrichten hat.

Ebenso wie in § 414, Abs. 1 haftet gem. Abs. 3 der Einlagerer verschuldensunabhängig und unlimitiert für Schäden, die durch die aufgezählten Unterlassungen aus dem Risikobereich des Einlagerers hervorgerufen werden. Soweit die ADSp(2017) gelten, ist die Haftung des Einlagerers/ Auftraggebers gem. Ziff. 29 jedoch der Höhe nach begrenzt (► Abschn. 3.4.3.2 Ziff. 29.1 ADSp).

verschuldensunabhängige, Haftung des Einlagerers (limitiert nach ADSp, 29.1)

3.5.2.2 Die Rechte des Einlagerers

§ 473 HGB – Dauer der Lagerung
(1) Der Einlagerer kann das Gut jederzeit herausverlangen. Ist der Lagervertrag auf unbestimmte Zeit geschlossen, so kann er den Vertrag jedoch nur unter Einhaltung einer Kündigungsfrist von einem Monat kündigen, es sei denn, es liegt ein wichtiger Grund vor, der zur Kündigung des Vertrages ohne Einhaltung der Kündigungsfrist berechtigt.
(2) Der Lagerhalter kann die Rücknahme des Gutes nach Ablauf der vereinbarten Lagerzeit oder bei Einlagerung auf unbestimmte Zeit nach Kündigung des Vertrages unter Einhaltung einer Kündigungsfrist von einem Monat verlangen. Liegt ein wichtiger Grund vor, so kann der Lagerhalter auch vor Ablauf der Lagerzeit und ohne Einhaltung einer Kündigungsfrist die Rücknahme des Gutes verlangen.
(3) Ist ein Lagerschein ausgestellt, so sind die Kündigung und das Rücknahmeverlangen an den letzten dem Lagerhalter bekannt gewordenen legitimierten Besitzer des Lagerscheins zu richten.

Dispositions- und Kündigungsrecht bezüglich des Gutes; Dauer der Lagerung, Herausgaberecht des Einlagerers

Hier wird differenziert zwischen dem Verfügungsrecht des Einlagerers über das Gut (Abs. 1, Satz 1; Abs. 2, Satz 1) und der Kündigung des Lagervertrages durch den Einlagerer (Abs. 1, Satz 2) bzw. den Lagerhalter (Abs. 2).

Der Einlagerer hat gegenüber dem Lagerhalter das Recht auf jederzeitige Herausgabe des Gutes. Diesem Herausgabeverlangen kann der Lagerhalter nur sein Pfandrecht, oder kaufmännisches Zurückbehaltungsrecht (§ 369 HGB) entgegenhalten.

Herausgaberecht des Einlagerers

Das Herausgabeverlangen des Einlagerers darf darüber hinaus nicht zur Unzeit geltend gemacht werden. Hier hat auch der Einlagerer die berechtigten Interessen des Lagerhalters zu berücksichtigen (*z. B. nicht zur Nachtzeit, außerhalb der Lageröffnung, nicht bei übermäßiger Belastung des Lagerhalters mit anderen Lagervorgängen*).

Gem. Satz 2 bestimmt sich das Kündigungsrecht des Einlagerers nach dem Lagervertrag. Das heißt, vor Ablauf des Lagervertrages kann der Einlagerer nur außerordentlich kündigen.

Kündigungsrecht mit Frist von einem Monat

3

außerordentliche
Kündigung

Das außerordentliche Kündigungsrecht ist nur dann gegeben, wenn der kündigenden Partei unter Berücksichtigung aller Umstände und bei Abwägung der Interessen beider Seiten die Fortsetzung des Vertrages bis zu dessen vereinbarter Beendigung oder bis zum Ablauf der Frist für eine ordentliche Kündigung nicht zugemutet werden kann (BGH, Urteil vom 07.10.2004, I ZR 18/02, „Hamburger Gasöl-Entscheidung": So begründet die finanzielle Notlage des Kündigenden mit dem Risiko der Insolvenz für ihn noch kein außerordentliches Kündigungsrecht gegenüber der anderen Vertragspartei, weil das Insolvenzrisiko seine Ursache im Risikobereich des Kündigenden hat).

Kündigungsfrist von
einem Monat

Wenn der Lagervertrag jedoch auf unbestimmte Zeit geschlossen ist, so hat der Einlagerer eine Kündigungsfrist von einem Monat, außer fristloser und außerordentlicher Kündigung wegen eines wichtigen Grundes.

Daneben hat der Einlagerer ein Besichtigungsrecht, gem. § 471 Abs. 1 HGB, das im folgenden Kapitel behandelt wird.

3.5.3 Die Pflichten und Rechte des Lagerhalters

3.5.3.1 Die Pflichten des Lagerhalters

Pflicht zur
Eingangskontrolle und
Sicherung von
Schadensersatz-
ansprüchen

> **§ 470 HGB – Empfang des Gutes**
> Befindet sich Gut, das dem Lagerhalter zugesandt ist, beim Empfang in einem beschädigten oder mangelhaften Zustand, der äußerlich erkennbar ist, so hat der Lagerhalter Schadensersatzansprüche des Einlagerers zu sichern und dem Einlagerer unverzüglich Nachricht zu geben.

… sonst Anspruch
gegen den Lagerhalter

Den Lagerhalter trifft die Pflicht, die Schadensersatzansprüche des Einlagerers zu sichern, wenn das Gut durch einen Dritten ihm zugesandt worden ist. Sofern der Lagerhalter diese Verpflichtung schuldhaft verletzt, haftet er für den daraus entstandenen Schaden dem Einlagerer aus § 280 BGB.

Aufwendungsersatz
durch den Einlagerer,
§ 474 HGB

Besondere Kosten für eine Beweisaufnahme kann der Lagerhalter dem Einlagerer in Rechnung stellen, z. B. bei der Einleitung eines förmlichen Beweissicherungsverfahrens (§§ 485 ff. ZPO, selbstständiges gerichtsförmiges Beweisverfahren, wenn zu befürchten ist, dass die Beweismittel verloren gehen, auf Antrag in Eilfällen beim örtlich zuständigen Amtsgericht, § 486, Abs. 3 ZPO).

Darüber hinaus ist dem Lagerhalter anzuraten, auch im eigenen Interesse eine genaue Eingangskontrolle des einzulagernden Gutes auf Vollzähligkeit wie auch äußerliche Unversehrtheit vorzunehmen, auch wenn das Gut ihm vom Einlagerer übergeben wurde.

---

§ 471 HGB – Erhaltung des Gutes

(1) Der Lagerhalter hat dem Einlagerer die Besichtigung des Gutes, die Entnahme von Proben und die zur Erhaltung des Gutes notwendigen Handlungen während der Geschäftsstunden zu gestatten. Er ist jedoch berechtigt und im Falle der Sammellagerung auch verpflichtet, die zur Erhaltung des Gutes erforderlichen Arbeiten selbst vorzunehmen.

(2) Sind nach dem Empfang Veränderungen an dem Gut entstanden oder zu befürchten, die den Verlust oder die Beschädigung des Gutes oder Schäden des Lagerhalters erwarten lassen, so hat der Lagerhalter dies dem Einlagerer oder, wenn ein Lagerschein ausgestellt ist, dem letzten ihm bekannt gewordenen legitimierten Besitzer des Scheins unverzüglich anzuzeigen und dessen Weisungen einzuholen. Kann der Lagerhalter innerhalb angemessener Zeit Weisungen nicht erlangen, so hat er die angemessen erscheinenden Maßnahmen zu ergreifen. Er kann insbesondere das Gut gemäß § 373 verkaufen lassen; macht er von dieser Befugnis Gebrauch, so hat der Lagerhalter, wenn ein Lagerschein ausgestellt ist, die in § 373 Abs. 3 vorgesehene Androhung des Verkaufs sowie die in Absatz 5 derselben Vorschriften vorgesehenen Benachrichtigungen an den letzten ihm bekannt gewordenen legitimierten Besitzer des Lagerscheins zu richten.

Pflicht zur Beobachtung und Erhaltung des Lagerguts

■ **Pflicht zur Erhaltung des Gutes**

– Einzellagerung: Recht, aber nicht Pflicht des Lagerhalters, § 471 Abs. 1, S. 2, 1. Alt. HGB (Dann hat der Lagerhalter lediglich eine Informationspflicht!).

Einzellagerung: Beobachtungspflicht

– Sammellagerung: Pflicht des Lagerhalters zur Erhaltung des Gutes, § 471 Abs. 1, S. 2, 2. Alt. HGB.

Sammellagerung: Erhaltungspflicht

Abs. 2 regelt die Situation, wenn eine Verschlechterung des Zustandes des Lagergutes eintritt oder zu erwarten ist. In einem solchen Fall hat der Lagerhalter gem. Satz 1 die Anzeigepflicht und die Pflicht Weisungen vom Einlagerer oder nach Ausstellung eines Lagerscheins, vom zuletzt legitimierten Besitzer des Lagerscheins unverzüglich einzuholen.

bei Verschlechterung Weisungen vom Einlagerer

Wenn jedoch der Lagerhalter solche Weisungen nicht in angemessener Zeit erhält, dann hat er ein Handlungsrecht, seinerseits angemessene Maßnahmen zu ergreifen (Satz 2). Bei der Beurteilung der Angemessenheit von Maßnahmen

Handlungsrecht und -pflicht des Lagerhalters in Notfällen

3

hat der Lagerhalter einerseits die Gefahr zu berücksichtigen, wie auch die Interessen des Einlagerers.

---

§ 472 HGB – Versicherung. Einlagerung bei einem Dritten

(1) Der Lagerhalter ist verpflichtet, das Gut auf Verlangen des Einlagerers zu versichern. Ist der Einlagerer ein Verbraucher, so hat ihn der Lagerhalter auf die Möglichkeit hinzuweisen, das Gut zu versichern.

(2) Der Lagerhalter ist nur berechtigt, das Gut bei einem Dritten einzulagern, wenn der Einlagerer ihm dies ausdrücklich gestattet hat.

Die in Abs. 1 geregelte Eindeckung der Versicherung bezieht sich nicht nur auf Feuerversicherung, sondern auch auf jede weitere Versicherung die vom Einlagerer gewünscht ist, z. B. gegen Einbruchdiebstahl, Leitungswasser oder Hochwasser. Soweit der Einlagerer ein Verbraucher i. S. § 13 BGB ist, so ist der Lagerhalter verpflichtet, diesen auf die Möglichkeit der Versicherbarkeit hinzuweisen, um nicht im Schadensfall nach § 280 BGB haftbar zu sein.

Abs. 2 verdeutlicht die Pflicht, dass die Einlagerung eine persönliche Pflicht des Lagerhalters ist, bei dem der Einlagerer dem Lagerhalter ein besonderes Vertrauen mit der Übertragung der Güterobhut entgegenbringt. Deshalb bedarf die Einlagerung bei einem Dritten durch den Lagerhalter einer vorherigen Gestattung.

Einlagerung ist persönliche Pflicht des Lagerhalters.

Soweit Güter bei einem Dritten gelagert werden, ist die Mitteilung an den Einlagerer über den Lagerort eine verkehrswesentliche Plicht des Lagerhalters (BGH, Urteil vom 08.05.2014-I ZR 48/13; dort unter Bezug auf Ziff. 15.2, Satz 2 ADSp i. V. m. Ziff. 27.1.2 ADSp) für deren Verletzung der Lagerhalter im Schadensfall unlimitiert zu haften hat.

3.5.3.2 Die Rechte des Lagerhalters

Der Hauptanspruch des Lagerhalters ist auf die Vergütung und auf Aufwendungsersatz gerichtet (§ 467 Abs. 2, 474 HGB). Zur Sicherung dieses Anspruchs hat der Lagerhalter:

Pfandrecht des Lagerhalters

§ 475b HGB – Pfandrecht des Lagerhalters

(1) Der Lagerhalter hat für alle Forderungen aus dem Lagervertrag ein Pfandrecht an dem ihm zur Lagerung übergebenen Gut des Einlagerers oder eines Dritten, der der Lagerung zugestimmt hat. An dem Gut des Einlagerers hat der Lagerhalter auch ein

> Pfandrecht für alle unbestrittenen Forderungen aus anderen mit dem Einlagerer abgeschlossenen Lager-, Fracht-, Seefracht- und Speditionsverträgen. Das Pfandrecht erstreckt sich auch auf die Forderung aus einer Versicherung sowie auf die Begleitpapiere.
> (2) Ist ein Orderlagerschein durch Indossament übertragen worden, so besteht das Pfandrecht dem legitimierten Besitzer des Lagerscheins gegenüber nur wegen der Vergütungen und Aufwendungen, die aus dem Lagerschein ersichtlich sind oder ihm bei Erwerb des Lagerscheins bekannt oder infolge grober Fahrlässigkeit unbekannt waren.
> (3) Das Pfandrecht besteht, solange der Lagerhalter das Gut in seinem Besitz hat, insbesondere solange er mittels Konnossements, Ladescheins oder Lagerscheins darüber verfügen kann.

Abs. 1 entspricht den Bestimmungen über das gesetzliche Pfandrecht im Fracht- oder Speditionsrecht. Hier gelten die gleichen Ausführungen wie zu §§ 440, 464 HGB. Die Forderung des Lagerhalters muss sich hierbei gegen den Einlagerer richten. Der Lagerhalter hat auch ein Pfandrecht für andere (nicht konnexe) Forderungen gegen den Einlagerer wenn:
(1) diese unbestritten sind und
(2) aus anderen Lager-, Fracht- und Speditionsverträgen stammen.

Abs. 2 regelt, dass soweit über das Gut ein Orderlagerschein ausgestellt wurde, das Pfandrecht sich nunmehr gegen den Berechtigten aus dem Orderlagerschein richtet, jedoch nur wegen der Forderungen, die sich aus dem Lagerschein ersichtlich sind oder die dem Erwerber bekannt waren oder die ihm beim Erwerbe des Lagerscheins infolge grober Fahrlässigkeit unbekannt geblieben sind.

bei Orderlagerschein nur Pfandrecht für konnexe Forderungen

Beispiel: Eine Bank erhält einen Orderlagerschein, über 10.000 Packungen Sportartikel zur Sicherheit für einen Kredit ihres Kunden. Bei der Übersendung des Orderlagerscheins, weist die Lagergesellschaft (Lagerhalter) darauf hin, dass sie wegen unbezahlter Forderungen aus einer früheren Einlagerung noch ein Pfandrecht geltend macht. Im Falle der Pfandrechtsausübung könnte die Lagergesellschaft die Sportartikel auch für die Altforderung verwerten, auch gegenüber der Bank, die den Orderlagerschein in den Händen hält. Soweit die Bank jedoch die Ware durch Übertragung des Orderlagerscheins an einen Dritte weiter veräußert, kann die Lagergesellschaft ihr Pfandrecht an den Sportartikeln nicht mehr dem Dritten gegenüber ausüben, wenn dieser davon nichts weiß oder nichts hätte wissen müssen. Die Lagergesellschaft könnte dann aber die Bank schadensersatzpflichtig halten,

3

weil sie mit der Übertragung des Orderlagerscheins das Pfandrecht an den Sportartikeln für die Altforderungen zerstört hat.

Abs. 3 stellt fest, dass das Pfandrecht des Lagerhalters dessen Besitz am Gut voraussetzt, einschließlich eines solchen, das durch Traditionspapiere besteht (z. B. durch Lagerschein).

3.5.4 Die Haftung des Lagerhalters

> **§ 475 HGB – Haftung für Verlust oder Beschädigung**
> Der Lagerhalter haftet für den Schaden, der durch Verlust oder Beschädigung des Gutes in der Zeit von der Übernahme zur Lagerung bis zur Auslieferung entsteht, es sei denn, daß der Schaden durch die Sorgfalt eines ordentlichen Kaufmanns nicht abgewendet werden konnte. Dies gilt auch dann, wenn der Lagerhalter gemäß § 472 Abs. 2 das Gut bei einem Dritten einlagert.

Vermutete Verschuldenshaftung während des Obhutszeitraums

Diese Regelung statuiert die Haftung für vermutetes Verschulden des Lagerhalters vom Zeitpunkt der Übernahme des Gutes bis zur Ablieferung.

Entlastungsbeweis des Lagerhalters

Von dieser Haftung für vermutetes Verschulden kann sich der Lagerhalter nur mit dem von ihm zu beweisenden Nachweis entlasten, dass der gleiche Schaden auch durch die Sorgfalt eines ordentlichen Kaufmanns nicht hätte abgewendet werden können (Satz 2).

Der Lagerhalter muss in einem Schadensfall beweisen, dass ihn kein Verschulden an dem Schaden trifft, dass er alle Maßnahmen, die ein ordentlicher Kaufmann zum Schutze des Lagergutes, unter Berücksichtigung der besonderen Gefahren, die diesem drohen, veranlasst hat (z. B. Schutzvorkehrungen gegen das Eindringen von Schädlingen installiert hat).

Haftung des Lagerhalters ist unlimitiert, kann aber durch AGB beschränkt werden.

Die Haftung des Lagerhalters ist nicht in ihrer Höhe limitiert. Der Lagerhalter haftet jedoch für Güterschäden einschließlich von Vermögensschäden, nur wenn sie durch den Verlust oder die Beschädigung des Gutes entstanden sind (z. B. der entgangene Gewinn in Folge des Verlustes des Gutes) und wenn nicht ein anderes vereinbart wurde, z. B. durch Vereinbarung der ADSp.

Die Regeln über die Haftung im Lagerrecht sind dispositiv, d. h. sie sind abdingbar durch AGB, wie z. B. die ADSp, dort Ziff. 22.2 i. V. m. Ziff. 24.

Prüfungsschema:
— Verlust oder Beschädigung des Lagergutes.

— Obhutszeitraum zwischen Übernahme und Auslieferung.
— Kommerzieller Schaden
— Entlastungsbeweis: Nachweis, dass der Schaden auch bei
   Anwendung der Sorgfalt eines ordentlichen Lagerhalters
   unabwendbar gewesen wäre → dann keine Haftung!
   Haftung, wenn das Lagerhaus nicht gegen Diebstahl
   gesichert ist. Aber keine Haftung, wenn das Lagerhaus
   wegen eines Terroranschlags, also „höherer Gewalt",
   abbrennt (BGHZ 62, 351, 354; Urt.v.30.05.1974, III
   ZR190/71).

Mit der Vereinbarung der ADSp wird die Haftung des Spediteurs als Lagerhalter durch Ziff. 24 ADSp limitiert auf
35.000,– € (je Schadensfall), 70.000,– € (bei Inventurdifferenzen; beachte Ziff. 22.3 ADSp-Saldierung) und 2,5 Mio. €
(je Schadensereignis).

Haftungsbegrenzungen bei verfügter Lagerung,
Inventuren und Wertdeklaration
24.1 Die Haftung des Spediteurs bei Güterschäden ist bei einer
verfügten Lagerung der Höhe nach begrenzt
   24.1.1 entsprechend § 431 Abs. 1, 2 und 4 HGB auf 8,33
Sonderziehungsrechte für jedes Kilogramm,
   24.1.2 höchstens 35.000 Euro je Schadenfall.
   24.1.3 Besteht der Schaden eines Auftraggebers in einer
Differenz zwischen Soll- und Ist-Bestand des Lagerbestands, ist
die Haftung des Spediteurs abweichend von Ziffer 24.1.2 der
Höhe nach auf 70.000 Euro pro Jahr begrenzt, unabhängig von
Anzahl und Form der durchgeführten Inventuren und von der
Zahl der für die Inventurdifferenz ursächlichen Schadenfälle.
   24.2 Der Auftraggeber kann gegen Zahlung eines zu
vereinbarenden Zuschlags vor Einlagerung in Textform einen
Wert zur Erhöhung der Haftung angeben, der die in Ziffer 24.1
bestimmten Höchstbeträge übersteigt. In diesem Fall tritt der
jeweils angegebene Wert an die Stelle des betreffenden
Höchstbetrages.
   24.3 Die Haftung des Spediteurs für andere als Güterschäden
mit Ausnahme von Personenschäden und Sachschäden an
Drittgut ist bei einer verfügten Lagerung begrenzt auf
35.000 Euro je Schadenfall.
   24.4 Die Haftung des Spediteurs – mit Ausnahme von
Personenschäden und Sachschäden an Drittgut – ist in jedem
Fall, unabhängig davon, wie viele Ansprüche aus einem
Schadenereignis erhoben werden, bei einer verfügten Lagerung
auf 2,5 Millionen Euro je Schadenereignis begrenzt; bei
mehreren Geschädigten haftet der Spediteur anteilig im
Verhältnis ihrer Ansprüche. Ziffer 24.2 bleibt unberührt.

3

Die Haftungsgrenzen in Ziff. 24 können mit dem Vorwurf des qualifizierten Verschuldens (Ziff. 27 ADSp) gegenüber dem Spediteur außer Kraft gesetzt werden.

Beachte: Anwendung der Rechtsprechung zum „groben Organisationsverschulden" auch im Lagerrecht z. B.:

„*Wer als Lagerhalter Stapelarbeiten im Bereich geschützter Sprinklerdüsen zulässt, handelt grob fahrlässig, wenn er einer möglichen Beschädigung der Düsen lediglich mit einer Arbeitsanweisung zur Stapelhöhe mit einem geringen Sicherheitsabstand (hier 65 cm) vorbeugt*" (OLG Köln, 3 U 24/03, „Staplerarbeiten unter Sprinkleranlage", TranspR 2004, S. 372 ff., vgl. § 435 HGB).

vertragswesentliche Pflichten

Ferner müssen die verwendeten Lager-AGB den Anforderungen der §§ 305 ff. BGB entsprechen und dürfen nicht, einen weitgehenden oder vollkommenen Haftungsausschluss bei Verletzung vertragswesentlicher Pflichten zur Folge haben (BGH Urt. v. 19.02.1998 I ZR 233/95, TranspR 98, 374, 376; „BLG-Betriebsordnungs-Entscheidung"). Daher ist eine summenmäßige Begrenzung der Haftung des Lagerhalters bei einfach fahrlässiger Verletzung vertragswesentlicher Pflichten durch Erfüllungsgehilfen unwirksam (BGH Urt. v. 08.05.2014 – I ZR 48/13).

Summenbegrenzung möglich!

Lediglich in Fällen der leicht fahrlässigen Verletzung vertragswesentlicher Pflichten durch einfache Erfüllungsgehilfen kann eine summenmäßige Haftungsbegrenzung zulässig sein, wenn dem Auftraggeber die Möglichkeit geboten wurde, durch eine entgeltliche Wertdeklaration sein besonderes (höheres) Interesse an dem Gut bzw. der Lieferung abzusichern, vgl. Ziff. 24.2 ADSp (BGH, Beschluss v. 17.10. 2013 – I ZR 226/12).

3.5.5 Fristen

Einrede der Verjährung

> **§ 475a HGB – Verjährung**
> Auf die Verjährung von Ansprüchen aus einer Lagerung, die den Vorschriften dieses Abschnitts unterliegt, findet § 439 entsprechende Anwendung. Im Falle des gänzlichen Verlusts beginnt die Verjährung mit Ablauf des Tages, an dem der Lagerhalter dem Einlagerer oder, wenn ein Lagerschein ausgestellt ist, dem letzten ihm bekannt gewordenen legitimierten Besitzer des Lagerscheins den Verlust anzeigt.

einjährige Verjährung

Anwendung der einjährigen Verjährung entsprechend § 439 HGB und der dort enthaltenen Bestimmungen über die Verjährungshemmung gem. § 439 Abs. 3 HGB.

Satz 2 bestimmt den Zeitpunkt, wann die Verjährung beginnt bei gänzlichem Verlust des Lagergutes, mit Anzeige.

3.5.6 Der Lagerschein – ein echtes Wertpapier

3.5.6.1 Vorbemerkung

Die Regelungen über den Lagerschein weisen vielfältige Parallelen auf mit den Regelungen über den Ladeschein (► Abschn. 2.9).

---

§ 475c HGB – Lagerschein, Verordnungsermächtigung

(1) Über die Verpflichtung zur Auslieferung des Gutes kann von dem Lagerhalter, nachdem er das Gut erhalten hat, ein Lagerschein ausgestellt werden, der die folgenden Angaben enthalten soll:
1. Ort und Tag der Ausstellung des Lagerscheins;
2. Name und Anschrift des Einlagerers;
3. Name und Anschrift des Lagerhalters;
4. Ort und Tag der Einlagerung;
5. die übliche Bezeichnung der Art des Gutes und die Art der Verpackung, bei gefährlichen Gütern ihre nach den Gefahrgutvorschriften vorgesehene, sonst ihr allgemein anerkannte Bezeichnung;
6. Anzahl, Zeichen und Nummern der Packstücke;
7. Rohgewicht oder die anders angegebene Menge des Gutes;
8. im Falle der Sammellagerung einen Vermerk hierüber.

(2) In den Lagerschein können weitere Angaben eingetragen werden, die der Lagerhalter für zweckmäßig hält.

(3) Der Lagerschein ist vom Lagerhalter zu unterzeichnen. Eine Nachbildung der eigenhändigen Unterschrift durch Druck oder Stempel genügt.

(4) Dem Lagerschein gleichgestellt ist eine elektronische Aufzeichnung, die dieselben Funktionen erfüllt wie der Lagerschein, sofern sichergestellt ist, dass die Authentizität und die Integrität der Aufzeichnung stets gewahrt bleiben (elektronischer Lagerschein). Das Bundesministerium der Justiz wird ermächtigt, im Einvernehmen mit dem Bundesministerium des Innern durch Rechtsverordnung, die nicht der Zustimmung des Bundesrates bedarf, die Einzelheiten der Ausstellung, Vorlage, Rückgabe und Übertragung eines elektronischen Lagerscheins sowie die Einzelheiten des Verfahrens über nachträgliche Eintragungen in einen elektronischen Lagerschein zu regeln.

Der Lagerschein ist eine Urkunde über die Übernahme des Gutes und die Verpflichtung, dieses gegen Rückgabe des Lagerscheins, wieder herauszugeben.

Funktion des Lagerscheins

3

Voraussetzungen der
Ausstellung eines
Lagerscheins

Gem. Abs. 1 ist dem Lagerhalter die Ausstellung eines Lagerscheins freigestellt.

Die Mindestvorgaben des Lagerscheins in Abs. 1 sind Sollvorgaben, während die Unterschrift des ausstellenden Lagerhalters enthalten sein muss (Abs. 3).

Abs. 2 stellt klar, dass die Inhaltsangaben in Abs. 1 nicht abschließend sind und um weitere Angaben ergänzt werden können, die der Lagerhalter (!) für zweckmäßig hält.

Durch Abs. 4 soll beim Lagerschein, wie beim Frachtbrief (§ 408 Absatz 3 HGB), beim Ladeschein (§ 444 Absatz 3 HGB), beim Konnossement (§ 516 Absatz 2 und 3 HGB) und beim Seefrachtbrief (§ 526 Absatz 4 HGB) die Möglichkeit geschaffen werden, das herkömmliche papiergebundene Dokument durch eine elektronische Aufzeichnung zu ersetzen.

3.5.6.2 Die Rechtswirkung der Ausstellung eines Lagerscheins

Rechtsverhältnis
zwischen Lagerhalter
und Besitzer des
Lagerscheins

> **§ 475d HGB – Wirkung des Lagerscheins, Legitimation**
> (1) Der Lagerschein begründet die Vermutung, dass das Gut und seine Verpackung in Bezug auf den äußerlich erkennbaren Zustand sowie auf Anzahl, Zeichen und Nummern der Packstücke wie im Lagerschein beschrieben übernommen worden sind. Ist das Rohgewicht oder die anders angegebene Menge des Gutes oder der Inhalt vom Lagerhalter überprüft und das Ergebnis der Überprüfung in den Lagerschein eingetragen worden, so begründet dieser auch die Vermutung, dass Gewicht, Menge oder Inhalt mit den Angaben im Lagerschein übereinstimmt.
> (2) Wird der Lagerschein an eine Person begeben, die darin als zum Empfang des Gutes berechtigt benannt ist, kann der Lagerhalter ihr gegenüber die Vermutung nach Absatz 1 nicht widerlegen, es sei denn, der Person war im Zeitpunkt der Begebung des Lagerscheins bekannt oder infolge grober Fahrlässigkeit unbekannt, dass die Angaben im Konnossement unrichtig sind. Gleiches gilt gegenüber einem Dritten, dem der Lagerschein übertragen wird.
> (3) Die im Lagerschein verbrieften lagervertraglichen Ansprüche können nur von dem aus dem Lagerschein Berechtigten geltend gemacht werden. Zugunsten des legitimierten Besitzers des Lagerscheins wird vermutet, dass er der aus dem Lagerschein Berechtigte ist. Legitimierter Besitzer des Ladescheins ist, wer einen Lagerschein besitzt, der
> 1. auf den Inhaber lautet,
> 2. an Order lautet und den Besitzer als denjenigen, der zum Empfang des Gutes berechtigt ist, benennt oder durch eine ununterbrochene Reihe von Indossamenten ausweist oder
> 3. auf den Namen des Besitzers lautet.

Der Lagerschein und sein Inhalt ist für das Verhältnis zwischen Lagerhalter und dem Besitzer des Lagerscheins maßgebend (Abs. 1), da sich dieser auf den Lagerschein und seine Angaben verlässt, nicht zuletzt auch wegen der Verkehrsfunktion des Lagerscheins (Abs. 2).

Grundsätzlich besteht hinsichtlich des Inhalts des Lagerscheins eine widerlegliche Vermutung, die zwar durch andere Beweismittel widerlegt werden kann (Beweisrisiko), die jedoch beim gutgläubigen Erwerber des Lagerscheins zur unwiderleglichen Vermutung erstarkt.

§ 475d Abs. 1 entspricht in seinem Inhalt den Bestimmungen in § 444 Abs. 1. Die darin begründete Vermutung bezüglich des Inhalts des Lagerscheins ist gem. § 292 ZPO widerleglich. Abs. 2 begründet die Legitimationswirkung aus dem Lagerschein, die nur dann entfällt, wenn der Besitzer zum Zeitpunkt der Begebung (Übertragung) hinsichtlich des Inhalts des Lagerscheins entweder bösgläubig war oder dieser nur infolge grober Fahrlässigkeit unbekannt war.

Abs. 3 bestimmt diejenige Person, die aus dem Lagerschein berechtigt ist.

> Beweisvermutung bei Erwerb des Lagerscheins
> – widerleglich
> – unwiderleglich gutgläubiger Erwerb
> Zwischen Einlagerer und Lagerhalter gilt primär der Lagervertrag.

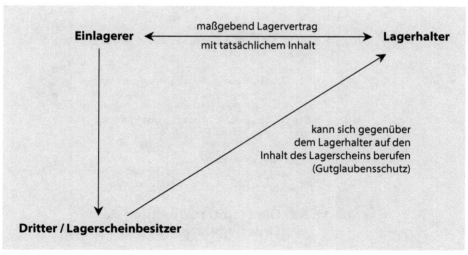

Rechtswirkung des Lagerscheins

3

Auslieferung nur gegen
Rückgabe des
Lagerscheins

> **§ 475e HGB – Auslieferung gegen Rückgabe des Lagerscheins**
> (1) Der legitimierte Besitzer des Lagerscheins ist berechtigt, vom Lagerhalter die Auslieferung des Gutes zu verlangen.
> (2) Ist ein Lagerschein ausgestellt, so ist der Lagerhalter zur Auslieferung des Gutes nur gegen Rückgabe des Lagerscheins, auf dem die Auslieferung bescheinigt ist, verpflichtet. Der Lagerhalter ist nicht verpflichtet, die Echtheit der Indossamente zu prüfen. Er darf das Gut jedoch nicht dem legitimierten Besitzer des Lagerscheins ausliefern, wenn ihm bekannt oder infolge grober Fahrlässigkeit unbekannt ist, dass der legitimierte Besitzer des Lagerscheins nicht der aus dem Lagerschein Berechtigte ist.
> (3) Die Auslieferung eines Teils des Gutes erfolgt gegen Abschreibung auf dem Lagerschein. Der Abschreibungsvermerk ist vom Lagerhalter zu unterschreiben.
> (4) Der Lagerhalter haftet dem aus dem Lagerschein Berechtigten für den Schaden, der daraus entsteht, daß er das Gut ausgeliefert hat, ohne sich den Lagerschein zurückgeben zu lassen oder ohne einen Abschreibungsvermerk einzutragen.

Schadensersatzpflicht
bei Auslieferung ohne
Lagerschein

Sofern ein Lagerschein ausgestellt wurde, so wirkt er gegen und für die Parteien im Lagergeschäft: Der Lagerhalter darf nur ausliefern gegen Rückgabe des Lagerscheins (Abs. 1). Sonst besteht Schadensersatzpflicht des Lagerhalters gegen Lagerscheininhaber (Abs. 4)!

> **§ 475f HGB – Einwendungen**
> Dem aus dem Lagerschein Berechtigten kann der Lagerhalter nur solche Einwendungen entgegensetzen, die die Gültigkeit der Erklärungen im Lagerschein betreffen oder sich aus dem Inhalt des Lagerscheins ergeben oder dem Lagerhalter unmittelbar gegenüber dem aus dem Lagerschein Berechtigten zustehen. Eine Vereinbarung, auf die im Lagerschein lediglich verwiesen wird, ist nicht Inhalt des Lagerscheins.

Der Lagerhalter ist von seinen Pflichten befreit, wenn er an dem im Lagerschein Genannten ausliefert.

3.5.6.3 Die Traditionsfunktion des Orderlagerscheins, § 475g HGB

> **§ 475g HGB – Traditionsfunktion des Orderlagerscheins**
> Ist von dem Lagerhalter ein Lagerschein ausgestellt, der durch Indossament übertragen werden kann, so hat die Übergabe des Lagerscheins für den Erwerb von Rechten an dem Gut dieselben Wirkungen wie die Übergabe des Gutes.

Nur der Lagerschein, der an Order ausgestellt ist, ist ein echtes Wertpapier. Für diesen gilt: Das Recht aus dem Papier folgt dem Recht am Papier. D.h. der den Lagerschein erworben hat, kann das im Lagerschein verbriefte Lagergut von dem Lagerhalter verlangen, wenn er nachweist, den Lagerschein durch Indossament (Indossantenkette) erhalten zu haben.

Das Recht aus dem Papier folgt dem Recht am Papier.

> **§ 475h HGB – Abweichende Vereinbarungen**
> Ist der Einlagerer ein Verbraucher, so kann nicht zu dessen Nachteil von den §§ 475a und 475e Abs. 3 abgewichen werden.

3.5.7 Abweichende Vereinbarungen

Wie bereits beim Fracht- und Speditionsrecht und Umzugsverkehr gilt auch beim Lagergeschäft der besondere Schutz des Verbrauchers i.S. von § 13 BGB, so dass Vereinbarungen mit Verbrauchern die nachteilig von § 475a (Verjährung) und § 475e Abs. 3 HGB (Schadensersatzpflicht bei Lagerschein) abweichen, unzulässig sind.

Verbraucherschutz

Anders als das Frachtrecht kennt das Lagerrecht aber keine AGB-festen Regelungen, d. h. vor diesem Hintergrund und der in § 475 HGB unbeschränkten Haftung des Lagerhalters, ist jeder Lagerhalter gut beraten, eigene AGB zu schaffen, seinen Lagerverträgen zugrunde zu legen, die insbesondere die Lagerhalterhaftung der Höhe nach beschränken, z. B. mittels ADSp.

keine AGB-Festigkeit bei Rechtsbeziehungen unter Gewerbetreibenden (B2B)

Aber sämtliche formularmäßigen Modifikationen des Lagergeschäfts, insbesondere wenn sie die gesetzlich fixierten Kardinalpflichten des Lagerhalters betreffen (Obhut über und Erhaltung des Gutes), unterliegen zwar keiner transport- oder lagerrechtlichen Inhaltskontrolle, aber einer solchen nach §§ 305 ff BGB (Inhaltskontrolle bei AGB), die eine Haftungsfreistellung des Lagerhalters bei der Verletzung von vertragswesentlichen Pflichten verbietet (BGH Urt. v. 19.02.1998 I ZR 233/95, BLG-Betriebsordnungs-Entscheidung, vgl. ► Abschn. 3.5.4).

Inhaltskontrolle bei AGB

3.6 Wiederholungsfragen

 1. **Was ist ein Umzugsvertrag?** ► Abschn. 3.2

 2. **Wonach richten sich die Pflichten des Absenders im Umzugsrecht?**
    ► **Abschn. 3.2.2**

3

? 3. Wann haftet der Frachtführer beim Umzugsvertrag unbegrenzt? ► Abschn. 3.2.6

? 4. Was ist ein multimodaler Frachtvertrag?
► Abschn. 3.3.1

? 5. Welche Rechtsfolge sieht das HGB für die
Haftung bei unbekanntem Schadensort
beim Multimodalvertrag vor?
► Abschn. 3.3.1

? 6. Wann kommt der FIATA BL zur Anwendung
und wie wird dieser qualifiziert?
► Abschn. 3.3.4

? 7. Wann finden die ADSp keine Anwendung?
► Abschn. 3.4.1.2

? 8. Wie heißen die Parteien im Speditionsvertrag? ► Abschn. 3.4.2.1

? 9. Wann haftet ein Spediteur wie ein Frachtführer? ► Abschn. 3.4.2.2

? 10. Welche Pflichten hat der Versender im
Speditionsvertrag? ► Abschn. 3.4.3.1

? 11. Was bedeutet Besorgung der Versendung?
► Abschn. 3.4.4.2

? 12. Welche Pflichten hat der Spediteur nach
ADSp? ► Abschn. 3.4.4.2

? 13. Wann haftet ein Spediteur nach den
Grundsätzen der Obhuts- bzw. Verschuldenshaftung? ► Abschn. 3.4.5

? 14. Welche Haftungsgrenzen kennen die ADSp?
► Abschn. 3.4.5.3

? 15. Wie ist die Haftung des Spediteurs zu
prüfen? ► Abschn. 3.4.5.4

? 16. Über welche Versicherung muss ein
ADSp-Spediteur verfügen? ► Abschn. 3.4.8

? 17. Was heißt Untersagungskunde?
► Abschn. 3.4.8.2

? 18. Was ist Sammellagerung? ► Abschn. 3.5.1.2

? 19. In welcher Höhe haftet der Lagerhalter bei
Verlust oder Beschädigung des Gutes?
► Abschn. 3.5.4

? 20. Kann von den Regelungen des Lagerrechts
im gewerblichen Verkehr durch AGB
abgewichen werden? ► Abschn. 3.5.7

Der Europäische Straßentransport geregelt durch die CMR

© Springer-Verlag GmbH Deutschland, ein Teil von Springer Nature 2019
T. Wieske, *Transportrecht – Schnell erfasst*, Recht – schnell erfasst,
https://doi.org/10.1007/978-3-662-58488-0_4

4.1 Das internationale Transportrecht: Vorbemerkung

Transporte machen an Landesgrenzen nicht Halt.

Deshalb muss ein Überblick über das Transportrecht auch über den nationalen Tellerrand schauen. International ist zwischen den Transportarten differenziert worden, so dass für jede Transportart mindestens eine spezifische internationale Regelung gilt.

Internationaler Transport

Hierbei gelten für:

=== den LKW-Verkehr die CMR,
=== den Luftverkehr, das Warschauer Abkommen bzw. das Montrealer Übereinkommen,
=== den Eisenbahnverkehr, die CIM 1999,
=== den Binnenschiffsverkehr das Budapester Übereinkommen (CMNI) und
=== für den Seetransport die Haager (Visby-)Regeln oder die Hamburger Regeln, soweit das deutsche HGB (5. Buch) nicht zur Anwendung kommt.

4

Das deutsche Transportrecht findet keine Anwendung bei Auslandsbezug, wenn ein internationales Abkommen durch Deutschland ratifiziert wurde und damit Vorrang hat. Dies ist der Fall bei den CMR, dem Warschauer Abkommen bzw. dem Montrealer Übereinkommen, der CIM 1999, dem Budapester Abkommen und den Haager Regeln. Diese zurzeit geltenden Regelungen, jedoch ohne Seetransportrecht, werden im Folgenden dargestellt.

Bei den dargestellten Regelwerken wird unterschieden zwischen

— Rechten: des Absenders/des Frachtführers
— Pflichten/Haftung: des Absenders/des Frachtführers

Der aufmerksame Leser wird hierbei vielfach Übereinstimmungen mit dem deutschen Frachtrecht feststellen.

4.2 CMR sind zwingendes Recht

Die CMR („Convention relative au Contrat de transport international de Marchandises par Route"), das internationale „Übereinkommen über den Beförderungsvertrag im internationalen Straßenverkehr" wurde im Jahre 1956 unterzeichnet und ist europaweit gültig. In jedem der Ratifizierungsstaaten der CMR ersetzen die CMR nationales Recht bei internationalen Transporten.

Die CMR sind gem. Art. 41 zwingendes Recht, d. h. jede Vereinbarung, die gegen die Regeln der CMR verstößt, ist nichtig!

Ratifizierungsstaaten der CMR

4

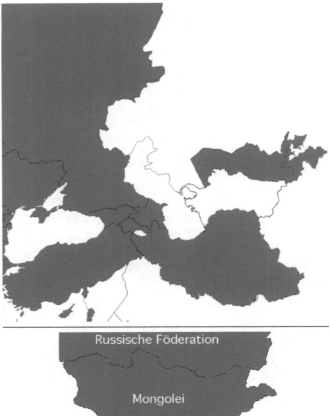

Russische Föderation

Mongolei

China

Weitere Ratifizierungsstaaten der CMR

4.3 Anwendbarkeit der CMR

> **Art. 1 CMR**
>
> (1) Dieses Übereinkommen gilt für jeden Vertrag über die entgeltliche Beförderung von Gütern auf der Straße mittels Fahrzeugen, wenn der Ort der Übernahme des Gutes und der für die Ablieferung vorgesehene Ort, wie sie im Vertrage angegeben sind, in zwei verschiedenen Staaten liegen, von denen mindestens einer ein Vertragsstaat ist. Dies gilt ohne Rücksicht auf den Wohnsitz und die Staatsangehörigkeit der Parteien.
>
> (2) Im Sinne dieses Übereinkommens bedeuten „Fahrzeuge" Kraftfahrzeuge, Sattelkraftfahrzeuge, Anhänger und Sattelanhänger, wie sie in Artikel 4 des Abkommens über den Straßenverkehr vom 19. September 1949 umschrieben sind.
>
> (3) Dieses Übereinkommen gilt auch dann, wenn in seinen Geltungsbereich fallende Beförderungen von Staaten oder von staatlichen Einrichtungen oder Organisationen durchgeführt werden.
>
> (4) Dieses Übereinkommen gilt nicht
>
> a) für Beförderungen, die nach den Bestimmungen internationaler Postübereinkommen durchgeführt werden;
>
> b) für die Beförderung von Leichen;
>
> c) für die Beförderung von Umzugsgut.

Voraussetzungen für die Anwendung der CMR: Anwendungsvoraussetzungen

1. Beförderungsvertrag zwischen Absender und Frachtführer.
2. Grenzüberschreitung, wenn der vertragsgemäße Ort der Übernahme in einem anderen Staat liegt als der vertragsgemäße Ort der Ablieferung.
3. Mindestens ein betroffener Staat ist CMR-Vertragsstaat.
4. Entgeltlichkeit der Beförderung.
5. Güterbeförderung, d. h. Handelsgüter (keine Post, Briefe, Umzugsgut oder Leichen).
6. Auf der Straße (Sonderfall gem. Art. 2 bei Fähre, Zugteilstrecke).
7. Mittels Fahrzeugen: Kraftfahrzeuge aller Art, Anhänger, Sattelkraftfahrzeug; Sattelanhänger und Container mit eigenem Fahrgestell, wenn der Laderaum mit dem Fahrgestell zu einer Einheit fest verbunden ist.

Soweit die CMR anwendbar sind, tritt nationales Recht zurück. Wenn jedoch die rechtlich zu beurteilende Frage bewusst nicht in der CMR geregelt ist, dann findet nationales Recht Anwendung, z. B. in Deutschland das HGB bei der Frage des Frachtführerpfandrechts. — subsidiäre Anwendung nationalen Rechts

4

Welches nationale Recht anwendbar ist, regeln international für den Bereich der EG die sog. ROM I Verordnung (EG) Nr. 593/2008 des Europäischen Parlaments und des Rates über das auf vertragliche Schuldverhältnisse anzuwendende Recht, während ROM II Verordnung (EG) Nr. 864/2007 des Europäischen Parlaments und des Rates das auf außervertragliche Schuldverhältnisse anzuwendende Recht betrifft (z. B. welches Recht bei einem Unfall gilt).

Art. 5 in ROM I betrifft die Beförderungsverträge und bestimmt in Absatz 1 für Frachtverträge, dass wenn zwischen den Parteien keine Rechtswahl (1) getroffen worden ist, das anwendbare Recht sich nach dem Recht des Staates richtet, in dem der Beförderer seinen gewöhnlichen Aufenthalt hat und sich in diesem auch der Übernahme- oder Ablieferungsort oder sich der gewöhnliche Aufenthaltsort des Absenders befindet (2). Sind die Voraussetzung von (1) oder (2) nicht erfüllt, dann ist das Recht des Staates anzuwenden, in dem sich der von den Parteien vereinbarte Ablieferungsort befindet (3).

Anwendbares Recht nach Art. 5 Abs. 1 ROM I

Abs. 3 lässt darüber hinaus zu, dass bei fehlender Rechtswahl der Parteien, das Recht zur Anwendung kommen kann, dass bei Betrachtung aller Umstände, eine „offensichtlich engere Verbindung" aufweist, als das nach (2.) oder (3.) in Abs. 1 anwendbare Recht.

Nicht geregelt in der CMR und damit dem ergänzend anzuwendenden nationalen Recht unterworfen sind: Aufrechnung, Vertragsschluss, Beendigung und Kündigung des Vertrages, Verletzung der allgemeinen Vertragspflichten (§ 280 BGB), allgemeine vertragliche (nicht transportspezifische) Leistungsstörungen, Vergütungsanspruch, Pfandrecht, Standgelder, Be- und Entladen des Gutes sowie Versicherungspflicht.

zwingendes Recht

> **Art. 41 Abs. 1 CMR – Nichtigkeit von dem Übereinkommen widersprechenden Vereinbarungen**
> (1) Unbeschadet der Bestimmungen des Artikels 40 ist jede Vereinbarung, die unmittelbar oder mittelbar von den Bestimmungen dieses Übereinkommens abweicht, nichtig und ohne Rechtswirkung. Die Nichtigkeit solcher Vereinbarungen hat nicht die Nichtigkeit der übrigen Vertragsbestimmungen zur Folge.

Beispiel: Ein europäischer Phonoproduzent beauftragt einen Lkw-Frachtführer wöchentlich Demobänder von Köln nach Helsinki zu transportieren, da die Tonträger in Finnland hergestellt werden. Hierzu wird eine Transportzeit von 24 Stunden vereinbart und eine Fracht von 1500,– € je Tour. Für den

Fall, dass der Transportunternehmer die vereinbarte Transportzeit nicht einhält wird zwischen den Parteien eine Vertragsstrafe von 5000,– € pro Tag vereinbart, ohne jedoch diese in den Frachtbrief einzutragen. Bei der dritten Tour verspätet sich der LKW-Unternehmer um zwei Tage. Der Auftraggeber zieht 10.000,– € ab. In dem anschließenden Rechtsstreit wird dieser Abzug für unzulässig erklärt, da er gegen Art. 41 i. V. m. 23 Abs. 5 CMR. verstößt. Zulässig wäre dies nur durch entsprechende Frachtbriefeintragung gem. Art. 26 Abs. 1 gewesen.

Welches Recht ist anwendbar, wenn ein Lkw teilweise im Huckepackverkehr, also auf der Bahn transportiert wird, z. B. bei der Alpenüberquerung, und sich dort ein Schaden sich ereignet?

Welches Recht bei Huckepackverkehr?

Art. 2 CMR

(1) Wird das mit dem Gut beladene Fahrzeug auf einem Teil der Strecke zur See, mit der Eisenbahn, auf Binnenwasserstraßen oder auf dem Luftwege befördert und wird das Gut – abgesehen von Fällen des Artikels 14 – nicht umgeladen, so gilt dieses Übereinkommen trotzdem für die gesamte Beförderung. Soweit jedoch bewiesen wird, daß während der Beförderung durch das andere Verkehrsmittel eingetretene Verluste, Beschädigungen oder Überschreitungen der Lieferfrist nicht durch eine Handlung oder Unterlassung des Straßenfrachtführers, sondern durch ein Ereignis verursacht worden sind, das nur während und wegen der Beförderung durch das andere Beförderungsmittel eingetreten sein kann, bestimmt sich die Haftung des Straßenfrachtführers nicht nach diesem Übereinkommen, sondern danach, wie der Frachtführer des anderen Verkehrsmittels gehaftet hätte, wenn ein lediglich das Gut betreffender Beförderungsvertrag zwischen dem Absender und dem Frachtführer des anderen Verkehrsmittels nach den zwingenden Vorschriften des für die Beförderung durch das andere Verkehrsmittel geltenden Rechts geschlossen worden wäre. Bestehen jedoch keine solchen Vorschriften, so bestimmt sich die Haftung des Straßenfrachtführers nach diesem Übereinkommen.

Geltung der CRM für kombinierten Verkehr

Fortgeltung der CMR auch bei Transportmitteländerung auf einer Teilstrecke, wenn keine Umladung erfolgt, *z. B. Eisenbahnhuckepackverkehre, Fährschifftransport.*

Achtung: Jedoch Haftungsregelung des jeweiligem Transportmittel, Art. 2, Abs. 1 S. 2 wenn der Schaden nicht vom Straßenfrachtführer verursacht wurde, sondern nachweisbar in einem anderen Transportmittel eingetreten ist.

Keine Anwendung der CMR auf multimodale Transporte jenseits von Art. 2 Abs. 1 CMR, sondern nur bei unimodalen grenzüberschreitenden Straßengütertransporten (BGH I ZR 181/05, VersR 2009, 239, 240; „Japan-Container-Entscheidung").

4.4   Grundstruktur der CMR

Werkvertrag über eine
internationale Beförderung
Absender ←————————————→ **Frachtführer**
mittels Lkw nach **CMR**

Vertrag,
z.B. Kaufvertrag

Vertrag
zu Gunsten
des Empfängers

Empfänger

Der CMR-Vertrag

Frachtvertrag =
Konsensualvertrag =
Werkvertrag

Der **Beförderungsvertrag ist ein Konsensualvertrag mit Erfolgsverpflichtung (Werkvertrag)**, der formfrei ist. Vertragsparteien sind Absender und Frachtführer.

Abgrenzung des Beförderungsvertrages von der Vermietung von Fahrzeugen mit Gestellung des Fahrers, wenn der Frachtführer keine Erfolgsverpflichtung hinsichtlich der Zielerreichung und Ablieferung beim Empfänger eingeht.

Frachtführer

Als Frachtführer wird die Vertragspartei bezeichnet, die sich gegenüber dem Absender zur Erfüllung des Beförderungsvertrages verpflichtet. Sie muss aber den Transport nicht selber durchführen. Hierbei kann sich der Frachtführer Gehilfen bedienen, für die er gem. Art. 3 auch haftet:

> **Art. 3 CMR – Haftung für Bedienstete und andere Personen**
> Der Frachtführer haftet, soweit dieses Übereinkommen anzuwenden ist, für Handlungen und Unterlassungen seiner Bediensteten und aller anderen Personen, deren er sich bei Ausführung der Beförderung bedient, wie für eigene Handlungen und Unterlassungen, wenn diese Bediensteten oder anderen Personen in Ausübung ihrer Verrichtungen handeln.

Bedienstete

„**Bedienstete**" sind Personen, die ständig im Betrieb des Frachtführers tätig sind (i. d. R. Arbeitnehmer).

andere Personen

„**Andere Personen**" sind solche, die ohne Bedienstete zu sein, vom Frachtführer zur Erfüllung seiner Pflichten aus dem Beförderungsvertrag eingesetzt werden, wie z. B. Unterfrachtführer, Spediteure oder Lagerhalter.

Für diese Personen haftet der Frachtführer, wenn sie in Ausübung ihrer Verrichtungen tätig werden. Keine Haftung, wenn der Schaden nicht in Ausübungen der Verrichtungen herbeigeführt wird, z. B. *wenn der Fahrer eines Frachtführers anlässlich einer Pause in einer Autobahnraststätte „etwas mitgehen lässt". Dann gilt die persönliche Verantwortung des Fahrers.*

4.5 Der Frachtbrief

4.5.1 Rechtswirkungen des Frachtbriefes

In der CMR haben der Frachtbrief und seine Eintragungen eine größere Bedeutung als im nationalen Transportrecht! Denn vielfach erfolgt die Informationsweitergabe zwischen den Parteien des Frachtvertrages und dem Empfänger durch die Eintragungen im Frachtbrief.

Die Ausstellung des Frachtbriefes ist keine Muss-Vorschrift, sondern lediglich eine Soll-Vorschrift, d. h. auch ohne Frachtbrief kann ein CMR-Beförderungsvertrag zustande kommen.

Ausstellung des Frachtbriefs ist keine Muss-Vorschrift.

Art. 4 CMR
Der Beförderungsvertrag wird in einem Frachtbrief festgehalten. Das Fehlen, die Mangelhaftigkeit oder der Verlust des Frachtbriefes berührt weder den Bestand noch die Gültigkeit des Beförderungsvertrages, der den Bestimmungen dieses Übereinkommens unterworfen bleibt.

Wirkungen des CMR-Frachtbriefs

4

Der CMR-Frachtbrief

> **Art. 9 CMR**
>
> (1) Der Frachtbrief dient bis zum Beweise des Gegenteils als Nachweis für den Abschluß und Inhalt des Beförderungsvertrages sowie für die Übernahme des Gutes durch den Frachtführer.
>
> (2) Sofern der Frachtbrief keine mit Gründen versehenen Vorbehalte des Frachtführers aufweist, wird bis zum Beweise des Gegenteils vermutet, daß das Gut und seine Verpackung bei der Übernahme durch den Frachtführer äußerlich in gutem Zustande waren und daß die Anzahl der Frachtstücke und ihre Zeichen und Nummern mit den Angaben im Frachtbrief übereinstimmen.

Der ordnungsgemäß erstellte Frachtbrief (Art. 5, beidseitige Unterschrift) ist gem. Art. 9 Abs. 1 **Beweisurkunde** und schafft die **widerlegliche Beweisvermutung** für:

— Abschluss des Beförderungsvertrages,
— Übernahme des Gutes;
— Inhalt des Beförderungsvertrages;
— Unversehrtheit der Verpackung, gem. Art. 9 Abs. 2;
— Anzahl der Frachtstücke (Art. 9 Abs. 2);
— Zeichen, Nummern einwandfrei (Art. 9 Abs. 2)
— Fehlen von Gefahrgutinstruktionen, gem. Art. 22 Abs. 1.

widerlegliche Beweisvermutung

> **Art. 8 CMR**
>
> (1) Der Frachtführer ist verpflichtet, bei der Übernahme des Gutes zu überprüfen
>
> a) die Richtigkeit der Angaben im Frachtbrief über die Anzahl der Frachtstücke und über ihre Zeichen und Nummern;
>
> b) den äußeren Zustand des Gutes und seiner Verpackung.
>
> (2) Stehen dem Frachtführer keine angemessenen Mittel zur Verfügung, um die Richtigkeit der in Absatz 1 Buchstabe a bezeichneten Angaben zu überprüfen, so trägt er im Frachtbrief Vorbehalte ein, die zu begründen sind. Desgleichen hat er Vorbehalte zu begründen, die er hinsichtlich des äußeren Zustandes des Gutes und seiner Verpackung macht. Die Vorbehalte sind für den Absender nicht verbindlich, es sei denn, daß er sie im Frachtbrief ausdrücklich anerkannt hat.
>
> (3) Der Absender kann vom Frachtführer verlangen, daß dieser das Rohgewicht oder die anders angegebene Menge des Gutes überprüft. Er kann auch verlangen, daß der Frachtführer den Inhalt der Frachtstücke überprüft. Der Frachtführer hat Anspruch auf Ersatz der Kosten der Überprüfung. Das Ergebnis der Überprüfung ist in den Frachtbrief einzutragen.

Überprüfungspficht des Frachtführers bei Übernahme

Beachte: Vorbehalt bei fehlender Überprüfungsmöglichkeit (!) und bei äußerlich sichtbarer Beschädigung

4

Bedeutung des
Frachtbriefs als
Beweisurkunde

Diese Regelung unterstreicht die Bedeutung des Frachtbriefs als Beweisurkunde für und gegen den Frachtführer
und begründet eine Obliegenheit, die zwar bei Nichtbeachtung keinen Schadensersatzanspruch auslöst, aber die vorgenannten Beweiswirkungen gegen den Frachtführer entfaltet.

Deshalb gilt:
— Überprüfung des Gutes hinsichtlich der Frachtbriefanga-
ben.
— Eintragung aller begründeten Vorbehalte in den
Frachtbrief.

**Merke: Die Übergabe eines Frachtbriefs verlangt die gleiche
Aufmerksamkeit wie die Übergabe von Bargeld!**

Hierzu gehören auch Vorbehalte hinsichtlich der Frachtbriefangaben, wenn der Frachtführer diese nicht überprüfen
konnte.

Achtung bei Übergabe
eines Frachtbriefs

Beispiel: Der Frachtführer übernimmt laut Frachtbrief 565 Videoplayer, die auf einer Palette gestapelt und in Folie eingeschweißt sind. Hier kann der Frachtführer nur bestätigen, dass
eine Palette Transportgut, das eingeschweißt ist, übernommen wurde. Die Anzahl der Videoplayer wird er jedoch nicht
bestätigen können, ohne zuvor die Verschweißung zerstört zu
haben und diese gezählt zu haben.

Wenn der Absender eine Überprüfung der Angaben durch
den Frachtführer verlangt, dann muss der Frachtführer diesem Verlangen folgen (Warum verlangt er dies? Um seine Absenderangaben beweisfest zu machen!). Der Frachtführer hat
aber Anspruch auf Ersatz der Kosten der Überprüfung, gem.
Art. 8 Abs. 3 gegen den Absender.

ZPCMR lässt den
elektronischen
CMR-Frachtbrief zu.

Das **Zusatzprotokoll zur CMR betreffend den elektronischen Frachtbrief vom 20. Februar 2008**, in Kraft getreten am
05.11.2011 lässt eine Erstellung eines elektronischen CMR-
Frachtbriefs zu **Das ZPCMR war im Juni 2019 von den folgenden Staaten ratifiziert und in Kraft gesetzt worden:** Bulga-
rien, Dänemark, Estland, Finnland, Frankreich, Iran, Lettland,
Litauen, Luxemburg, Moldawien, Niederlande, Polen, Rumä-
nien, Russland, Schweiz, Slowenien, Slowakei, Spanien, Tsche-
chische Republik, Türkei, Weissrussland.

Deutschland hat das ZPCMR jedoch bisher nicht ratifiziert, lässt aber in § 408 Abs. 3 HGB die Erstellung von Fracht-
briefen in elektronischer Form zu und begründet dies mit der
Notwendigkeit im int. Verkehr elektronische Frachtbriefe zu-
zulassen (BT-Drucksache 310/12, S. 94, 95). Voraussetzung

für eine solche Zulassung ist jedoch dass die elektronische Aufzeichnung des Frachtbriefs gleichwertig mit dem herkömmlichen Frachtbrief ist, d. h. dass die Authentizität und Integrität der Aufzeichnung gewahrt bleiben. Diese lassen sich, so die Begründung des BMJ, nur bei Einhaltung der elektronischen Form nach § 126 a BGB gewährleisten (aaO.). Das heißt, zum Zeitpunkt der Begründung, der elektronischen Signatur nach dem Signaturgesetz.

4.5.2 Die Ausstellung des CMR-Frachtbriefs

Art. 5 CMR (1) Der Frachtbrief wird in drei Originalausfertigungen ausgestellt, die vom Absender und vom Frachtführer unterzeichnet werden. Die Unterschriften können gedruckt oder durch den Stempel des Absenders oder des Frachtführers ersetzt werden, wenn dies nach dem Recht des Staates, in dem der Frachtbrief ausgestellt wird, zulässig ist. Die erste Ausfertigung erhält der Absender, die zweite begleitet das Gut, die dritte behält der Frachtführer.	Ausfertigung und Form des Frachtbriefs Der CMR-Frachtbrief wird von beiden Parteien gemeinsam ausgestellt!

Die Sprache des CMR-Frachtbriefes ist nicht in der CMR bestimmt. Das deutsche Recht lässt auch Urkundenerstellung in einer Fremdsprache zu (beachte § 184 GVG: „Gerichtssprache ist deutsch"). Aber bei Unterschrift hat jede Partei des Beförderungsvertrages das Recht, dass Urkunden die sie unterzeichnen soll, auch in einer ihr verständlichen Sprache erstellt werden.

Sprache des CMR-Frachtbriefs

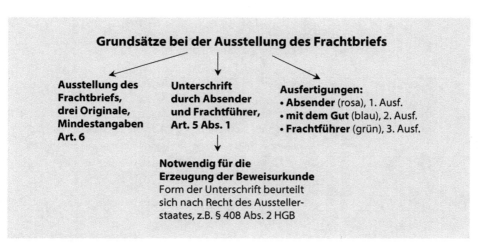

Ausstellung des CMR-Frachtbriefs

4

Angaben im
CMR-Frachtbrief

Art. 6 unterscheidet bei den Angaben im CMR-Frachtbrief zwischen:

- Mindest-/Mussangaben, Abs. 1,
- Vereinbarte und Kannangaben, Abs. 3,
- Zusatz-/Mussangaben, Abs. 2.

Art. 6 CMR – Muß- und Sollangaben im Frachtbrief

(1) Der Frachtbrief muß folgende Angaben enthalten:

a) Ort und Tag der Ausstellung;

b) Name und Anschrift des Absenders;

c) Name und Anschrift des Frachtführers;

d) Stelle und Tag der Übernahme des Gutes sowie die für die Ablieferung vorgesehene Stelle;

e) Name und Anschrift des Empfängers;

f) die übliche Bezeichnung der Art des Gutes und die Art der Verpackung, bei gefährlichen Gütern ihre allgemein anerkannte Bezeichnung;

g) Anzahl, Zeichen und Nummern der Frachtstücke;

h) Rohgewicht oder die anders angegebene Menge des Gutes;

i) die mit der Beförderung verbundenen Kosten (Fracht, Nebengebühren, Zölle und andere Kosten, die vom Vertragsabschluß bis zur Ablieferung anfallen);

j) Weisungen für die Zoll- und sonstigen amtliche Behandlung;

k) die Angabe, daß die Beförderung trotz einer gegenteiligen Abmachung den Bestimmungen dieses Übereinkommens unterliegt.

(2) Zutreffendenfalls muß der Frachtbrief ferner folgende Angaben enthalten:

a) das Verbot umzuladen;

b) die Kosten, die der Absender übernimmt;

c) den Betrag einer bei der Ablieferung des Gutes einzuziehenden Nachnahme;

d) die Angabe des Wertes des Gutes und des Betrages des besonderen Interesses an der Lieferung;

e) Weisungen des Absenders an den Frachtführer über die Versicherung des Gutes;

f) die vereinbarte Frist, in der die Beförderung beendet sein muß;

g) ein Verzeichnis der dem Frachtführer übergebenen Urkunden.

(3) Die Parteien dürfen in den Frachtbrief noch andere Angaben eintragen, die sie für zweckmäßig halten.

Obgleich Abs. 1 eine Mussvorschrift zu sein scheint, verhindern fehlende oder falsche Angaben nicht die Erzeugung eines CMR-Frachtbriefs!

Aber die Rechtsfolgen fehlender oder unvollständiger Angaben ergeben sich zum Teil aus der CMR direkt (Art. 4, 7, 9, 11, 24, 26 CMR) und führen zu einer reduzierten Beweiswirkung (Beweisurkunde, Art. 9 Abs. 2).

4.6 Rechte und Pflichten des Absenders

4.6.1 Pflichten und Haftung des Absenders

Die Hauptpflicht des Absenders ergibt sich nach nationalem Recht, z. B. nach deutschem Frachtrecht ist dies die Zahlung der Fracht (§ 407 Abs. 2 HGB). Eine vergleichbare Bestimmung enthält die CMR nicht. Die einzigen Verweise auf die Fracht finden sich in Art. 13 Abs. 2 (Zahlungsanspruch gegen den Empfänger). Ferner hat der Frachtführer einen Kostenerstattungsanspruch gegenüber dem Absender 2.6.1., Art. 16.

Frachtzahlungspflicht

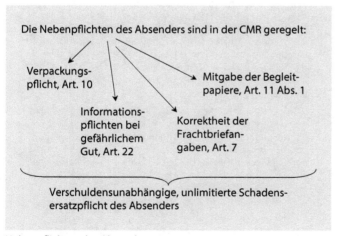

Die Nebenpflichten des Absenders sind in der CMR geregelt:

Verpackungs-
pflicht, Art. 10

Informations-
pflichten bei
gefährlichem
Gut, Art. 22

Mitgabe der Begleit-
papiere, Art. 11 Abs. 1

Korrektheit der
Frachtbriefan-
gaben, Art. 7

Verschuldensunabhängige, unlimitierte Schadensersatzpflicht des Absenders

Nebenpflichten des Absenders

4

Art. 10 CMR

Der Absender haftet dem Frachtführer für alle durch mangelhafte Verpackung des Gutes verursachten Schäden an Personen, am Betriebsmaterial und an anderen Gütern sowie für alle durch mangelhafte Verpackung verursachten Kosten, es sei denn, daß der Mangel offensichtlich oder dem Frachtführer bei der Übernahme des Gutes bekannt war und er diesbezüglich keine Vorbehalte gemacht hat.

Mitgabe der Begleitpapiere

Art. 11 CMR

(1) Der Absender hat dem Frachtbrief die Urkunden beizugeben, die für die vor der Ablieferung des Gutes zu erledigende Zoll- oder sonstige amtliche Behandlung notwendig sind, oder diese Urkunden dem Frachtführer zur Verfügung zu stellen und diesem alle erforderlichen Auskünfte zu erteilen.

(2) Der Frachtführer ist nicht verpflichtet zu prüfen, ab diese Urkunden und Auskünfte richtig und ausreichend sind. Der Absender haftet dem Frachtführer für alle aus dem Fehlen, der Unvollständigkeit oder Unrichtigkeit der Urkunden und Angaben entstehenden Schäden, es sei denn, daß den Frachtführer ein Verschulden trifft.

Informationspflichten bei gefährlichen Gütern

Art. 22 CMR

(1) Der Absender hat den Frachtführer, wenn er ihm gefährliche Güter übergibt, auf die genaue Art der Gefahr aufmerksam zu machen und ihm gegebenenfalls die zu ergreifenden Vorsichtsmaßnahmen anzugeben. Ist diese Mitteilung im Frachtbrief nicht eingetragen worden, so obliegt es dem Absender oder dem Empfänger, mit anderen Mitteln zu beweisen, daß der Frachtführer die genaue Art der mit der Beförderung der Güter verbundenen Gefahren gekannt hat.

(2) Gefährliche Güter, deren Gefährlichkeit der Frachtführer nicht im Sinne des Absatzes 1 gekannt hat, kann der Frachtführer jederzeit und überall ohne Schadenersatzpflicht ausladen, vernichten oder unschädlich machen; der Absender haftet darüber hinaus für alle durch die Übergabe dieser Güter zur Beförderung oder durch ihre Beförderung entstehenden Kosten und Schäden.

Beweisvermutung zu Lasten des Absenders

Beachten: Beweisvermutung zu Lasten des Absenders bei Nichteintragung von Gefahrgutinformationen im Frachtbrief, Art. 22 Abs. 1, S. 2.

Art. 7 CMR

(1) Der Absender haftet für alle Kosten und Schäden, die dem Frachtführer dadurch entstehen, daß folgende Angaben unrichtig oder unvollständig sind:

a) die in Artikel 6 Absatz 1 Buchstabe b, d, e, f, g, h und j bezeichneten Angaben;

b) die in Artikel 6 Absatz 2 bezeichneten Angaben; c) alle anderen Angaben oder Weisungen des Absenders für die Ausstellung des Frachtbriefes oder zum Zwecke der Eintragung in diesen.

(2) Trägt der Frachtführer auf Verlangen des Absenders die in Absatz 1 bezeichneten Angaben in den Frachtbrief ein, wird bis zum Beweise des Gegenteils vermutet, daß der Frachtführer hierbei im Namen des Absenders gehandelt hat.

Haftung des Absenders für unrichtige und fehlende Angaben im Frachtbrief

Sofern der Absender die vorgenannten Nebenpflichten nicht erfüllt hat und dem Frachtführer hieraus ein Schaden entsteht, haftet der Absender für den dadurch verursachten Schaden, ohne Verschulden und unlimitiert. Nur in den Fällen, in denen der vom Absender verursachten Mangel offensichtlich war oder dem Frachtführer bei Übernahme bekannt wurde, ist ein Entfallen der Haftung des Absenders zu prüfen.

unlimitierte und verschuldensunabhängige Absenderhaftung

4.6.2 Rechte des Absenders

Die folgende Übersicht zeigt die Rechte des Absenders gegen den Frachtführer.

Grundsätzlich hat der **Absender das Verfügungsrecht** über das Gut.

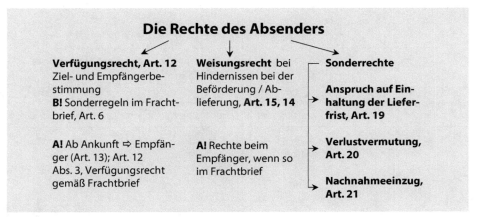

Rechte des Absenders gegen den Frachtführer

4

Verfügungsrecht des
Absenders über das
Gut

Art. 12 CMR

(1) Der Absender ist berechtigt, über das Gut zu verfügen. Er kann insbesondere verlangen, daß der Frachtführer das Gut nicht weiterbefördert, den für die Ablieferung vorgesehenen Ort ändert oder das Gut einem anderen als dem im Frachtbrief angegebenen Empfänger abliefert.

(2) Dieses Recht erlischt, sobald die zweite Ausfertigung des Frachtbriefes dem Empfänger übergeben ist oder dieser sein Recht nach Artikel 13 Absatz 1 geltend macht. Von diesem Zeitpunkt an hat der Frachtführer den Weisungen des Empfängers nachzukommen.

(3) Das Verfügungsrecht steht jedoch dem Empfänger bereits von der Ausstellung des Frachtbriefes an zu, wenn der Absender einen entsprechenden Vermerk in den Frachtbrief eingetragen hat.

(4) Hat der Empfänger in Ausübung seines Verfügungsrechtes die Ablieferung des Gutes an einen Dritten angeordnet, so ist dieser nicht berechtigt, seinerseits andere Empfänger zu bestimmen.

(5) Die Ausübung des Verfügungsrechtes unterliegt folgenden Bestimmungen:

a) der Absender oder in dem in Absatz 3 bezeichneten Falle der Empfänger hat, wenn er sein Verfügungsrecht ausüben will, die erste Ausfertigung des Frachtbriefes vorzuweisen, worin die dem Frachtführer erteilten neuen Weisungen eingetragen sein müssen, und dem Frachtführer alle Kosten und Schäden zu ersetzen, die durch die Ausführung der Weisungen entstehen;

Pflicht zur Weisungs-
einholung des
Frachtführers

b) die Ausführung der Weisungen muß zu dem Zeitpunkt, in dem sie die Person erreichen, die sie ausführen soll, möglich sein und darf weder den gewöhnlichen Betrieb des Unternehmens des Frachtführers hemmen noch die Absender oder Empfänger anderer Sendungen schädigen;

c) die Weisungen dürfen nicht zu einer Teilung der Sendung führen.

(6) Kann der Frachtführer auf Grund der Bestimmungen des Absatzes 5 Buchstabe b die erhaltenen Weisungen nicht durchführen, so hat er unverzüglich denjenigen zu benachrichtigen, der die Weisungen erteilt hat.

Anspruchsgrundlage
gegen den Frachtführer

(7) Ein Frachtführer, der Weisungen nicht ausführt, die ihm unter Beachtung der Bestimmungen dieses Artikels erteilt worden sind, oder der solche Weisungen ausführt, ohne die Vorlage der ersten Ausfertigung des Frachtbriefes verlangt zu haben, haftet dem Berechtigten für den daraus entstehenden Schaden.

Ausnahmen hiervon wenn:

a) **bei Ankunft** eigenständiges Recht des Empfängers auf Herausgabe der zweiten Ausfertigung des Frachtbriefs (die blaue Ausfertigung, die mit dem Gut reist) und des Frachtgutes (Art. 13).

b) **laut Frachtbrief** von Anfang an, das Verfügungsrecht beim Empfänger, Abs. 3.

Wie wird das Verfügungsrecht ausgeübt?

Durch **Vorlage** (Nicht Herausgabe!) der Absender-Ausfertigung des Frachtbriefs (rosa) und Vornahme der neuen Eintragungen in den Frachtbrief und Ersatz der Zusatzkosten, Abs. 5.

Beachte: Wenn **kein Frachtbrief** ausgestellt ist, dann genügt eine formlose Weisung.

Beachte: Wenn der Absender seine Frachtbriefausfertigung aus der Hand gegeben hat, ist damit praktisch sein Verfügungsrecht erloschen!

Achtung: Art. 15 Abs. 1, Verfügungsrecht des Absenders ohne Vorlage der ersten Frachtbriefausfertigung, wenn der an sich berechtigte Empfänger nach Ankunft die Annahme des Gutes verweigert.

Keine Absenderausfertigung, kein Verfügungsrecht!

Art. 14 CMR

(1) Wenn aus irgendeinem Grunde vor Ankunft des Gutes an dem für die Ablieferung vorgesehenen Ort die Erfüllung des Vertrages zu den im Frachtbrief festgelegten Bedingungen unmöglich ist oder unmöglich wird, hat der Frachtführer Weisungen des nach Artikel 12 über das Gut Verfügungsberechtigten einzuholen.

Rechte bei Beförderungs- und Ablieferhindernissen
Weisungsrecht bei Beförderungshindernissen

Der **Berechtigte** bestimmt sich nach Art. 12. Dieser hat das Recht, bei Transporthindernissen, nachdem er vom Frachtführer gefragt wurde, Weisungen zu erteilen, Art. 14, Abs. 1.

Ausnahme: Empfänger verweigert die Annahme: **Absender hat das Verfügungsrecht!**

Sonderfall: Empfänger verweigert die Annahme

Art. 15 CMR

(1) Treten nach Ankunft des Gutes am Bestimmungsort Ablieferungshindernisse ein, so hat der Frachtführer Weisungen des Absenders einzuholen. Wenn der Empfänger die Annahme des Gutes verweigert, ist der Absender berechtigt, über das Gut zu verfügen, ohne die erste Ausfertigung des Frachtbriefes vorweisen zu müssen.

(2) Der Empfänger kann, auch wenn er die Annahme des Gutes verweigert hat, dessen Ablieferung noch so lange verlangen, als der Frachtführer keine dem widersprechenden Weisungen des Absenders erhalten hat.

Weisungsrecht des Absenders bei Ablieferungshindernissen

4

Beachte: Die Regelungen in Art. 14 und Art. 15 CMR entsprechen den §§ 418, 419 HGB:

Anspruch auf Einhaltung der Lieferfrist

> **Art. 19 CMR**
>
> Eine Überschreitung der Lieferfrist liegt vor, wenn das Gut nicht innerhalb der vereinbarten Frist abgeliefert worden ist oder, falls keine Frist vereinbart worden ist, die tatsächliche Beförderungsdauer unter Berücksichtigung der Umstände, bei teilweiser Beladung insbesondere unter Berücksichtigung der unter gewöhnlichen Umständen für die Zusammenstellung von Gütern zwecks vollständiger Beladung benötigten Zeit, die Frist überschreitet, die vernünftigerweise einem sorgfältigen Frachtführer zuzubilligen ist.

vergleiche § 423 HGB

Eine **Überschreitung der Lieferfrist** liegt vor bei Überschreitung der vereinbarten Frist oder einer angemessenen Frist.

Angemessen ist eine Frist, die ein sorgfältiger Frachtführer zur Bewältigung der Entfernung unter Berücksichtigung des zu transportierenden Gutes (z. B. Verderblichkeit des Gutes) und spezifischer Umstände (z. B. Umladungen, Fahrverbote) benötigt.

Geltendmachung der Verlustvermutung, Wiederauffinden Vergleiche § 424 HGB

> **Art. 20 CMR**
>
> (1) Der Verfügungsberechtigte kann das Gut, ohne weitere Beweise erbringen zu müssen, als verloren betrachten, wenn es nicht binnen dreißig Tagen nach Ablauf der vereinbarten Lieferfrist oder, falls keine Frist vereinbart worden ist, nicht binnen sechzig Tagen nach der Übernahme des Gutes durch den Frachtführer abgeliefert worden ist.
>
> (2) Der Verfügungsberechtigte kann bei Empfang der Entschädigung für das verlorene Gut schriftlich verlangen, daß er sofort benachrichtigt wird, wenn das Gut binnen einem Jahr nach Zahlung der Entschädigung wieder aufgefunden wird. Dieses Verlangen ist ihm schriftlich zu bestätigen.

Verlustvermutung

Recht des Absenders bzw. eines anderen Verfügungsberechtigten, das Gut als verloren zu betrachten, wenn nicht dieses angeliefert wurde:
- Bei vereinbarter Frist: nach Fristablauf + 30 Tage
- Ohne Fristvereinbarung: 60 Tage nach Übernahme.
- Nach Fristablauf: Schadensersatzanspruch gem. Art. 17, 23 und Anspruch auf Information bei Wiederauffinden.

Art. 21 CMR

Wird das Gut dem Empfänger ohne Einziehung der nach dem Beförderungsvertrag vom Frachtführer einzuziehenden Nachnahme abgeliefert, so hat der Frachtführer, vorbehaltlich seines Rückgriffsrechtes gegen den Empfänger, dem Absender bis zur Höhe des Nachnahmebetrages Schadenersatz zu leisten.

Recht auf Einzug der Warennachnahme, Schadensersatz

Anspruch des Absenders auf Auslieferung des Gutes nur gegen gleichzeitigen **Einzug des Preises für das Gut (Warennachnahme)** durch den Frachtführer. Bei Nichtausführung: Schadensersatzanspruch gegen den Frachtführer, verschuldensunabhängig.

Warennahnahme durch Klausel „cod"!

Voraussetzung ist jedoch, dass im Beförderungsvertrag der Einzug der Nachnahme zwischen den Parteien vereinbart wurde, z. B. durch Klausel: cod („cash on delivery" = „pay on delivery").

vergleiche auch § 422 HGB

Als Geld gilt auch „electronic cash".

Nicht anwendbar auf nachnahmeähnliche Vereinbarungen (Auslieferung gegen Akkreditiveröffnung; Einzug des Frachtbrieforiginals oder sonstiger Papiere, unwiderrufliche Nachnahmevereinbarung sind keine Nachnahmevereinbarung i. S. v. § Art. 21 CMR).

4.7 Rechte und Pflichten des Frachtführers

4.7.1 Die Rechte des Frachtführers

Die CMR treffen keine Regelung über die Bezahlung des Frachtlohns und des Pfandrechts. Diese Frage beurteilt sich nach dem nationalen Recht, das für das Verhältnis zwischen Frachtführer und Absender anzuwenden ist, in Deutschland nach § 407 Abs. 2 HGB: Rechte des Frachtführers/Frachtlohnanspruch. Hierzu hat er z. B. nach deutschem Recht das Frachtführerpfandrecht gem. § 441 HGB.

Der Frachtlohnanspruch, Pfandrecht Frachtlohnanspruch nach nationalem Recht

Die CMR geben dem Frachtführer zusätzlich diese Rechte bei Transport- und Ablieferungshindernissen i. S. Art. 14 und 15:

4

Kostenerstattungsan-
spruch bei Hindernissen

Wahlrecht des Fracht-
führers:
- Weisungen einholen
- Ausladen

Notverkaufsrecht bei
verderblicher Ware

Art. 16 CMR

(1) Der Frachtführer hat Anspruch auf Erstattung der Kosten, die ihm dadurch entstehen, daß er Weisungen einholt oder ausführt, es sei denn, daß er diese Kosten verschuldet hat.

(2) In den in Artikel 14 Absatz 1 und in Artikel 15 bezeichneten Fällen kann der Frachtführer das Gut sofort auf Kosten des Verfügungsberechtigten ausladen; nach dem Ausladen gilt die Beförderung als beendet. Der Frachtführer hat sodann das Gut für den Verfügungsberechtigten zu verwahren. Er kann es jedoch auch einem Dritten anvertrauen und haftet dann nur für die sorgfältige Auswahl des Dritten. Das Gut bleibt mit den aus dem Frachtbrief hervorgehenden Ansprüchen sowie mit allen anderen Kosten belastet.

(3) Der Frachtführer kann, ohne Weisungen des Verfügungsberechtigten abzuwarten, den Verkauf des Gutes veranlassen, wenn es sich um verderbliche Waren handelt oder der Zustand des Gutes eine solche Maßnahme rechtfertigt oder wenn die Kosten der Verwahrung im keinem Verhältnis zum Wert des Gutes stehen. Er kann auch in anderen Fällen den Verkauf des Gutes veranlassen, wenn er innerhalb einer angemessenen Frist gegenteilige Weisungen der Verfügungsberechtigten, deren Ausführung ihm billigerweise zugemutet werden kann, nicht erhält.

Entladerecht/Aufbe-
wahrungsrecht

uneingeschränktes
Wahlrecht des Fracht-
führers

In den Fällen von Ablieferungshindernissen, egal ob vor der Ankunft des Gutes (Art. 14 Abs. 1) oder bei dessen Ankunft (Art. 15 Abs. 1) hat der Frachtführer das uneingeschränkte Wahlrecht entweder Weisungen vom Verfügungsberechtigten einzuholen oder das Gut zu entladen (BGH VersR 1987, 678). Mit dem Ausladen sind die Beförderung und die damit verbundene frachtrechtliche Haftung beendet.

Im Falle des Ausladens kann der Frachtführer das Gut:
- selbst in Verwahrung nehmen oder
- einem Dritten zu Verwahrung geben.

Im Falle der Verwahrung beurteilen sich die weiteren Ansprüche nach dem Lagerrecht (§§ 467 ff. HGB bzw. § 688 BGB).

Bei der Verwahrung durch Dritte ist der Frachtführer nur für die sorgfältige Auswahl des Dritten verantwortlich (Vergleiche § 454 HGB Abs. 1, Ziff. 2 HGB).

4.7.2 Die Pflichten des Frachtführers

Ähnlichkeit der
Pflichten in CMR und
HGB

Die spezifischen Pflichten des Frachtführers unter der CMR sind denen des Frachtführers nach nationalem (deutschen) Recht sehr ähnlich.

Pflichtver-letzung	**Nichtleistung**	Nichtauslieferung wg. Verlust	Lieferfristüberschreitung
Beispiel	*Der Frachtführer führt den Transport nicht durch.*	*Verlust oder Beschädigung des Transportgutes*	*Frachtführer überschreitet die Lieferfrist gem. Art. 19*
Rechtsfolge	Schadensersatz, Ersatzvornahme	Schadensersatz des Substanzschadens	Schadensersatz des Vermögensschadens
Regelung	Nach nat. Recht: §§ 323 ff. BGB	Art. 17, 23, Abs. 1 bis 4 CMR	Art. 17, 23 Abs. 5 CMR

Hauptpflichten des Frachtführers

Konkret treffen den Frachtführer unter der CMR die folgenden Pflichten:

Hauptpflichten: Beförderungs- und Ablieferungspflicht einschließlich der **Obhutspflicht**. Bei Verletzung haftet der Frachtführer wie folgt:

Die wichtigsten **Nebenpflichten des Frachtführers** sind:

Interessenwahrungspflicht, konkretisiert durch Art. 14 Abs. 2 bei Beförderungshindernissen (Art. 14 CMR, siehe 2.5.2.).

Daneben hat er eine **Weisungseinholungspflicht** gem. Art. 14, 15 bei Beförderungs- und Ablieferhindernissen (Rechte des Absenders bei Beförderungs- und Ablieferhindernissen, Art. 14, 15).

Ferner obliegt dem Frachtführer die Pflicht, auf Verlangen des Absenders die Angaben auf dem Frachtbrief zu überprüfen und diesen zu **unterschreiben**, Art. 8 Abs. 2 (Art. 8, Frachtbrief).

Hauptpflichten

Nebenpflichten

4.8 Die Haftung des Frachtführers

4.8.1 Die Obhutshaftung

Hauptpflicht des Frachtführers ist dessen **Obhutspflicht**, die auch der Anknüpfungspunkt für die Obhutshaftung des Frachtführers ist, die im Mittelpunkt der Haftung des Frachtführers steht.

Obhutshaftung des Frachtführers

4

Obhutshaftung

Haftungsausschluss wegen Mitverschuldens bzw. Unabwendbarkeit

besondere Haftungsausschlüsse (vergleichbar § 427 HGB)

Art. 17 CMR

(1) Der Frachtführer haftet für gänzlichen oder teilweisen Verlust und für Beschädigung des Gutes, sofern der Verlust oder die Beschädigung zwischen dem Zeitpunkt der Übernahme des Gutes und dem seiner Ablieferung eintritt, sowie für Überschreitung der Lieferfrist.

(2) Der Frachtführer ist von dieser Haftung befreit, wenn der Verlust, die Beschädigung oder die Überschreitung der Lieferfrist durch ein Verschulden des Verfügungsberechtigten, durch eine nicht vom Frachtführer verschuldete Weisung des Verfügungsberechtigten, durch besondere Mängel des Gutes oder durch Umstände verursacht worden ist, die der Frachtführer nicht vermeiden und deren Folgen er nicht abwenden konnte.

(3) Um sich von seiner Haftung zu befreien, kann sich der Frachtführer weder auf Mängel des für die Beförderung verwendeten Fahrzeuges noch gegebenenfalls auf ein Verschulden des Vermieters des Fahrzeuges oder der Bediensteten des Vermieters berufen.

(4) Der Frachtführer ist vorbehaltlich des Artikels 18 Absatz 2 bis 5 von seiner Haftung befreit, wenn der Verlust oder die Beschädigung aus den mit einzelnen oder mehreren Umständen der folgenden Art verbundenen besonderen Gefahren entstanden ist:

a) Verwendung von offenen, nicht mit Planen gedeckten Fahrzeugen, wenn diese Verwendung ausdrücklich vereinbart und im Frachtbrief vermerkt worden ist;

b) Fehlen oder Mängel der Verpackung, wenn die Güter ihrer Natur nach bei fehlender oder mangelhafter Verpackung Verlusten oder Beschädigungen ausgesetzt sind;

c) Behandlung, Verladen, Verstauen oder Ausladen des Gutes durch den Absender, den Empfänger oder Dritte, die für den Absender oder Empfänger handeln;

d) natürliche Beschaffenheit gewisser Güter, der zufolge sie gänzlichem oder teilweisem Verlust oder Beschädigung, insbesondere durch Bruch, Rost, inneren Verderb, Austrocknen, Auslaufen, normalen Schwund oder Einwirkung von Ungeziefer oder Nagetieren, ausgesetzt sind;

e) ungenügende oder unzulängliche Bezeichnung oder Numerierung der Frachtstücke;

f) Beförderung von lebenden Tieren.

(5) Haftet der Frachtführer auf Grund dieses Artikels für einzelne Umstände, die einen Schaden verursacht haben, nicht, so haftet er nur in dem Umfange, in dem die Umstände, für die er auf Grund dieses Artikels haftet, zu dem Schaden beigetragen haben.

Die Regelung in Art. 17 CMR war Vorbild für das Haftungssystem des deutschen Frachtrechts im HGB. Deshalb kann vielfach auf die Ausführungen zur Frachtführerhaftung in §§ 425 ff. HGB (Obhutshaftung) verwiesen werden.

Der **Abs. 2 in Art. 17 CMR** begründet die Haftungsbefreiung, vergleichbar §§ 425 Abs. 2, 426 HGB, bei:

Haftungsbefreiungsgründe

— Verschulden des Verfügungsberechtigten;
— falscher Weisung des Verfügungsberechtigten, die nicht vom Frachtführer verschuldet ist (wie z. B. in Art. 14, 15 CMR);
— „Besonderer" Mängel des Transportgutes;
— Unabwendbaren Umständen (z. B. höhere Gewalt) oder Unvermeidbarkeit auch bei größter Sorgfalt.

Verfügungsberechtigter ist hierbei derjenige, der rechtlich befugt ist, über das Transportgut zu verfügen. Ursprünglich ist dies der Absender, als Vertragspartner des Frachtführers. Dessen Verfügungsrecht kann jedoch übergehen auf den Empfänger (Rechte des Absenders, Verfügungsrecht, Art. 12).

Abs. 3 stellt klar, dass quasi „als Ausnahme von der Ausnahme", der Frachtführer keine Haftungsbefreiung reklamieren kann, wenn diese ihre Ursache hat in einem Mangel des Fahrzeugs oder einem Verschulden des Vermieters des Fahrzeugs bzw. dessen Bediensteten.

keine Haftungsbefreiung bei Fahrzeugmängeln

Abs. 4 formuliert besondere Haftungsausschlussgründe und ist insofern fast wortgleich zu § 427 I HGB.

Abs. 5 beschränkt die Haftung des Frachtführers anteilig, wenn der Schaden zum einen seine Ursache in Art. 17 Absatz 1 bzw. 3 hat, aber auch Haftungsausschlüsse aus Abs. 2 und 4 zu Gunsten des Frachtführers zur Anwendung kommen. Wie die Schadensteilung vorzunehmen ist, beurteilt sich nach den konkreten Umständen des Einzelfalles.

Art. 18 CMR

(1) Der Beweis, daß der Verlust, die Beschädigung oder die Überschreitung der Lieferfrist durch einen der in Artikel 17 Absatz 2 bezeichneten Umstände verursacht worden ist, obliegt dem Frachtführer.

Beweislastregelung

(2) Wenn der Frachtführer darlegt, daß nach den Umständen des Falles der Verlust oder die Beschädigung aus einer oder mehreren der in Artikel 17 Absatz 4 bezeichneten besonderen Gefahren entstehen konnte, wird vermutet, daß der Schaden hieraus entstanden ist. Der Verfügungsberechtigte kann jedoch beweisen, daß der Schaden nicht oder nicht ausschließlich aus einer dieser Gefahren entstanden ist.

Beweisvermutung zu Gunsten des Frachtführers

(3) Diese Vermutung gilt im Falle des Artikels 17 Absatz 4 Buchstabe a nicht bei außergewöhnlich großem Abgang oder bei Verlust von ganzen Frachtstücken.

4

> (4) Bei Beförderung mit einem Fahrzeug, das mit besonderen Einrichtungen zum Schutze des Gutes gegen die Einwirkung von Hitze, Kälte, Temperaturschwankungen oder Luftfeuchtigkeit versehen ist, kann sich der Frachtführer auf Artikel 17 Absatz 4 Buchstabe d nur berufen, wenn er beweist, daß er alle ihm nach den Umständen obliegenden Maßnahmen hinsichtlich der Auswahl, Instandhaltung und Verwendung der besonderen Einrichtungen getroffen und ihm erteilte besondere Weisungen beachtet hat.
>
> (5) Der Frachtführer kann sich auf Artikel 17 Absatz 4 Buchstabe f nur berufen, wenn er beweist, daß er alle ihm nach den Umständen üblicherweise obliegenden Maßnahmen getroffen und ihm erteilte besondere Weisungen beachtet hat.

Beweislast für Haftungsbefreiungsgründe beim Frachtführer

Beweiserleichterung, vergleichbar § 427 Abs. 2 HGB

Abs. 1 stellt klar, dass der Frachtführer, der sich auf die Haftungsbefreiungsgründe gem. Art. 17 Abs. 2 beruft, diese auch zu beweisen hat. Kann er dies nicht, dann haftet er gem. Art. 17 Abs. 1.

Absatz 2 schafft für den Frachtführer eine wesentliche Beweiserleichterung, als dort die gesetzliche Annahme formuliert wird, dass für die Haftungsbefreiung ausreichend ist, wenn der Frachtführer nachweisen kann, dass der Schaden aus einem der genannten Gründe entstanden ist. In einem solchen Fall liegt dann das Beweisrisiko beim Anspruchsteller, dass nicht ein besonderer Haftungsausschlussgrund zum Schaden geführt hat. Erst wenn dieser Beweis gelingt, haftet der Frachtführer.

Beispiel: Der Verfügungsberechtigte weist nach, dass das Gut nicht durch unsachgemäßes Ausladen beschädigt wurde, wie der Frachtführer behauptet, sondern schon vorher beschädigt war. Dann kein Haftungsausschluss nach Art. 17 Abs. 4, Ziff. c; sondern Obhutshaftung des Frachtführers.

Für die **Haftungsausschlüsse nach Art. 17 Abs. 3 bis 5** ist zu beachten, dass:
- 17 Abs. 4 a nicht gilt, bei offenen Fahrzeugen, bei außergewöhnlich hohem Verlust bzw. bei Verlust von ganzen Packstücken.

Haftungsausschluss und besondere Weisungen
- 17 Abs. 4 d, natürliche Beschaffenheit des Gutes, nur dann, wenn der Frachtführer nachweist, dass er alle ihm obliegenden Maßnahmen getroffen hat und alle Weisungen beachtet hat.
- 17 Abs. 4 f, bei lebenden Tieren nicht gilt, wenn der Frachtführer nicht nachweist, alle notwendigen Maßnahmen getan zu haben und alle Weisungen befolgt hat.

Wenn jedoch **keine Haftungsbefreiung gegeben ist, dann haftet der Frachtführer dem Grunde nach**. Die Höhe seiner Haftung bestimmt sich nach der folgenden Bestimmung:

Art. 23 CMR

(1) Hat der Frachtführer auf Grund der Bestimmungen dieses Übereinkommens für gänzlichen oder teilweisen Verlust des Gutes Schadenersatz zu leisten, so wird die Entschädigung nach dem Wert des Gutes am Ort und zur Zeit der Übernahme zur Beförderung berechnet.

Haftungsumfang, vergleiche § 429 HGB

(2) Der Wert des Gutes bestimmt sich nach dem Börsenpreis, mangels eines solchen nachdem Marktpreis oder mangels beider nach dem gemeinen Wert von Gütern gleicher Art und Beschaffenheit.

(3) Die Entschädigung darf jedoch 8,33 Rechnungseinheiten für jedes fehlende Kilogramm des Rohgewichts nicht übersteigen.

Entschädigung 8,33 SZR per kg

(4) Außerdem sind – ohne weiteren Schadenersatz – Fracht, Zölle und sonstige aus Anlaß der Beförderung des Gutes entstandene Kosten zurückzuerstatten, und zwar im Falle des gänzlichen Verlustes in voller Höhe, im Falle des teilweisen Verlustes anteilig.

(5) Wenn die Lieferfrist überschritten ist und der Verfügungsberechtigte beweist, daß daraus ein Schaden entstanden ist, hat der Frachtführer dafür eine Entschädigung nur bis zur Höhe der Fracht zu leisten.

Schadensersatz bei Lieferfristüberschreitung: Höhe der Fracht

(6) Höhere Entschädigungen können nur dann beansprucht werden, wenn der Wert des Gutes oder ein besonderes Interesse an der Lieferung nach den Artikeln 24 und 26 angegeben worden ist.

Die Bestimmungen in Art. 23 entsprechen den Regelungen in § 429 ff. HGB für Verlust des Transportgutes und Lieferfristüberschreitung. Genauer gesagt, die Frachtführerhaftung des deutschen Transportrechts ist der Haftung der CMR nachgestaltet worden. Deshalb kann im Folgenden auf die Kommentierung zur deutschen Frachtführerhaftung verwiesen werden.

Die wesentlichsten Regelungen in Art. 23:

- Abs. 1: Entschädigung des Wertes am Ort und zur Zeit der Übernahme.
- Abs. 3: Maximale Entschädigung, 8,33 SZR je kg Rohgewicht.
- Abs. 4: Plus Ersatz der Kosten die aus Anlass der Beförderung entstanden sind.

Ausgleich der sonstigen Kosten (vergleichbar § 432 HGB)

- Abs. 5: Bei Fristüberschreitung maximaler Schadensersatz in Höhe der Fracht.
- Abs. 6: Möglichkeit der Haftungserhöhung durch kostenpflichtige Höherdeklaration für den Gewichtswert und bei Fristüberschreitung Art. 24, 26 (siehe unten).

4

> **Art. 25 CMR**
>
> (1) Bei Beschädigung hat der Frachtführer den Betrag der Wertverminderung zu zahlen, die unter Zugrundelegung des nach Artikel 23 Absatz 1, 2 und 4 festgestellten Wertes des Gutes berechnet wird.
>
> (2) Die Entschädigung darf jedoch nicht übersteigen,
>
> a) wenn die ganze Sendung durch die Beschädigung entwertet ist, den Betrag, der bei gänzlichem Verlust zu zahlen wäre;
>
> b) wenn nur ein Teil der Sendung durch die Beschädigung entwertet ist, den Betrag, der bei Verlust des entwerteten Teiles zu zahlen wäre.

Schaden bei Beschädigung = Marktwert am Ort und zur Zeit der Übernahme + sonstige Kosten (Fracht, Abgaben)

Anders als § 429 HGB ist die Berechnung der Höhe der Entschädigung in der CMR in einem gesonderten Artikel geregelt. Obergrenze ist jedoch auch hier der Betrag, der bei gänzlichem Verlust zu zahlen wäre. Vielfach wird auf die Bestimmungen des Art. 23 Abs. 1, Abs. 2 und Abs. 4 verwiesen. Das heißt die Schadenshöhe bestimmt sich nach dem (Markt-)Wert am Ort und der Zeit der Übernahme. Hinzu kommen die beförderungsbedingten Aufwendungen, bei Beschädigungen nur anteilig (Art. 23, Abs. 4).

höhere Haftung durch Frachtbriefeintragung gegen Zuschlag

Möglichkeit der Haftungserhöhung durch Frachtbriefeintragung, Art. 24, 26.

Gem. Art. 24, 26 hat jedoch der Absender das Recht, gegen Zahlung eines Zuschlags, eine höhere Haftung des Frachtführers bei Verlust, Beschädigung und Lieferfristüberschreitung zu fordern und damit die Obergrenzen in Art. 23 und 25 zu überschreiten. Dieser höhere Wert muss jedoch dann in den Frachtbrief eingetragen werden.

höhere Haftung bei Substanzschaden

> **Art. 24 CMR**
>
> Der Absender kann gegen Zahlung eines zu vereinbarenden Zuschlages zur Fracht einen Wert des Gutes im Frachtbrief angeben, der den in Artikel 23 Absatz 3 bestimmten Höchstbetrag übersteigt; in diesem Fall tritt der angegebene Betrag an die Stelle des Höchstbetrages.

Während Art. 24 eine Haftungserhöhung nur für Substanzschäden zulässt, erstreckt sich die Haftungserhöhung in Art. 26 auf Vermögensschäden, entweder veranlasst durch Lieferfristüberschreitung oder durch entgangenen Gewinn.

Art. 26 CMR

(1) Der Absender kann gegen Zahlung eines zu vereinbarenden Zuschlages zur Fracht für den Fall des Verlustes oder der Beschädigung und für den Fall der Überschreitung der vereinbarten Lieferfrist durch Eintragung in den Frachtbrief den Betrag eines besonderen Interesses an der Lieferung festlegen.

höhere Haftung bei Lieferfristüberschreitung

Die **Voraussetzungen für Art. 26 wie für Art. 24:**

Voraussetzungen für Art. 24/26 CMR

— Vereinbarung eines besonderen Interesses;

— Zuschlagszahlung durch Absender;

— Frachtbriefeintragung;

— Nachweisbarer Schaden beim Berechtigten.

Art. 28 CMR

(1) Können Verluste, Beschädigungen oder Überschreitungen der Lieferfrist, die bei einer diesem Übereinkommen unterliegenden Beförderung eingetreten sind, nach dem anzuwendenden Recht zur Erhebung außervertraglicher Ansprüche führen, so kann sich der Frachtführer demgegenüber auf die Bestimmungen dieses Übereinkommens berufen, die seine Haftung ausschließen oder den Umfang der zu leistenden Entschädigung bestimmen oder begrenzen.

Haftung(-sbegrenzung) für außervertragliche Ansprüche vergleichbar § 434 HGB

(2) Werden Ansprüche aus außervertraglicher Haftung für Verlust, Beschädigung oder Überschreitung der Lieferfrist gegen eine der Personen erhoben, für die der Frachtführer nach Artikel 3 haftet, so kann sich auch diese Person auf die Bestimmungen dieses Übereinkommens berufen, die die Haftung des Frachtführers ausschließen oder den Umfang der zu leistenden Entschädigung bestimmen oder begrenzen.

vergleichbar § 436 HGB

Sofern Verlust, Beschädigung und/oder Lieferfristüberschreitung nach nationalem Recht zur **außervertraglichen Haftung** führen (z. B. in Deutschland nach § 823 BGB), so schließt Art. 28 Abs. 1 die Geltendmachung des Schadens aus, der über Art. 23 ff. CMR hinausgeht. Gem. Art. 28 Abs. 2 schließt diese Schutzvorschrift auch die Personen aus Art. 3 ein.

4.8.2 Sonderfall: Unlimitierte Haftung

Art. 29 CMR

(1) Der Frachtführer kann sich auf die Bestimmungen dieses Kapitels, die seine Haftung ausschließen oder begrenzen oder die Beweislast umkehren, nicht berufen, wenn er den Schaden vorsätzlich oder durch ein ihm zur Last fallendes Verschulden verursacht hat, das nach dem Recht des angerufenen Gerichtes dem Vorsatz gleichsteht.

Vorsatz; gleichgestellte Fahrlässigkeit

4

Gehilftenhaftung

> (2) Das gleiche gilt, wenn Bediensteten des Frachtführers oder sonstigen Personen, deren er sich bei Ausführung der Beförderung bedient, Vorsatz oder ein dem Vorsatz gleichstehendes Verschulden zur Last fällt, wenn diese Bediensteten oder sonstigen Personen in Ausübung ihrer Verrichtungen handeln. In solchen Fällen können sich auch die Bediensteten oder sonstigen Personen hinsichtlich ihrer persönlichen Haftung nicht auf die in Absatz 1 bezeichneten Bestimmungen dieses Kapitels berufen.

Voraussetzung für Art. 29: wenn der Frachtführer oder seine Hilfspersonen i. S. v. Art. 3 wie folgt gehandelt haben:
- Vorsätzlich = der Schaden wurde wissentlich und willentlich herbeigeführt (ausreichend ist schon der bedingte Vorsatz: „Na wenn schon!"), § 435 HGB
- Leichtfertig und mit dem Bewusstsein, dass ein Schaden mit Wahrscheinlichkeit eintreten werde i. S. v. § 435 HGB

Die **Rechtsprechung in Deutschland** lässt hierfür schon grobe Fahrlässigkeit genügen. Beispiele hierfür bei Koller, CMR Abs. 4 m.w.N.

(1) Essens- oder Erfrischungspause in Italien bei einem LKW, der mit hochwertigen und diebstahlsgefährdeten Gütern beladen ist. Während der Abwesenheit des alleinigen Fahrers auf einem unbewachten Parkplatz wird der Lkw gestohlen. Der Lkw verfügt nicht über zwei unabhängig voneinander wirkende Sicherungssysteme (BGH Vers R 1998, 1264, 1265 f.).

(2) Auslieferung von Transportgut an Personen in Moskau, die den Frachtführer angeblich im Auftrag des Empfängers aufgefordert haben, dass Gut an einen anderen Ort als dem ursprünglichen Empfangsort auszuliefern und deren Identität nicht geklärt ist (LG Hamburg, TranspR 98, 117,119).

(3) In Italien übernachtet ein Fahrer in seinem Lkw auf einem unbewachten Parkplatz. Der Lkw wird samt Ladung in der Nacht gleichwohl geraubt, wobei der Fahrer in seinem verschlossenen Fahrerhaus durch bewaffnete Täter geweckt und zum Verlassen genötigt wurde. (OLG Frankfurt VersR 1997, 1377,1378).

Mitverschuldenseinwand bei Art. 29 CMR

Auch in Fällen des Art. 29 CMR kann der Frachtführer gegenüber dem Anspruchsteller den Einwand aus § 254 Abs.2 S. 1 BGB (**Mitverschuldenseinwand**) erheben, insbesondere

wegen der unterlassene Angabe des tatsächlichen Warenwertes wenn damit die Gefahr eines ungewöhnlich hohen Schadens gegeben ist (BGH, Urt. 19.01.2006, I ZR 80/03). Ein ungewöhnlich hoher Schaden kann angenommen werden, wenn ein möglicher Schaden den üblichen Haftungshöchstbetrag, nach Gesetz oder AGB, um ungefähr das Zehnfache übersteigt (CMR= 8,33 SZR je kg ca. 10,00 € je kg x 10 = ca. 100,00 € je kg = ungewöhnlich hoher Schaden unter der CMR) (BGH, Urt. v. 13.8.2009 – I ZR 03/07; BGH, Urt. v. 15.12.2005-IZR95/03). **Mitverschulden liegt bei Beauftragung eines Frachtführers mit erkennbar mangelhafter Betriebsorganisation** (BGH, Urt. 30.3.2006 – I ZR 57/03) bzw. bei Fortsetzung der Geschäftsbeziehungen trotz signifikanter Schäden vor (BGH, Urt. 24.6.2010 – I ZR 73/08).

Sofern der Frachtführer den Ablauf des Transports darlegen kann, hier Aufenthalt auf einem bewachten Parkplatz in F, ist dessen **sekundäre Darlegungslast erfüllt** (BGH, Urt.10.12.2009 – I ZR 154/07). Nunmehr ist es am Anspruchsteller konkrete anspruchsbegründende Umstände für Art. 29 CMR darzulegen.

Beachte: In der Frachtführerversicherung zur Abdeckung der Risiken aus der CMR ist der Versicherungsschutz für Risiken aus Art. 29 CMR nicht automatisch enthalten. Deshalb gesondert eindecken!

gesonderte Versicherung für Art. 29 CMR eindecken

4.8.3 Sonstige Schäden

Mit „sonstige Schäden" sollen alle solchen gemeint sein, die nicht Verlustschäden, Beschädigungen oder Lieferfristüberschreitungen sind. Deren Schadensausgleich ist nicht in der CMR geregelt. Hier gilt dann Deutsches Frachtrecht, Haftung des Frachtführers bei Vermögensschäden (§ 433 HGB).

4.9 Rechte und Pflichten des Empfängers

4.9.1 Die Rechte des Empfängers

Der Empfänger ist beim Vertrag nach CMR nicht Partei des Frachtvertrages, aber i. d. R. Begünstigter aus dem Frachtvertrag.

Er hat unter der CMR folgende Rechte gegenüber dem Frachtführer, die er geltend machen kann:

4

Recht auf:	Weisungsrechte:	
Ablieferung des Gutes und Herausgabe der zweiten Ausfertigung des Frachtbriefs **Art. 13 Abs. 1** oder **Schadensersatz** bei Verlust, Verspätung und Beschädigung (Rspr.)	Nach Ankunft: • am Auslieferungsort zur Annahme, Art. 12 Abs. 2, 2. Alt i.V.m. Art. 13 Abs. 1 • Rücknahme der Annahmeverweigerung, Art. **15 Abs. 2**	Von Anfang an: • mit 2. Ausfertigung des Frachtbriefs, Art. 12 Abs. 2 • bei Empfängervermerk im Frachtbrief, Art. 12 Abs. 3

Rechte des Empfängers

Ablieferungsanspruch des Empfängers nach Ankunft

Art. 13 Abs. 1 CMR
(1) Nach Ankunft des Gutes an dem für die Ablieferung vorgesehenen Ort ist der Empfänger berechtigt, vom Frachtführer zu verlangen, daß ihm gegen Empfangsbestätigung die zweite Ausfertigung des Frachtbriefes übergeben und das Gut abgeliefert wird. Ist der Verlust des Gutes festgestellt oder ist das Gut innerhalb der in Artikel 19 vorgesehenen Frist nicht angekommen, so kann der Empfänger die Rechte aus dem Beförderungsvertrag im eigenen Namen gegen den Frachtführer geltend machen.

Ablieferung

Ablieferung bedeutet, dass der Frachtführer im Einvernehmen mit dem Empfänger den Besitz des Gutes aufgibt und diesen auf den Empfänger überträgt.

Beispiel
Ein „entnervter" Lkw Fahrer entlädt eigenmächtig die Ware vor dem Eingang des Empfängers. Dies ist keine Ablieferung, sondern Besitzaufgabe, die den bedingten Vorsatz des Verlustes am Gut einschließt, Haftung nach Art. 29 CMR.

Der Empfänger kann auch bei Annahmeverweigerung des Transportgutes, die Rechte aus Art. 13, insbesondere den Schadensersatz geltend machen (BGHI ZR 111/96 „Tiefkühl-Sauerkirschen- Entscheidung", NJW 1999, 1110,1112).

Die Empfängerrechte kann dieser, beim Einsatz eines Unterfrachtführers, nicht nur gegenüber dem Hauptfrachtführer, sondern auch gegenüber dem Unterfrachtführer direkt wahrnehmen, auch wenn die Voraussetzungen nach Art. 34 CMR nicht erfüllt sind (BGH I ZR 50/05, TranspR 2007, 425).

4.9.2 Pflichten des Empfängers

> **Art. 13 Abs. 2 CMR**
> (2) Der Empfänger, der die ihm nach Absatz 1 zustehenden Rechte geltend macht, hat den Gesamtbetrag der aus dem Frachtbrief hervorgehenden Kosten zu zahlen. Bei Streitigkeiten hierüber ist der Frachtführer zur Ablieferung des Gutes nur verpflichtet, wenn ihm der Empfänger Sicherheit leistet.

Frachtzahlungspflicht des Empfängers

Hauptpflicht des Empfängers, wenn er das Transportgut annimmt, ist die Frachtzahlungspflicht, Zug um Zug gegen die Herausgabe des Gutes.

Frachtzahlung

Die Höhe der Fracht bestimmt sich nach dem Betrag, der im Frachtbrief eingetragen ist. Wenn der Frachtbrief keine Angaben über die Kosten enthält, hat der Frachtführer keinen entsprechenden Anspruch gegen den Empfänger (wohl aber noch gegen den Absender). Hinzuzurechnen sind noch sonstige Kosten, die mit dem Transport entstanden sind, wie Frachtzuschläge, Standgelder, Zollgebühren und Einfuhrumsatzsteuer.

Höhe der Fracht nach Frachtbrief

Daneben hat er noch die Pflicht, dem Frachtführer eine Empfangsbestätigung (Quittung) auszustellen.

Quittungsleistungspflicht

4.10 Fristen, Gerichtsstand, Beförderung durch mehrere Frachtführer

4.10.1 Reklamationsfristen

> **Art. 30 CMR**
> (1) Nimmt der Empfänger das Gut an, ohne dessen Zustand gemeinsam mit dem Frachtführer zu überprüfen und ohne unter Angaben allgemeiner Art über den Verlust oder die Beschädigung an den Frachtführer Vorbehalte zu richten, so wird bis zum Beweise des Gegenteils vermutet, daß der Empfänger das Gut in dem im Frachtbrief beschriebenen Zustand erhalten hat; die Vorbehalte müssen, wenn es sich um äußerlich erkennbare Verluste oder Beschädigungen handelt, spätestens bei der Ablieferung des Gutes oder, wenn es sich um äußerlich nicht erkennbare Verluste oder Beschädigungen handelt, spätestens binnen sieben Tagen, Sonntage und gesetzliche Feiertage nicht mitgerechnet, nach der Ablieferung gemacht werden. Die Vorbehalte müssen schriftlich gemacht werden, wenn es sich um äußerlich nicht erkennbare Verluste oder Beschädigungen handelt.

Annahmevermutung Anzeigefrist von 7 Tagen!

4

Anzeige wegen
Lieferfristüberschrei-
tung = 21 Tage ist
Ausschlussfrist

(2) …

(3) Schadenersatz wegen Überschreitung der Lieferfrist kann nur
gefordert werden, wenn binnen einundzwanzig Tagen nach dem
Zeitpunkt, an dem das Gut dem Empfänger zur Verfügung
gestellt worden ist, an den Frachtführer ein schriftlicher
Vorbehalt gerichtet wird.

Vergleichbar § 438 HGB

Hier gilt das gleiche wie für die Schadensanzeige nach HGB
(Fristen, 8.1. Die Schadensanzeige).

Beispiel
Der Empfänger bringt zur Rechtswahrung auf jedem Frachtbrief für Sendungen die angeliefert wurden, einen Stempel
an, mit der Aufschrift: „Annahme unter Vorbehalt". Nach zehn
Tagen stellt er fest, dass in einer angelieferten Kiste, die Ware
beschädigt ist. Welche Rechte hat er gegen den Frachtführer?
(Zur Lösung ► Kap. 2, ► Abschn. 2.8.1.).

4.10.2 Die Verjährungseinrede

Verjährung = 1 Jahr

Art. 32 CMR
(1) Ansprüche aus einer diesem Übereinkommen unterliegenden
Beförderung verjähren in einem Jahr. Bei Vorsatz oder bei einem
Verschulden, das nach dem Recht des angerufenen Gerichtes
dem Vorsatz gleich steht, beträgt die Verjährungsfrist jedoch drei
Jahre. Die Verjährungsfrist beginnt

a) bei teilweisem Verlust, Beschädigung oder Überschreitung der
Lieferfrist mit dem Tage der Ablieferung des Gutes;

b) bei gänzlichem Verlust mit dem dreißigsten Tage nach Ablauf
der vereinbarten Lieferfrist oder, wenn eine Lieferfrist nicht
vereinbart worden ist, mit dem sechzigsten Tage nach der
Übernahme des Gutes durch den Frachtführer;

c) in allen anderen Fällen mit dem Ablauf einer Frist von drei
Monaten nach dem Abschluß des Beförderungsvertrages.

Der Tag, an dem die Verjährung beginnt, wird bei der Berechnung der Frist nicht mitgerechnet.

Verjährungshemmung
während der Reklama-
tionsbearbeitung

(2) Die Verjährung wird durch eine schriftliche Reklamation bis zu
dem Tage gehemmt, an dem der Frachtführer die Reklamation
schriftlich zurückweist und die beigefügten Belege zurücksendet.
Wird die Reklamation teilweise anerkannt, so läuft die Verjährung
nur für den noch streitigen Teil der Reklamation weiter. Der
Beweis für den Empfang der Reklamation oder der Antwort
sowie für die Rückgabe der Belege obliegt demjenigen, der sich
darauf beruft. Weitere Reklamationen, die denselben Anspruch
zum Gegenstand haben, hemmen die Verjährung nicht.

Verjährungsfrist nach CMR:

— Ein Jahr (Regelfall)

— Drei Jahre (Art. 29)

Verjährungsfristen
nach CMR

Beginn des Laufes der Verjährung, Abs. 1:

a. Teilverlust, Beschädigung oder Fristüberschreitung ab dem Tag nach der Ablieferung.

b. Totalverlust, Tag nach dem 30. Kalendertag nach Ablauf der vereinbarten Frist; ohne Fristvereinbarung, Tag nach dem 60. Kalendertag nach Übernahme.

c. Bei sonstigen (Vermögens-)Schäden, 3 Monate nach Abschluss des Beförderungsvertrages, Tag danach.

Beispiel: Das beschädigte Transportgut wurde am 02.03. abgeliefert. Dann beginnt der Lauf der Verjährung am 03.03., der Tag der Ablieferung wird nicht mitgerechnet, Art. 32 I, letzter Satz.

Hemmung der Verjährung bei Ansprüchen gegen den Frachtführer, Abs. 2: Zwischen erster schriftlicher Reklamation und der schriftlichen Zurückweisung durch den Frachtführer!

Verjährungshemmung
bei Reklamation

Beispiel

Ablieferung der Ware am 02.03.07, beginnt der Lauf der Verjährungsfrist am 03.03.07, diese wäre mit Ablauf des 02.03.08 abgelaufen. Durch eine schriftliche Schadensersatzforderung, z. B. am 10.05.07 dem Frachtführer zugegangen und schriftlich von diesem am 09.07.07 zurückgewiesen, wird der Lauf der Verjährungsfrist um zwei Monate gehemmt, so dass der Anspruch hierdurch erst am 02.05.08 verjährt.

Beachte: **Reklamationen gem. CMR** bedürfen nicht der Schriftform des BGB (vgl. § 439 HGB), sondern jede **Textform** genügt, abgeleitet vom engl. Originaltext: „written", also per Fax und ausdruckbarer Mail ausreichend (OLG Koblenz, TranspR 1991, 93).

4.10.3 Der Gerichtsstand

Art. 31 CMR

(1) Wegen aller Streitigkeiten aus einer diesem Übereinkommen unterliegenden Beförderung kann der Kläger, außer durch Vereinbarung der Parteien bestimmte Gerichte von Vertragsstaaten, die Gerichte eines Staates anrufen, auf dessen Gebiet

a) der Beklagte seinen gewöhnlichen Aufenthalt, seine Hauptniederlassung oder die Zweigniederlassung oder Geschäftsstelle hat, durch deren Vermittlung der Beförderungsvertrag geschlossen worden ist, oder

internationale Zuständigkeit, Rechtshängigkeit, Rechtskraft, Vollstreckbarkeit, Sicherheitsleistung

4

> b) der Ort der Übernahme des Gutes oder der für die Ablieferung vorgesehene Ort liegt. Andere Gerichte können nicht angerufen werden.
>
> (2) Ist ein Verfahren bei einem nach Absatz 1 zuständigen Gericht wegen einer Streitigkeit im Sinne des genannten Absatzes anhängig oder ist durch ein solches Gericht in einer solchen Streitsache ein Urteil erlassen worden, so kann eine neue Klage wegen derselben Sache zwischen denselben Parteien nicht erhoben werden, es sei denn, daß die Entscheidung des Gerichtes, bei dem die erste Klage erhoben worden ist, in dem Staat nicht vollstreckt werden kann, in dem die neue Klage erhoben wird.

Gerichtsstände für Streitigkeiten aus der CMR

Gerichtsstände für Streitigkeiten aus der CMR:

— Ort der Übernahme
— Gewöhnlicher Aufenthaltsort des Beklagten
— Hauptniederlassung des Beklagten
— Vereinbarter Ort der Ablieferung
— Zweigniederlassung des Vertragsschlusses
— Parteivereinbarung.

einheitlicher Gerichtsstand durch Anrufung eines Gerichts

Soweit eines der vorgenannten Gerichte angerufen ist, wird die Anrufung eines anderen Gerichts in dieser Sache unzulässig (bei Nichtvollstreckbarkeit des Urteils), Art. 31 Abs. 2.

4.10.4 Beförderung durch mehrere Frachtführer

Haftung mehrerer aufeinanderfolgender Straßenfrachtführer: Solidarhaftung aller Frachtführer gem. Frachtbrief

Art. 34 CMR
Wird eine Beförderung, die Gegenstand eines einzigen Vertrages ist, von aufeinanderfolgenden Straßenfrachtführern ausgeführt, so haftet jeder von ihnen für die Ausführung der gesamten Beförderung; der zweite und jeder folgende Frachtführer wird durch die Annahme des Gutes und des Frachtbriefes nach Maßgabe der Bedingungen des Frachtbriefes Vertragspartei.

Diese Bestimmung begründet die **(gesamtschuldnerische) Haftung aller Frachtführer** gem. Frachtbriefbedingungen, die in die Ausführung eines Transportvertrages involviert sind durch die Übernahme des Gutes mit einem Frachtbrief (▶ Abschn. 4.5.1).

Art. 35 CMR

(1) Ein Frachtführer, der das Gut von dem vorhergehenden Frachtführer übernimmt, hat diesem eine datierte und unterzeichnete Empfangsbestätigung auszuhändigen. Er hat seinen Namen und seine Anschrift auf der zweiten Ausfertigung des Frachtbriefes einzutragen. Gegebenenfalls trägt er Vorbehalte nach Artikel 8 Absatz 2 auf der zweiten Ausfertigung des Frachtbriefes sowie auf der Empfangsbestätigung ein.

(2) Für die Beziehungen zwischen den aufeinanderfolgenden Frachtführern gilt Artikel 9.

Überprüfungspflichten; Beweiskraft des Frachtbriefs

Art. 36 CMR

Ersatzansprüche wegen eines Verlustes, einer Beschädigung oder einer Überschreitung der Lieferfrist können, außer im Wege der Widerklage oder der Einrede in einem Verfahren wegen eines auf Grund desselben Beförderungsvertrages erhobenen Anspruches, nur gegen den ersten, den letzten oder denjenigen Frachtführer geltend gemacht werden, der den Teil der Beförderung ausgeführt hat, in dessen Verlauf das Ereignis eingetreten ist, das den Verlust, die Beschädigung oder die Überschreitung der Lieferfrist verursacht hat; ein und dieselbe Klage kann gegen mehrere Frachtführer gerichtet sein.

Passivlegitimation

Art. 37 CMR

Einem Frachtführer, der auf Grund der Bestimmungen dieses Übereinkommens eine Entschädigung gezahlt hat, steht der Rückgriff hinsichtlich der Entschädigung, der Zinsen und der Kosten gegen die an der Beförderung beteiligten Frachtführer nach folgenden Bestimmungen zu:

a) der Frachtführer, der den Verlust oder die Beschädigung verursacht hat, hat die von ihm oder von einem anderen Frachtführer geleistete Entschädigung allein zu tragen;

b) ist der Verlust oder die Beschädigung durch zwei oder mehrere Frachtführer verursacht worden, so hat jeder einen seinem Haftungsanteil entsprechenden Betrag zu zahlen; ist die Feststellung der einzelnen Haftungsanteile nicht möglich, so haftet jeder nach dem Verhältnis des ihm zustehenden Anteiles am Beförderungsentgelt;

c) kann nicht festgestellt werden, welche der Frachtführer den Schaden zu tragen haben, so ist die zu leistende Entschädigung in dem unter Buchstabe b bestimmten Verhältnis zu Lasten aller Frachtführer aufzuteilen.

Rückgriff nach gesamtschuldnerischer Haftung

4

4.11   Übersicht der wichtigsten Anspruchsgrundlagen und Einwendungen

Schadensart	Verlust / Beschädigung	Verspätung	Nachnahmefehler	Urkunden Fehlgebrauch / Verlust	Weisungs-Fehler: Ausführungen von W. ohne Vorlage des Frachtbriefs
Haftungsart	Obhutshaftung	Obhutshaftung	verschuldensunabhängig	Vermutetes Verschulden	verschuldensunabhängig
Anspruchsgrundlage	Art. 17 Abs. 1 (Verlustvermutung, Art. 20)	Art. 17 Abs. 1 (Fristberechnung Art. 19)	Art. 21	Art. 11 Abs. 3	Art. 12 Abs. 7
Besondere Einwendungen des Frachtführers	Art. 17 Abs.2, Abs. 4	Art. 17 Abs. 2, Abs. 4	Kein Nachnahmeauftrag	Unabwendbarkeit mit der Sorgfalt eines ordentlichen Kaufmanns (§ 461 ABs. 2 HGB analog)	Vorheriges Erlöschen des Weisungsrechts Art. 12 ABs. 2, Abs. 3 / Bestimmungen gem. Art. 12 Abs.5, sind nicht eingehalten
Limitierungen	Limitiert = 8,33 SZR per kg Verlust / Beschädigung, Art. 23 Abs.3.	Limitiert = Höhe der Fracht, Art. 23 Abs. 5.	Höhe der Nachnahme, Art. 21.	Limitiert wie Verlust, Art. 11 Abs. 3 (Art. 23 Abs.3)	Vermögensschaden unlimitiert (soweit nicht anders geregelt, z.B. bei Verspätung)
Unlimitierte Haftung	Bei Vorsatz und grober Fahrlässigkeit im Sinne von Art. 29				

Die wichtigsten Anspruchsgrundlagen gegen den Frachtführer

Die wichtigsten Anspruchsgrundlagen des Frachtführers gegen den Absender aus der CMR:		Die wichtigsten Einwendungen (des Absenders) dagegen:
• Schadensersatz wg. mangelhafter Verpackung, gem. 10. • Haftung für Schäden durch fehlende Angaben, Unterlagen/ Urkunden gem. 11, Abs. 2. • Anspruch auf Kostenerstattung bei (zusätzlichen) Weisungen, gem. Art. 16 i.V.m. Art. 12, 14, 15. • Schadensersatz bei gefährlichen Gütern, gem. Art. 22, unlimitiert • Art. 7, Abs. 1 : fehlende und unrichtige Frachtbriefangaben	⇨⇦	• Gegen Art. 10 ⇨ Verpackungsmangel war offensichtlich / Frachtführer bekannt, Art. 10, 2.Alt. • Gegen Art. 11 ⇨ Haftungsausschluss bei (Mit-) Verschulden des Frachtführers. • Gegen Art. 16 ⇨ Weisungsproblem durch den Frachtführer verschuldet, Art. 16 Abs. 1, 2. Alt. • Gegen Art. 22 ⇨ Auf Gefahren hingewiesen und Vorsichtsmaßnahmen mitgeteilt, Eintragung hierüber im Frachtbrief.

Übersicht der wichtigsten Ansprüche des Frachtführers gegen den Absender und dessen Einwendungen

Anspruchsgrundlage:	Art. 17 Abs. 1: • Obhutszeitraum • Verlust, (Art. 20), Beschädigung; Lieferfristüberschreitung (Art. 19)
Haftungsausschlüsse:	• Art. 17 Abs. 4 (besondere Haftungsausschlüsse): **B!** Art. 18 Abs. 2 (Vermutung zu Gunsten des Frachtführers) **B!** Art. 18 Abs. 3 bis 5: Sonderfälle zu Lasten des Frachtführers • Art. 17 Abs. 2 (allgemeine Haftungsausschlüsse) **B!** Art. 18 Abs. 1 (Beweislast des Frachtführers)
Rechtsfolge:	Art. 23 Abs. 1, 2 ⇨ Wertermittlung
Limitierung:	Art. 23 Abs. 3: 8,33 SZR je kg (Substanzschäden) Art. 23 Abs. 5 ⇨ Fracht (Lieferfristüberschreitung)
Weiterer Ausgleich:	Art. 23 Abs. 4 ⇨ Fracht / Zölle **B!** Art. 24 + 26 CMR (Haftungserweiterung)
Unlimitierte Haftung:	Art. 29, Vorsatz und Leichtfertigkeit (i.V.m. § 435 HGB)

Prüfungsschema CMR Frachtführerhaftung

4

Die wichtigsten
Einwendungen des
Frachtführers aus der
CMR

Die wichtigsten **Einwendungen des Frachtführers** aus der CMR

— Einwendungen/Vorbehalte aus dem Frachtbrief, Art. 9 Abs. 2.
— Art. 17 Abs. 4 (a–f): Besondere Haftungsausschlussgründe.
— Art. 17 Abs. 2: Haftungsausschlüsse/Mitverschulden des Verfügungsberechtigten/Unabwendbarkeit.
— Nichtbeachtung der Reklamationsfristen, Art. 30 Abs. 1 (Beweisvermutung), Art. 30 Abs. 3 (Ausschlussfrist).
— Verjährung, Art. 32.
— Haftungslimitierungen gem. Art. 23 Abs. 3, Abs. 5.
— Ausschluss der außervertraglichen Haftung des Frachtführers bei Verlust, Beschädigung und Fristüberschreitung gem. Art. 28.

4.12   Wiederholungsfragen

? 1. **Wann kommen die CMR zur Anwendung?**
   ▶ **Abschn. 4.3**

? 2. **Für welche Personen haftet der Frachtführer?**
   ▶ **Abschn. 4.4**

? 3. **Wofür ist der Frachtbrief von Bedeutung?**
   ▶ **Abschn. 4.5.1**

? 4. **Welche Pflichten hat der Frachtführer bei Übernahme des Gutes?** ▶ **Abschn. 4.7.2**

? 5. **In wieviel Exemplaren wird ein CMR-Frachtbrief ausgestellt und wer erhält diese?** ▶ **Abschn. 4.5.2**

? 6. **Welche Pflichten hat der Absender unter der CMR?**
   ▶ **Abschn. 4.6.1**

? 7. **Wer hat wann das Verfügungsrecht hinsichtlich des Transportguts?** ▶ **Abschn. 4.6.2**

? 8. **Innerhalb welcher Frist hat der Frachtführer zu liefern?** ▶ **Abschn. 4.6.2**

? 9. **Was bedeutet Verlustvermutung?** ▶ **Abschn. 4.6.2**

? 10. **Welche Sicherungsrechte hat der Frachtführer für seine Frachtlohnforderung?** ▶ **Abschn. 4.7.1**

? 11. **Welche Haftung trifft den Frachtführer unter der CMR?** ▶ **Abschn. 4.8**

? 12. **Wer hat den Beweis zu tragen, dass einer der Haftungsausschlussgründe in Art. 17 Abs. 4 nicht schadensursächlich war?** ▶ **Abschn. 4.8.1**

? 13. **In welcher Höhe haftet der Frachtführer bei Verlust, Beschädigung und Lieferfristüberschreitung?**
   ▶ **Abschn. 4.8.1**

? 14. Kann der Absender unter der CMR die vorgenannten Haftungshöchstbeträge erhöhen?
► Abschn. **4.8.1**

? 15. Welche Rechte und Pflichten hat der Empfänger?
► Abschn. **4.9**

? 16. Was sind Reklamationsfristen und welche sind unter
der CMR zu beachten? ► Abschn. **4.10.1**

? 17. Wie wird die Verjährung bei der CMR berechnet?
► Abschn. **4.10.2**

? 18. Wo sind Klagen bei Streitigkeiten aus der CMR zu
erheben? ► Abschn. **4.10.3**

? 19. Wann haften mehrere Frachtführer gesamtschuld-
nerisch bei einem CMR-Transport? ► Abschn. **4.10.4**

? 20. Nach welchen Grundsätzen erfolgt die Schadens-
quotelung unter ihnen? ► Abschn. **4.10.4**

Das Recht des internationalen Luftverkehrs – Warschauer Abkommen und Montrealer Übereinkommen

© Springer-Verlag GmbH Deutschland, ein Teil von Springer Nature 2019
T. Wieske, *Transportrecht – Schnell erfasst*, Recht – schnell erfasst,
https://doi.org/10.1007/978-3-662-58488-0_5

5.1 Einführung

Durch das TRG wurden alle nationalen Arten des Transportes den einheitlichen Regelungen des HGB (Vierter Abschnitt) unterstellt. Dies gilt für nationale Lufttransporte. Aus der Natur von Luftfrachtbeförderungen und als Folge der hohen Kosten liegt jedoch der Schwerpunkt dieser Art des Transports im internationalen ja interkontinentalen Verkehr, z. T. auch kombiniert mit anderen Verkehrsarten, wie z. B. dem sog. „Sea-Air Verkehr" („Doppelt so schnell wie Seefracht und halb so teuer wie Luftfracht").

Deshalb erscheint es angezeigt, auf die Grundzüge des internationalen Luftfrachtrechts einzugehen. Historische Basis hierfür bildet das **Warschauer Abkommen** (1929, nachfolgend: „WA") einschließlich des **Haager Protokolls** (1955) und des Abkommens von Guadalajara (1961). Deutschland ist diesen Abkommen durch Ratifikation beigetreten und somit sind ihre Bestimmungen rechtlich bindend und gehen als internationale Abkommen nationalen Regelungen vor.

Merke: Ratifiziertes internationales Recht bricht nationales Recht!

Das WA ist von 138 Staaten ratifiziert worden. 111 Staaten haben das Haager Protokoll unterzeichnet (wobei die USA dieses nicht ratifiziert hat).

Dem am 14. Juni 1998 in Kraft getretenen Montrealer Protokoll Nummer 4, das die frachtrechtlichen Vorschriften des WA modernisierte, ist Deutschland nicht beigetreten.

Als Fortsetzung des Montrealer Protokolls Nummer 4 wurde im Jahre 1999, wiederum in Montreal, eine grundsätzliche Revision des Warschauer Abkommens beschlossen, um den geänderten technischen Möglichkeiten, vor allem im elektronischen Datenaustausch, gerecht zu werden. Dieses Abkommen wird als das **Montrealer Übereinkommen (MÜ)** bezeichnet. (Nach der Sprachregelung des Auswärtigen Amtes werden nunmehr bilaterale internationale Verträge als Abkommen bezeichnet, während multilaterale (mehrstaatliche) Verträge, wie der von Montreal, als Übereinkommen zu bezeichnen sind.). Mit der Ratifikation durch mindestens 30 Staaten ist das MÜ am 4. November 2003 in Kraft getreten. Deutschland hat das MÜ ratifiziert und ist gemeinsam mit allen EU-Staaten („15-Altstaaten") dem MÜ beigetreten, das 60 Tage nach Hinterlegung für internationale deutsche Lufttransporte anzuwenden ist, also per 28. Juni 2004. Soweit ein Staat das MÜ wie auch das WA ratifiziert hat, z. B. Deutschland, ist zunächst die Anwendung des jüngeren Übereinkommens zu prüfen (Anwendungsvoraussetzungen). Wenn dessen Voraussetzungen vorliegen, findet das MÜ Anwendung. Wenn

Wirkung des MÜ für Deutschland

die Anwendungsvoraussetzungen des MÜ nicht vorliegen, ist zu prüfen, ob das WA anzuwenden ist (3.9. Vergleich WA/MÜ/Prüfungsschema nach WA). Bis zum Jahre 2017 hatten 119 Staaten und die EU das MÜ ratifiziert. MÜ und WA weisen, trotz inhaltlicher Unterschiede, in ihrem textlichen Aufbau große Gemeinsamkeiten auf, z. T. sind die Nummern der Artikel identisch. Im Folgenden wird Bezug genommen auf das MÜ, alle Artikel sind solche des MÜ, es sei denn, diese sind ausdrücklich als solche des WA bezeichnet worden.

5

	WA 1929	Haager Protokoll 1955	Guadalajara-Abk. 1961 (Haftung bei Miete und Charter)	4. Montrealer Protokoll (1975)	MÜ (1999)
In Kraft seit	1929	1958	1961	1998	2003
Ratifikation durch Deutschland (BRD)	1933	1969	1964	Nein	06/2004

Internationales Luftfrachtrecht

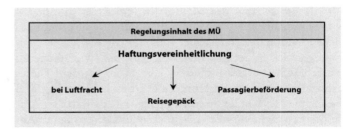

5.2 Die Anwendungsvoraussetzungen des MÜ

Art. 1 MÜ

(1) Dieses Übereinkommen gilt für jede internationale Beförderung von Personen, Reisegepäck oder Gütern, die durch Luftfahrzeuge gegen Entgelt erfolgt. Es gilt auch für unentgeltliche Beförderungen durch Luftfahrzeuge, wenn sie von einem Luftfahrtunternehmen ausgeführt werden.

Anwendungsbereich

(2) Als „internationale Beförderung" im Sinne dieses Übereinkommens ist jede Beförderung anzusehen, bei der nach den Vereinbarungen der Parteien der Abgangsort und der Bestimmungsort, gleichviel ob eine Unterbrechung der Beförderung oder ein Fahrzeugwechsel stattfindet oder nicht, in den Hoheitsgebieten von zwei Vertragsstaaten liegen oder, wenn diese Orte zwar im Hoheitsgebiet nur eines Vertragsstaates liegen, aber eine Zwischenlandung in dem Hoheitsgebiet eines anderen Staates vorgesehen ist, selbst wenn dieser Staat kein Vertragsstaat ist. Die Beförderung zwischen zwei Orten innerhalb des Hoheitsgebietes nur eines Vertragsstaats ohne eine solche Zwischenlandung im Hoheitsgebiet eines anderen Staates gilt nicht als internationale Beförderung im Sinne dieses Übereinkommens.

(3) Ist eine Beförderung von mehreren aufeinander folgenden Luftfrachtführern auszuführen, so gilt sie, gleichviel ob der Beförderungsvertrag der Form eines einzigen Vertrages oder einer Reihe von Verträgen geschlossen worden ist, bei der Anwendung dieses Übereinkommens als eine einzige Beförderung, sofern sie von den Parteien als einheitliche Leistung vereinbart worden ist; eine solche Beförderung verliert ihre Eigenschaft als internationale Beförderung nicht dadurch, dass ein Vertrag oder eine Reihe von Verträgen ausschließlich im Hoheitsgebiet desselben Staates zu erfüllen ist.

(4) Dieses Übereinkommen gilt auch für Beförderungen nach Kapitel V vorbehaltlich der darin enthaltenen Bedingungen.

Internationale Beförderung + durch Luftfahrzeuge + gewerblich/Entgelt ⇨ MÜ

Anwendungsvoraussetzungen des MÜ:
– internationale Beförderung vereinbart:

wenn eine Beförderung zwischen zwei Staaten vereinbart worden ist, die dem Vertrag beigetreten sind (unbeschadet, ob die Beförderung auch tatsächlich so stattgefunden hat, z. B. bei Notlandung im Staat des Abgangsorts gilt gleichwohl das MÜ) oder,

wenn zwar Abgangs- und Bestimmungsort auf dem Gebiet eines Vertragsstaates liegen, aber eine Zwischenlandung im Gebiet eines anderen Staates vorgesehen ist. Dies gilt selbst dann, wenn dieser kein Vertragsstaat ist.

Beispiel

Beispiel: Flugroute Friedrichshafen/Bodensee – Zürich – Bremen.

Beachte: Es kommt auf den Inhalt der Vereinbarung zwischen den Parteien an, nicht auf die tatsächliche Reiseroute (d. h. auch bei einer Route die z. B. aus technischen Gründen dann doch zwei MÜ-Vertragsstaaten berührt, findet das MÜ keine Anwendung).

Beachte: Auch bei einem gebrochenen Transport durch mehrere aufeinander folgende Luftfrachtführer gilt dieser als einheitlicher Transport, wenn die Parteien diesen als einheitliche Leistung vereinbart haben, Abs. 3.

— **durch Luftfahrzeuge** (z. B. auch Zeppelinen)
— gem. Art. 1 Abs. 4 gilt MÜ auch für **gemischte Beförderung** nach Kapitel V (Art. 39 bis 48 MÜ)
— **gewerblich:** gegen Entgelt oder unentgeltlich durch Luftfahrtunternehmen, z. B. Freiflug in einem Vielfliegerprogramm (z. B.: Miles & More).

Beachte: Keine Anwendung des MÜ bei Lufttransporten zwischen einem MÜ Staat und einem Nicht-MÜ-Staat, z. B. Flug zwischen Deutschland (MÜ-Staat) und Türkei (Nicht-MÜ-Staat). Da beide Staaten jedoch das WA (1955) ratifiziert haben, findet auf einen Transport zwischen diesen das WA Anwendung.

Bei einem Transport zwischen Deutschland (MÜ- und WA-Staat) und Thailand (weder MÜ noch WA-Staat), sind die rechtlichen Beziehungen nach den Grundsätzen des Internationalen Privatrechts zu beurteilen (für Deutschland nach Art. 27 ff. EGBGB).

Beachte: Bedingte Anwendung auf die internationale Postbeförderung, jedoch gilt das MÜ gem. Art. 2 Abs. 2 nur im Verhältnis zwischen Postverwaltung und Luftfrachtführer.

5.3　Die Vertragsstruktur/die Beteiligten

Die Vertragsstruktur bei internationalen Luftfrachtverträgen entspricht der Struktur der bereits dargestellten Frachtverträge und ist ein Werkvertrag.

▶ Kap. 2, „Das deutsche Frachtrecht"

Im Regelfall wird der Luftbeförderungsvertrag zwischen dem Luftfrachtführer und dem Absender abgeschlossen. Diese erwerben Rechte und Pflichten aus dem Luftbeförderungsvertrag.

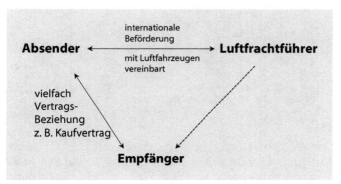

Die Beteiligten

Der Empfänger ist auch im Luftbeförderungsvertrag nicht Vertragspartei und damit hat er keine Pflichten aus dem Luftbeförderungsvertrag. Er ist jedoch als Empfänger Ziel der Beförderung und somit Begünstigter aus dem Luftbeförderungsvertrag. Der **Empfänger hat eigene Rechte** gegenüber dem Frachtführer:

- nach Ankunft am Bestimmungsort gem. Art. 13 Abs. 1 und
- auf Grund besonderer Weisung, insbesondere wenn eine solche im AWB eingetragen, Art. 12 Abs. 3 und der Empfänger über den AWB verfügt.
- Soweit der Empfänger diese wahrnimmt, erwachsen ihm hierdurch auch Pflichten (**Zahlungspflicht, Art. 13 Abs. 1**).

5

5.4 Der Luftfrachtbrief/Airwaybill (AWB), Art. 4 ff.

5.4.1 Der Inhalt des Luftfrachtbriefs und seine Formen

Empfangsbestätigung

> **Art. 4 MÜ**
> (1) Bei der Beförderung von Gütern ist ein Luftfrachtbrief auszuhändigen.
> (2) Anstelle eines Luftfrachtbriefs kann jede andere Aufzeichnung verwendet werden, welche die Angaben über die auszuführende Beförderung enthält. Werden derartige andere Aufzeichnungen verwendet, so muss der Luftfrachtführer dem Absender auf dessen Verlangen eine Empfangsbestätigung über die Güter aushändigen, die es ermöglicht, die Sendung genau zu bestimmen und auf die in diesen anderen Aufzeichnungen enthaltenen Angaben zurückzugreifen.

Der AWB ist zwar nicht Vertragsvoraussetzung für einen Luftfrachtvertrag, aber i. d. R. wird ein AWB über jede Luftfrachtsendung erstellt, so Art. 4 Ziff. 1 MÜ für Ausstellung des AWB. Aber Lufttransport ist auch ohne AWB möglich, Umkehrschluss aus Art. 9 MÜ.

elektronisches Dokument zulässig

Das MÜ lässt aber statt der Ausstellung eines AWB auch die Ausstellung in „jeder anderen Aufzeichnung" zu, „welche die Angaben über die auszuführende Beförderung enthält", Art. 4 Ziff. 2 MÜ, um hierdurch auch eine elektronische Erstellung wie auch dessen elektronische Weiterleitung zu ermöglichen. Bisher wurde hiervon noch nicht Gebrauch gemacht, da im internationalen Luftverkehr eine Vereinheitlichung notwendig ist, die jedoch noch nicht von der IATA bewerkstelligt wurde.

Empfangsbestätigung als Alternative

Sofern jedoch nur ein elektronisches Dokument erstellt wurde, hat der Absender einen Anspruch gegen den Luftfrachtführer, auf die Ausstellung einer Empfangsbestätigung in Schriftform und auf dessen Aushändigung als Quittungspapier, Art. 4 Ziff. 2 MÜ.

Inhalt des Luftfrachtbriefs oder Empfangsbestätigung über Güter

> **Art. 5 MÜ**
> Der Luftfrachtbrief und die Empfangsbestätigung über Güter müssen enthalten:
> die Angabe des Abgangs- und Bestimmungsortes;
> falls Abgangs- und Bestimmungsort im Hoheitsgebiet desselben Vertragsstaates liegen, jedoch eine oder mehrere Zwischenlandungen im Hoheitsgebiet eines anderen Staaten vorgesehen sind, die Angaben von zumindest einem dieser Zwischenlandepunkte;
> die Angaben des Gewichts der Sendung.

Shipper's Name and Address	Shipper's account Number	
		Not negotiable **Air Waybill** Issued by
		Copies 1, 2 and 3 of this Air Waybill are originals and have the same validity.
Consignee's Name and Address	Consignee's account Number	It is agreed that the goods described herein are accepted in apparent good order and condition (except as noted) for carriage SUBJECT TO THE CONDITIONS OF CONTRACT ON THE REVERSE HEREOF. ALL GOODS MAY BE CARRIED BY ANY OTHER MEANS INCLUDING ROAD OR ANY OTHER CARRIER UNLESS SPECIFIC CONTRARY INSTRUCTIONS ARE GIVEN HEREON BY THE SHIPPER, AND SHIPPER AGREES THAT THE SHIPMENT MAY BE CARRIED VIA INTERMEDIATE STOPPING PLACES WHICH THE CARRIER DEEMS APPROPRIATE. THE SHIPPER'S ATTENTION IS DRAWN TO THE NOTICE CONCERNING CARRIER'S LIMITATION OF LIABILITY. Shipper may increase such limitation of liability by declaring a higher value for carriage and paying a supplemental charge if required.

Issuing Carrier's Agent Name and City

Accounting Information

Agent's IATA Code   Account No.

Airport of Departure (Addr. of first Carrier) and requested Routing

to	By first Carrier	Routing and Destination	to	by	to	by	Currency	CHGS Code	WT/VAL PPD COLL	Other PPD COLL	Declared Value for Carriage	Declared Value for Customs

Airport of Destination	Flight/Date	For Carrier Use only	Flight/Date	Amount of Insurance	INSURANCE – If Carrier offers insurance and such insurance is requested in accordance with conditions on reverse hereof, indicate amount to be insured in figures in box marked amount of insurance.

Handling Information

SCI

No. of Pieces RCP	Gross Weight	kg lb	Rate Class Commodity Item No.	Chargeable Weight	Rate / Charge	Total	Nature and Quantity of Goods (incl. Dimensions or Volume)

Prepaid	Weight Charge	Collect	Other Charges

Valuation Charge

Tax

Total other Charges Due Agent

	Shipper certifies that the particulars on the face hereof are correct and that insofar as any part of the consignment contains dangerous goods, such part is properly described by name and is in proper condition for carriage by air according to the applicable Dangerous Goods Regulations.

Total other Charges Due Carrier

Signature of Shipper or his Agent

Total prepaid	Total collect	
Currency Conversion Rates	cc charges in Dest. Currency	

Executed on   (Date)   at   (Place)   Signature of Issuing Carrier or its Agent

For Carrier's Use only at Destination	Charges at Destination	Total collect Charges

Luftfrachtbrief/Air Waybill

5

„Muss-Angaben" des AWB

Den zwingenden „Muss-Inhalt" eines AWB regelt Art. 5. Daneben muss der Luftfrachtbrief die Parteien erkennen lassen, die den Luftfrachtvertrag geschlossen haben.

Über die Muss-Angaben hinaus sind jedoch vielfältige „Kann-Angaben" Gegenstand eines AWB, insbesondere zur Beschreibung des Gutes, Wert, Versicherung, Gefahrguthinweise u. a. gem. Art. 6 MÜ.

Luftfrachtbrief

> **Art. 7 MÜ**
>
> (1) Der Luftfrachtbrief wird vom Absender in drei Ausfertigungen ausgestellt.
>
> (2) Die erste Ausfertigung trägt den Vermerk „für den Luftfracht-führer"; sie wird vom Absender unterzeichnet. Die zweite Ausfertigung trägt den Vermerk „für den Empfänger"; sie wird vom Absender und vom Luftfrachtführer unterzeichnet. Die dritte Ausfertigung wird vom Luftfrachtführer unterzeichnet und nach Annahme der Güter dem Absender ausgehändigt.
>
> (3) Die Unterschrift des Luftfrachtführers und diejenige des Absenders können gedruckt oder durch einen Stempel ersetzt werden.
>
> (4) Wird der Luftfrachtbrief auf Verlangen des Absenders vom Luftfrachtführer ausgestellt, so wird bis zum Beweis des Gegenteils vermutet, dass der Luftfrachtführer im Namen des Absenders gehandelt hat.

Absender ist AWB-Aussteller

Art. 7 MÜ entspricht weitgehend Art. 6 WA und belässt die **Ausstellungspflicht beim Absender**.

Beachte: Wenn kein AWB ausgestellt wurde, liegt die Ausstellung einer Empfangsbestätigung beim Luftfrachtführer (Art. 4 Ziff. 2 MÜ).

Die Ausstellung des AWB erfolgt in drei Exemplaren durch den Absender. Wenn der Luftfrachtführer diesen ausstellt, handelt er als Vertreter und im Namen des Absenders, Art. 6 Abs. 4. Luftfrachtbrief/Airwaybill:

3 Exemplare des Luftfrachtbriefs

- Exemplar 1: für den Luftfrachtführer, unterzeichnet vom Absender
- Exemplar 2: für den Empfänger, unterzeichnet von Absender und Luftfrachtführer
- Exemplar 3: für den Absender, unterzeichnet vom Luftfrachtführer; sog. **„Luftfrachtbriefdritt", notwendig für Weisungen bei der Beförderung!**

MAWB und HAWB

In der Praxis wird vielfach unterschieden zwischen einem MAWB (Master Airwaybill), der den Abschluss eines Luftfrachtvertrages über eine nur stückzahlmäßige oder nach dem Gewicht zu bestimmende Sammelladungssendung dokumentiert und einem HAWB (House Airwaybill), der meistens von einem Spediteur als „Unterfrachtbrief" ausgestellt wird, um den Transport einzelner Güter, die zu einer Sammelladung gehören, von Haus zu Haus zu dokumentieren. Der Spediteur haftet dann gem. § 460 HGB als Sammelladungsspediteur „wie ein Frachtführer", ▶ Kap. 3.4, Speditionsrecht).

5.4.2 Die Rechtswirkungen der Ausstellung des AWB

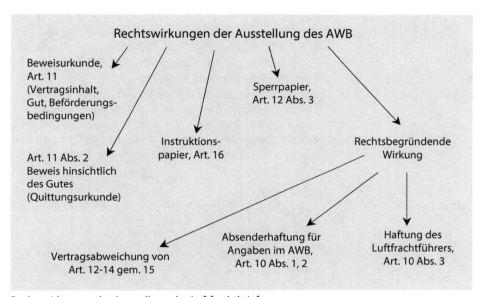

Rechtswirkungen der Ausstellung des Luftfrachtbriefes

Widerlegliche Beweiswirkung gem. Art. 11 Abs. 1 des AWB über:
— Abschluss des Luftfrachtvertrages
— den Empfang des Gutes
— die Beförderungsbedingungen
— Menge und Zustand der Güter
— Zustand des Luftfrachtgutes, Art. 31 Abs. 1

Beachte: Im Unterschied zu Art. 9 WA führen weder die Nichtausstellung des AWB noch Fehler bei dessen Ausstellung zur unlimitierten Haftung des Luftfrachtführers, Art. 9 MÜ.

Art. 9 MÜ – Nichtbeachtung der Bestimmungen über Beförderungsurkunden

Die Nichtbeachtung der Artikel 4 bis 8 berührt weder den Bestand noch die Wirksamkeit des Beförderungsvertrags; dieser unterliegt gleichwohl den Vorschriften dieses Übereinkommens einschließlich derjenigen über die Haftungsbeschränkung.

5

5.5 Die Rechte und Pflichten des Absenders

5.5.1 Die Pflichten des Absenders

Frachtzahlungspflicht

Hauptpflicht des Absenders: Frachtzahlungspflicht! Diese ist zwar nicht im MÜ geregelt, denn das MÜ will nur die Regeln hinsichtlich der internationalen Beförderung vereinheitlichen. Aber diese Pflicht folgt aus dem nationalen Transportrecht, § 407 HGB.

Mittelbar kann man bereits eine solche aus Art. 12 Abs. 1 MÜ ableiten („Der Absender ist unter der Bedingung, dass er alle Verbindlichkeiten aus dem Frachtvertrag erfüllt, berechtigt …").

Nebenpflichten des Absenders

(Neben-) Pflichten des Absenders
- **Ausstellung des Luftfrachtbriefes, Art. 7 Abs. 2** (siehe Luftfrachtbrief) ⇨ Rechtsfolge: Verschuldensunabhängige Haftung bei Unrichtigkeit, für jeden Schaden Art. 10 Abs. 2
- **Informationspflichten, Art. 16** ⇨ Rechtsfolge: Verschuldensunabhängige Haftung für alle Schäden, Art. 16 Abs. 1 Satz 2

Haftung des Absenders

Art. 10 MÜ

(1) Der Absender haftet für die Richtigkeit der Angaben und Erklärungen über die Güter, die von ihm oder in seinem Namen in den Luftfrachtbrief eingetragen werden, sowie der von ihm oder in seinem Namen dem Luftfrachtführer gemachten Angaben oder Erklärungen zur Aufnahme in die Empfangsbestätigung über die Güter oder in die anderen Aufzeichnungen im Sinne des Artikels 4 Absatz 2. Dies gilt auch dann, wenn die für den Absender handelnde Person zugleich der Beauftragte des Luftfrachtführers ist.

(2) Der Absender hat dem Luftfrachtführer den Schaden zu ersetzen, den dieser oder ein Dritter, dem der Luftfrachtführer haftet, dadurch erleidet, dass die vom Absender oder in seinem Namen gemachten Angaben und Erklärungen unrichtig, ungenau oder unvollständig sind.

Haftung des Absenders für die Richtigkeit der Angaben über das Gut im AWB, mit unlimitierter Schadensersatzpflicht, gem. Art. 10.

Beispiel

Wenn der Absender angibt, dass es sich bei dem Frachtgut um Textilien handelt, es sich jedoch in Wahrheit um Zünder handelt, die eine Explosion an Bord des Luftfahrzeugs herbeiführen, so haftet hierfür der Absender unbeschränkt.

Wenn jedoch der Absender nicht derjenige ist, der die Ware kennt, weil er sie gesehen oder hergestellt hat, so muss der luftfrachtrechtliche Absender sicherstellen (z. B. Spediteur), dass ihm der Warenversender die richtigen Angaben liefert (z. B. durch die Regelung in Ziff. 3.3 bis 3.5 ADSp).

Art. 16 MÜ

(1) Der Absender ist verpflichtet, alle Auskünfte zu erteilen und alle Urkunden zur Verfügung zu stellen, die vor Aushändigung der Güter an den Empfänger zur Erfüllung der Vorschriften der Zoll-, der Polizei- und anderer Behörden erforderlich sind. Der Absender haftet dem Luftfrachtführer für den Schaden, der durch das Fehlen, die Unvollständigkeit oder die Unrichtigkeit dieser Auskünfte und Urkunden entsteht, es sei denn, dass den Luftfrachtführer oder seine Leuten ein Verschulden trifft.

(2) Der Luftfrachtführer ist nicht verpflichtet, diese Auskünfte und Papiere auf ihre Richtigkeit und Vollständigkeit zu prüfen.

Vorschriften der Zoll- der Polizei- und anderer Behörden

Auskunfts- und Informationspflichten des Absenders

Beachte: Der Luftfrachtführer hat keine Pflicht, die Angaben des Absenders zu überprüfen, aber er kann diese nachprüfen.

5.5.2 Rechte des Absenders

Der Absender hat gem. Art. 12 während des Transports das Weisungsrecht hinsichtlich des Transports und das **Verfügungsrecht über das Gut gegen Vorlage des AWB**.

Art. 12 MÜ

(1) Der Absender ist unter der Bedingung, dass er alle Verpflichtungen aus dem Frachtvertrag erfüllt, berechtigt, über die Güter in der Weise zu verfügen, dass er sie am Abgangs- oder Bestimmungsflughafen sich zurückgeben, unterwegs während einer Landung aufhalten, am Bestimmungsort oder unterwegs an eine andere Person als den im Luftfrachtbrief bezeichneten Empfänger abliefern oder zum Abgangsflughafen zurückbringen lässt. Dieses Recht kann nur insoweit ausgeübt werden, als dadurch der Luftfrachtführer oder die anderen Absender nicht geschädigt werden; der Absender ist zur Erstattung der durch die Ausübung dieses Rechts entstehenden Kosten verpflichtet.

(2) Ist die Ausführung der Weisungen des Absenders unmöglich, so hat der Luftfrachtführer ihn unverzüglich zu verständigen.

(3) Kommt der Luftfrachtführer den Weisungen des Absenders nach, ohne die Vorlage der diesem übergebenen Ausfertigung des Luftfrachtbriefs oder der Empfangsbestätigung über die Güter zu verlangen, so haftet er unbeschadet seines Rückgriffsanspruchs gegen den Absender dem rechtmäßigen Besitzer des Luftfrachtbriefs oder der Empfangsbestätigung für den hieraus entstehenden Schaden.

(4) Das Recht des Absenders erlischt mit dem Zeitpunkt, in dem das Recht des Empfängers nach Artikel 13 entsteht. Es lebt wieder auf, wenn der Empfänger die Annahme der Güter verweigert oder wenn er nicht erreicht werden kann.

Weisungs- und Verfügungsrecht

AWB Aufgaben des Absenders und Haftung des Luftfrachtsführers

Rechte und Pflichten
des Absenders
Einwendungen des
Luftfrachtführers

Rechte/Pflichten des Absenders: Weisungs- und Verfügungsrecht des Absenders, gem. Art. 12

Einwendungen des Luftfrachtführers:

- Einwand der Schädigung des Luftfrachtführers oder anderer Absender, Art. 12 Abs. 1 Satz 2
- Anspruch des Luftfrachtführers auf Kostenerstattung, Art. 12 Abs. 1 Satz 3
- bei Unmöglichkeit: unverzügliche Informationspflicht des Luftfrachtführers, Art. 12 Abs. 2
- Vorlage der Absenderausfertigung des AWB/Empfangsbestätigung, Art. 12 Abs. 3
- Schriftform der Verfügung gem. Art. 7 IATA Bedingungen.

Merke: Das Weisungsrecht des Absenders kommt zum Erlöschen, wenn dieser nicht mehr über dem Luftfrachtbrief verfügt, Abs. 3 (Umkehrschluss) und Abs. 4 (Luftfrachtbriefdritt).

5.6 Die Haftung des Luftfrachtführers

nationales Recht
ergänzt MÜ

Der aufmerksame Leser wird jetzt ein Kapitel über die Rechte und Pflichten des Luftfrachtführers vermissen, wie bei den oben dargestellten Transportbereichen. Aber das MÜ regelt nur den Kernbestand dessen, was einer einheitlichen Regelung bei internationalen Lufttransporten bedarf, wie Luftfrachtbrief, die Pflichten des Absenders, soweit diese die Sicherheit des Transports betreffen und die Haftung des Luftfrachtführers. Alle anderen Rechtsfragen beurteilen sich nach dem anwendbaren (nationalen) Recht, wie z. B. die Vertragserfüllung, Frachtansprüche, Pfand- und Zurückbehaltungsrecht.

5.6.1 Die Haftung für Güterschäden, Art. 18 bis 22

Art. 18 MÜ

(1) Der Luftfrachtführer hat den Schaden zu ersetzen, der durch Zerstörung, Verlust oder Beschädigung von Gütern entsteht, jedoch nur, wenn das Ereignis, durch das der Schaden verursacht wurde, während der Luftbeförderung eingetreten ist.

(2) ...

(3) Die Luftbeförderung im Sinne des Absatzes 1 umfasst den Zeitraum, während dessen die Güter sich in der Obhut des Luftfrachtführers befinden.

(4) Der Zeitraum der Luftbeförderung umfasst nicht die Beförderung zu Land, zur See oder auf Binnengewässern außerhalb eines Flughafens. Erfolgt jedoch eine solche Beförderung bei Ausführung des Luftbeförderungsvertrags zum Zweck der Verladung, der Ablieferung oder der Umladung, so wird bis zum Beweis des Gegenteils vermutet, dass der Schaden durch ein während der Luftbeförderung eingetretenes Ereignis verursacht worden ist. Ersetzt ein Luftfrachtführer ohne Zustimmung des Absenders die von den Parteien vereinbarte Luftbeförderung ganz oder teilweise durch eine andere Art der Beförderung, so gilt diese als innerhalb des Zeitraums der Luftbeförderung ausgeführt.

Beschädigung von Gütern

Gem. Art. 18 Abs. 1 MÜ haftet der Luftfrachtführer nunmehr nach den Grundsätzen der Obhutshaftung für jeden Schaden der durch Zerstörung, Verlust oder Beschädigung des Transportgutes eintritt, wenn dieser Schaden während der Luftbeförderung eingetreten ist. Darin unterscheiden sich Art. 18 MÜ und Art. 18 WA i. V. m. Art. 20 WA, da die Haftung des Luftfrachtführers im WA auf der vermuteten Verschuldenshaftung mit Entlastungsbeweis basiert.

Obhutshaftung im MÜ

Was heißt in diesem Zusammenhang Luftbeförderung?

Art. 18 Abs. 3: Der Ausdruck Luftbeförderung umfasst den Zeitraum während dessen sich die Güter unter der Obhut des Luftfrachtführers befinden, egal ob an Bord, auf dem Flughafen oder an einem beliebigen Ort. Das zentrale Anknüpfungskriterium für die Haftung des Luftfrachtführers ist dessen Obhut. Deshalb wird die Haftung des Luftfrachtführers auch als Obhutshaftung bezeichnet. Ein Verschulden des Luftfrachtführers ist nicht notwendig. Hierbei indizieren die Angaben im AWB den Obhutszeitraum. Dies gilt nunmehr

Luftbeförderung = Obhut des Luftfrachtführers AWB = Indiz für Obhutszeitraum

5

ausdrücklich auch für den Zeitraum, wenn der Luftfrachtführer das Gut im sog. Trucking am Boden per Lkw transportieren lässt (Ruhwedel, TranspR 2004, S. 137, 138, Fn. 16, wonach 40 bis 60 % des Luftfrachtaufkommens ausschließlich per Lkw durch Europa transportiert werden). Auch ohne die Genehmigung des Absenders gilt dies als Luftbeförderung, Art. 18 Abs. 4 Satz 3.

Wenn z. B. die Lufthansa Luftfrachtgut mit dem LKW von Bremen nach Frankfurt Flughafen transportiert (Luftfrachtersatzverkehr), damit dieses dann per Flugzeug nach Los Angeles versandt wird. Dann haftet der Luftfrachtführer im Falle eines Unfalls auf der Bundesautobahn nach MÜ mit 19 SZR je kg bei Zerstörung des (Luft-) Frachtgutes.

5.6.2 Schadensersatz für Verspätung

Haftung für
Verspätungsschäden

> **Art. 19 MÜ**
> Der Luftfrachtführer hat den Schaden zu ersetzen, der durch Verspätung bei der Luftbeförderung von Reisenden, Reisegepäck oder Gütern entsteht. Er haftet jedoch nicht für Verspätungsschäden, wenn er nachweist, dass er und seine Leute alle zumutbaren Maßnahmen zur Vermeidung des Schadens getroffen haben oder dass es ihm oder ihnen nicht möglich war, solche Maßnahmen zu ergreifen.

Fristermittlung nach
§ 423 HGB

Verspätung bedeutet, wenn das Gut nicht innerhalb der vereinbarten Frist oder einer einem sorgfältigen Frachtführer zuzubilligenden Frist nicht angeliefert wird (§ 423 HGB). Da das MÜ keine Reglung enthält wann eine Verspätung gegeben ist, kann hierzu auf das nationale Recht zurückgegriffen werden (§ 423 HGB).

Die mitgeteilten Flugdaten sind zwar Anhaltspunkt für die Flugdauer, aber keine automatisch vereinbarten Fristen, denn die Luftbeförderung ist nur ein Teil der Frachtabwicklung. Hierbei ist die Flugzeit mit einem angemessen Zuschlag zu versehen, der die äußeren Einflüsse des Luftverkehrs berücksichtigt (Witterung, Start- und Landerechte, Luftraumüberfüllung).

Verspätung oder
Nichterfüllung?

Beachte: Keine Verspätung sondern Nichterfüllung des Vertrages liegt vor, wenn die Beförderung von dem ursprünglich gebuchten Flug auf einen späteren Flug verlegt wird, z. B.

wegen Überbuchung (OLG Frankfurt, TransR 1997, 373). In diesem Fall beurteilt sich der Schadensersatz nach dem jeweils nationalen Recht. Einzelne Gerichte bejahen einen Verspätungsschaden, wenn der Flug mit einer Verspätung durchgeführt wird, die nicht länger als die vorgesehene Flugzeit ist (LG Frankfurt, TranspR 1991, 145; LG München I, TranspR NJW 1978, 2454). Diese Abgrenzung, bei einer „Flugunterbrechung" von 25 Stunden, ist aktuell Gegenstand eines Vorlagebeschlusses BGH an den EuGH, jedoch bezogen auf Passagierbeförderung.

In Art. 19 MÜ geht es um den Ausgleich von Vermögensschaden, der durch die Verspätung eingetreten ist und nachweisbar sein muss. Hierbei gilt nach dem MÜ für Verspätungsschäden die Haftung des Luftfrachtführers für vermutetes Verschulden. Dies folgt aus Satz 2, dass der Luftfrachtführer nur dann von der Haftung befreit ist, wenn er nachweisen kann, dass bei ordnungsgemäßem Verhalten, d. h. ohne Verschulden des Luftfrachtführers oder seiner Leute, der Schaden auch eingetreten wäre. Leute sind diejenigen, derer sich der Luftfrachtführer bei der Ausführung des Luftfrachtvertrages bedient, dazu gehören Mitarbeiter, Subunternehmer, nicht jedoch der Flughafenbetreiber, da dieser aus eigenen Rechten, z. B. Pflicht zur Räumung der Start- und Landebahnen von Schnee, tätig wird (ÖOGH, Urt.v. 16.11. 2012-6 Ob131/12a; TransR 2013, 128).

Haftung für vermutetes Verschulden bei Verspätung

Beispiel: Computerteile werden verspätet geliefert und hierdurch können die mit diesen zu versehenden Maschinen erst später hergestellt und verkauft werden. Der Vermögensschaden besteht hier im Zusatzaufwand für die Herstellung der Maschinen, sowie im Zinsverlust durch späteren Verkauf und könnte auch in einer Vertragsstrafe bestehen.

Der Luftfrachtführer ist von seiner Haftung für Verspätung befreit, wenn er nachweist, dass der Schaden durch ein für ihn unabwendbares Ereignis eingetreten ist (z. B. Wetter, hoheitliches Handeln), weil er alle für die Verhütung des Schadens erforderlichen Maßnahmen getroffen hat oder dass es unmöglich war, gegen das schädigende Ereignis Maßnahmen zu treffen (bei höherer Gewalt).

Unmöglichkeit der Abwehrmaßnahmen als Entlastung

5

Beispiel: Wenn der Luftfrachtführer alle möglichen Sicherheitskontrollen vornimmt, ein Passagier gleichwohl eine Bombe an Bord schmuggelt und es zum Absturz des Flugzeugs kommt, entfällt die Haftung des Luftfrachtführers für Verspätung.

Beweislast beim
Luftftrachtführer

Beachte: Beweislast beim Luftftrachtführer!

5.6.3 Einwendungen des Luftfrachtführers

Gegen die Obhutshaftung bei Schäden am Gut während des Obhutszeitraumes hat der Luftfrachtführer zwei Arten der Einwendungen:

- Besondere Haftungsausschlüsse, Art. 18 Abs. 2 a)–d): Gilt nur bei Substanzschäden.
- Haftungsausschluss wg. Mitverschuldens, Art. 20: Gilt sowohl bei Verspätungs- wie Substanzschäden.

besondere Haftungs-
ausschlussgründe im
Luftfrachtrecht

Art. 18 Abs. 2 MÜ
(2) Der Luftfrachtführer haftet jedoch nicht, wenn und soweit er nachweist, dass die Zerstörung, der Verlust oder die Beschädigung der Güter durch einen oder mehrere der folgenden Umstände verursacht wurde:

a) die Eigenart der Güter oder ein ihnen innewohnender Mangel;

b) mangelhafte Verpackung der Güter durch eine andere Person als den Luftfrachtführer oder seine Leute;

c) eine Kriegshandlung oder ein bewaffneter Konflikt;

d) hoheitliches Handeln in Verbindung mit der Einfuhr, Ausfuhr oder Durchfuhr der Güter.

Die zuvor erwähnten Haftungsausschlussgründe sind nur bei Güterschäden zu prüfen, nicht Verspätungsschäden.

Die Haftungsausschlussgründe a) und b) weisen große Ähnlichkeit zu § 427 Abs. 1 Ziff. 2 und 4 HGB bzw. Art. 17 Abs. 4 Ziff. b und c CMR auf (siehe da).

Dagegen sind die Haftungsausschlussgründe in Ziff. c) und d) entstanden aus der Internationalität der Luftfahrt, der staatlichen Überwachung und der besonderen Gefahrenlage bei kriegerischen Ereignissen.

Anders als § 427 Abs. 2 HGB und Art. 18 Abs. 2 CMR liegt die Beweislast beim Luftfrachtführer, dass der Schaden ausschließlich bzw. zu einem bestimmten Anteil durch einen dieser Haftungsausschlussgründe verursacht wurde.

Art. 20 MÜ

Weist der Luftfrachtführer nach, dass die Person, die den Schadensersatzanspruch erhebt, oder ihr Rechtsvorgänger den Schaden durch eine unrechtmäßige Handlung oder Unterlassung, sei es auch nur fahrlässig, verursacht oder dazu beigetragen hat, so ist der Luftfrachtführer ganz oder teilweise von seiner Haftung gegenüber dieser Person insoweit befreit, als diese Handlung oder Unterlassung den Schaden verursacht oder dazu beigetragen hat. Verlangt eine andere Person als der Reisende wegen dessen Tod oder Körperverletzung Schadensersatz, so ist der Luftfrachtführer ganz oder teilweise von seiner Haftung gegenüber dieser Person insoweit befreit, als er nachweist, dass eine unrechtmäßige Handlung oder Unterlassung des Reisenden, sei es auch nur fahrlässig, den Schaden verursacht oder dazu beigetragen hat. Dieser Artikel gilt für alle Haftungsbestimmungen in diesem Übereinkommen einschließlich Art. 21 Absatz 1.

Haftungsbefreiung wegen Mitverschuldens

Wesentlicher Haftungsausschlussgrund des internationalen Luftverkehrs, ist der Mitverschuldenseinwand gegenüber dem Geschädigten, bei unrechtmäßigen Handlungen oder Unterlassungen (z. B. unterlassene Verpackung, Deklaration) durch den Geschädigten selbst, durch Hilfspersonen des Geschädigten bzw. durch den Absender und/oder den Empfänger.

Im Frachtverkehr kann sich ein Mitverschulden durch eine falsche Kennzeichnung der Güter durch den Absender ergeben und im Passagierverkehr kann hier an das Handeln von Selbstmordattentätern oder an Unachtsamkeit von Fluggästen beim Verstauen des Handgepäcks oberhalb der Sitzplätze gedacht werden.

In all diesen Fällen entfällt die Haftung des Luftfrachtführers jedoch nur in dem Maße, in dem der Luftfrachtführer nachweisen kann, dass mindestens fahrlässiges Verhalten des Passagiers bzw. des Absender schadensursächlich oder -vergrößernd war. Das Beweisrisiko liegt beim Luftfrachtführer, ansonsten haftet er nach den Grundsätzen der Obhutshaftung, jedoch begrenzt.

5.6.4 Die Haftungsbegrenzungen bei Verspätung, sowie Güterschäden, Art. 22 Abs. 3

Haftungshöchstbe-
träge bei Güterschäden
und Verspätung 19 SZR
je kg

Art. 22 MÜ

…

(3) Bei der Beförderung von Gütern haftet der Luftfrachtführer für Zerstörung, Verlust, Beschädigung oder Verspätung nur bis zu einem Betrag von 22 Sonderziehungsrechten für das Kilogramm; diese Beschränkung gilt nicht, wenn der Absender bei der Übergabe des Frachtstücks an den Luftfrachtführer das Interesse an der Ablieferung am Bestimmungsort betragsmäßig angegeben und den verlangten Zuschlag entrichtet hat. In diesem Fall hat der Luftfrachtführer bis zur Höhe des angegebenen Betrags Ersatz zu leisten, sofern er nicht nachweist, dass dieser höher ist als das tatsächliche Interesse des Absenders an der Ablieferung am Bestimmungsort.

(4) Im Fall der Zerstörung, des Verlusts, der Beschädigung oder der Verspätung eines Teiles der Güter oder irgendeines darin enthaltenen Gegenstands ist für die Feststellung, bis zu welchem Betrag der Luftfrachtführer haftet, nur das Gesamtgewicht der betroffenen Frachtstücke maßgebend. Beeinträchtigt jedoch die Zerstörung, der Verlust, die Beschädigung oder die Verspätung eines Teiles der Güter oder eines darin enthaltenen Gegenstands den Wert anderer Frachtstücke, die in demselben Luftfrachtbrief oder derselben Empfangsbestätigung oder, wenn diese nicht ausgestellt wurden, in den anderen Aufzeichnungen im Sinne des Artikels 4 Absatz 2 aufgeführt sind, so ist das Gesamtgewicht dieser Frachtstücke für die Feststellung, bis zu welchem Betrag der Luftfrachtführer haftet, maßgebend.

(5) Die Absätze 1 und 2 finden keine Anwendung, wenn nachgewiesen wird, dass der Schaden durch eine Handlung oder Unterlassung des Luftfrachtführers oder seiner Leute verursacht worden ist, die entweder in der Absicht, Schaden herbeizuführen, oder leichtfertig und in dem Bewusstsein begangen wurde, dass wahrscheinlich ein Schaden eintreten wird; im Fall einer Handlung oder Unterlassung der Leute ist außerdem nachzuweisen, dass diese in Ausführung ihrer Verrichtungen gehandelt haben.

(6) Die in Artikel 21 und in diesem Artikel festgesetzten Haftungsbeschränkungen hindern das Gericht nicht, zusätzlich nach seinem Recht einen Betrag zuzusprechen, der ganz oder teilweise den vom Kläger aufgewendeten Gerichtskosten und sonstigen Ausgaben für den Rechtsstreit, einschließlich Zinsen, entspricht. Dies gilt nicht, wenn der zugesprochene Schadenersatz, ohne Berücksichtigung der Gerichtskosten und der sonstigen Ausgaben für den Rechtsstreit, den Betrag nicht übersteigt, den der Luftfrachtführer dem Kläger schriftlich innerhalb einer Frist von sechs Monaten seit dem Ereignis, das den Schaden verursacht hat, oder, falls die Klage nach Ablauf dieser Frist erhoben worden ist, vor ihrer Erhebung angeboten hat.

Das MÜ begrenzt die Haftung des Luftfrachtführers seit 01.01.2020 wie folgt:

- Bei Tod oder Körperverletzung mit 128.821 SZR: Art. 21 Abs. 1
- Verspätung von Personen mit 5.346 SZR: Art. 22 Abs. 1
- Substanzschäden an Reisegepäck mit 1.288 SZR: Art. 22 Abs. 2
- Substanzschäden und Verspätung an Gütern mit 22 SZR je kg: Art. 22 Abs. 3

> Begrenzte Haftung des Luftfrachtführers mit 22 SZR je kg

Die **limitierte Haftung des Luftfrachtführers gilt bei Güterschäden und Verspätung in jedem Fall,** selbst bei Vorsatz! Umkehrschluss aus Art. 22 Abs. 5, der nur bei der Passagierbeförderung eine unlimitierte Haftung vorsieht, sofern Absicht oder Leichtfertigkeit gegeben ist.

> Haftungsgrenzen des MÜ bei der Fracht undurchbrechbar!

Das maßgebliche **Gewicht** für die Berechnung des Schadensersatzes ist das Gut, das verloren, beschädigt oder verspätet ist, **gem. Art. 22 Abs. 3.** Sofern jedoch durch einen Teilverlust der Wert der gesamten Sendung beeinträchtigt wurde, so ist das Gewicht der gesamten Sendung bei der Berechnung der limitierten Haftung zugrunde zu legen, gem. Art. 22 Abs. 4 (vgl. Rechtsgedanken in § 431 Abs. 2 HGB).

Gem. Art. 22 Abs. 3 Satz 1, Hs. 2 kann jedoch bei höherem Wert des Gutes vom Absender eine **Wertdeklaration** vorgenommen werden. Hierzu muss dieser eindeutig und ziffernmäßig dem Luftfrachtführer den Warenwert mitteilen. Eine bestimmte Form ist nicht notwendig, auch Cirka-Angaben reichen. Der Luftfrachtführer hat das Recht, einen Zuschlag zu fordern. Sofern dieser von dem Recht keinen Gebrauch macht, hat gleichwohl der Absender das Recht auf höheren Schadensausgleich gem. Wertdeklaration (ÖOGH, Urt.v. 26.9.2012-7 Ob 111/12t; TranspR 2013, 204).

Zusätzlich kann das angerufene Gericht nach nationalem Recht, dem klagenden Geschädigten die aufgewendeten **Anwalts- und Gerichtskosten** zusprechen, gem. Abs. 4.

Gegen die limitierte Haftung selbst im Fall der vorsätzlichen Schadensverursachung durch den Luftfrachtführer wurde vielfach in der Literatur Kritik geübt. Der BGH hatte eine vergleichbare Regelung in Art. 34 Nr. 4.1 des Weltpostvertrages vom 14.09.1994 für grundgesetzlich unbedenklich gehalten (BGH TransR 2003, 238). Im Übrigen gehen internationale ratifizierte Regelungen nationalem Recht vor.

Die Umrechnung der Sonderziehungsrechte (SZR) erfolgt gem. Art. 23 Abs. 1 in Landeswährung im Falle einer gerichtlichen Entscheidung nach dem Wert der Landeswährung in SZR im Zeitpunkt der gerichtlichen Entscheidung. Im Falle

5

einer außergerichtlichen Regulierung gibt es keine Regelung im MÜ. Der Zeitpunkt der Umrechnung bestimmt sich in Deutschland nach § 431 Abs. 4 HGB nach dem Tag der Übernahme zur Beförderung.

Beachte: Das MÜ ermöglicht in Art. 24, dass die Haftungshöchstbeträge in Art. 21, 22, 23 innerhalb eines Fünfjahresrhythmus überprüft werden, um festzustellen, ob die Haftungshöchstbeträge angepasst werden müssen. So betrugen die Haftungshöchstbeträge bis 2009 bei Güter- und Verspätungsschäden 17 SZR je kg und 19 SZR je kg bis 2019.

Beachte: **Gem. Art. 25 MÜ kann der Luftfrachtführer höhere als im MÜ** vorgesehene Haftungshöchstbeträge akzeptieren. Eine Reduzierung der MÜ Haftungsbeträge dagegen ist unwirksam, Art. 26 MÜ.

Der BGH hatte in der Inkludierung von Ziff. 27 ADSp (2003) in einen Luftfrachtvertrag die Vereinbarung einer höheren Haftung bei qualifiziertem Verschulden gesehen und hat in diesen Fällen eine unlimitierte Haftung von ADSp-(Fixkosten-) Spediteuren bejaht (BGH, Urt. v. 22.07.2010-I ZR 194/08). Durch die Anpassungen in Ziff. 27.1 ADSp (2017) die nunmehr keine Anwendung auf Art. 25 MÜ finden soll, sollte diese Durchbrechung der Haftung nach MÜ nicht mehr möglich sein.

Beachte: Die Haftungshöchstbeträge nach dem MÜ gelten als Obergrenzen, Art. 29 auch für Ansprüche aus anderen Rechtsgrundlagen, sofern Bezug zu einem MÜ- Vertrag gegeben ist.

5.6.5 Besonderheiten in der Haftung nach Warschauer Abkommen

In den Haftungsvoraussetzungen bestehen zwischen WA und MÜ große Übereinstimmungen, Anspruchsgrundlage für Substanzschäden ist Art. 18 WA und für Verspätung, Art. 19 WA. Auch das System von Haftungsausschlussgründen hat seine Basis im WA (Art. 20, 21 WA), wobei der Detaillierungsgrad im MÜ höher ist.

Entscheidende Unterschiede finden sich jedoch in Art. 22 Abs. 2a, 2b WA, wonach die Haftung des Luftfrachtführers bei Güter und Verspätungsschäden auf 250 Franken je kg beschränkt ist.

Bei den Franken handelt es sich nicht um Schweizer Franken, sondern gem. **Art, 22Abs. 5 WA,** sogenannte Pointcare Franken. Diese entsprechen **ca. 27 € je Kg.**

Ein weiterer wesentlicher Unterschied zwischen WA und MÜ ist der Umstand, dass **Art. 25A WA die unlimitierte Haftung des Frachtführers vorsieht,** wenn dieser oder seine Leute in der Absicht, Schaden herbeizuführen, oder leichtfertig und in dem Bewusstsein gehandelt haben, dass ein Schaden mit Wahrscheinlichkeit eintreten werde. (Wem diese Formulierung bekannt vorkommt, der hat sich an § 435 HGB erinnert!). Im Zuge der Verhandlungen zum MÜ ist es der Luftfahrtindustrie gelungen, diese unbegrenzte Haftung im Bereich der Güter abzuschaffen, so haben wir im MÜ lediglich eine unlimitierte Haftung im Bereich der Passagierbeförderung (Art. 22 Abs. 5 MÜ) aber nicht mehr bei der kommerziellen Güterbeförderung.

Außerdem haftet der Luftfrachtführer **unter dem WA, dann unlimitiert, wenn kein AWB** mit dem Hinweis auf eine beschränkte Haftung des Luftfrachtführers ausgestellt wurde (Art. 5 Abs. 2 i. V. m. Art. 9, 8c WA).

Daher kennt das WA auch nur den Luftfrachtbrief in Papierform als AWB, nicht aber in elektronischer Form wie das MÜ (Art. 4 Ziff. 2 MÜ).

5.6.6 Begrenzte Haftung der „Leute" des Luftfrachtführers

Art. 30 MÜ

(1) Wird einer der Leute des Luftfrachtführers wegen eines Schadens in Anspruch genommen, der unter dieses Übereinkommen fällt, so kann er sich auf die Haftungsvoraussetzungen und -beschränkungen berufen, die nach diesem Übereinkommen für den Luftfrachtführer gelten, sofern er nachweist, dass er in Ausführung seiner Verrichtungen gehandelt hat.

(2) Der Betrag, der in diesem Fall von dem Luftfrachtführer und seinen Leuten als Ersatz insgesamt zu leisten ist, darf die genannten Haftungsgrenzen nicht übersteigen.

(3) Die Absätze 1 und 2 finden, außer bei der Beförderung von Gütern, keine Anwendung, wenn nachgewiesen wird, dass der Schaden durch eine Handlung oder Unterlassung der Leute des Luftfrachtführers verursacht worden ist, die entweder in der Absicht, Schaden herbeizuführen, oder leichtfertig und in dem Bewusstsein begangen wurde, dass wahrscheinlich ein Schaden eintreten wird.

Leute des Luftfrachtführers – Mehrheit von Ansprüchen

Die Leute des Luftfrachtführers können sich auch auf die (Haftungsbegrenzungs-)Regeln des MÜ berufen, Art. 30 MÜ.

Leute des Luftfrachtführers sind alle Personen, derer er sich der bei der Ausführung des Beförderung bedient, gleichgültig ob es sich um dessen Angestellte oder um Subunternehmer handelt, wenn sie in Ausführung ihrer (übertragenen/zugewiesenen) Verrichtung tätig geworden sind.

Hierzu gehören auch die Mitarbeiter der für die Luftfracht tätige örtliche Flughafengesellschaft, selbst wenn es sich bei dieser um ein Monopolunternehmen handelt, derer sich der Luftfrachtführer zur lokalen Luftfrachtabwicklung bedienen muss.

Was bedeutet **in Ausführung ihrer Verrichtung?**

Dieser Begriff dient vor allem zur Abgrenzung für den Fall, dass die Leute, die für den Luftfrachtführer tätig werden, „bei Gelegenheit" Rechtsgutverletzungen begehen. Dann ist er hierfür nicht verantwortlich, weil diese nicht zum Tätigkeitsbereich der „Leute" gehörte.

Beispiel: Ein Steward lässt einen Flacon Parfüm im Duty Free Bereich „mitgehen". Persönliche Haftung des Mitarbeiters, keine Haftung des Luftfrachtführers. Anders bei Unachtsamkeit des Stewards bei der Sicherung von Handgepäck, dann Haftung des Luftfrachtführers.

5.7 Fristen und Gerichtsstand

5.7.1 Die Reklamationsfristen

Art. 31 MÜ

(1) Nimmt der Empfänger aufgegebenes Reisegepäck oder Güter vorbehaltlos an, so begründet dies die widerlegbare Vermutung, dass sie unbeschädigt und entsprechend dem Beförderungsschein oder den anderen Aufzeichnungen im Sinne des Artikels 3 Absatz 2 und Artikels 4 Absatz 2 abgeliefert worden sind.

(2) Im Fall einer Beschädigung muss der Empfänger unverzüglich nach Entdeckung des Schadens, bei aufgegebenem Reisegepäck jedenfalls binnen sieben und bei Gütern binnen vierzehn Tagen nach der Annahme, dem Luftfrachtführer Anzeige erstatten. Im Fall einer Verspätung muss die Anzeige binnen einundzwanzig Tagen, nachdem das Reisegepäck oder die Güter dem Empfänger zur Verfügung gestellt worden sind, erfolgen.

(3) Jede Beanstandung muss schriftlich erklärt und innerhalb der dafür vorgesehenen Frist übergeben und abgesandt werden.

(4) Wird die Anzeigefrist versäumt, so ist jede Klage gegen den Luftfrachtführer ausgeschlossen, es sei denn, dass dieser arglistig gehandelt hat.

Schadensanzeige

Art. 31 Abs. 1: Vorbehaltlose Annahme der Güter = Widerlegliche Vermutung des ordnungsgemäßen Transports bis zum Beweis des Gegenteils.

Nicht erkennbare Schäden (Art. 31 Abs. 2) müssen innerhalb von 14 Tagen bei Gütern, oder maximal 21 Tage bei Verspätung nach der Annahme beim Luftfrachtführer angezeigt werden.

14-tägige Reklamationsfrist

Form (Art. 31 Abs. 1): schriftlich auf dem Beförderungsschein (bei Annahme) oder in anderer Weise schriftlich erklärt.

Beachte: **Versäumung der Anzeigefrist ⇨ Ausschluss der Klage gegen den Luftfrachtführer (Art. 31 Abs. 4)**, diese Fristen sind nicht durch die Parteien verlängerbar. Diese Ausschlussfristen sind durch die Gerichte automatisch, d. h. „von Amts wegen zu prüfen".

A! Kein Ausschluss wegen verpasster Anzeigepflicht, wenn der Luftfrachtführer arglistig gehandelt hat.

5.7.2 Die Klagefrist als Ausschlussfrist

Ausschlussfrist

> **Art. 35 MÜ**
>
> (1) Die Klage auf Schadenersatz kann nur binnen einer Ausschlussfrist von zwei Jahren erhoben werden; die Frist beginnt mit dem Tag, an dem das Luftfahrzeug am Bestimmungsort angekommen ist oder an dem es hätte ankommen sollen oder an dem die Beförderung abgebrochen worden ist.
>
> (2) Die Berechnung der Frist richtet sich nach den Gesetzen des angerufenen Gerichts.

5

2 Jahre Klagefrist

Art. 35: Ausschlussfrist von zwei Jahren für Klagen auf Schadensersatz

Die Frist beginnt mit dem Tage, an dem das Luftfahrtzeug an dem Bestimmungsort angekommen ist oder hätte ankommen müssen. Ansonsten richtet sich die Fristberechnung nach dem Recht des angerufenen Gerichts, d. h. in Deutschland nach §§ 186 ff. BGB.

Auch hier ist die Einhaltung dieser Frist von Amts wegen durch das angerufene Gericht zu prüfen (siehe bereits Art. 31, Schadensanzeige).

5.7.3 Der Gerichtsstand

Der Gerichtsstand für Klagen aus dem MÜ ist in Art. 33 geregelt:

Gerichtsstand

> **Art. 33 MÜ**
>
> (1) Die Klage auf Schadenersatz muss im Hoheitsgebiet eines der Vertragsstaaten erhoben werden, und zwar nach Wahl des Klägers entweder bei dem Gericht des Ortes, an dem sich der Wohnsitz des Luftfrachtführer, seine Hauptniederlassung oder seine Geschäftsstelle befindet, durch die der Vertrag geschlossen worden ist, oder bei dem Gericht des Bestimmungsorts.
>
> [Abs. 2 und Abs. 3 beziehen sich auf Personenschaden.]
>
> (4) Das Verfahren richtet sich nach den Gesetzen des angerufenen Gerichts.

Den Gerichtsstand bestimmt der Kläger durch die Einreichung der Klage und diese kann eingereicht werden:
in einem MÜ Vertragsstaat und dort
- am Ort des (registerrechtlichen) Sitzes des Luftfrachtführers oder
- am Ort des (tatsächlichen) Sitzes der Leitung des Luftfrachtführers oder
- am Ort der Niederlassung mit der er den Vertrag geschlossen hat oder
- am Bestimmungsort.

5.8 Bestimmungen über gemischte Beförderung und Versicherungspflicht

5.8.1 Bestimmungen über gemischte Beförderung

Art. 38 MÜ

(1) Bei gemischten Beförderungen, die zum Teil durch Luftfahrzeuge, zum Teil durch andere Verkehrsmittel ausgeführt wird, gilt dieses Übereinkommens vorbehaltlich des Artikels 18 Absatz 4 nur für die Luftbeförderung im Sinne des Artikels 1.

(2) Bei gemischter Beförderung sind die Parteien durch dieses Übereinkommen nicht gehindert, Bedingungen für die Beförderung durch andere Verkehrsmittel in den Luftbeförderungsvertrag aufzunehmen, sofern hinsichtlich der Luftbeförderung dieses Übereinkommen beachtet wird.

gemischte Beförderung

Mit gemischten Beförderungen sind solche Transportvorgänge gemeint, die bereits vertragsgemäß den Einsatz unterschiedlicher Beförderungsmittel vorsehen. Z. B. Der Sea-Air Verkehr ist eine Kombination aus der Luft- und Seebeförderung, z. B. mit Seetransport von Singapur nach Dubai und Lufttransport von Dubai nach Frankfurt/Main. Hier verweist der Sea-Air Frachtbrief für den Seetransport auf die seerechtlichen Regelungen und für den Lufttransport auf das MÜ.

Sea-Air Verkehr

Nicht gemeint mit gemischter Beförderung sind Luftbeförderungen im Sinne von Art. 18 Abs. 3+4 MÜ, d. h. dort wo ausschließlich Luftbeförderung vereinbart wurde, jedoch dem Luftfrachtführer Luftfracht(ersatz)trucking erlaubt ist. (Siehe: Obhutshaftung des Luftfrachtführers.)

Anwendung in den Fällen des MÜ, wenn die Voraussetzungen gem. Art. 1 vorliegen (⇨ Anwendung des MÜ, Art. 1).
Für den Nicht-Luftbeförderungsteil im gemischten Transport können die Bedingungen des anderen Beförderungsmittels übernommen werden, z. B. die Haag-Visby Regeln bei der Kombination mit Seeverkehr = sog. „Sea-Air Verkehr" mit einem sog. „Sea-Air AWB", der für die Luftstrecke MÜ vorsieht und für die Seestrecke die Haager oder die Visby Regeln anwendet.

5.8.2　Die Versicherungspflicht, Art. 50

Versicherung

> **Art. 50 MÜ**
> Die Vertragsstaaten verpflichten ihre Luftfrachtführer, sich zur Deckung ihrer Haftung nach diesem Übereinkommen angemessen zu versichern. Der Vertragsstaat, in den ein Luftfrachtführer eine Beförderung ausführt, kann einen Nachweis über einen angemessenen Versicherungsschutz zur Deckung der Haftung nach diesem Übereinkommen verlangen.

Diese Regelung verpflichtet den Luftfrachtführer zum Abschluss einer Haftpflichtversicherung, um die Haftung nach dem MÜ wie dem WA zu versichern, d. h. im Frachtbereich für Substanz- und Verspätungsschäden.

Der Spediteur der über §§ 458 bis 460 HGB die Rechte und Pflichten eines Luftfrachtführers hat und damit nach dem MÜ, ist, da er den Transport durch einen „echten Luftfrachtführer" ausführen lässt, nicht zum Abschluss dieser Haftpflichtversicherung verpflichtet, da durch Art. 50 MÜ sicher gestellt werden soll, dass ein jeder reale Luftfrachtführer seine Luftfahrzeuge für Haftpflichtfälle nach dem MÜ (Passagiere, Reisegepäck und Güter) versichert (ähnlich wie § 7a GüKG).

5.9   Der Vergleich zwischen WA und MÜ

5.9.1   Vergleich WA/Haager Protokoll/ Protokoll Nr. 4 von Montreal/MÜ

	Warschauer Abkommen 1929 (WA)	Haager Protokoll 1955 (HP)	Montrealer Protokoll 1974 Nr. 4 (MP)	Montrealer Abkommen 1999 (MÜ)
Ratifikation	D, USA	D und die meisten Staaten (außer USA)	In Kraft seit 14.06.1998 (nicht von D ratifiziert)	In Kraft seit November 2003, USA, EU, D (seit 06/2004)
Regelungsgegenstand	Personen, Gepäck und Frachtgut	Personenschäden	Güter	Personen, Gepäck und Frachtgut
Anwendbarkeit bei internationalen Transporten	Abgangs- und Bestimmungsort muss in Vertragsstaaten liegen, Art. 1, A! Zwischenlandung	Abgangs- und Bestimmungsort muss in Vertragsstaaten liegen, Art. 1, A! Zwischenlandung	Mindestens ein Vertragsstaat berührt.	Abgangs- und Bestimmungsort muss in Vertragsstaaten liegen, Art. 1, A! Zwischenlandung
Luftfrachtbrief	Notwendig	Notwendig	Notwendig, Art. 5	Notwendig, Art. 4
Form des AWB	Papierform, Art. 5	Papierform	Papierlos mit Zustimmung des Absenders, Art. 5	»jedes Mittel« der Darstellung Art. 4; Empfangsbestätigung, Art. 11
AWB begleitet Gut	Ja, Art. 6	Ja, Art. 6	Nicht gefordert	Nicht gefordert
Inhalt des AWB	Art. 8: Mindestinhalt Hinweis auf Haftungsbeschränkungen erforderlich	Art.8: Mindestinhalt Hinweis auf Haftungsbeschränkungen erforderlich.	Art. 8: Abflug- und Ankunftsflughafen, Zwischenlandeort, Gewicht	Art.8: Abflug- und Ankunftsflughafen, Zwischenlandeort, Gewicht
Haftungsmaßstab Substanzschäden	Vermutete Verschuldenshaftung mit Entlastungsmöglichkeit	Vermutete Verschuldenshaftung mit Entlastungsmöglichkeit	Obhutshaftung mit Entlastungsbeweis, Art. 18	Obhutshaftung mit Entlastungsbeweis, Art. 18

Übersicht über wesentliche Gemeinsamkeiten und Unterschiede internationaler Abkommen im Luftfrachtrecht

5

Haftungsmaß-stab bei Ver-spätungsschä-den	Vermutete Ver-schuldenshaftung mit Entlastungs-möglichkeit	Vermutete Ver-schuldenshaftung mit Entlastungs-möglichkeit (Art. 19)	Vermutete Ver-schuldenshaftung mit Entlastungs-möglichkeit	Vermutete Ver-schuldenshaftung mit Entlastungs-möglichkeit (Art. 19)
Haftungs-befreiungs-gründe	Art. 20 LFF hat alle erforderlichen Maßnahmen ge-troffen. LFF konnte diese wg. höherer Ge-walt nicht treffen Verschulden des Geschädigten, Art. 21	Wie WA (1929): Art. 20, 21	Art. 18 Abs. 2,3.	Art. 18 Abs. 2a-d: Besondere Haftungsaus-schlüsse / Art. 20: Haftungsbefreiun-gen
Haftungshöhe	250 Pointcare Franc = 27,51 €, Art. 22 Abs. 2.	250 Pointcare Franc = 27,51 €, Art. 22 Abs.2.	17 SZR je kg, Art. 22 Abs. 2b.	22 SZR je kg, Art. 22 Abs. 3.
Wert-deklaration	Ja	Ja	Ja, Art. 22 Abs. 2a	Ja, Art. 22 Abs. 3
Vollhaftung	Bei Vorsatz und Leichtfertigkeit, Art. 25; Fehlen des AWB oder Defizite der Anga-ben im AWB, Art. 9.	Art. 25 (Vorsatz + Leichtfertigkeit) und Art. 9 (AWB).	Nein	Nein (Um kehr-schluss aus Art. 22 Abs. 5).
Schadens-anzeige	Art. 26 Abs.2: Beschädigung, unverzüglich, max. 7 Tage; Verspätung: 14 Tage	Art. 26 Abs.2: Beschädigung, unverzüglich, max. 14 Tage; Verspätung: 21 Tage	Wie WA(1955)	Art. 31, unverzüg-lich, max. 14 Tage, 21 Tage bei Verspätung
Verjährung	Zwei Jahre (Aus-schlussfrist)	Art. 29: Zwei Jahre (Ausschluss frist)	Wie WA(1955)	Art. 35, Zwei Jahre, Ausschlussfrist

Übersicht über wesentliche Gemeinsamkeiten und Unterschiede internationaler Abkommen im Luftfrachtrecht (Teil 2)

5.9.2 Prüfungsschema der frachtrechtlichen Haftung für Ansprüche nach WA und MÜ

Die augenblickliche Ratifikationsstand mit mehr als 80 Ratifikationen des MÜ und mit mehr als 160 Ratifikationen des WA machen es notwendig, immer dann eine Prüfung nach WA vorzunehmen, wenn ein Lufttransport nicht zwischen zwei MÜ-Staaten stattgefunden hat (Anwendungsvoraussetzungen MÜ). Bis auf einige Punkte sind die Regelungen im WA und MÜ ähnlich gestaltet, so dass eine Prüfung von Ansprüchen gegen den Luftfrachtführer in vergleichbarer Art vorgenommen werden kann:

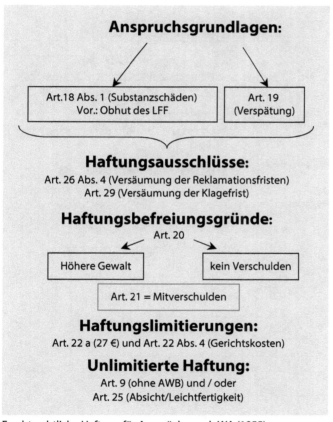

Frachtrechtliche Haftung für Ansprüche nach WA (1955)

5

Anspruchsgrundlagen:

Art. 18 Abs. 1 (Substanzschäden) Vor.: Obhut des LFF	Art. 19 (Verspätung) Vor.: Vermutetes Verschulden mit Entlastungsmöglichkeit

Haftungsausschlüsse:
Art. 31 Abs. 4 (Versäumung der Reklamationsfristen)
Art. 35 (Versäumung der Klagefrist)

Haftungsbefreiungsgründe:
Art. 18, Abs. 2 (bei Substanzschäden
besondere Haftungsausschlussgründe)
Art. 20: Haftungsbefreiung (für alle Anspruchsgrundlagen)

Haftungslimitierungen:
Art. 22 Abs. 3 und Art. 22 Abs. 4 (Gerichtskosten)

Keine unlimitierte Haftung

Prüfungsschema der frachtrechtlichen Haftung nach MÜ

5.10 Wiederholungsfragen

? 1. Welche internationalen luftfrachtrechtlichen
Regelungen sind heute von Bedeutung?
▶ Abschn. 5.1

? 2. Wann kommt das WA und wann das MÜ zur
Anwendung? ▶ Abschn. 5.2

? 3. Was ist ein internationaler Transport i. S. des MÜ?
▶ Abschn. 5.2

? 4. Welche Pflichten hat der Empfänger in welchem
Stadium des Transports? ▶ Abschn. 5.3

? 5. Welche Angaben muss der AWB enthalten?
▶ Abschn. 5.4.1

? 6. Wie viel Exemplare eines AWB müssen ausgestellt
werden und wer unterschreibt diese?
▶ Abschn. 5.4.1

? 7. Welche Rechtswirkungen hat die Ausstellung eines
AWB? ▶ Abschn. 5.4.2

? 8. Ist bei jedem Lufttransport ein AWB in Papierform
auszustellen? ▶ Abschn. 5.9.1

? 9. Ist die Absenderhaftung nach MÜ limitiert?
▶ Abschn. 5.5.1

? 10. Welche Einwendungen hat der Luftfrachtführer
gegen nachträgliche Weisungen des Absenders?
▶ Abschn. 5.5.2

? 11. Welcher Grundsatz bestimmt die Haftung des
Luftfrachtführers für Substanzschäden nach dem
MÜ? ▶ Abschn. 5.6.1

? 12. Was bedeutet Luftbeförderung bei der Haftung des
Luftfrachtführers und haftet dieser bei Luftfrachtersatzverkehr auf der Straße? ▶ Abschn. 5.6.1

? 13. Welche Haftungsausschluss- und -befreiungsgründe
kennt das MÜ? ▶ Abschn. 5.6.3

? 14. In welcher Höhe haftet der Luftfrachtführer bei
Substanzschäden und bei Verspätungsschäden?
▶ Abschn. 5.6.4

? 15. Kennt das MÜ eine unlimitierte Haftung des
Luftfrachtführers? ▶ Abschn. 5.6.4

? 16. Ist bei einem Schaden auf der Seestrecke im sog.
Sea-Air Verkehr das MÜ anzuwenden?
▶ Abschn. 5.8.1

? 17. Welche Schadensanzeigefristen kennt das MÜ?
▶ Abschn. 5.7.1

Das Recht des internationalen Bahntransports – Die CIM

© Springer-Verlag GmbH Deutschland, ein Teil von Springer Nature 2019
T. Wieske, *Transportrecht – Schnell erfasst*, Recht – schnell erfasst,
https://doi.org/10.1007/978-3-662-58488-0_6

6.1 Einführung

Der internationale Eisenbahnverkehr war schon 1890 in Europa mit dem **Berner Übereinkommen** über den Eisenbahnfrachtverkehr in einer internationalen Konvention geregelt. Das gültige internationale Übereinkommen hat seine Basis in dem COTIF 1980, das grundlegend reformiert wurde durch das „Protokoll betreffend die Änderung des Übereinkommens über den internationalen Eisenbahnverkehr (COTIF) vom 09.05.1980 (Protokoll 1999)", nachfolgend COTIF 1999 genannt.

COTIF 1980/COTIF 1999

Das COTIF 1999 ist am 01.07.2006 in Kraft getreten und gilt mittlerweile in fast allen europäischen Ländern, sowie in den meisten Mittelmeeranrainerstaaten bis in den Iran

(► http://www.otif.org/fileadmin/user_upload/otif_verlinkte_files/07_veroeff/02_COTIF_99/Prot-1999-ratifications_13_09_2011_fde.pdf).

Als internationales Recht geht das COTIF 1999 nationalem Recht vor.

Das COTIF 1999 regelt alle Fragen des Eisenbahntransports in den entsprechenden Anlagen. Der internationale Transport von Gütern wird im Anhang B des COTIF 1999 in der CIM geregelt, der Gegenstand der nachfolgenden Erörterungen ist.

COTIF Güterbeförderung in der CIM (1999)

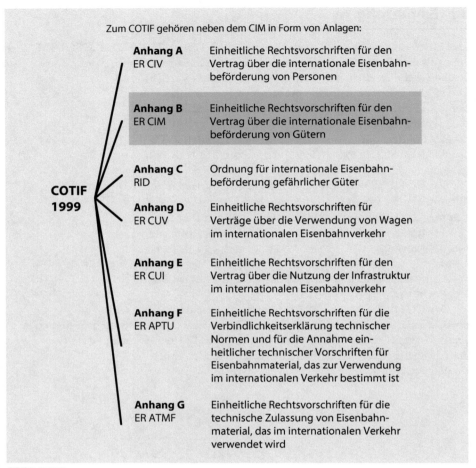

Zum COTIF gehören neben dem CIM in Form von Anlagen:

COTIF 1999

Anhang A
ER CIV
Einheitliche Rechtsvorschriften für den Vertrag über die internationale Eisenbahnbeförderung von Personen

Anhang B
ER CIM
Einheitliche Rechtsvorschriften für den Vertrag über die internationale Eisenbahnbeförderung von Gütern

Anhang C
RID
Ordnung für internationale Eisenbahnbeförderung gefährlicher Güter

Anhang D
ER CUV
Einheitliche Rechtsvorschriften für Verträge über die Verwendung von Wagen im internationalen Eisenbahnverkehr

Anhang E
ER CUI
Einheitliche Rechtsvorschriften für den Vertrag über die Nutzung der Infrastruktur im internationalen Eisenbahnverkehr

Anhang F
ER APTU
Einheitliche Rechtsvorschriften für die Verbindlichkeitserklärung technischer Normen und für die Annahme einheitlicher technischer Vorschriften für Eisenbahnmaterial, das zur Verwendung im internationalen Verkehr bestimmt ist

Anhang G
ER ATMF
Einheitliche Rechtsvorschriften für die technische Zulassung von Eisenbahnmaterial, das im internationalen Verkehr verwendet wird

COTIF (1999)

6.2 Grundstruktur, die Beteiligten

Die CIM finden Anwendung auf internationale Eisenbahntransporte. Vertragspartner sind die (Versand-)Bahn und der Absender.

6.2.1 Der Anwendungsbereich der CIM

Art. 1 CIM – Anwendungsbereich

§ 1. Diese Einheitlichen Rechtsvorschriften gelten für jeden Vertrag über die entgeltliche Beförderung von Gütern auf der Schiene, wenn der Ort der Übernahme des Gutes zur Beförderung und der für die Ablieferung vorgesehene Ort in zwei verschiedenen Mitgliedstaaten liegen. Dies gilt ohne Rücksicht auf den Sitz und die Staatszugehörigkeit der Parteien des Beförderungsvertrages.

§ 2. Diese Einheitlichen Rechtsvorschriften gelten auch für Verträge über die entgeltliche Beförderung von Gütern auf der Schiene, wenn der Ort der Übernahme des Gutes zur Beförderung und der für die Ablieferung vorgesehene Ort in zwei verschiedenen Staaten liegen, von denen nur einer Mitgliedstaat ist, und die Parteien des Vertrages vereinbaren, daß der Vertrag diesen Einheitlichen Rechtsvorschriften unterliegt.

§ 3. Schließt eine internationale Beförderung, die Gegenstand eines einzigen Vertrages ist, in Ergänzung der grenzüberschreitenden Beförderung auf der Schiene eine Beförderung auf der Straße oder auf Binnengewässern im Binnenverkehr eines Mitgliedstaates ein, so finden diese Einheitlichen Rechtsvorschriften Anwendung.

§ 4. Schließt eine internationale Beförderung, die Gegenstand eines einzigen Vertrages ist, in Ergänzung der Beförderung auf der Schiene eine Beförderung zur See oder eine grenzüberschreitende Beförderung auf Binnengewässern ein, so finden diese Einheitlichen Rechtsvorschriften Anwendung, sofern die Beförderung zur See oder auf Binnengewässern auf Linien durchgeführt wird, die in die in Artikel 24 § 1 des Übereinkommens vorgesehene Liste der Linien eingetragen sind.

§ 5. Diese Einheitlichen Rechtsvorschriften finden keine Anwendung auf Beförderungen zwischen Bahnhöfen auf dem Gebiet von Nachbarstaaten, wenn die Infrastruktur dieser Bahnhöfe von einem oder mehreren Infrastrukturbetreibern, die einem einzigen dieser Staaten zugehören, betrieben wird.

Voraussetzungen für die Anwendung der CIM gem. Art. 1, § 1:

Güterversendung auf der Schiene

+ mindestens zwei COTIF-Staaten (Sonderfälle, Art. 2, Durchgangsverkehr) berührt

+ Entgeltlichkeit der Beförderung

Das CIM kann auch gelten im Schienengütertransport zwischen einem COTIF Staat und einem Nicht-COTIF-Staat, soweit die Geltung der CIM vertraglich vereinbart wurde, z. B. bei Transporten zwischen Deutschland und der Russischen Föderation. Siehe Art. 1, § 2.

Voraussetzungen für die Anwendung der CIM

Keine Anwendung findet die CIM, wenn zwar Abgangs- und Empfangsbahnhof in zwei COTIF-Staaten liegen, aber die Infrastruktur ausschließlich beider Bahnhöfe einem einzigen Staat zugehörig sind, z. B. bei Transporten zwischen Deutschland und der Schweiz (Badischer Bahnhof) der Bestandteil der deutschen Infrastruktur ist, Art. 1, § 5.

CIM auch bei Vor- und Nachlauf

Soweit Teile eines internationalen COTIF-Bahntransports im nationalen Verkehr per Lkw oder Binnenschiff erbracht werden, finden gleichwohl die CIM Anwendung, gem. Art. 1, § 3.

Beispiel: Vor- und Nachlauf eines einheitlichen internationalen Bahntransports werden national per Lkw erbracht, so finden für die gesamte Strecke, einschließlich Vor- und Nachlauf, die CIM Anwendung.

Dies gilt jedoch nicht, wenn die grenzüberschreitende Beförderung nicht mit der Bahn erfolgt, z. B. per Lkw, dann gilt die CMR.

Sonderfall! Auch bei grenzüberschreitendem Transport auf Binnengewässern oder bei Seebeförderung können die CIM Anwendung finden, wenn diese Beförderung auf sog. „eingetragenen Linien" (Art. 25 § 1 COTIF) erfolgt, Art. 1, § 4.

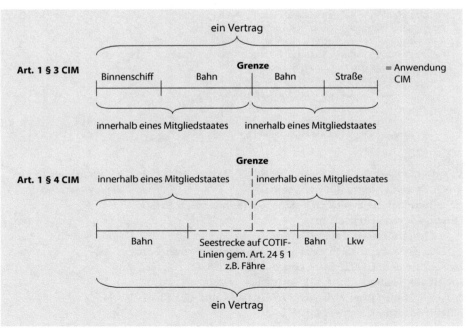

Vor-, Nach- und Zwischenlauf im Anwendungsbereich der CIM

> **Art. 5 CIM – Zwingendes Recht**
> Soweit diese Einheitlichen Rechtsvorschriften es nicht ausdrücklich zulassen, ist jede Vereinbarung, die unmittelbar oder mittelbar von diesen Einheitlichen Rechtsvorschriften abweicht, nichtig und ohne Rechtswirkung. Die Nichtigkeit solcher Vereinbarungen hat nicht die Nichtigkeit der übrigen Bestimmungen des Beförderungsvertrages zur Folge. Dessen ungeachtet kann ein Beförderer seine Haftung und seine Verpflichtungen nach diesen Einheitlichen Rechtsvorschriften erweitern.

Soweit die Voraussetzungen für die Anwendung der CIM vorliegen, ist diese als zwingendes Recht anzuwenden.

CIM = zwingendes Recht

Hierbei definieren die Regelungen der CIM den haftungsrechtlichen Mindeststandard, der jedoch vom Beförderer erweitert werden kann (Satz 3).

Darüber hinaus enthalten die CIM zahlreiche Bestimmungen, die nunmehr individuelle Vereinbarungen zulassen, z. B. in Art. 10 (Frachtzahlung), 13 (Ladepflicht) und Art. 16 (Lieferfristvereinbarung).

Abweichung durch Individualvereinbarung

Die in der alten CIM 1980 geltende Tarifbindung und Beförderungspflicht ist in der neuen CIM 1999 ersatzlos gestrichen worden.

keine Tarifbindung

6.2.2 Der Abschluss des CIM-Vertrages – die Beteiligten – der Frachtbrief

> **Art. 6 § 1 CIM – Beförderungsvertrag**
> Durch den Beförderungsvertrag wird der Beförderer verpflichtet, das Gut gegen Entgelt zum Bestimmungsort zu befördern und es dort an den Empfänger auszuliefern.

Der Frachtvertrag oder auch Beförderungsvertrag nach CIM 1999 ist ein Konsensualvertrag, kein Formal- wie Realvertrag wie nach der CIM 1980.

Der Vertragsschluss beurteilt sich nunmehr nach den Bestimmungen des jeweiligen Landesrechts (Art. 8, § 2,3 COTIF 1999).

> **Art. 8 COTIF 1999 – Landesrecht**
> § 1. Bei Auslegung und Anwendung des Übereinkommens ist seinem Charakter als internationalem Recht und der Notwendigkeit, die Einheitlichkeit zu fördern, Rechnung zu tragen.
>
> § 2. Soweit im Übereinkommen keine Bestimmungen getroffen sind, gilt Landesrecht.
>
> § 3. Unter Landesrecht versteht man das Recht des Staates, in dem der Berechtigte seinen Anspruch geltend macht, einschließlich der Kollisionsnormen.

6

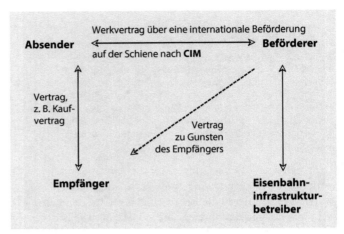

Der CIM-Vertrag

Beförderer = Frachtführer/Eisenbahnunternehmen

Hinsichtlich der Vertragsbezeichnungen wird in der CIM 1999 nicht mehr von der Eisenbahn gesprochen, sondern nur noch vom Beförderer, der sich seinerseits eines oder mehrerer ausführender Beförderer bedienen kann und des **Eisenbahninfrastrukturbetreibers,** der dem Beförderer die Bahninfrastruktur zur Verfügung stellt. Daher kann Beförderer auch ein Spediteur sein, der die Bahnleistungen bei Bahnunternehmen einkauft und die Infrastrukturnutzung mietet. Die vorgenannten Personen gelten dann als **Erfüllungsgehilfen des Beförderers gem. Art. 40** für die dieser auch haftet, wie auch für seine Mitarbeiter (Haftung des Beförderers, „Leuthaftung").

6.2.3 Der Frachtbrief

Art. 6, §§ 2–9 CIM – Beförderungsvertrag – Frachtbrief

§ 2. Der Beförderungsvertrag ist in einem Frachtbrief nach einem einheitlichen Muster festzuhalten. Das Fehlen, die Mangelhaftigkeit oder der Verlust des Frachtbriefes berührt jedoch weder den Bestand noch die Gültigkeit des Vertrages, der weiterhin diesen Einheitlichen Rechtsvorschriften unterliegt.

§ 3. Der Frachtbrief wird vom Absender und vom Beförderer unterschrieben. Die Unterschrift kann durch einen Stempelaufdruck, einen maschinellen Buchungsvermerk oder in sonst geeigneter Weise ersetzt werden.

§ 4. Der Beförderer hat die Übernahme des Gutes auf dem Frachtbriefdoppel in geeigneter Weise zu bescheinigen und das Doppel dem Absender zu übergeben.

§ 5. Der Frachtbrief hat nicht die Bedeutung eines Konnossements.

§ 6. Für jede Sendung ist ein Frachtbrief zu verwenden. Soweit zwischen dem Absender und dem Beförderer nichts anderes vereinbart ist, darf ein Frachtbrief nur die Ladung eines einzigen Wagens zum Gegenstand haben.

§ 7. Im Falle einer Beförderung, die das Zollgebiet der Europäischen Gemeinschaft oder das Gebiet, in dem das gemeinsame Versandverfahren angewendet wird, berührt, muß jede Sendung von einem Frachtbrief, der den Erfordernissen des Artikels 7 entspricht, begleitet sein.

§ 8. Die internationalen Verbände der Beförderer legen im Einvernehmen mit den internationalen Verbänden der Kundschaft und den in den Mitgliedstaaten für Zollfragen zuständigen Stellen sowie mit jeder zwischenstaatlichen Organisation, die in einer regionalen Wirtschaftsgemeinschaft besteht und die über eine eigene Gesetzgebungsbefugnis auf dem Gebiet des Zolls verfügt, einheitliche Muster der Frachtbriefe fest.

§ 9. Der Frachtbrief einschließlich des Frachtbriefdoppels kann auch in elektronischen Datenaufzeichnungen bestehen, die in lesbare Schriftzeichen umwandelbar sind. Die zur Aufzeichnung und Verarbeitung der Daten verwendeten Verfahren müssen, insbesondere hinsichtlich der Beweiskraft des verkörperten Frachtbriefes, funktional gleichwertig sein.

Der Frachtbrief ist nach einem vorgegebenen Muster zu erstellen (§ 2 Satz 1). Das Fehlen des Frachtbriefs berührt jedoch nicht den Bestand des Beförderungsvertrages (§ 2 Satz 2).

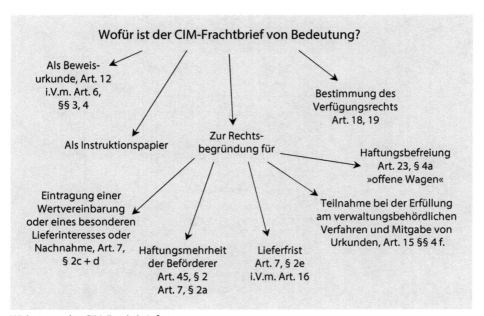

Wirkungen des CIM-Frachtbriefes

Frachtbrief vom Absender

Zwar bestimmen die CIM nicht ausdrücklich, wer den Frachtbrief zu erstellen hat, aber aus der Haftung des Absenders für die Angaben im Frachtbrief folgt die Pflicht des Absenders, zur Erstellung des Frachtbriefs.

Selbst wenn der Beförderer Angaben des Absenders einträgt, bleibt es bei der Haftung des Absenders gem. Art. 8, § 1 (Pflichten des Absenders).

Frachtbriefdoppel Frachtbriefpflicht bei EU-Transporten

Der Frachtbrief, insbesondere das sog. **Frachtbriefdoppel,** ist nach der CIM Voraussetzung für die Geltendmachung der Rechte als Absender, wie auch des Empfängers (Art. 19, 17 – Rechte des Absenders/Empfängers). Daher ist die **Ausstellung** eines solchen in der Praxis der Regelfall, der **bei Beförderungen die das Zollgebiet der Europäischen Gemeinschaft berühren, zwingend vorgeschrieben** ist (Art. 6 § 7). Insofern hat sich in der Praxis nicht allzu viel geändert gegenüber der „alten CIM von 1980", die eine Ausstellung des Frachtbriefes zwingend vorgeschrieben hatten (sog. „Formalvertrag").

Der Frachtbrief ist von Absender wie Beförderer zu unterschreiben (Art. 6, § 3). Dadurch entsteht gegenüber beiden Parteien eine Beweisurkunde bezüglich aller in ihr enthaltenen Angaben.

Zwar kann der Frachtbrief auch in elektronischer Form ausgestellt werden, wenn er funktional die gleichen Wirkungen entfaltet wie ein solcher in Papierform (Art. 6 § 9).

Art. 7 CIM – Inhalt des Frachtbriefes

§ 1. Der Frachtbrief muß folgende Angaben enthalten:

a) Ort und Datum der Ausstellung;

b) Namen und Anschrift des Absenders;

c) Namen und Anschrift des Beförderers, der den Beförderungsvertrag geschlossen hat;

d) Namen und Anschrift desjenigen, dem das Gut tatsächlich aufgeliefert wird, wenn dies nicht der Beförderer gemäß Buchstabe c) ist;

e) die Stelle sowie das Datum der Übernahme des Gutes;

f) die Stelle der Ablieferung;

g) Namen und Anschrift des Empfängers;

h) die Bezeichnung der Art des Gutes und der Verpackung, bei gefährlichen Gütern die in der Ordnung für die internationale Eisenbahnbeförderung gefährlicher Güter (RID) vorgesehene Bezeichnung;

i) die Anzahl der Frachtstücke und die zur Identifizierung der Stückgüter erforderlichen besonderen Zeichen und Nummern;

j) die Nummer des Wagens bei Beförderungen im Wagenladungsverkehr;

k) die Nummer des Eisenbahnfahrzeugs, wenn es auf eigenen Rädern rollt und als Beförderungsgut aufgegeben wird;

l) außerdem, bei intermodalen Transporteinheiten, die Art, die Nummer oder die zu ihrer Identifizierung erforderlichen sonstigen Merkmale;

m) die Bruttomasse des Gutes oder die Angabe der Menge in anderer Form;

n) ein genaues Verzeichnis der von den Zoll- und sonstigen Verwaltungsbehörden verlangten Urkunden, die dem Frachtbrief beigegeben sind oder dem Beförderer bei einer näher bezeichneten amtlichen Stelle oder bei einer vertraglich vereinbarten Stelle zur Verfügung stehen;

o) die mit der Beförderung verbundenen Kosten (Fracht, Nebengebühren, Zölle und sonstige Kosten, die vom Vertragsabschluß bis zur Ablieferung anfallen), soweit sie vom Empfänger zu zahlen sind, oder einen anderen Hinweis, daß die Kosten vom Empfänger zu zahlen sind;

p) die Angabe, daß die Beförderung auch bei einer gegenteiligen Abmachung diesen Einheitlichen Rechtsvorschriften unterliegt.

§ 2. Zutreffendenfalls muß der Frachtbrief ferner folgende Angaben enthalten:

a) bei Beförderungen durch aufeinanderfolgende Beförderer den zur Ablieferung des Gutes verpflichteten Beförderer, sofern er seine Zustimmung zur Eintragung in den Frachtbrief erteilt hat;

b) die Kosten, die der Absender übernimmt;

c) den Betrag einer bei der Ablieferung des Gutes einzuziehenden Nachnahme;

d) die Angabe des Wertes des Gutes und des Betrages des besonderen Interesses an der Lieferung;

e) die vereinbarte Lieferfrist;

f) den vereinbarten Beförderungsweg;

g) ein Verzeichnis der dem Beförderer übergebenen, nicht unter § 1 Buchst. n) erwähnten Urkunden;

h) die Angaben des Absenders über die Anzahl und die Bezeichnung der Verschlüsse, die er am Wagen angebracht hat.

§ 3. Die Parteien des Beförderungsvertrages können in den Frachtbrief weitere Angaben eintragen, die sie für zweckmäßig halten.

Der Frachtbrief ist nach einem bestimmten Muster zu erstellen, hierbei werden die Art. 7 § 1 genannten Angaben als **„Muss-Angaben"** verstanden.

Sofern im konkreten Fall vereinbart, sind die „Muss-Angaben" um weitere Angaben zu ergänzen, wie in § 2 angeführt, diese sind vielfach notwendig, um entsprechende Rechte begründen zu können (Frachtbrief, rechtsbegründende Wirkung. wie für Lieferfristen, Nachnahme, aufeinanderfolgende Frachtführer, besonderes Lieferinteresse).

Muss-Angaben

Soll-Angaben: § 2
Angaben wichtig zur Rechtsbegründung

Kann-Angaben

Darüber hinaus können die Parteien **weitere Angaben** in den Frachtbrief aufnehmen, sofern sie diese vereinbart haben bzw. für zweckmäßig erachten, z. B. besondere Weisungen hinsichtlich des Verfügungsrechts über das Gut.

Sofern einzelne Angaben im Frachtbrief unvollständig oder fehlerhaft sind, berührt dies nicht den Bestand des Beförderungsvertrages, Art. 6 § 2, Satz 2, aber die fehlenden Reglungen können nicht die Rechtswirkungen entfalten, die sie „im Normalfall" hätten (Rechtswirkungen des Frachtbriefs).

Die **Ausstellung des Frachtbriefs** geschieht wie folgt:

- Für jede Sendung gesondert, Art. 6 § 6, Satz 1.
- Für jede Wagenladung, Art.6 § 6, Satz 2.

Frachtbriefdoppel
notwendig für spätere
Absenderweisungen

- Das Frachtbriefdoppel ist für den Absender Voraussetzung, um über die Ware zu verfügen (siehe Rechte des Absenders, Art. 6, § 4).
- Durch Unterschrift des Beförderers und des Absenders (Stempelaufdruck), Art. 6, § 3.

Der Frachtbrief wird auf fünf (Durchschreibe-)Blättern erstellt:

1. Frachtbrief („reist mit", für den Empfänger)
2. Frachtkarte (für Empfangsbahn als Abrechnungsblatt)
3. Empfangsschein (für die Empfangsbahn)
4. Frachtbriefdoppel (für den Absender, zur Disposition)
5. Versandschein (für die Versandbahn)

Beachte: Die Form des Frachtbriefs wird von den Eisenbahnen als Muster vorgegeben, gem. Art. 6, § 2, Satz 1.

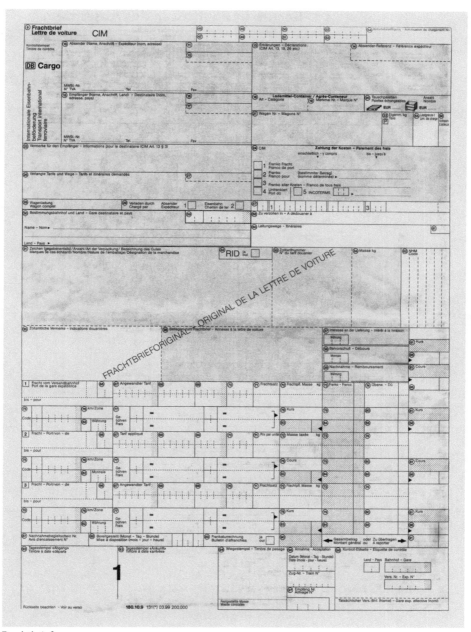

Frachtbrief

6.3   Rechte und Pflichten des Absenders

6.3.1   Die Rechte des Absenders

Der Absender hat nach CIM folgende Rechte gegenüber den Bahnen:

Hauptrechte

- Bestimmung des Beförderungszieles durch Eintragungen im Frachtbrief, Art.7 § 1, 14
- Recht auf Abänderung des Frachtvertrages durch nachträgliche Verfügung gegen Vorlage des Frachtbriefdoppels, Art. 18, § 1 i. V. m. Art. 19 § 1.

Nebenrechte

- Anspruch auf Nachprüfung der Angaben durch den Beförderer, Art. 11 § 3
- Recht auf Teilnahme an/bzw. Erfüllung der verwaltungsbehördlichen Vorschriften durch den Absender, Art. 15 § 4
- Eintragung eines besonderen Lieferinteresses und oder einer besonderen Wertangabe gegen Gebühr, Art. 35 und Art. 34.
- Anspruch auf Einzug der Warennachnahme, gem. Art. 17 § 6.
- Recht auf Lieferfristeinhaltung, Art. 16.

Art. 16 CIM – Lieferfristen

§ 1. Die Lieferfrist wird zwischen dem Absender und dem Beförderer vereinbArt. Fehlt eine Vereinbarung, darf die Lieferfrist jedoch nicht länger sein als diejenige, die sich aus den §§ 2 bis 4 ergibt.

§ 2. Vorbehaltlich der §§ 3 und 4 betragen die Höchstlieferfristen:

a) für Wagenladungen
- Abfertigungsfrist 12 Stunden,
- Beförderungsfrist je angefangene 400 km 24 Stunden;

b) für Stückgut
- Abfertigungsfrist 24 Stunden,
- Beförderungsfrist je angefangene 200 km 24 Stunden.

Die Entfernung bezieht sich auf den vereinbarten, mangels eines solchen auf den kürzestmöglichen Beförderungsweg.

§ 3. Der Beförderer kann Zuschlagsfristen von bestimmter Dauer für folgende Fälle festsetzen:

a) Sendungen, die
- über Linien mit unterschiedlicher Spurweite,
- zur See oder auf Binnengewässern,
- auf einer Straße, wenn keine Schienenverbindung besteht,

befördert werden;

b) außergewöhnliche Verhältnisse, die eine ungewöhnliche Verkehrszunahme oder ungewöhnliche Betriebsschwierigkeiten zur Folge haben.

Die Dauer der Zuschlagsfristen muß aus den Allgemeinen Beförderungsbedingungen ersichtlich sein.

§ 4. Die Lieferfrist beginnt mit der Übernahme des Gutes; sie verlängert sich um die Dauer des Aufenthaltes, der ohne Verschulden des Beförderers verursacht wird. Die Lieferfrist ruht an Sonntagen und gesetzlichen Feiertagen.

Die §§ 2 bis 4 enthalten ein Regelwerk zur Fristberechnung, Festlegung von Zuschlagsfristen (§ 3), Fristverlängerungen (§ 4).

Art. 18 CIM – Verfügungsrecht über das Gut

§ 1. Der Absender ist berechtigt, über das Gut zu verfügen und den Beförderungsvertrag nachträglich zu ändern. Er kann insbesondere verlangen, dass der Beförderer

a) das Gut nicht weiterbefördert;

b) die Ablieferung des Gutes aussetzt;

c) das Gut an einen anderen als den im Frachtbrief angegebenen Empfänger abliefert;

d) das Gut an einen anderen als dem im Frachtbrief angegebenen Ort abliefert;

§ 2. Das Recht des Absenders zur Änderung des Beförderungsvertrages erlischt, auch wenn er das Frachtbriefdoppel besitzt, in den Fällen, in denen der Empfänger

a) den Frachtbrief eingelöst hat;

b) das Gut angenommen hat;

c) seine Rechte gemäß Artikel 17 § 3 geltend gemacht hat;

d) gemäß § 3 verfügungsberechtigt ist; von diesem Zeitpunkt an hat der Beförderer die Verfügungen und die Anweisungen des Empfängers zu befolgen.

§ 3. Das Recht zur Änderung des Beförderungsvertrages steht vorbehaltlich eines gegenteiligen Vermerks des Absenders im Frachtbrief dem Empfänger bereits von der Ausstellung des Frachtbriefes an zu.

§ 4. Das Recht des Empfängers zur Änderung des Beförderungsvertrages erlischt, wenn er

a) den Frachtbrief eingelöst hat;

b) das Gut angenommen hat;

c) seine Rechte gemäß Artikel 17 § 3 geltend gemacht hat;

d) gemäß § 5 vorgeschrieben hat, daß das Gut an einen Dritten abzuliefern ist, und dieser seine Rechte gemäß Artikel 17 § 3 geltend gemacht hat.

§ 5. Hat der Empfänger vorgeschrieben, daß das Gut an einen Dritten abzuliefern ist, so ist dieser nicht berechtigt, den Beförderungsvertrag zu ändern.

Abänderung des Frachtvertrages durch den Absender

Änderungsrecht des Absenders

Grundsätzlich hat der **Absender das Recht, den Frachtvertrag durch nachträgliche Weisung abzuändern,** wie in Art. 18, § 1, a) bis d) beschrieben.

Diese Änderungen unterliegen aber einer bestimmten Form, sie sind im Frachtbriefdoppel des Absenders einzutragen, Art. 19 § 1.

Erlöschen des Weisungsrechts

Das **Weisungsrecht des Absenders ist jedoch erloschen,** wenn:

- der Absender nicht mehr über das Frachtbriefdoppel verfügt (Art. 18 § 1) oder
- der Empfänger seine Empfangsrechte aus Art. 17 geltend gemacht hat und in den in Art. 18 § 2 genannten Fällen (Rechte des Empfängers, Art. 17).
- Das Recht auf Verfügung bereits im Frachtvertrag und Frachtbrief auf den Empfänger übertragen wurde (Art. 18 § 3).

Anspruchsgrundlage gegen den Beförderer bei Verschulden

Beachte: **Haftung des Beförderers bei Verschulden, wenn diese den Weisungen nicht gefolgt ist,** z. B. bei Weisungsbefolgung ohne Vorlage des Frachtbriefdoppel, gem. Art. 19 § 6. Maximaler Ersatz jedoch wie bei Verlust.

Einwendungsrecht des Beförderers

Zu beachten: Gegen das Abänderungsbegehren kann der Beförderer solche Einwendungen erheben, die in Art. 19 § 3 festgelegt sind (bei Unmöglichkeit, Störung des Bahnbetriebs, Möglichkeit der Schädigung der Bahn oder anderer Absender, Empfänger).

Unterscheide Weisungsrecht

Von der Abänderung des Frachtvertrages ist zu unterscheiden:

- das **Weisungsrecht bei Beförderungs- und bei Ablieferhindernissen** gem. Art. 20 § 2, Art. 21 § 1 nur gegen Vorlage des Frachtbriefdoppels
- **Weisungsrecht bei Nichtannahme** durch den Empfänger Art. 21, § 3 **ohne** Vorlage des Frachtbriefdoppels.

Anspruch des Absenders auf Nachprüfung der Absenderangaben durch den Beförderer gem. Art. 11 § 3

Anspruch auf Nachprüfung

Insbesondere bei hochwertigem Frachtgut wird der Absender von diesem Recht Gebrauch machen. Daraus folgt dann auch der Anspruch des Absenders, dass die getroffenen Feststellungen in den Frachtbrief einzutragen sind (Frachtbrief).

6.3.2 Die Pflichten des Absenders

Der Absender hat folgende Pflichten:

Art. 10 CIM – Zahlung der Kosten

§ 1. Soweit zwischen dem Absender und dem Beförderer nichts anderes vereinbart ist, sind die Kosten (Fracht, Nebengebühren, Zölle und sonstige Kosten, die vom Vertragsabschluß bis zur Ablieferung anfallen) vom Absender zu zahlen.

§ 2. Sind die Kosten auf Grund einer Vereinbarung zwischen dem Absender und dem Beförderer auf den Empfänger überwiesen und hat der Empfänger weder den Frachtbrief eingelöst noch seine Rechte aus dem Beförderungsvertrag gemäß Artikel 17 § 3 geltend gemacht, noch den Beförderungsvertrag gemäß Artikel 18 abgeändert, so bleibt der Absender zur Zahlung der Kosten verpflichtet.

⇨ **Zahlung aller Kosten,** gem. Art. 10 § 1, die vom Vertragsabschluss bis zur Ablieferung anfallen (Fracht, Nebengebühren, Zölle und sonstige Kosten).

Beachte: Auch soweit der Empfänger diese Kosten übernehmen sollte (unfrei Sendung), ist der Absender dem Beförderer zum Ausgleich verpflichtet, wenn der Empfänger nicht gezahlt hat (Art. 10 § 2).

Weitere (Neben-)Pflichten des Absenders:

Nebenpflichten des Absenders

- Erstellung des Frachtbriefs (Umkehrschluss aus der Haftung des Absenders für Frachtbriefangaben, Art. 8 § 1)
- Verpackungspflicht, Art. 14 Schadensersatzpflicht. Achtung: Annahme des Frachtgutes in Kenntnis von Verpackungsmängeln durch den Beförderer.
- Verladepflicht des Absenders bei Wagenladungen, Art. 13 § 1. Wagenladungen sind gegeben, wenn die Güter eines Absenders in einem Wagen zusammen gefasst sind (Unterschied Stückgut Pflichten des Beförderers). Entladepflicht des Empfängers bei Annahme sonst verbleibt diese beim Absender.
- Angaben über die Gefährlichkeit der Güter nach RID (= Ordnung für die internationale Eisenbahnbeförderung gefährlicher Güter), Art. 9.
- Bereitstellung der Begleitpapiere gem. der zoll- oder verwaltungsrechtlichen Bestimmungen und Erteilung dieser Auskünfte, Art. 15, § 1.
- Nummerierung und Bezeichnung der Frachtstücke im Falle der Stückgutsendungen (Umkehrschluss aus Haftungsbefreiung des Beförderers in Art. 23 § 3 e).

6.3.3 Die Haftung des Absenders

Haftung für Nichterfüllung nach nationalem Recht

Für die **Bezahlung der Fracht** haftet der Absender nach Art. 10 CIM, jedoch gelten dann die Regelungen des nationalen Rechts bei Verzug oder Nichterfüllung, d. h. in Deutschland §§ 280 ff. BGB.

Besondere Anspruchsgrundlagen für die Haftung des Absenders gem. CIM sind:

— Art. 8: **Haftung des Absenders für die Frachtbriefangaben.**

> **Art. 8 CIM – Haftung für die Angaben im Frachtbrief**
> § 1. Der Absender haftet für alle Kosten und Schäden, die dem Beförderer dadurch entstehen, daß
>
> a) die Angaben des Absenders im Frachtbrief unrichtig, ungenau oder unvollständig sind oder nicht an der für sie vorgesehenen Stelle stehen, oder
>
> b) der Absender die im RID vorgeschriebenen Angaben unterlassen hat.

— Art. 11 § 3, Satz 3: **Haftung des Absenders für die Kosten der Nachprüfung** der Frachtbriefangaben, z. B. durch Wiegen.

Haftung für mangelhafte Verpackung

> **Art. 14 CIM – Verpackung**
> Der Absender haftet dem Beförderer für alle durch das Fehlen oder die Mangelhaftigkeit der Verpackung des Gutes verursachten Schäden und Kosten, es sei denn, daß der Mangel offensichtlich oder dem Beförderer bei der Übernahme des Gutes bekannt war und er diesbezüglich keine Vorbehalte gemacht hat.

Die Verpackung ist mangelhaft, wenn sie nicht geeignet ist, bei normalem Transportverlauf Schäden zu vermeiden. Hierunter fallen Verpackungen, die bei Rangierstößen von bis zu 12 km/h die verschickten Güter nicht schützen können.

— Art. 13, § 2: Haftung des Absenders für Ladungsfehler.
— Art. 15, § 2, Satz 2: Haftung des Absenders für Unvollständigkeit der Unterlagen für zoll- oder verwaltungsbehördliche Verfahren und wegen unzureichender Auskünfte in diesen Verfahren.
— Art. 19 § 2: Ersatz der Kosten und Schäden die durch nachträgliche Weisungen des Absenders entstehen.
— Art. 22 § 1: Kostenerstattung in Folge von Beförderungs- und Ablieferungshindernissen.

6.4 Rechte und Pflichten des Beförderers

6.4.1 Die Rechte des Beförderers

Hauptrecht ist der Anspruch gegen den Absender bzw. den Empfänger auf die Bezahlung der Eisenbahnfracht und Ersatz sonstiger Beförderungskosten (Art. 10 Pflichten des Absenders, Pflichten des Empfängers, Art. 17).

Recht auf Bezahlung

Aus der Formulierung, dass der Beförderer das Frachtgut „gegen Zahlung der sich aus dem Beförderungsvertrag ergebenden Forderungen" abzuliefern habe, wird ein Zurückbehaltungsrecht des Beförderers bis zum Zahlungsausgleich gefolgert, vorbehaltlich anderer vertraglicher Vereinbarungen (z. B. bei Vereinbarung einer Zahlungsfrist).

Zurückbehaltungsrecht

Die CIM gibt dem Beförderer kein Pfandrecht, ein solches kann nur aus dem nationalen Recht hergeleitet werden, für das deutsche Recht aus § 440 HGB.

Hinsichtlich der **Nebenrechte** folgen diese aus den (Neben-)Pflichten und Haftungstatbeständen des Absenders:

Nebenrechte

- Nachprüfungsrecht der Frachtbriefangaben (keine Pflicht!), Art. 11 § 1. Anspruch auf Kostenersatz bei Abweichungen, § 2.
- Ersatz der Kosten bei Verpackungsmängeln, Art. 14.
- Ersatz der Kosten bei Urkunden- oder Auskunftsfehlern, Art. 15 § 2.
- Kostenersatz bei nachträglichen Weisungen, Art. 19 § 2.
- Erstattung der Kosten bei Beförderungs- und Ablieferungshindernissen, Art. 22 § 1.
- Entlade- und Notverkaufsrecht, Art. 22 §§ 2, 3.

6.4.2 Die Pflichten des Beförderers

Hauptpflicht ist die **Beförderungspflicht,** die eine **Obhutspflicht für das Gut** mit einschließt. Hieraus folgen folgende Pflichten:

- Ablieferungsverpflichtung gegenüber dem Empfänger, Art. 17 § 1
- Beachte: Ersatz durch Zollübergabe oder Einlagerung gem. Art. 17 § 2.
- Einhaltung der Lieferfrist, Art. 16

Sofern der Beförderer diese (Haupt-)Pflichten nicht erfüllt, haftet er entweder bei:

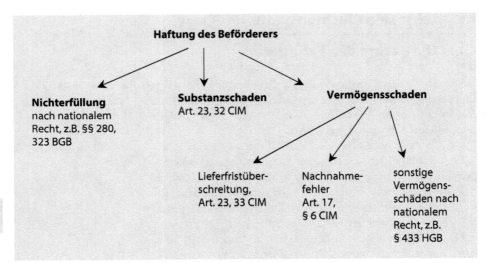

Haftung des Beförderers

6

Nebenpflichten des Beförderers

Daneben hat der **Beförderer noch eine Reihe von Neben-oder Sonderpflichten** und zwar die nachfolgenden:

— Belade- und Entladepflicht bei Stückgut, gem. Art. 13 § 1 Satz 2, 1. Alternative.
— Benachrichtigungspflicht bei Nichtausführung von nachträglichen Weisungen, Art. 19 § 5.
— Interessenwahrnehmung und Informationspflicht bei Ablieferungs- und Beförderungshindernissen, Art. 20, 21.
— Einzug der Nachnahme für den Warenwert, Art. 17 § 6 (Haftung des Beförderers).
— Nachprüfungspflicht der Frachtbriefangaben und schriftliche Bestätigung, Art. 11 § 3 (⇨ Kostenersatz durch Absender).

6.5 Die Haftung des Beförderers

Anspruchsgrundlage der Haftung des Beförderers ist Art. 23 CIM.

Haftung für Substanz-schäden und Lieferfrist-überschreitung

Haftungsbefreiungs-gründe

Art. 23 CIM – Haftungsgrund

§ 1. Der Beförderer haftet für den Schaden, der durch gänzlichen oder teilweisen Verlust oder durch Beschädigung des Gutes in der Zeit von der Annahme zur Beförderung bis zur Ablieferung sowie durch Überschreitung der Lieferfrist entsteht, unabhängig davon, welche Eisenbahninfrastruktur benutzt wird.

§ 2. Der Beförderer ist von dieser Haftung befreit, soweit der Verlust, die Beschädigung oder die Überschreitung der Lieferfrist durch ein Verschulden des Berechtigten, eine nicht vom Beförderer verschuldete Anweisung des Berechtigten, besondere

Mängel des Gutes (inneren Verderb, Schwund usw.) oder durch Umstände verursacht worden ist, welche der Beförderer nicht vermeiden und deren Folgen sie nicht abwenden konnte.

§ 3. Der Beförderer ist von dieser Haftung befreit, soweit der Verlust oder die Beschädigung aus der mit einer oder mehreren der folgenden Tatsachen verbundenen besonderen Gefahr entstanden ist:

Haftungsauschluss-gründe (ähnlich wie § 427 Abs. 1 HGB)

a) Beförderung in offenen Wagen gemäß den Allgemeinen Beförderungsbedingungen oder wenn dies ausdrücklich vereinbart und im Frachtbrief vermerkt worden ist; vorbehaltlich der Schäden, die Güter infolge von Witterungseinflüssen erleiden, gelten Güter in intermodalen Transporteinheiten und in geschlossenen Straßenfahrzeugen, die auf Eisenbahnwagen befördert werden, nicht als in offenen Wagen befördert; benutzt der Absender für die Beförderung der Güter in offenen Wagen Decken, so haftet der Beförderer nur in dem Umfang, wie ihm dies für die Beförderung in offenen Wagen ohne Decken obliegt, selbst dann, wenn es sich hierbei um Güter handelt, die gemäß den Allgemeinen Beförde-rungsbedingungen nicht in offenen Wagen befördert werden;

b) Fehlen oder Mängel der Verpackung bei Gütern, die ihrer Natur nach bei fehlender oder mangelhafter Verpackung Verlusten oder Beschädigungen ausgesetzt sind;

c) Verladen der Güter durch den Absender oder Ausladen durch den Empfänger;

d) natürliche Beschaffenheit gewisser Güter, demzufolge sie gänzlichem oder teilweisem Verlust oder Beschädigung, insbesondere durch Bruch, Rost, inneren Verderb, Austrocknen, Verstreuen, ausgesetzt sind;

e) unrichtige, ungenaue oder unvollständige Bezeichnung oder Nummerierung der Frachtstücke;

f) Beförderung lebender Tiere

g) Beförderung, die gemäß den maßgebenden Bestimmungen oder einer in den Frachtbrief aufgenommenen Abmachung zwischen dem Absender und der Eisenbahn unter Begleitung durchzuführen ist, wenn der Verlust oder die Beschädigung aus einer Gefahr entstanden ist, die durch die Begleitung abgewendet werden sollte.

Art. 25 CIM – Beweislast

§ 1. Der Beweis, daß der Verlust, die Beschädigung oder die Überschreitung der Lieferfrist durch eine der in Artikel 23 § 2 erwähnten Tatsachen verursacht worden ist, obliegt dem Beförderer.

§ 2. Legt der Beförderer dar, daß der Verlust oder die Beschädi-gung nach den Umständen des Falles aus einer oder mehreren der in Artikel 23 § 3 erwähnten besonderen Gefahren entstehen konnte, so wird vermutet, daß der Schaden daraus entstanden ist.

Beweisvermutung zu Gunsten des Beförderers, ähnlich § 427 Abs. 2 HGB

Der Berechtigte hat jedoch das Recht nachzuweisen, daß der Schaden nicht oder nicht ausschließlich aus einer dieser Gefahren entstanden ist.

§ 3. Diese Vermutung gemäß § 2 gilt im Falle des Artikels 23 § 3 Buchstabe a) nicht bei außergewöhnlich großem Verlust oder bei Verlust ganzer Frachtstücke.

6

Wertermittlung
Tag und Ort der
Annahme

Art. 30 CIM – Entschädigung bei Verlust

§ 1. Bei gänzlichem oder teilweisem Verlust des Gutes hat der Beförderer ohne weiteren Schadenersatz eine Entschädigung zu zahlen, die nach dem Börsenpreis, andernfalls nach dem Marktpreis, und mangels beider, nach dem gemeinen Wert von Gütern gleicher Art und Beschaffenheit an dem Tag und an dem Ort, an dem das Gut zur Beförderung angenommen worden ist, berechnet wird.

§ 2. Die Entschädigung darf **17 Rechnungseinheiten je fehlendes Kilogramm Bruttomasse** nicht übersteigen.

§ 3. ... .

§ 4. Der Beförderer hat außerdem Fracht, Zölle und sonstige im Zusammenhang mit der Beförderung des verlorenen Gutes gezahlte Beträge mit Ausnahme der Verbrauchsabgaben auf Güter, die im Steueraussetzungsverfahren befördert werden, zu erstatten.

Schadensart	Haftungshöchstbetrag	Regelung
Verlust	17 SZR je kg Verlust Bruttomasse + Fracht, Zölle, Kosten	Art. 30 § 2 Art. 30 § 4
Beschädigung	17 SZR je kg Beschädigung wie bei Verlust + (anteilig) Fracht, Zölle, Kosten	Art. 32, § 2 Art. 32, § 4
Lieferfristüberschreitung	max. das Vierfache der Fracht	Art. 33 § 1

Haftungsbegrenzungen/-höchstbeträge nach CIM

(begrenzte)
Haftungsbefreiung bei
Schwund

2 % natürlicher
Schwund

Art. 31 CIM – Haftung bei Schwund

§ 1. Bei Gütern, die infolge ihrer natürlichen Beschaffenheit durch die Beförderung in der Regel einem Schwund ausgesetzt sind, haftet der Beförderer ohne Rücksicht auf die Länge der durchfahrenen Strecke nur für den Teil des Schwundes, der die folgenden Prozentsätze überschreitet:

a) zwei Prozent der Masse für die flüssigen oder in feuchtem Zustand aufgegebenen Güter;

b) ein Prozent der Masse für die trockenen Güter.

§ 2. Auf die Einschränkung der Haftung gemäß § 1 kann sich der Beförderer nicht berufen, wenn nachgewiesen wird, dass der Verlust nach den Umständen des Falles nicht auf die Ursachen zurückzuführen ist, die für die zugelassenen Prozentsätze maßgebend sind.

§ 3. ...

§ 4. Bei gänzlichem Verlust des Gutes oder bei Verlust einzelner Stücke wird bei der Berechnung der Entschädigung kein Abzug für Schwund vorgenommen.

§ 5. Durch diesen Artikel werden Artikel 23 und 25 nicht berührt.

Diese Haftungsregelung bei „Schwund" in Art. 31 ist eine weitere Haftungsbegrenzung, die neben den o. g. Haftungsausschlüssen bei Teilverlust von unverpackten Massengütern zur Anwendung kommt.

Art. 32 CIM – Entschädigung bei Beschädigung

§ 1. Bei Beschädigung des Gutes hat der Beförderer ohne weiteren Schadenersatz eine Entschädigung zu zahlen, die der Wertminderung des Gutes entspricht. Der Berechnung dieses Betrages ist der Prozentsatz zugrunde zu legen, um den am Bestimmungsort der gemäß Artikel 30 ermittelte Wert des Gutes gemindert ist.

§ 2. Die Entschädigung übersteigt nicht:

a) den Betrag, der im Fall ihres gänzlichen Verlustes zu zahlen wäre, wenn die ganze Sendung durch die Beschädigung entwertet ist,

b) den Betrag, der im Falle des Verlustes des entwerteten Teiles zu zahlen wäre, wenn nur ein Teil der Sendung durch die Beschädigung entwertet ist.

§ 3. ...

§ 4. Der Beförderer hat außerdem in dem in § 1 bezeichneten Verhältnis die in Artikel 30 § 4 erwähnten Kosten zu erstatten.

Art. 33 CIM – Entschädigung bei Überschreitung der Lieferfrist

§ 1. Ist durch die Überschreitung der Lieferfrist ein Schaden, einschließlich einer Beschädigung, entstanden, so hat der Beförderer eine Entschädigung zu zahlen, die höchstens das Vierfache der Fracht beträgt.

Maximum: Vierfaches der Fracht

§ 2. Bei gänzlichem Verlust des Gutes wird die Entschädigung gemäß § 1 nicht neben der Entschädigung des Artikels 30 geleistet.

Verlust verdrängt Lieferfristüberschreitung

§ 3. Bei teilweisem Verlust des Gutes beträgt die Entschädigung gemäß § 1 höchstens das Vierfache der auf den nicht verlorenen Teil der Sendung entfallenden Fracht.

§ 4. Bei einer Beschädigung des Gutes, die nicht Folge der Lieferfristüberschreitung ist, wird die Entschädigung gemäß § 1 gegebenenfalls neben der des Artikels 32 geleistet.

§ 5. In keinem Fall darf die Entschädigung gemäß § 1 zuzüglich derjenigen der Artikel 30 und 32 insgesamt höher sein als die Entschädigung bei gänzlichem Verlust des Gutes.

Obergrenze bleibt die Verlustentschädigung nach Art. 30 § 2

6

Beachte: Haftung des Beförderers im Eisenbahn-Seeverkehr, Art. 38

> **Art. 38 §§ 1, 2 CIM – Haftung im Eisenbahn-Seeverkehr**
>
> § 1. Bei Eisenbahn-Seebeförderungen über Linien zur See gemäß Artikel 24 § 1 des Übereinkommens kann jeder Mitgliedstaat, indem er die Aufnahme eines entsprechenden Vermerkes in die Liste der diesen Einheitlichen Rechtsvorschriften unterstellten Linien verlangt, die Gründe für die Befreiung von der Haftung gemäß Artikel 23 um die nachstehenden Gründe, jedoch nur in ihrer Gesamtheit, ergänzen:
>
> a) Feuer, sofern der Beförderer beweist, daß es weder durch sein Verschulden noch durch Verschulden des Kapitäns, der Schiffsbesatzung, des Lotsen oder der in seinem Dienst stehenden Personen entstanden ist;
>
> b) Rettung oder Versuch der Rettung von Leben oder Eigentum zur See;
>
> c) Verladung des Gutes auf Deck, sofern der Absender seine Einwilligung dazu im Frachtbrief gegeben hat und sofern das Gut nicht in Eisenbahnwagen befördert wird;
>
> d) Gefahren oder Unfälle der See oder anderer schiffbarer Gewässer.
>
> § 2. Der Beförderer kann sich auf die in § 1 genannten Haftungsbefreiungsgründe nur berufen, wenn er beweist, daß der Verlust, die Beschädigung oder die Überschreitung der Lieferfrist auf der Seestrecke vom Beginn des Einladens der Güter in das Schiff bis zu ihrer Ausladung aus dem Schiff entstanden ist.

zusätzliche Befreiungsgründe im Eisenbahn-Seeverkehr

Werden **Güter im Eisenbahn-Seeverkehr** transportiert (⇨ Anwendung CIM), so haftet der Beförderer gleichwohl nach den Haftungsregelungen der CIM (Art. 23, 30, 33), jedoch mit den zusätzlichen Haftungsbefreiungsgründen nach Seerecht wie in Art. 38 § 1 aufgeführt.

Überschreitung der Haftungshöchstgrenzen

Überschreitung der Haftungshöchstgrenzen:
- Gem. Art. 34 (i. V. m. Art. 7 § 2 d) bei Angabe eines **besonderen Wertes im Frachtbrief** (Wertangabe) zur Erhöhung der Haftung in Art. 30 § 2.
- Gem. Art. 35 (i. V. m. Art. 7 § 2d) die Angabe eines **besonderen Interesses im Frachtbrief** (Interessenangabe) zur Erhöhung der Haftung in Art. 30, 32 und 33.
- Gem. Art. 36 bei **Vorsatz und bei Leichtfertigkeit** und in dem Bewusstsein, dass ein solcher (über Art. 30 = 17 SZR je kg) hinausgehender Schaden mit Wahrscheinlichkeit eintreten werde. (vgl. § 435 HGB zum Begriff der Leichtfertigkeit).

Art. 36 CIM – Verlust des Rechtes auf Haftungsbeschränkung

Die in Artikel 15 § 3, Artikel 19 §§ 6 und 7, Artikel 30, 32 bis 35 vorgesehenen Haftungsbeschränkungen finden keine Anwendung, wenn nachgewiesen wird, daß der Schaden auf eine Handlung oder Unterlassung des Beförderers zurückzuführen ist, die entweder in der Absicht, einen solchen Schaden herbeizuführen, oder leichtfertig und in dem Bewußtsein begangen wurde, daß ein solcher Schaden mit Wahrscheinlichkeit eintreten werde.

Zum Begriff von Vorsatz und Leichtfertigkeit nach deutschem Rechtsverständnis siehe § 435 HGB.

Anspruchsnorm	Haftungsgrund	Haftungshöchstbetrag
Art. 15 § 3 CIM	Verlust, Fehlverwendung von Urkunden	Wie bei Verlust des Gutes ➡ Art. 30
Art. 17 § 6 CIM	Einzug der Warennachnahme	Höhe des Nachnahmebetrages
Art. 19 § 6 CIM	Schuldhafte Nichtausführung von Weisungen	Wie bei Verlust des Gutes ➡ Art. 30
Art. 19 § 7 CIM	Ausführung von Weisungen des Absenders ohne Frachtbriefdoppel	Wie bei Verlust des Gutes ➡ Art. 30
Art. 30 § 2 CIM	Verlust	17 SZR pro kg
Art. 32 CIM	Beschädigung	Wertminderung, max. Wert wie bei Verlust des Gutes ➡ Art. 30
Art. 33 CIM	Lieferfristüberschreitung	Vierfache Fracht
Art. 36 CIM	Vorsatz und Leichtfertigkeit	Unlimitiert

Übersicht der Anspruchsgrundlagen gegen den Beförderer

Leutehaftung

> **Art. 40 CIM – Personen, für die der Beförderer haftet**
> Der Beförderer haftet für seine Bediensteten und für andere Personen, deren er sich bei der Durchführung der Beförderung bedient, soweit diese Bediensteten und anderen Personen in Ausübung ihrer Verrichtungen handeln. Die Betreiber der Eisenbahninfrastruktur, auf der die Beförderung erfolgt, gelten als Personen, deren sich der Beförderer bei der Durchführung der Beförderung bedient.

6

Die Bahnen haften für ihre Leute und für die eingesetzten Erfüllungsgehilfen, jedoch nur soweit diese Verrichtungen für die Bahn versorgen, Art. 40. Bei dem Betreiber der Eisenbahninfrastruktur kann es sich auch um eine staatliche Behörde handeln, gleichwohl haftet der Beförderer für diese im Verhältnis zu Absender/Empfänger. Der Beförderer kann aber seinerseits Rückgriff bei dem Betreiber der Eisenbahninfrastruktur nehmen.

> **Art. 41 CIM – Sonstige Ansprüche**
> § 1. In allen Fällen, auf welche diese Einheitlichen Rechtsvorschriften Anwendung finden, kann gegen den Beförderer ein Anspruch auf Schadenersatz, auf welchem Rechtsgrund er auch beruht, nur unter den Voraussetzungen und Beschränkungen dieser Einheitlichen Rechtsvorschriften geltend gemacht werden.
>
> § 2. Das gleiche gilt für Ansprüche gegen die Bediensteten und anderen Personen, für die der Beförderer gemäß Artikel 40 haftet.

Beachte: Die **Ansprüche des Berechtigten aus dem Beförderungsvertrag nach der CIM sind abschließend** geregelt und können nicht durch die Anwendung nationalen Rechts erweitert werden (Art. 41).

6.6   Rechte und Pflichten des Empfängers

6.6.1   Die Rechte des Empfängers

Rechte des Empfängers

Der Empfänger hat die folgenden Rechte gegenüber der Bahn:
- Recht auf Frachtbriefübergabe und Auslieferung der Sendung, Art. 17 §§ 1, 3, S. 1
- Recht auf Abänderung des Frachtvertrages, Art. 18 § 3
- Recht auf Schadensersatz, Art. 17 § 3, S. 2

Art. 17 CIM – Ablieferung

§ 1. Der Beförderer hat dem Empfänger an dem für die Ablieferung vorgesehenen Ort gegen Empfangsbescheinigung und gegen Zahlung der sich aus dem Beförderungsvertrag ergebenden Forderungen den Frachtbrief zu übergeben und das Gut abzuliefern.

§ 2. Eine gemäß den am Ort der Ablieferung geltenden Vorschriften erfolgte

a) Übergabe des Gutes an die Zoll- oder Steuerverwaltung in deren Abfertigungs- oder Lagerräumen, wenn diese nicht unter der Obhut des Beförderers stehen,

b) Einlagerung des Gutes beim Beförderer oder seine Hinterlegung bei einem Spediteur oder in einem öffentlichen Lagerhaus

steht der Ablieferung an den Empfänger gleich.

§ 3. Nach Ankunft des Gutes am Ort der Ablieferung kann der Empfänger vom Beförderer die Übergabe des Frachtbriefes und die Ablieferung des Gutes verlangen. Ist der Verlust des Gutes festgestellt oder ist das Gut innerhalb der in Artikel 29 § 1 vorgesehenen Frist nicht angekommen, so kann der Empfänger seine Rechte aus dem Beförderungsvertrag im eigenen Namen gegen den Beförderer geltend machen.

§ 4. Der Berechtigte kann die Annahme des Gutes auch nach Einlösung des Frachtbriefes und Zahlung der sich aus dem Beförderungsvertrag ergebenden Forderungen so lange verweigern, bis seinem Verlangen auf Feststellung eines behaupteten Schadens Folge geleistet ist.

§ 5. Im übrigen erfolgt die Ablieferung des Gutes gemäß den am Ort der Ablieferung geltenden Vorschriften.

§ 6. Ist das Gut dem Empfänger ohne vorherige Einziehung einer das Gut belastenden Nachnahme abgeliefert worden, so hat der Beförderer dem Absender den Schaden bis zum Betrag der Nachnahme zu ersetzen, vorbehaltlich seines Rückgriffes gegen den Empfänger.

bei Annahme Pflicht zur Frachtzahlung

6.6.2 Die Pflichten des Empfängers

Mit der Geltendmachung von einem der vorgenannten Rechte unterwirft sich der Empfänger den Bedingungen des Vertrages, wie sie für ihn im Frachtbrief sichtbar werden. Ihn treffen dann eigene **Verpflichtungen gegenüber der Bahn:**

- Zahlung der Fracht bzw. sonstigen Forderungen, Art. 17 § 1 CIM
- Erteilung einer Empfangsbescheinigung, Art. 17, § 1 CIM
- Entladepflicht gem. Art. 13 § 1 bei Wagenladungen

Pflichten des Empfängers

Die Rechte und Pflichten des Empfängers sind nach der CIM vorgegeben und umfassender als im nationalen deutschen Recht oder der CMR (z. B. ausdrückliche Pflicht zur

Entladung oder Verfügungsrecht durch Vorlage des Frachtbriefdoppels, Verfügungsrecht des Empfängers). Aber soweit er diese Rechte wahrnimmt, erwachsen ihm auch zentrale Pflichten zu. Soweit nicht, bleiben diese Pflichten (wie
auch die Rechte) beim Absender (Art. 10 § 2).

6.7 Rechtsdurchsetzung

6.7.1 Reklamationen

6

Erlöschen der
Ansprüche mit der
Annahme

Durch die Annahme des Gutes ohne Reklamation läuft der
Berechtigte Gefahr, seine Ansprüche zu verlieren gem. der
Regelung in Art. 47.

Art. 47 CIM – Erlöschen der Ansprüche

§ 1. Mit der Annahme des Gutes durch den Berechtigten sind alle
Ansprüche gegen den Beförderer aus dem Beförderungsvertrag
bei teilweisem Verlust, Beschädigung oder Überschreitung der
Lieferfrist erloschen.

§ 2. Die Ansprüche erlöschen jedoch nicht:

a) bei teilweisem Verlust oder bei Beschädigung, wenn

1. der Verlust oder die Beschädigung vor der Annahme des Gutes
durch den Berechtigten gemäß Artikel 42 festgestellt worden ist,

2. die Feststellung, die gemäß Artikel 42 hätte erfolgen müssen,
nur durch Verschulden des Beförderers unterblieben ist;

b) bei äußerlich nicht erkennbarem Schaden, der erst nach der
Annahme des Gutes durch den Berechtigten festgestellt worden
ist, wenn er

7-Tagesfrist für
verdeckte Schäden

1. die Feststellung gemäß Artikel 42 sofort nach der Entdeckung
des Schadens und spätestens sieben Tage nach der Annahme
des Gutes verlangt und

2. außerdem beweist, daß der Schaden in der Zeit zwischen der
Annahme zur Beförderung und der Ablieferung entstanden ist;

Frist 60 Tage bei
Lieferfristüberschrei-
tung

c) bei Überschreitung der Lieferfrist, wenn der Berechtigte
binnen 60 Tagen seine Rechte bei einer der in Artikel 45 § 1
genannten Beförderer geltend gemacht hat;

d) wenn der Berechtigte nachweist, dass der Schaden auf eine
Handlung oder Unterlassung zurückzuführen ist, die entweder in
der Absicht, einen solchen Schaden herbeizuführen, oder
leichtfertig und in dem Bewusstsein begangen wurde, dass ein
solcher Schaden mit Wahrscheinlichkeit eintreten werde.

§ 3. Ist das Gut gemäß Artikel 28 neu aufgegeben worden, so
erlöschen die Ansprüche bei teilweisem Verlust oder bei
Beschädigung aus einem der vorangehenden Beförderungsverträge, als handelte es sich um einen einzigen Vertrag.

Beachte: Ansprüche erlöschen bei Annahme, wenn keine Reklamation:

— Äußerlich erkennbare Schäden, Verlust bei der Annahme
— Äußerlich nicht erkennbare Schäden bis 7 Tage nach der Annahme
— Lieferfristüberschreitung binnen 60 Tagen

Sogenannte Tatbestandsaufnahme gemäß Art. 42, d. h. schriftlich unter Vorlage des Frachtbriefdoppels (Absender) oder des Frachtbriefs (Empfänger), Art. 43.

Merke: Die Bahnreklamation bedarf immer einer sog. Tatbestandsaufnahme in Form wie in Art. 42 festgelegt.

Zeitpunkt der Reklamation

Form bei Reklamationen

Art. 42 CIM – Tatbestandsaufnahme

§ 1. Wird ein teilweiser Verlust oder eine Beschädigung vom Beförderer entdeckt oder vermutet oder vom Verfügungsberechtigten behauptet, so hat der Beförderer je nach Art des Schadens den Zustand des Gutes, seine Masse und, soweit möglich, das Ausmaß und die Ursache des Schadens sowie den Zeitpunkt seines Entstehens unverzüglich und, wenn möglich, in Gegenwart des Berechtigten in einer Tatbestandsaufnahme festzuhalten.

§ 2. Dem Berechtigten ist eine Abschrift der Tatbestandsaufnahme unentgeltlich auszuhändigen.

§ 3. Erkennt der Berechtigte die Feststellungen in der Tatbestandsaufnahme nicht an, so kann er verlangen, daß der Zustand und die Masse des Gutes sowie die Ursache und der Betrag des Schadens von einem durch die Parteien des Beförderungsvertrages oder ein Gericht bestellten Sachverständigen festgestellt werden. Das Verfahren richtet sich nach den Gesetzen und Vorschriften des Staates, in dem die Feststellung erfolgt.

6.7.2 Verjährungsfristen

Gem. Art. 48, § 1 Satz 1 beträgt die Verjährungsfrist ein Jahr!

Achtung! Zweijährige Verjährung bei:

— Nachnahmeauszahlung
— Auszahlung des Erlöses aus einem von dem Beförderer vorgenommenen Verkaufs
— Handlung i. S. v. Art. 36 (Absicht/Leichtfertigkeit)
— bei Neuaufgabe der Sendung i. S. v. Art. 28.

1 Jahr ist Regelverjährung
2 Jahre als Ausnahme

Beginn des Laufs der Verjährung berechnet sich nach Art. 48, § 2:

- mit dem 30ten Tage nach Ablauf der Lieferfrist (Totalverlust).
- mit dem Tage der Ablieferung (Teilverlust, Beschädigung, Lieferfristüberschreitung).
- An dem Tag, an dem der Anspruch geltend gemacht wird.

Hemmung der Verjährung

Beachte: Hemmung der Verjährung während der Prüfung der Reklamation nach Art. 43 bis zu deren erstmaliger Zurückweisung, gem. Art. 48, § 3.

6.7.3 Klagberechtigung und Gerichtsstand

Wer zur Geltendmachung welcher Ansprüche berechtigt ist, bestimmt sich nach Art. 44 (Absender/Empfänger) und bei welcher Bahn die Klage eingereicht werden kann, beurteilt sich nach Art. 45 (Passivlegitimation gegen den ersten, letzten oder den Beförderer in dessen Obhut der Schaden eingetreten ist, § 1).

Die nach der CIM zulässigen Gerichtsstände ergeben sich aus Art. 46 mit dem Wohnsitz, Aufenthalt oder Geschäftsstelle des Beklagten oder mit dem Ort der Übernahme oder Ablieferung des Gutes soweit diese im Bereich der CIM-Staaten liegen.

6.8 Beziehungen aufeinanderfolgender Beförderer

Art. 49 CIM – Abrechnung

§ 1. Jeder Beförderer, der bei der Auf- oder Ablieferung des Gutes die Kosten oder sonstige sich aus dem Beförderungsvertrag ergebende Forderungen eingezogen hat oder hätte einziehen müssen, ist verpflichtet, den beteiligten Beförderern den ihnen zukommenden Anteil zu zahlen. Die Art und Weise der Zahlung wird durch Vereinbarungen zwischen den Beförderern geregelt.

§ 2. Artikel 12 gilt auch für die Beziehungen zwischen aufeinanderfolgenden Beförderern.

Haftungsgemeinschaft

Haftender Vertragspartner ist grundsätzlich der vertragliche Beförderer. Aber mit der Übernahme des Transportgutes durch einen anderen Beförderer und dessen Eintragung in den Frachtbrief wird jedoch auch dieser verpflichtet und berechtigt. Dies bedeutet, dass der übernehmende Beförderer:

— Anspruch auf Vergütung hat (Art. 49 § 1)
— Ausgleich leisten muss im Rückgriffsfall (Art. 50 § 1)
— Direkt verklagt werden kann (Art. 45 §§ 1, 2)
— Ausgleich bei Zahlungsunfähigkeit zu leisten hat
  (Art. 50 § 2).

Im Schadensfall hat der beklagte Beförderer ein Rückgriffsrecht gegen die am Transport beteiligten Bahnen gem. Art. 50, 51.

Rückgriffsrecht der
Bahnen

Prüfungsschema:	Haftungs-/ Beweismaßstab
Anspruchsgrundlage Art. 23 bei Verlust (Verlustvermutung, Art. 29), Beschädigung und Überschreitung der Lieferfrist (Art. 33)	Obhutshaftung
Besondere Haftungsausschlussgründe bei Verlust, Beschädigung gemäß § 3 (**B!** ähnlich wie § 427 HGB!)	Beweisvermutung zu Gunsten des Beförderers Art. 25 § 2 bei Art. 23 § 3 – Möglichkeit des Gegenbeweises
(Sonder)Befreiungstatbestand bei Verlust: Natürlicher Schwund, d.h. 1 % bei trockenen, 2 % bei feuchten Gütern, Art. 31	Möglichkeit des Gegenbeweises, Art. 31 § 2
Allgemeine Haftungsbefreiungsgründe bei Verlust, Beschädigung, Lieferfristüberschreitung, gemäß Art. 23 § 2 (B! Ähnlichkeit zu § 426 HGB)	Art. 23 § 2 Beweis durch Beförderer gem. Art. 25 § 1
Schadenshöhe bei Verlust / Beschädigung, Art. 30 § 1: Marktpreis/Verkehrswert am Tag und am Ort der Übernahme	Beweis des Anspruchstellers
Schadenslimitierung bei Verlust / Beschädigung, Art. 30 § 2 ➡ 17 SZR je kg	
Schadenslimitierung bei Verspätung ➡ Vierfache der Fracht Art. 33 § 1	B! Art. 33 § 2 Obergrenze ist die Entschädigung gem. Art. 33
+ Fracht, Zölle und sonstige Beträge die mit der Beförderung im Zusammenhang stehen. Keine Verbrauchsabgaben im Steueraussetzungsverfahren, gemäß Art. 30 § 4.	
Volle Haftung, gem. Art. 34 bei Eintragung eines besonderen Interesses im Frachtbrief (Art. 7 § 2d)	
Unlimitierte Haftung bei Vorsatz und Leichtfertigkeit gem. Art. 36	

Prüfungsschema CIM

6.9 Wiederholungsfragen

1. In welchem Abkommen ist das heute gültige internationale Bahnrecht geregelt und wie gliedert sich dieses? ▶ Abschn. 6.1

2. Wann kommen die CIM zur Anwendung? ▶ Abschn. 6.2.1

3. Kann auch eine Beförderung auf der Straße dem CIM unterfallen? ▶ Abschn. 6.2.1

4. Wie kommt der Frachtvertrag nach CIM zustande? ▶ Abschn. 6.2.2

5. Wer steht in vertraglicher Beziehung zum Eisenbahninfrastrukturbetreiber? ▶ Abschn. 6.2.2

6. Welche Rechte der Absender gegenüber den Bahnen? ▶ Abschn. 6.3.1

7. Unter welchen Voraussetzungen kann der Absender den Frachtvertrag einseitig durch nachträgliche Verfügung ändern? ▶ Abschn. 6.3.1

8. Welche Pflichten hat der Absender gem. CIM? ▶ Abschn. 6.3.2

9. Wofür haftet der Beförderer? ▶ Abschn. 6.5

10. Was für eine Haftung trifft den Beförderer nach CIM? ▶ Abschn. 6.5

11. Wann entfällt die Haftung des Beförderers bei Verlust? ▶ Abschn. 6.5

12. Wie hoch ist die maximale Haftung nach CIM für Substanzschäden und für Lieferfristüberschreitung? ▶ Abschn. 6.5

13. Was ist natürlicher Schwund? ▶ Abschn. 6.5

14. Wie haftet der Beförderer nach CIM bei Vorsatz, Absicht oder Leichtfertigkeit? ▶ Abschn. 6.5

15. Welche Pflichten hat der Empfänger? ▶ Abschn. 6.6.2

Eine kurze Übersicht über das deutsche Seehandelsrecht

© Springer-Verlag GmbH Deutschland, ein Teil von Springer Nature 2019
T. Wieske, *Transportrecht – Schnell erfasst*, Recht – schnell erfasst,
https://doi.org/10.1007/978-3-662-58488-0_7

7.1 Einführung/Entwicklung der Seefrachtsregelungen

Bei den internationalen Transporten dominieren die See-transporte. Im interkontinentalen Warenaustausch werden mehr als 90 % der Waren per Seeschiff transportiert. Trans-portiert werden Massengüter und Rohstoffe, ebenso wie Fer-tigprodukte, Maschinen und Anlagen. Eng mit dem Seetrans-port ist der Transport von Gütern aller Art unter Benutzung von Container auf der Seestrecke verbunden, die dann auch mit dem Lkw, der Bahn und dem Binnenschiff weiter trans-portiert werden (Multimodalverkehr).

International sind zum Seehandel mehrere internationale Übereinkommen geschlossen worden, die diesen im Wesent-lichen bestimmen:

Haager-Regeln (nachfolgend HR genannt):

— Internationales Übereinkommen zur Anerkennung und Verwendung von Konnossementen, die die (Mindest-) Haftungsregeln zwischen Verfrachter und Befrachter bestimmen.

— Es wurde 1924 in Brüssel unterzeichnet und ist durch die meisten Industriestaaten einschließlich Deutschlands ratifiziert.

Haager Regeln
RGBl. 39 II 1049

Haag-Visby-Regeln (nachfolgend HVR genannt):

— Zusatzabkommen zu den Haager Regeln aus dem Jahre 1968, das 1977 in Kraft getreten ist, um die Haftungs-summen und die Haftung für Ladeeinheiten (Container) zu erweitern.

— Dieses ist nicht von Deutschland ratifiziert, hat aber Aufnahme in das HGB (5. Buch: Seehandel) gefunden.

Haag-Visby-Regeln

Hamburger-Regeln (1978) (nachfolgend HHR genannt):

— Ziel: Mängel der Haag-Visby-Regeln ausbessern; stärkere Haftung des Verfrachters, Annäherung an das Land-frachtrecht.

In Kraft seit 01.11.1992, durch 20 Staaten ratifiziert (Ös-terreich, afrikanische Staaten, osteuropäische Staaten), je-doch nicht durch Deutschland und andere wichtige In-dustriestaaten.

Hamburger-Regeln

Verfrachterhaftung mit 2,5 SZR je kg bzw. 835 SZR je Packstück

Seit einigen Jahren wird versucht, eine Revision des interna-tionalen Seerechts zu erreichen, nachdem sich die Hambur-ger-Regeln nicht durchgesetzt haben.

Die sog. „Rotterdamer Regeln" sind im September 2009 von mehr als 24 Staaten unterzeichnet worden (u. a. Frankreich,

Rotterdamer Regeln

7

Website der deutschen
Gesellschaft für
Transportrecht,
▶ www.transportrecht.
org

Griechenland, Norwegen, Polen, Senegal, die Schweiz, die USA). Sie sind jedoch bisher nur von Spanien, Togo und Kongo (Brazaville) ratifiziert worden, die skandinavischen Staaten sollen Interesse an einer Ratifikation zeigen.

In den dann folgenden Jahren wird sich zu zeigen haben, ob mindestens 20 Staaten diese dann im Wege der Ratifizierung in Kraft setzen.

In Deutschland ist das Seerecht im 5. Buch des HGB gesondert geregelt, das im Wesentlichen auf den Haag-Visby-Regeln basiert, ohne dass diese durch Deutschland ratifiziert wurden.

Das bis zum 26. April 2013 geltende 5. Buch des HGB („Seehandel", §§ 476 bis 906 HGB) war eingeteilt in zehn Abschnitte (von den Allgemeinen Vorschriften über Reeder, Kapitän, Frachtgeschäft, Haverei, Schiffsgläubiger bis hin zur Versicherung).

Seit dem Jahre 2013 gilt ein neues deutsches Seehandelsrecht (§§ 476 bis 619 HGB). Dieses ist am Vorbild der Haag-Visby-Regeln (Haftung) und der Rotterdamer Regeln (elektronische Dokumente) ausgerichtet. Es ist ähnlich strukturiert wie das deutsche (Binnen) Frachtrecht im vierten Buch des HGB.

7.2 Anwendungsbereich des Seehandelsrechts

7.2.1 Internationaler Anwendungsbereich

Zunächst ist zu beachten, dass Deutschland weder das Übereinkommen der HVR noch die HHR ratifiziert hat. Lediglich die Haager Regeln sind von Deutschland ratifiziert worden. D. h. soweit die HR zur Anwendung kommen, finden diese als internationales Recht vorrangig Anwendung vor nationalem Recht.

In der Praxis finden jedoch die Haag-Visby-Regeln Anwendung:

— wenn die HVR oder das Recht eines Vertragsstaats des HVR vereinbart sind (ausdrücklich oder stillschweigend) oder

— wenn das Konnossement in einem Vertragsstaat der HVR oder Deutschland ausgestellt wurde oder

— bei Transporten zwischen zwei ausländischen Häfen, wenn das Konnossement in einem Staat der HVR ausgestellt ist bzw. sich auf HVR bezieht.

7.2.2 Anwendungsbereich des Seefrachtrechts

— Persönlicher Anwendungsbereich: Das Seefrachtrecht findet nur Anwendung, wenn der Seetransport im Rahmen gewerblicher Tätigkeit erfolgt (vgl. auch § 407 Abs. 3 HGB).

— Sachlicher Anwendungsbereich: wenn es sich bei dem Transport um einen internationalen Seetransport handelt (Umkehrschluss aus § 450 HGB) und keine andere internationale Konvention zur Anwendung kommt, die von Deutschland ratifiziert worden ist (CMR, dort Art. 2, CIM 99, CMNI, MÜ).

— Ferner darf kein Multimodaltransport vorliegen (vgl. 4. Buch, 3. Unterabschnitt, §§ 452 ff. HGB). Mangels Ratifizierung internationaler (See-)Übereinkommen durch Deutschland gilt kein Vorrang des internationalen Rechts, außer der HR.

— Örtlicher Anwendungsbereich des Seehandelsrechts: Für alle Transporte auf Seegewässern jenseits des Anwendungsbereichs von § 450 HGB (vgl. 1. Anwendungsbereich des Frachtrechts), soweit nicht ratifiziertes internationales Recht vorgeht. Anwendung des deutschen Seehandelsrechts bei Transporten in oder ab deutschen Häfen bzw. bei Ausstellung eines Konnossements, das auf dem 5. Buch des HGB basiert.

7.3 Vertragsstruktur und Frachturkunden

Bezüglich der frachtrechtlichen Verträge wird das Seehandelsrecht wie folgt aufgeteilt:

Seefrachtverträge (§§ 481 bis 535) als Stückgutverträge (§§ 481 bis 526) oder Reisefrachtverträge (§§ 527 bis 535), sowie Schiffsüberlassungsverträge (§§ 553 bis 569) mit der Schiffsmiete oder Bareboatcharter (§§ 553 bis 556) oder den Zeitcharterverträgen (§§ 557 bis 569), bei denen das Schiff mit Besatzung verchartert wird.

Die Rechtsnatur des Zeitchartervertrages ist umstritten, hierbei kann es sich um einen Mietvertrag mit Dienstverschaffungsabrede handeln. Nach anderer Auffassung handelt es sich um einen Frachtvertrag bei der ein Beförderungserfolg herbeigeführt werden soll bzw. um einen Vertrag sui generis. Bei der Formulierung von Charterverträgen werden vielfach Standard (Charter-)verträge für bestimmte Fahrgebiete verwendet.

Titel	Jahr	Kurzname	Herausgeber
Cruise Voyage	1998	CRUISEVOY	BIMCO
Uniform General (Box Layout)	Rev. 1922, 1976, 1994	GENCON	BIMCO
General	1982	MULTIFORM	FONASBA
Universal Voyage	1984	NUVOY-84	Polish Chamber of Foreign Trade
Scandinavian Voyage	1956	SCANCON	BIMCO
World Food Programme	1999	WORLD-FOOD 99	UN Worldfood

Standard Charterverträge

Im Folgenden werden jedoch ausschließlich Seefrachtverträge behandelt.

7.3.1   Arten der Seefrachtverträge

Raumfrachtvertrag vs. Stückgutvertrag

Es werden zwei Arten von Seefrachtverträgen nach § 556 HGB unterschieden:

— Stückgutvertrag (§ 481 ff. HGB)
— Reisefrachtvertrag (§§ 527–535 HGB).

Der Stückgutvertrag bezieht sich auf die Beförderung einzelner Güter (Frachtrecht), z. B. einzelner oder einer bestimmten Anzahl von Containern und ist ein erfolgsabhängiger Werkvertrag.

Das neue Seerecht folgt dem strukturellen Konzept des Frachtrechts aus dem 4. Buch des HGB. Im Mittelpunkt des frachtrechtlichen Teils steht der Stückgutvertrag!

Der Reisefrachtvertrag oder Reisecharter ist ein Werkvertrag bei dem der Verfrachter einen Teil des Schiffraums dem Befrachter zur Verfügung stellt, um einen bestimmten Ort zu erreichen, gem. § 527 HGB. Hierbei kann es sich z. B. um den Transport von nichtcontainerisierten Massengütern oder Spezialgütern handeln.

Im Folgenden wird der Seefrachtvertrag betrachtet werden unter besonderer Berücksichtigung des Stückgutvertrages.

Zentrale Norm für Stückgutfrachtverträge ist § 481 (Ähnlichkeiten zu § 407, Zentralnorm des Frachtrechts sind nicht zufällig!).

> **§ 481 HGB – Hauptpflichten. Anwendungsbereich**
> (1) Durch den Stückgutfrachtvertrag wird der Verfrachter verpflichtet, das Gut mit einem Schiff über See zum Bestimmungsort zu befördern und dort dem Empfänger abzuliefern.
> (2) Der Befrachter wird verpflichtet, die vereinbarte Fracht zu zahlen.
> (3) Die Vorschriften dieses Titels gelten, wenn die Beförderung zum Betrieb eines gewerblichen Unternehmens gehört. Erfordert das Unternehmen nach Art oder Umfang einen in kaufmännischer Weise eingerichteten Geschäftsbetrieb nicht und ist die Firma des Unternehmens auch nicht nach § 2 in das Handelsregister eingetragen, so sind in Ansehung des Stückgutfrachtvertrags auch insoweit die Vorschriften des Ersten Abschnitts des Vierten Buches ergänzend anzuwenden; dies gilt jedoch nicht für die §§ 348 bis 350.

7.3.2 Die Beteiligten des Seefrachtvertrags

Der Seefrachtvertrag wird zwischen dem Verfrachter und dem Befrachter abgeschlossen. Der Empfänger ist nicht am Vertrag beteiligt, aber in der Regel Begünstigter. Daher ist der Seefrachtvertrag wie der Frachtvertrag ein Vertrag zugunsten Dritter.

Darüber hinaus existiert im deutschen Recht noch die Person des Abladers, welcher die Güter dem Verfrachter zur Beförderung übergibt.

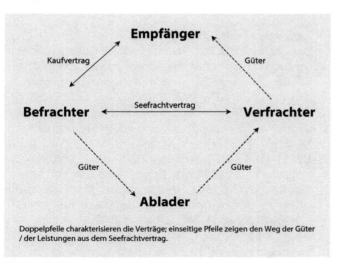

Doppelpfeile charakterisieren die Verträge; einseitige Pfeile zeigen den Weg der Güter / der Leistungen aus dem Seefrachtvertrag.

Die Beteiligten am Seefrachtvertrag

7

Verfrachter

a) **Verfrachter** (engl.: „carrier")
Der Verfrachter ist derjenige, der die Beförderung der Güter vertraglich verspricht, im Frachtrecht wird dieser auch als Frachtführer bezeichnet.

Der Verfrachter muss kein Reeder sein (siehe unten, vgl. 2. Abschnitt, §§ 476 HGB), sondern jede Partei, die sich zur Herbeiführung eines Erfolges bei der Seebeförderung verpflichtet, gilt als Verfrachter. Verfrachter kann in Verbindung mit §§ 458–460 HGB auch ein Spediteur sein (Non-Vessel-Owning-Common Carrier – NVOCC) vgl. Speditionsrecht, Fixkostenspediteur ▶ Abschn. 3.4.2.2.

Befrachter

b) **Befrachter** (engl.: „shipper")
Der Befrachter ist der Vertragspartner des Verfrachters. Er gibt den Transport von Gütern in Auftrag (Absender) und steht für die Frachtzahlung ein gem. § 481 Abs. 2 HGB.

Ablader

c) **Ablader**
Der Ablader übergibt dem Verfrachter (oder seinem Beauftragten) die Güter tatsächlich. Er kann mit dem Befrachter identisch sein, dies ist in der Praxis häufig der Fall. Der Begriff des Abladers ist eine Besonderheit des deutschen Rechts. Vielfach agieren Seehafenspediteure als Ablader.

> **§ 513 HGB – Anspruch auf Ausstellung eines Konnossements**
> (2) Ablader ist, wer das Gut dem Verfrachter zur Beförderung übergibt und vom Befrachter als Ablader zur Eintragung in das Konnossement benannt ist. Übergibt ein anderer als der Ablader das Gut oder ist ein Ablader nicht benannt, gilt der Befrachter als Ablader.

Empfänger

d) **Empfänger** (engl.: „consignee")
Der Empfänger ist die Person, an die die Güter ausgeliefert werden. Da der Frachtvertrag ein Vertrag zugunsten Dritter ist, steht ihm das Recht zu, die Ware Zug um Zug gegen Zahlung der Fracht zu verlangen, sofern diese nicht bereits gezahlt worden ist. Besondere Rechte können dem Empfänger daneben auf der Grundlage des Konnossements zustehen.

Reeder

e) **Reeder**
Der Reeder ist der Eigentümer eines zum Erwerb dienenden Schiffes (§§ 476 HGB, Erster Kap. 5. Buch). Er haftet für den Schaden, den eine Person der Schiffsbesatzung einem Dritten in Ausführung von Dienstverrichtungen schuldhaft zufügt (§ 480 HGB).

> **§ 476 HGB – Reeder**
> Reeder ist der Eigentümer eines von ihm zum Erwerb durch Seefahrt betriebenen Schiffes.

f) **Kapitän**

Der Kapitän gehört nach § 478 HGB zur Schiffsbesatzung, er ist Erfüllungsgehilfe des Reeders/Verfrachters.

---

§ 479 HGB – Rechte des Kapitäns. Tagebuch

(1) Der Kapitän ist befugt, für den Reeder alle Geschäfte und Rechtshandlungen vorzunehmen, die der Betrieb des Schiffes gewöhnlich mit sich bringt. Diese Befugnis erstreckt sich auch auf den Abschluss von Frachtverträgen und die Ausstellung von Konnossementen. Eine Beschränkung dieser Befugnis braucht ein Dritter nur dann gegen sich gelten zu lassen, wenn er sie kannte oder kennen musste.

(2) Ist auf dem Schiff ein Tagebuch zu führen, so hat der Kapitän alle Unfälle einzutragen, die sich während der Reise ereignen und die das Schiff, Personen oder die Ladung betreffen oder sonst einen Vermögensnachteil zur Folge haben können. Die Unfälle sind unter Angabe der Mittel zu beschreiben, die zur Abwendung oder Verringerung der Nachteile angewendet wurden. Die durch den Unfall Betroffenen können eine Abschrift der Eintragungen zum Unfall sowie eine Beglaubigung dieser Abschrift verlangen.

Der Kapitän hat eine eigene (historisch gewachsene) Position gegenüber den Beteiligten im Seefrachtrecht Er ist Vertreter des Reeders in allen Rechtshandlungen, die der Betrieb des Schiffes gewöhnlich mit sich bringt (§ 479 Abs. 1 HGB). Er haftet für durch sein Verschulden entstandenen Schaden gegenüber dem Reeder, der wiederum für die Schiffsbesatzung einschließlich des Kapitäns zu haften hat (§ 480 HGB). Der Kapitän kann ferner den Verfrachter bei der Erstellung des Konnosements (§ 513 Abs. 1, S. 2 HGB) sowie den Reeder gegenüber den Schiffsgläubigern (§ 619 HGB) vertreten. Außerdem hat er besondere Rechte bei Schiffsnotlagen (§ 588 HGB, Gr. Haverei, § 574 HGB, Bergung).

7.3.3 Die Frachturkunde/Konnossement/ See-Frachtbrief

Das traditionelle Dokument des Seeverkehrs ist das Konnossement **(Bill of Lading, BL)**.

Ein solches kann ausgestellt werden beim Stückgutfrachtvertrag (§§ 481 ff. HGB) und beim Reisefrachtvertrag (§ 527 Abs. 2).

Die Bestimmungen über das Konnossement finden sich in §§ 513–525 HGB. Das Konnossement ist ein Wertpapier, es repräsentiert den Besitz an den verschifften Güter und hat damit Bedeutung auch für den Eigentumserwerb an diesen. Die Übergabe des Papiers ersetzt die Übergabe der Ware. (§ 524 HGB). Das Konnossement ist damit ein Traditionspapier, das bei der Übertragung den Besitz am Gut ersetzt (Traditionsprinzip). Es kann verkauft, gekauft, übereignet (§ 929 BGB) oder verpfändet werden, wie das in ihm verbriefte Gut.

Zunehmende Bedeutung in der Praxis bekommt der Seefrachtbrief (§ 626 HGB). Dieser ist kein Wertpapier, aber ein Frachtbrief.

> **§ 513 HGB – Anspruch auf Ausstellung eines Konnossements**
>
> (1) Der Verfrachter hat, sofern im Stückgutfrachtvertrag nicht etwas Abweichendes vereinbart ist, dem Ablader auf dessen Verlangen ein Orderkonnossement auszustellen, das nach Wahl des Abladers an dessen Order, an die Order des Empfängers oder lediglich an Order zu stellen ist; im letzteren Fall ist unter der Order die Order des Abladers zu verstehen. Der Kapitän und jeder andere zur Zeichnung von Konnossementen für den Reeder Befugte sind berechtigt, das Konnossement für den Verfrachter auszustellen.

Wichtigste Regelungen:

— Das Konnossement wird vom Verfrachter ausgestellt (§ 513 Abs. 1, 516 Abs. 1 HGB).

— Der Ablader hat das Recht, die Ausstellung eines Konnossementes zu verlangen (§ 513 Abs. 1 HGB), ansonsten der Befrachter (§ 513 Abs. 2, letzter Satz HGB).

— Die notwendigen Angaben des Konnossements ergeben sich aus § 515 HGB.

— Es wird in mehreren Ausfertigungen ausgestellt (in der Regel drei Ausfertigungen, § 514 Abs. 3 HGB).

> **§ 514 HGB – Bord- und Übernahmekonnossement**
>
> (1) Das Konnossement ist auszustellen, sobald der Verfrachter das Gut übernommen hat. Durch das Konnossement bestätigt der Verfrachter den Empfang des Gutes und verpflichtet sich, es zum Bestimmungsort zu befördern und dem aus dem Konnossement Berechtigten gegen Rückgabe des Konnossements abzuliefern.
>
> (2) Ist das Gut an Bord genommen worden, so hat der Verfrachter das Konnossement mit der Angabe auszustellen, wann und in welches Schiff das Gut an Bord genommen wurde (Bordkonnossement). Ist bereits vor dem Zeitpunkt, in dem das Gut an Bord genommen wurde, ein Konnossement

> ausgestellt worden (Übernahmekonnossement), so hat der
> Verfrachter auf Verlangen des Abladers im Konnossement zu
> vermerken, wann und in welches Schiff das Gut an Bord
> genommen wurde, sobald dies geschehen ist (Bordvermerk).
> (3) Das Konnossement ist in der vom Ablader geforderten
> Anzahl von Originalausfertigungen auszustellen.

Bordkonnossement: (§ 514 Abs. 2, S. 1 HGB).

Mit dem Bordkonnossement bestätigt der Verfrachter, dass die Güter zur Verschiffung an Bord eines (benannten) Schiffes verladen worden sind („On-board B/L", „Shipped B/L"). Ein Bordkonnossement ist für Akkreditivgeschäfte erforderlich.

Übernahmekonnossement (§ 514 Abs. 1, S. 2 HGB).

Mit dem Übernahmekonnossement bestätigt der Verfrachter, dass er die Güter zur Verschiffung angenommen hat („Received for shipment B/L"), aber (noch) nicht die Verschiffung. Das Übernahmekonnossement ist üblich, wenn sich der Verfrachter und der Ablader einig sind, bereits vor der Verschiffung ein Konnossement auszustellen.

Durch den Vermerk „shipped on board", der unterschrieben sein muss, wird aus dem Übernahmekonnossement ein Bordkonnossement.

Die Arten des Konnossements:-
Bordkonnossement

- Übernahmekonnossement

> **§ 519 HBG – Berechtigung aus dem Konnossement.**
> **Legitimation**
> Die im Konnossement verbrieften seefrachtvertraglichen
> Ansprüche können nur von dem aus dem Konnossement
> Berechtigten geltend gemacht werden. Zugunsten des legitimier-
> ten Besitzers des Konnossements wird vermutet, dass er der aus
> dem Konnossement Berechtigte ist. Legitimierter Besitzer des
> Konnossements ist, wer ein Konnossement besitzt, das
> 1. auf den Inhaber lautet,
> 2. an Order lautet und den Besitzer als Empfänger benennt
>   oder durch eine ununterbrochene Reihe von Indossamenten
>   ausweist oder
> 3. auf den Namen des Besitzers lautet.

Das Konnossement weist in der Regel einen Empfangsberechtigten aus (außer Inhaberkonnossement). Es verbrieft das Versprechen des Verfrachters, die Ware an den legitimierten Inhaber der Urkunde auszuliefern. Daher werden die Konnossemente nach der Art der Berechtigung gem. § 519 HGB unterteilt in:

Orderkonnossement: Das Konnossement wird an den Empfänger ausgestellt und wird durch eine Orderklausel zum Orderpapier. Ist kein Empfänger benannt, ist die Order des

- Orderkonnossement
(§ 519 Ziff. 2 HGB

Abladers gemeint, sonst die Order des (genannten) Empfängers. Die Rechte aus dem Konnossement werden durch Indossament übertragen (§ 364 HGB). (Ladeschein/Wertpapier):
„… wird übertragen an Herrn Schmidt oder an Order"

- Inhaberkonnossement
(§ 519 Ziff. 1 HGB)

Inhaberkonnossement: Dieses enthält weder eine Orderklausel noch den Namen eines Empfängers. Berechtigter aus dem Konnossement ist derjenige, der das Konnossement vorlegt. Eine Legitimationsprüfung durch den Verfrachter entfällt, da der Berechtigte nicht namentlich genannt ist (Ladeschein/Wertpapier). Die Güter, die im Inhaberkonnossement beschrieben sind (z. B. Container XY) können so anonym durch Übereignung des Papiers übertragen werden.

- Namens-/
Rektakonnossement
(§ 519 Ziff. 3 HGB)

Rektakonnossement (auch als Namenskonnossement bezeichnet): Dieses enthält den Namen des Empfängers ohne eine Orderklausel. Nur der namentlich genannte Empfänger ist zur Empfangnahme der Güter im Löschhafen berechtigt. Eine Übertragung der Ansprüche aus einem Rektakonnossement auf einen Dritten ist aber durch eine Abtretungserklärung des Empfängers (Zession) möglich. die nur schuldrechtliche Wirkung hat (kein Wertpapier).

In den weiteren Funktionen des Konnossements ist dieses mit dem Frachtbrief vergleichbar:

— Konnossement als Beweisurkunde.
— Konnossement als Quittung. Mit dem Konnossement bestätigt der Verfrachter, dass er die Ladung zur Beförderung übernommen hat.
— Konnossement als Instruktionspapier.

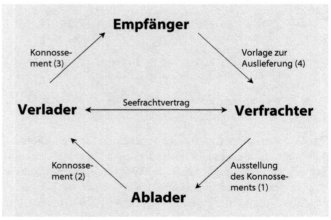

Der Weg eines Konnossements nach seiner Ausstellung („vom Verfrachter zum Verfrachter"), beginnend mit 1, gem. § 513 Abs. 1 HGB

1. Übertragung des Konnossements
2. Rechte und Pflichten aus dem Konnossement
Auslieferung der transportierten Güter nur gegen Rückgabe einer Ausgabe des Konnossements an den legitimierten Besitzer des Konnossements.

---

§ 521 HBG – Ablieferung gegen Rückgabe des Konnossements

(1) Nach Ankunft des Gutes am Löschplatz ist der legitimierte Besitzer des Konnossements berechtigt, vom Verfrachter die Ablieferung des Gutes zu verlangen. Macht der legitimierte Besitzer des Konnossements von diesem Recht Gebrauch, ist er entsprechend § 494 Absatz 2 und 3 zur Zahlung der Fracht und einer sonstigen Vergütung verpflichtet.

(2) Der Verfrachter ist zur Ablieferung des Gutes nur gegen Rückgabe des Konnossements, auf dem die Ablieferung bescheinigt ist, und gegen Leistung der noch ausstehenden, nach § 494 Absatz 2 und 3 geschuldeten Zahlungen verpflichtet. Er darf das Gut jedoch nicht dem legitimierten Besitzer des Konnossements abliefern, wenn ihm bekannt oder infolge grober Fahrlässigkeit unbekannt ist, dass der legitimierte Besitzer des Konnossements nicht der aus dem Konnossement Berechtigte ist.

(3) Sind mehrere Ausfertigungen des Konnossements ausgestellt, so ist das Gut dem legitimierten Besitzer auch nur einer Ausfertigung des Konnossements abzuliefern. Melden sich mehrere legitimierte Besitzer, so hat der Verfrachter das Gut in einem öffentlichen Lagerhaus oder in sonst sicherer Weise zu hinterlegen und die Besitzer, die sich gemeldet haben, unter Angabe der Gründe seines Verfahrens hiervon zu benachrichtigen. Der Verfrachter kann in diesem Fall das Gut gemäß § 373 Absatz 2 bis 4 verkaufen lassen, wenn es sich um verderbliche Ware handelt oder der Zustand des Gutes eine solche Maßnahme rechtfertigt oder wenn die andernfalls zu erwartenden Kosten in keinem angemessenen Verhältnis zum Wert des Gutes stehen.

(4) Liefert der Verfrachter das Gut einem anderen als dem legitimierten Besitzer des Konnossements oder, im Falle des Absatzes 2 Satz 2, einem anderen als dem aus dem Konnossement Berechtigten ab, haftet er für den Schaden, der dem aus dem Konnossement Berechtigten daraus entsteht. Die Haftung ist auf den Betrag begrenzt, der bei Verlust des Gutes zu zahlen wäre.

Wertpapierkonnossement	Nicht-Wertpapierkonnossement
(Order-/Inhaberkonnossement)	(Namenskonnossement)
Übertrag. durch Indossament, § 364 HGB	Übertragung durch Abtretung
Auslieferungsanspruch, § 521 HGB	Keine dingliche Forderung, nur schuldrechtlicher Anspruch, Übertragung durch Abtretung (§ 398 BGB)
Gutglaubensschutz § 524 HGB i.V.m. §§ 929, 932 BGB und § 521 HGB	Eigentum an der Urkunde folgt dem Forderungsrecht (§ 952 BGB)

Übertragung des Konnessements

7

Skripturhaftung des Verfrachters

Die Prüfung der Legitimation zur Auslieferung durch Konnossement ist abhängig von der Art des Konnossements (Order-, Inhaber-, Rektakonnossement) gem. § 519 HGB.

Grundsätzlich gilt, dass ein Konnossement maßgebend ist für die Rechtsbeziehung zwischen Verfrachter und Empfänger bzw. Dritte (Skripturhaftung). Die Rechtsbeziehung zwischen Verfrachter und Befrachter wird hingegen durch die Bestimmungen des Seefrachtvertrages bestimmt (► Kap. 1, Ladeschein).

Die Skripturhaftung führt zu einer Haftung des Verfrachters, auch wenn der Schaden nicht durch mangelhafte Ladungsfürsorge eingetreten ist (vgl. Haftung des Verfrachters). Der Verfrachter muss sich aufgrund der unwiderleglichen Vermutung des § 517 Abs. 1 HGB so behandeln lassen, als sei ein Verlust oder eine Beschädigung der Güter während seiner Obhutszeit eingetreten.

§ 517 HGB – Beweiskraft des Konnossements
(1) Das Konnossement begründet die Vermutung, dass der Verfrachter das Gut so übernommen hat, wie es nach § 515 Absatz 1 Nummer 7 und 8 beschrieben ist. Bezieht sich die Beschreibung auf den Inhalt eines geschlossenen Lademittels, so begründet das Konnossement jedoch nur dann die Vermutung nach Satz 1, wenn der Inhalt vom Verfrachter überprüft und das Ergebnis der Überprüfung im Konnossement eingetragen worden ist. Enthält das Konnossement keine Angabe über die äußerlich erkennbare Verfassung oder Beschaffenheit des Gutes, so begründet das Konnossement die Vermutung, dass der Verfrachter das Gut in äußerlich erkennbar guter Verfassung und Beschaffenheit übernommen hat.

> (2) Das Konnossement begründet die Vermutung nach Absatz 1
> nicht, soweit der Verfrachter einen Vorbehalt in das Konnosse-
> ment eingetragen hat. Aus dem Vorbehalt muss sich ergeben,
> 1. in welcher Verfassung das Gut bei seiner Übernahme durch
>   den Verfrachter war oder wie das Gut bei seiner Übernahme
>   beschaffen war,
> 2. welche Angabe im Konnossement unrichtig ist und wie die
>   richtige Angabe lautet,
> 3. welchen Grund der Verfrachter zu der Annahme hatte, dass
>   die Angabe unrichtig ist, oder
> 4. weshalb der Verfrachter keine ausreichende Gelegenheit
>   hatte, die Angabe nachzuprüfen.

Reines Konnossement („Clean Bill of Lading"): Ein Konnossement wird als rein bezeichnet (Clean Bill of Lading),
wenn es keine Vermerke über Schäden an den Gütern bzw.
deren Verpackung (auch Abschreibungen oder Foul-Vermerk
genannt) enthält. Es ist dann nicht nötig, den Zusatz „clean
on board" auf dem Konnossement zu vermerken.

reines Konnossement

Durch **Abschreibungen auf dem Konnossement** wird
dieses unrein (§ 517 Abs. 2 HGB). Da der Verfrachter dafür
haftet, die Güter wie im Konnossement beschrieben an den
Empfänger auszuliefern (Skripturhaftung), wird er im eigenen Interesse darauf drängen, alle erkennbaren Beschädigungen in dem Konnossement kenntlich zu machen.

Wegen § 517 Abs. 1 S. 2 HGB bedarf es der Unbekannt-
klausel im Konnossement wegen des Inhalts nicht mehr bei
z. B. gepackten Containern (anders als in § 656 Abs. 3 Nr. 2
HGB a.F. vor 2013 od. Art. 40 Abs. 4 RR, die aber auch dort
ein Konnossement nicht „unrein" machen).

Unbekanntklausel=STC

Kassatorische Klausel (§ 521 Abs. 3 S. 1 HGB): Das Konnossement ist in der Anzahl der Ausfertigungen auszustellen,
wie vom Ablader verlangt, üblich ist ein Satz von drei (Original!) Konnossementen (§ 642 Abs. 1 HGB a.F.).

kassatorische Klausel

Die kassatorische Klausel soll den Verfrachter davor
schützen, nach der Auslieferung der Güter noch von weiteren
Konnossementsinhabern in Anspruch genommen zu werden,
da nach der Vorlage des ersten Originals die restlichen Originale ihre Gültigkeit verlieren.

Melden sich jedoch (gleichzeitig) mehrere legitimierte
Konnossementsinhaber, so hat der Kapitän/Verfrachter die
Auslieferung zu verweigern und die Güter in einem öffentli-
chen Lagerhaus zu hinterlegen (§ 521 Abs. 3 S. 2 HGB).

Der Seefrachtbrief (§ 526 HGB):

7

> **§ 526 HGB – Seefrachtbrief. Verordnungsermächtigung**
>
> (1) Der Verfrachter kann, sofern er nicht ein Konnossement ausgestellt hat, einen Seefrachtbrief ausstellen. Auf den Inhalt des Seefrachtbriefs ist § 515 entsprechend anzuwenden mit der Maßgabe, dass an die Stelle des Abladers der Befrachter tritt.
>
> (2) Der Seefrachtbrief dient bis zum Beweis des Gegenteils als Nachweis für Abschluss und Inhalt des Stückgutfrachtvertrages sowie für die Übernahme des Gutes durch den Verfrachter. § 517 ist entsprechend anzuwenden.
>
> (3) Der Seefrachtbrief ist vom Verfrachter zu unterzeichnen; eine Nachbildung der eigenhändigen Unterschrift durch Druck oder Stempel genügt.
>
> (4) Dem Seefrachtbrief gleichgestellt ist eine elektronische Aufzeichnung, die dieselben Funktionen erfüllt wie der Seefrachtbrief, sofern sichergestellt ist, dass die Authentizität und die Integrität der Aufzeichnung gewahrt bleiben (elektronischer Seefrachtbrief). Das Bundesministerium der Justiz und für Verbraucherschutz wird ermächtigt, im Einvernehmen mit dem Bundesministerium des Innern durch Rechtsverordnung, die nicht der Zustimmung des Bundesrates bedarf, die Einzelheiten der Ausstellung und der Vorlage eines elektronischen Seefrachtbriefs sowie die Einzelheiten des Verfahrens über nachträgliche Eintragungen in einen elektronischen Seefrachtbrief zu regeln.

Seefrachtbrief

Die Ausstellung eines Konnossements und dessen gesonderter Transport kosten Geld. Daher kann dort, wo die Ausstellung eines Konnossements nicht gefordert wird, ein Seefrachtbrief ausgestellt werden. Dieser ist ein Transportdokument ohne Wertpapiercharakter. Für die Entgegennahme der Ware ist die Vorlage des Seefrachtbriefs durch den darin genannten Empfänger nicht notwendig, was die Abfertigung am Bestimmungshafen beschleunigt.

Der Seefrachtbrief ist in älteren Bestimmungen wie dem HGB a.F., HR oder den HVR nicht geregelt; der Gesetzgeber ging davon aus, dass ein Konnossement im Seefrachtverkehr praktisch nicht zu entbehren ist. Sofern kein Konnossement ausgestellt ist, finden auch nicht die HR oder die HVR Anwendung, denn diese regeln die Rechtsverhältnisse bei Konnossementsausstellung, also nicht allgemein das Seefrachtrecht.

Der Seefrachtbriefe wird nicht vom Befrachter oder Ablader ausgestellt (vgl. Frachtbrief), sondern vom Verfrachter (§ 526 Abs. 1 HGB). Der Auslieferungsanspruch ist bei diesen Papieren nicht von der Vorlage abhängig, der Verfrachter hat die Güter an den genannten Empfänger auszuliefern. Vgl. i.ü. die vergleichbare Situation beim (Land-)Frachtbrief (▶ Abschn. 2.3).

Die Seefrachtbriefe stimmen in ihrer formularmäßigen Ausgestaltung mit den Konnossementsformularen überein. Der Seefrachtbrief ist Instruktionspapier, Beweisurkunde für den Abschluss und Inhalt des Seefrachtvertrages sowie Quittung für die Übernahme der Transportgüter.

Die Vorschrift in § 526 Abs. 4 HGB, die auch elektronischen Seefrachtbrief erlaubt, verweist auf eine Verordnung des BMJ die es bisher jedoch nicht gibt.

7.4 Pflichten, Rechte und Haftung des Befrachters

7.4.1 Die Pflichten des Befrachters

Gem. § 481 Abs. 2 ist der Befrachter verpflichtet die vereinbarte Fracht zu zahlen. § 493 bestimmt, wann diese fällig ist:

Hauptpflicht: Frachtzahlung

> **§ 493 HGB – Zahlung. Frachtberechnung**
> (1) Die Fracht ist bei Ablieferung des Gutes zu zahlen. Der Verfrachter hat über die Fracht hinaus einen Anspruch auf Ersatz von Aufwendungen, soweit diese für das Gut gemacht wurden und er sie den Umständen nach für erforderlich halten durfte.
> (2) Der Anspruch auf die Fracht entfällt, soweit die Beförderung unmöglich ist. Wird die Beförderung infolge eines Beförderungs- oder Ablieferungshindernisses vorzeitig beendet, so gebührt dem Verfrachter die anteilige Fracht für den zurückgelegten Teil der Beförderung, wenn diese für den Befrachter von Interesse ist.
> (3) Abweichend von Absatz 2 behält der Verfrachter den Anspruch auf die Fracht, wenn die Beförderung aus Gründen unmöglich ist, die dem Risikobereich des Befrachters zuzurechnen sind oder die zu einer Zeit eintreten, zu welcher der Befrachter im Verzug der Annahme ist. Der Verfrachter muss sich jedoch das, was er an Aufwendungen erspart oder anderweitig erwirbt oder zu erwerben böswillig unterlässt, anrechnen lassen.
> (4) Tritt nach Beginn der Beförderung und vor Ankunft am Löschplatz eine Verzögerung ein und beruht die Verzögerung auf Gründen, die dem Risikobereich des Befrachters zuzurechnen sind, so gebührt dem Verfrachter neben der Fracht eine angemessene Vergütung.
> (5) Ist die Fracht nach Zahl, Gewicht oder anders angegebener Menge des Gutes vereinbart, so wird für die Berechnung der Fracht vermutet, dass Angaben hierzu im Seefrachtbrief oder Konnossement zutreffen; dies gilt auch dann, wenn zu diesen Angaben ein Vorbehalt eingetragen ist, der damit begründet ist, dass keine angemessenen Mittel zur Verfügung standen, die Richtigkeit der Angaben zu überprüfen.

7

Dieser Anspruch ist mit der Erfüllung des Seefrachtvertrages fällig, gem. § 493 Abs. 1 HGB.

Mit der Annahme der Güter durch den Empfänger entsteht eine Zahlungspflicht daneben auch in der Person des Empfängers gem. §§ 494 Abs. 2, 3 HGB wegen Frachtkosten, Nebenkosten, soweit diese aus dem Beförderungsdokument hervorgehen, und Liegegelder (▶ Abschn. 7.8.2). Mit Erfüllung durch den Empfänger wird der Befrachter von seiner Zahlungspflicht frei.

freight prepaid

Bei dem Vermerk im Konnossement: „freight prepaid" entfällt die Zahlungspflicht des Empfängers (BGH, TranspR 1987, 439,441). Aber wenn die Frachtforderung nicht erfüllt ist, behält der Verfrachter sein Pfandrecht an dem Frachtgut (§ 495 HGB).

Deshalb ist bei dem Vermerk „freight prepaid" die Fracht schon mit Übernahme des Gutes durch den Verfrachter fällig (Rabe, vor § 614 a.F., Rn. 10, 4. Aufl.; A.A. OLG Düsseldorf, TranspR 1992, 369, 370).

Bestimmt sich die Fracht nach Maß, Gewicht oder Menge der Güter:

— So bestimmt sich diese nach den Angaben im Beförderungsdokument (§ 493 Abs. 5 HGB);
— Soweit keines ausgestellt ist, dann ist der Zeitpunkt der Ablieferung beim Empfänger entscheidend, weil die Ware vom Empfänger geprüft werden kann (§ 494 Abs. 2 S. 2 HGB).

Neben der Fracht können weitere Kosten verlangt werden, wenn eine entsprechende Abrede getroffen ist oder diese vom Verfrachter auf das Gut veranlasst wurden und er diese den Umständen für erforderlich angesehen hatte (§ 493 Abs. 1 S. 1 HGB).

Beiträge der großen Haverei sind in einem gesonderten Verfahren einzufordern (große Haverei).

Die **Frachtzahlungspflicht entfällt,** wenn die Güter verloren gegangen sind (§ 493 Abs. 2 HGB), es sei denn der Güterverlust ist auf Umstände zurück zu führen (§ 493 Abs. 3 HGB9, die aus dem Risikobereich des Befrachters stammen, vgl. zum Begriff des Risikobereichs: Kap. Das deutsche Frachtrecht, 4.1.1).

Im Zweifel ist der Frachtanspruch bei Ablieferung fällig (§ 493 Abs. 1 HGB), da der Seefrachtvertrag ein Werkvertrag ist.

Als Sicherungsrecht zur Durchsetzung des Frachtzahlungsanspruchs hat der Verfrachter ein gesetzlich fixiertes Pfandrecht, gem. § 495 HGB wegen der Fracht, Nebenkosten und Liegegelder.

Nebenpflichten des Befrachters:

— **Anlieferungspflicht (Kosten der Abladung):** Die Güter sind kostenfrei bis an das Schiff zu liefern (so die Incoterms fob, cif), sofern nicht durch Vertrag etwas anderes bestimmt ist (§ 486 Abs. 1 S. 1 HGB). Damit verbunden ist auch die Pflicht des Befrachters, die Abladung innerhalb der Ladezeit vorzunehmen § 486 Abs. 1 S. 1 HGB.

— **Informationspflicht über die Güter:** Der Befrachter hat richtige Angaben über Maß, Zahl, Gewicht und Merkzeichen der Güter gegenüber dem Verfrachter zu machen (§ 482 HGB). Ebenso muss er richtige Angaben über die Art und die Beschaffenheit der Güter machen. Des Weiteren ist verboten, Kriegskonterbande oder Güter, deren Ausfuhr, Einfuhr oder Durchfuhr verboten sind, zu verladen.

— Den Verfrachter informieren, wenn Güter entzündliche, explosive oder sonst **gefährliche Eigenschaften besitzen** (§ 483 HGB).

— **Begleitpapiere:** Der Befrachter muss binnen der Zeit, in welcher die Güter zu liefern sind, alle erforderlichen Papiere dem Kapitän zukommen lassen (§ 487 HGB).

— **Verpackungs- und Kennzeichnungspflicht** der Güter durch den Befrachter (§ 484 HGB).

Besondere (zusätzliche) **Nebenpflichten des Befrachters im Reisefrachtvertrag, §§ 527 ff.:**

Im Stückgutverkehr gibt es keine besonderen Vorschriften über die **Ladezeit,** anders als im Reisefrachtvertrag (§§ 527 ff.).

Diese beginnt mit der Anzeige der Ladebereitschaft gegenüber dem Befrachter (§ 529 Abs. 1 HGB). Nachdem die Ladezeit abgelaufen ist (§ 530 Abs. 4 HGB), hat der Verfrachter Anspruch auf Liegegeld (§ 530 Abs. 3 HGB).

> Nebenpflichten des Befrachters

> Kriegskonterbande: Schmuggel auf dem Seeweg, wobei die Güter vorwiegend für den Krieg von Nutzen waren

> Nebenpflichten des Befrachters im Reisefrachtvertrag

7.4.2 Die Haftung des Befrachters

Verschuldenshaftung des Befrachters und Dritter, § 488 HGB:

7

> ### § 488 HGB – Haftung des Befrachters und Dritter
> (1) Der Befrachter hat dem Verfrachter Schäden und Aufwendungen zu ersetzen, die verursacht werden durch
>   1. Unrichtigkeit oder Unvollständigkeit der erforderlichen Angaben zum Gut,
>   2. Unterlassen der Mitteilung über die Gefährlichkeit des Gutes,
>   3. ungenügende Verpackung oder Kennzeichnung oder
>   4. Fehlen, Unvollständigkeit oder Unrichtigkeit der in § 487 Absatz 1 genannten Urkunden oder Auskünfte.
>   Der Befrachter ist jedoch von seiner Haftung befreit, wenn er die Pflichtverletzung nicht zu vertreten hat.
> (2) Macht der in § 482 Absatz 2 genannte Dritte unrichtige oder unvollständige Angaben bei der Abladung oder unterlässt er es, den Verfrachter über die Gefährlichkeit des Gutes zu unterrichten, so kann der Verfrachter auch von diesem Ersatz der hierdurch verursachten Schäden und Aufwendungen verlangen. Dies gilt nicht, wenn der Dritte die Pflichtverletzung nicht zu vertreten hat.
> (3) Wird ein Konnossement ausgestellt, so haben der Befrachter und der Ablader (§ 513 Absatz 2), auch wenn sie kein Verschulden trifft, dem Verfrachter Schäden und Aufwendungen zu ersetzen, die verursacht werden durch
>   1. Unrichtigkeit oder Unvollständigkeit der in das Konnossement aufgenommenen Angaben nach § 515 Absatz 1 Nummer 8 über Maß, Zahl oder Gewicht sowie über Merkzeichen des Gutes oder
>   2. Unterlassen der Mitteilung über die Gefährlichkeit des Gutes.
>   Jeder von ihnen haftet jedoch dem Verfrachter nur für die Schäden und Aufwendungen, die aus der Unrichtigkeit oder Unvollständigkeit seiner jeweiligen Angaben entstehen.
> (4) Hat bei der Verursachung der Schäden oder Aufwendungen ein Verhalten des Verfrachters mitgewirkt, so hängen die Verpflichtung des Befrachters und des Abladers nach Absatz 3 zum Ersatz sowie der Umfang des zu leistenden Ersatzes davon ab, inwieweit dieses Verhalten zu den Schäden und Aufwendungen beigetragen hat.
> (5) Eine Vereinbarung, durch die die Haftung nach Absatz 1, 2 oder 3 ausgeschlossen wird, ist nur wirksam, wenn sie im Einzelnen ausgehandelt wird, auch wenn sie für eine Mehrzahl von gleichartigen Verträgen zwischen denselben Vertragsparteien getroffen wird. Abweichend von Satz 1 kann jedoch die vom Befrachter oder Ablader zu leistende Entschädigung der Höhe nach auch durch vorformulierte Vertragsbedingungen beschränkt werden.

Verschuldenshaftung des Befrachters

Der Befrachter haftet dem Verfrachter für den Schaden, der durch falsche Angaben in Bezug auf Art und Beschaffenheit der Güter entstanden ist, wenn dem Befrachter ein Verschulden zur Last fällt (§ 488 Abs. 1, letzter Satz, HGB i.V.m. § 280

BGB). Lässt er Güter verladen, deren Einfuhr, Ausfuhr oder Durchfuhr verboten ist, so haftet er ebenfalls, sofern ihm ein Verschulden zur Last fällt. Ebenso können der Befrachter und Dritte für den entstandenen Schaden haften, wenn er ohne das Wissen des Kapitäns Güter an Bord bringen lässt.

Entsteht dem Verfrachter ein Schaden wegen falscher Angaben über Maß, Zahl, Gewicht, Merkzeichen (§ 488 Abs. 3, Ziff. 1 HGB) oder Gefährlichkeit der Güter (§ 488 Abs. 3, Ziff. 2 HGB), so haftet der Befrachter auch ohne dass ein Verschulden ihn treffen muss unlimitiert. Voraussetzung ist aber, diese Angaben in einem Konnossement gemacht wurden. Ein Seefrachtbrief ist dafür nicht ausreichend.

Beachte: Die Haftung des Befrachters gem. § 488 Abs. 1, 2 und 3 ist AGB-fest, d. h. sie kann nur durch Individualverträge ausgeschlossen werden, § 488 Abs. 5, S. 1 HGB.

Durch AGB kann aber die Höhe der **Befrachterhaftung** beschränkt werden (§ 488 Abs. 5, S. 2 HGB), wie z. B. bei Anwendung der ADSp in Ziff. 29.1. **auf € 200.000 je Schadensereignis.**

Haftung des Befrachters für Liegegeld (§§ 572 ff.) in der Reisefracht (§§ 527 ff. HGB):

Nachdem die vereinbarte Ladezeit abgelaufen ist (§ 530 HGB), hat der Befrachter Liegegeld zu zahlen (§ 530 Abs. 2 HGB; vgl. Anlieferungspflicht des Befrachters). Wird die vereinbarte Ladezeit unterschritten, so kann im Gegenzug ein Eilgeld zu Gunsten des Befrachters vereinbart sein („despatch money"), quasi als Prämie für schnelles Abladen.

verschuldensunabhängige Haftung bei Konnossementsangaben

AGB-Regelung für Haftungshöhe

Liegegeld und Eilgeld

7.4.3 **Rechte des Befrachters**

Die Rechte des Befrachters sind zunächst in den Bestimmungen zum Stückgutvertrag enthalten. Diese sind durchaus vergleichbar den Rechten des Absenders im deutschen Frachtrecht:

Dispositionsrechte des Befrachters

- Bestimmung des **Anlieferungsortes und des Empfängers** (Umkehrschluss aus § 481 Abs. 1 HGB).
- **Bestimmung des Abladers,** § 513 Abs. 2 S. 1 HGB bzw. Wahrnehmung der Rechte des Abladers, § 513 Abs. 2 S. 2 HGB (Ablader).
- **Nachträgliches Weisungsrecht** bzgl. des Anlieferungsortes, des Empfängers und des Lösch-platzes soweit nicht der Konnossementsinhaber dieses Recht hat, gem. § 491 Abs. 1 HGB
- **Weisungsrecht bei Beförderungs- und Ablieferungshindernissen,** gem. § 492 HGB.

- **Kündigungsrecht bei Stückgütern** gem. § 489 HGB gegen Zahlung der Fracht abzüglich ersparter Aufwendungen oder **Fautfracht** (1/3).
- Zustimmung zur **Decksverladung,** § 486 Abs. 4, S. 1 HGB.
- Recht auf **Verlustvermutung,** gem. § 511 HGB, wenn das Gut nicht innerhalb der zweifachen Frist bei einer vereinbarten Lieferfrist entspricht, mindestens 30 bzw. 60 Tage. Hier sind die Grundsätze von § 424 HGB anzuwenden.
- Anspruch auf **Einhaltung der Reiseroute („Deviation")** und u. U. einer vereinbarten Lieferfrist. Eine solche folgt aus dem Grundsatz der Vertragsfreiheit, dabei ist zu berücksichtigen, dass das Seehandelsrecht im HGB keine Bestimmung über die Lieferfrist enthält (anders als § 423 HGB, Referentenentwurf oder Art. 17 Abs. 1 RR,). Abweichungen von der Reiseroute sind nur ausnahmsweise berechtigt, wenn es hierfür sachliche Gründe gibt, insbesondere die Rettung von Personen und Güter aus Seenot.

---

§ 489 Kündigung durch den Befrachter

(1) Der Befrachter kann den Stückgutfrachtvertrag jederzeit kündigen.

(2) Kündigt der Befrachter, so kann der Verfrachter Folgendes verlangen:

1. die vereinbarte Fracht sowie zu ersetzende Aufwendungen unter Anrechnung dessen, was der Verfrachter infolge der Aufhebung des Vertrags an Aufwendungen erspart oder anderweitig erwirbt oder zu erwerben böswillig unterlässt, oder
2. ein Drittel der vereinbarten Fracht (Fautfracht). Beruht die Kündigung auf Gründen, die dem Risikobereich des Verfrachters zuzurechnen sind, so entfällt der Anspruch auf Fautfracht nach Satz 1 Nummer 2; in diesem Falle entfällt auch der Anspruch nach Satz 1 Nummer 1, soweit die Beförderung für den Befrachter nicht von Interesse ist.

(3) Wurde vor der Kündigung bereits Gut verladen, so kann der Verfrachter auf Kosten des Befrachters Maßnahmen entsprechend § 492 Absatz 3 Satz 2 bis 4 ergreifen. Beruht die Kündigung auf Gründen, die dem Risikobereich des Verfrachters zuzurechnen sind, so sind abweichend von Satz 1 die Kosten vom Verfrachter zu tragen.

Zusatzrechte des Befrachters im Reisefrachtvertrag

Das Recht des **Reisefrachtvertrages** gibt dem Befrachter noch besondere und zusätzliche Rechte:

- **Bestimmung des Ladeplatzes** (§ 528 HGB) in der Reisefracht. Der Befrachter ist befugt, den Kapitän

anzuweisen, welcher Platz zum Beladen angefahren wird. Anspruch auf Teilbeförderung (§ 533 HGB)
— **Kündigungsrecht** im Reisefrachtvertrag gem. § 532 bei Ersatz der Fracht plus Liegegeld durch den Befrachter, Abs. 2.

Macht der Befrachter von seinem Kündigungsrecht erst Gebrauch, wenn die Güter bereits verladen sind, so muss er zudem die Kosten für die Ein- und Ausladung zahlen, sowie für diese Zeit das Liegegeld (§§ 489 Abs. 3, 532 HGB).

Ist die Reise bereits angetreten, kann der Befrachter nur dann vom Vertrag zurücktreten und die Ausladung der Güter fordern, wenn er die volle Fracht sowie alle sonstigen Forderungen des Verfrachters gezahlt hat (§ 489 Abs. 2 Ziff. 1 HGB).

Soweit ein Konnossement ausgestellt, kann der Befrachter diese Rechte nur ausüben, soweit dieser noch legitimierter Besitzer des Konnossements ist, § 520 Abs. 1 HGB.

7.5 Rechte und Pflichten des Abladers

7.5.1 Der Begriff des Abladers

Ablader ist, wer tatsächlich die Güter dem Verfrachter (oder seinem Beauftragten) zur Beförderung übergibt (§ 513 Abs. 2 HGB). Im englischen Sprachgebrauch gibt es den Ablader in diesem Sinne nicht. Wenn das Konnossement aber unter seinem Namen ausfertigt werden soll, wird dieser auch als „shipper" bezeichnet. Das griechische und türkische Recht kennen auch die Figur des Abladers (Rabe, vor § 556, Rn. 12).

Der Ablader, eine Partei auf Seiten des Befrachters mit eigenen Rechten

Der Ablader ist Interessenvertreter des Befrachters im Hafen. Der Ablader (z. B. Spediteur) ist im Seehafen ansässig bzw. wird im Seehafen tätig. Er übergibt dem Verfrachter die Ware zum Transport im Namen des Befrachters und nimmt die Rechte und Pflichten des Befrachters wahr. Insofern ist frachtrechtlich gesehen, der Ablader der Erfüllungsgehilfe des Befrachters. Er hat jedoch eigene Rechte gegenüber Be- wie auch Verfrachter aus den gesetzlichen Bestimmungen. Vielfach ist aber in der Praxis der Ablader mit dem Befrachter identisch.

Wenn der Ablader als Spediteur agiert, so können zwischen ihm und dem Ver- bzw. Befrachter die Regeln des Speditionsvertrags (Speditionsrecht, vgl. §§ 453 ff.) gelten. Bezogen auf die seefrachtrechtliche Situation kann der Spediteur gleichzeitig die Position des Abladers einnehmen.

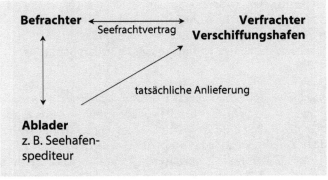

Der Ablader

7.5.2   Rechte des Abladers

Der Ablader hat die folgenden Rechte:
- **Anspruch auf Ausstellung des Konnossements gegenüber dem Verfrachter,** § 513 HGB: Der Ablader hat das Recht, vom Verfrachter die Ausstellung des Konnossements zu verlangen (§ 513 HGB). Er bestimmt die Anzahl der Exemplare (§ 514 Abs. 3 HGB), die Angaben über die Güter (§ 515 Abs. 2 HGB) und den Empfänger (§ 513 Abs. 1 S. 1 HGB).
- **Weisungsrecht** gegenüber dem Kapitän, gegen Vorlage der sämtlichen Ausfertigungen des Konnossements, § 520 Abs. 1 HGB.

Decksverladung
- **Zustimmung zur Decksverladung:** Der Ablader kann bestimmen, ob die Güter auf Verdeck gestaut werden dürfen (§ 486 Abs. 4 S. 1 HGB), es sein denn, die gesetzlichen Vorschriften (Gefahrguttransport) und Handelsbräuche erlauben bzw. gebieten eine solche, oder Decksverladung ist, wie im Containerverkehr, gestattet (§ 486 Abs. 4 S. 2 HGB).
- **Anspruch auf Lohn gegen den Befrachter** gem. Vereinbarung, zum Beispiel nach Speditionsrecht (vgl. ▶ Abschn. 3.4, Speditionsrecht).

7.5.3   Pflichten des Abladers

- Der Ablader ist als Vertreter des Befrachters verpflichtet, die vereinbarten Güter im Ladehafen anzuliefern. (§ 513 Abs. 2 HGB).

- Der Ablader stellt die Ladung dem Verfrachter zur Verfügung und hat alle damit zusammenhängenden Pflichten gegenüber dem Verfrachter (z. B. Informations-/Schutzpflichten, § 482 Abs. 2 HGB).
- Der Ablader hat die Interessen des Befrachters mit der Sorgfalt eines ordentlichen Abladers, Spedieteurs wahrzunehmen (vgl. §§ 453 ff. HGB).

7.5.4 Die Haftung des Abladers

Aus den seefrachtrechtlichen Normen haftet der Ablader gegenüber dem Verfrachter:

- Im Wege der Verschuldenshaftung des Abladers § 488 Abs. 2 HGB ⇨ wie auch des Befrachters.
- Verschuldensunabhängige Haftung des Abladers, § 488 Abs. 3 HGB ⇨ wie auch des Befrachters.
- Der Ablader haftet auch für Fehleintragungen im Konnossement soweit ihn hieran ein Verschulden trifft. Dann hat der Verfrachter einen Anspruch gegen den Ablader aus einem Konnossementsbegebungsvertrag i.V.m. § 280 BGB (Verschulden bei Vertragsschluss; Rabe, § 644, Rn. 17).
- Gegenüber dem Befrachter haftet der Ablader nach den rechtlichen Bestimmungen, die auf deren Rechtsverhältnis anwendbar sind, z. B. nach Speditionsrecht.
- Liefert der Ablader die Ware nicht rechtzeitig an den Verfrachter, so kommt er in Annahmeverzug und ist verpflichtet, die sogenannte Fautfracht (deadfreight) und ggfs. weitere Mehrkosten zu übernehmen (§ 490 Abs. 3 HGB).

7.6 Die Rechte und Pflichten des Verfrachters

7.6.1 Die Rechte des Verfrachters

Kündigungsrecht bei Hindernissen vor und nach Reiseantritt § 490 Abs. 2 HGB (für den Stückgutfrachtvertrag) und gem. § 534 HGB beim Raumfrachtvertrag.

Kündigungsrecht

- Abweichung vom Reiseweg (**Deviation**) unter den Voraussetzungen, dass dies zum Zweck der Rettung von Leben oder Eigentum zur See vorgenommen wird (so § 636a HGB a.F., Herber, Seehandelsrecht, S. 259).

7

Verfügungen bei
gefährlichen Gütern
Rechte werden vom
Kapitän ausgeübt

- **Verfügungen** (Güter an Land setzen oder über Bord werfen) **bei gefährlichen Gütern** oder falsch deklarierten Gütern, gem. § 483 Abs. 2 HGB.
- **Recht zur Decksverladung** und zur Umladung bei containerisierten Gütern, §§ 486 Abs. 3 und 4 HGB. Als Container zählen nicht nur vollständig geschlossene Einheiten, auch offene Einheiten, die der Erleichterung des Umschlags und Transports dienen.

Hinterlegungsrecht

- **Hinterlegungsrechte:**
- wenn mehrere Konnossementsinhaber auftreten, § 521 Abs. 3 S. 2 HGB;
- Bei Annahmeverweigerung des Empfängers, § 492 Abs. 1, 3 HGB.

Anspruch auf Fracht
gegen Empfänger
Anspruch gegen den
Befrachter

- **Anspruch auf Fracht** (s.o.): Dieser Anspruch ist bei Annahme des Gutes gegen den Empfänger (§ 494 Abs. 2 HGB) gerichtet. Nur bei Nichtauslieferung der Güter und bei Vereinbarung „prepaid" bleibt dieser Anspruch gegen den Befrachter bestehen (vgl. § 481 Abs. 2 HGB).
- **Anspruch auf Fautfracht (1/3) bei Kündigung** durch den Befrachter abhängig vom Zeitpunkt der Kündigung (§ 489 Abs. 2 HGB). Beachte: § 493 Abs. 2 HGB kein Anspruch wenn der Transport unmöglich geworden ist bzw. anteilige Fracht bei Hindernissen.
- **Aufwendungsersatz bei** § 483 Abs. 3 (gefährliches Gut), § 488 Abs. 2 (Fehlangaben), § 490 Abs. 3 (säumige Abladung), § 491 Abs. 1 (nachträgliche Weisungen), §§ 492 Abs. 4, 493 Abs. 4 HGB (Beförderungs- und Ablieferhindernisse).

---

§ 495 HGB – Pfandrecht des Verfrachters

(1) Der Verfrachter hat für alle Forderungen aus dem Stückgutfrachtvertrag ein Pfandrecht an dem ihm zur Beförderung übergebenen Gut des Befrachters, des Abladers oder eines Dritten, der der Beförderung des Gutes zugestimmt hat. An dem Gut des Befrachters hat der Verfrachter auch ein Pfandrecht für alle unbestrittenen Forderungen aus anderen mit dem Befrachter abgeschlossenen Seefracht-, Fracht-, Speditions- und Lagerverträgen. Das Pfandrecht erstreckt sich auf die Begleitpapiere.

(2) Das Pfandrecht besteht, solange der Verfrachter das Gut in seinem Besitz hat, insbesondere solange er mittels Konnossements, Ladescheins oder Lagerscheins darüber verfügen kann.

(3) Das Pfandrecht besteht auch nach der Ablieferung fort, wenn der Verfrachter es innerhalb von zehn Tagen nach der Ablieferung gerichtlich geltend macht und das Gut noch im Besitz des Empfängers ist.

> (4) Die in § 1234 Absatz 1 des Bürgerlichen Gesetzbuchs
> bezeichnete Androhung des Pfandverkaufs sowie die in den
> §§ 1237 und 1241 des Bürgerlichen Gesetzbuchs vorgesehe-
> nen Benachrichtigungen sind an den nach § 491 oder § 520
> verfügungsberechtigten Empfänger zu richten. Ist dieser
> nicht zu ermitteln oder verweigert er die Annahme des
> Gutes, so sind die Androhung und die Benachrichtigungen
> an den Befrachter zu richten.

Zur Sicherung dieser Ansprüche hat der Verfrachter ein gesetzliches **Pfandrecht an den Gütern wegen der Fracht sowie der genannten Nebenkosten und Liegegelder** (§ 495
Abs. 1 HGB);

— Gegenstand des Pfandrechts sind Güter des Befrachters,
der Abladers oder Dritten (§ 495 Abs. 1 S. 1 HGB).
— § 495 Abs. 1, S. 2 gibt ein inkonnexes Pfandrecht, wenn
das Gut im Eigentum des Befrachters;
— Gutgläubiger Erwerb des Pfandrechts ist möglich gem.
§§ 1257, 1207, 932 ff. BGB wenn beim inkonnexen
Pfandrecht guter Glaube an das Eigentum gegeben (nicht
möglich, wenn Befrachter ein Spediteur ist, dann kein
guter Glaube weil dieser über fremde Güter verfügt); bei
konnexen Forderungen reicht der gute Glaube in das
Verfügungsrecht des Befrachters aus (§ 366 Abs. 3 HGB)
das ein Spediteur i. d. R. hat.
— Pfandrecht kann trotz physischen Besitzverlustes
fortbestehen, solange der Verfrachter über das Gut
verfügen kann, z. B. durch Dokumente (§ 495 Abs. 2
HGB, so z. B. mittels Lagerschein bei Einlagerung);
— Bis zu 10 Tagen nach Auslieferung, wenn Güter noch im
Besitz des Empfängers, § 495 Abs. 3 HGB.

(Randnotiz: Pfandrecht des Verfrachters*)*

Die **Androhung des Pfandverkaufes** ist an den Empfänger zu
richten, gem. § 495 Abs. 4 HGB, wenn dieser nicht zu ermitteln ist, an den Befrachter.

Ferner hat der Verfrachter wegen seiner Ansprüche ein
Zurückbehaltungsrecht, gem. § 494 Abs. 1 HGB („abzuliefern" „gegen Erfüllung der Verpflichtungen aus dem Stückgutvertrag").

(Randnotiz: Zurückbehaltungsrecht*)*

Wegen der Beiträge zu Großer Haverei (siehe Abschn. 10)
kann der Verfrachter auch ein Zurückbehaltungsrecht (§ 594
HGB) und ein Pfandrecht am Gut geltend machen für die Beiträge zur Großen Haverei (§§ 594, 597 HGB).

(Randnotiz: Pfand- und Zurückbehaltungsrecht aus Großer Haverei*)*

7.6.2 Die Pflichten des Verfrachters

Der Seefrachtvertrag ist ein spezifischer Werkvertrag. Daraus leiten sich auch die besonderen (Haupt- und Neben-)Pflichten des Verfrachters ab.

Hauptpflichten des Verfrachters

Hauptpflichten

— § 485 HGB: Sicherstellung der **anfänglichen See- und Ladungstüchtigkeit des Schiffes**. Diese Vorschrift ist zwingend. Diese Bestimmung ist eine zentrale Regelung in den HR Art. 3 § 1 und stammt aus einer Zeit als nach dem Grundsatz „Seefahrt ist Not" der Verfrachter nicht den Erfolg der Seereise garantieren konnte, sondern lediglich „die gesamte Beförderung gehörig auszuführen" hatte (Julius v. Gierke, Handelsrecht, § 79, S. 442, 6. Aufl., 1921 in Grundrisse der Rechtswissenschaft). Im Entwurf des neuen Seehandelsrechts war diese Bestimmung zunächst nicht vorgesehen, nunmehr führt ihre Verletzung zu einer Haftungsverschärfung in § 498 Abs. 2 HGB.

§ 485 HGB – See- und Ladungstüchtigkeit
Der Verfrachter hat dafür zu sorgen, dass das Schiff in seetüchtigem Stand, gehörig eingerichtet, ausgerüstet, bemannt und mit genügenden Vorräten versehen ist (Seetüchtigkeit) sowie dass sich die Laderäume einschließlich der Kühl- und Gefrierräume sowie alle anderen Teile des Schiffs, in oder auf denen Güter verladen werden, in dem für die Aufnahme, Beförderung und Erhaltung der Güter erforderlichen Zustand befinden (Ladungstüchtigkeit).

Anfängliche See- und Ladungstüchtigkeit Pflicht des Verfrachters

Voraussetzungen: Es geht hierbei um die **Seetüchtigkeit des Schiffs im Allgemeinen,** d. h. diese ist gegeben, wenn das Schiff nach möglicher Voraussicht imstande ist, die Gefahren der beabsichtigten Seereise zu überstehen. Dazu gehören Bemannung und Ausrüstung.

Ladungstüchtig ist das Schiff, wenn es geeignet ist, die Ladung wohlbehalten aufzunehmen und während der Reise vor Beeinträchtigungen zu schützen, z. B. ist diese nicht gegeben bei mangelnder Laderaumkühlung, bei Mängeln in der Abdichtung von Lukendeckeln oder mangelnder Dekontamierung der Laderäume. Die Haftung für See- und Ladungstüchtigkeit ist eine vermutete Verschuldenshaftung. Der Verfrachter haftet auch für andere, § 501 HGB.

— **Transport der übernommenen Güter zum vereinbarten Bestimmungsort**, § 498 Abs. 1 HGB.
— **Auslieferung an den berechtigten Empfänger.** Dieser bestimmt sich aus dem Konnossement bzw. nach den Weisungen des Befrachters.

Daher hat die Auslieferung der Güter Zug um Zug gegen Rückgabe mindestens einer Ausfertigung des Konnossements zu erfolgen (und gegen Begleichung der Frachtlohnforderung (§ 494 HGB).

▪ **Nebenpflichten:**
  — Ausstellung der Konnossemente (§ 513 Abs. 1 HGB);
  — Ein- und Ausladen der Güter, § 486 Abs. 2 HGB;
  — Weisungen des Ab-/Beladers Folge zu leisten (wird aus dem Kündigungsrecht geschlossen, §§ 532 HGB);
  — Annahme von Ersatzgütern.

Zusätzliche **Pflichten im Reisefrachtrecht** (§§ 527 ff. HGB):
— Vorlegung des Schiffes zur Beladung, § 528 Abs. 1 HGB;
— Anzeige der Ladebereitschaft, § 529 HBG;
— Das Schiff zur Ladezeit bereit zu stellen (§ 530 HGB);
— Beförderung auf dem vereinbarten Reiseweg zum Bestimmungshafen.

Abweichung nur zum Zwecke der Rettung von Leben und Eigentum.

7.7 Haftung des Verfrachters

7.7.1 Haftungstatbestände

Die Haftung des Verfrachters im deutschen Recht entspricht im Grundsatz den Regelungen in den Haag Visby Regeln. Durch die Seehandelsrechtsreform ist jedoch die Haftung im Seehandelsrecht, in seiner Struktur der Haftung im Frachtrecht (§§ 425 ff. HGB) angeglichen worden.

---

§ 498 HGB – Haftungsgrund
(1) Der Verfrachter haftet für den Schaden, der durch Verlust oder Beschädigung des Gutes in der Zeit von der Übernahme zur Beförderung bis zur Ablieferung entsteht.
(2) Der Verfrachter ist von seiner Haftung nach Absatz 1 befreit, soweit der Verlust oder die Beschädigung auf Umständen beruht, die durch die Sorgfalt eines ordentlichen Verfrachters

> nicht hätten abgewendet werden können. Wurde das Gut mit einem seeuntüchtigen oder ladungsuntüchtigen Schiff befördert und ist nach den Umständen des Falles wahrscheinlich, dass der Verlust oder die Beschädigung auf dem Mangel der See- oder Ladungstüchtigkeit beruht, so ist der Verfrachter jedoch nur dann nach Satz 1 von seiner Haftung befreit, wenn er auch beweist, dass der Mangel der See- oder Ladungstüchtigkeit bei Anwendung der Sorgfalt eines ordentlichen Verfrachters bis zum Antritt der Reise nicht zu entdecken war.
>
> (3) Hat bei der Entstehung des Schadens ein Verschulden des Beschädigten mitgewirkt, so hängt die Verpflichtung zum Ersatz sowie der Umfang des zu leistenden Ersatzes von den Umständen, insbesondere davon ab, inwieweit der Schaden vorwiegend von dem einen oder dem anderen Teil verursacht worden ist.

7

Verfrachter haftet für vermutetes Verschulden.

1. Haftungsgrund/ Anspruchsgrundlage:

a) **§ 498, Abs. 1 HGB** Substanzschaden während des Obhutszeitraums

Ähnlich wie der Frachtführer bei § 425 Abs. 1 HGB haftete der Verfrachter für jeden Substanzschaden an dem Gut in der Zeit von der Übernahme bis zur Ablieferung ohne dass der Anspruchsteller dem Verfrachter ein Verschulden nachweisen müsste. Diese Haftungsnorm gilt gleichermaßen für den Stückgut- wie für den Reisefrachtvertrag, § 527 Abs. 2 HGB.

§ 498 Abs. 1 versteht sich jedoch als Norm aus dem Seefrachtrecht –, anders als § 425 Abs. 1 HGB –, daher haftet der Verfrachter während des Obhutszeitraums für vermutetes Verschulden, mit der Möglichkeit sich zu entlasten (§ 498 Abs. 2 S. 2 HGB). Damit folgt das HGB den HR und den HVR (RGEntw, S, 141; vgl. Art. 3 § 3 q HR; Art. 17 RR).

Haftungszeitraum: Von der Annahme der Güter bis zur Ablieferung der Güter, d. h. der Zeitraum umfasst nicht nur die Beförderung an Bord, sondern schließt auch die Übernahme am Kai und die Einlagerung nach Entladung ein, bis zur Ablieferung im Empfangshafen.

Haftungsmaßstab ist Sorgfalt eines ordentlichen Verfrachters.

Haftungsbefreiung gem. § 498 Abs. 2: Entlastungsmöglichkeit, wenn, der Schaden auch eingetreten wäre, wenn der Verfrachter mit der Sorgfalt eines ordentlichen Verfrachters gehandelt hat. Dies dürfte bei **unabwendbaren Ereignissen** oder bei der **Anwendung der verkehrsüblichen Sorgfalt durch den Verfrachter** gegeben sein. Das Beweisrisiko für den Entlastungsbeweis hierfür liegt beim Verfrachter.

Beachte: Keine Entlastung nach Satz 1, wenn das Gut mit einem **see- oder ladungsuntüchtigen** Schiff befördert wurde gem. § 498 Abs. 2, Satz 2 HGB. Dann greift der Haftungsausschluss nur, wenn der Verfrachter beweisen kann, dass er die See- oder Ladungsuntüchtigkeit zu Beginn der Reise nicht entdecken konnte. Der Verfrachter ist dann entlastet, wenn die See- und Ladungstüchtigkeit erst während der Reise entstanden ist, also nicht von Anfang an gegeben war.

Haftung des Verfrachters für andere, § 501 HGB

Der Verfrachter haftet nicht nur für eigenes Verschulden, sondern auch für das seiner Leute und der Schiffsbesatzung sowie für das Verschulden anderer Personen derer er sich bei der Erfüllung seiner Verpflichtungen bedient, wie z. B. Subunternehmer, Hafen- oder Umschlagsbetrieben. Werften oder Klassifikationsgesellschaften sind hingegen keine Erfüllungsgehilfen des Verfrachters.

Haftung des Verfrachters für andere

Beachte: Durch besondere Vereinbarungen, entweder individuell (eher die Ausnahme) oder in den Konnossementsbedingungen bzw. AGB (z. B. Ziff. 25.1 ADSp), kann der Verfrachter seine Haftung für nautisches Verschulden seiner Leute oder durch Feuer oder Explosion an Bord des Schiffes ausschließen, gem. § 512 Abs. 2 Ziff.1 (vgl. Abschn. 7.9.5, § 512 HGB Mit dieser Regelung entsprechen die Haftungsbestimmungen des HGB den HR (Art. 4 § 2a) und HVR.

Haftungsausschluss für nautisches Verschulden, Feuer od. Explosion in 25.1 ADSp

---

§ 512 HGB – Abweichende Vereinbarungen

(1) Von den Vorschriften dieses Untertitels kann nur durch Vereinbarung abgewichen werden, die im Einzelnen ausgehandelt wird, auch wenn sie für eine Mehrzahl von gleichartigen Verträgen zwischen denselben Vertragsparteien getroffen wird.

(2) Abweichend von Absatz 1 kann jedoch auch durch vorformulierte Vertragsbedingungen bestimmt werden, dass

1. der Verfrachter ein Verschulden seiner Leute und der Schiffsbesatzung nicht zu vertreten hat, wenn der Schaden durch ein Verhalten bei der Führung oder der sonstigen Bedienung des Schiffes, jedoch nicht bei der Durchführung von Maßnahmen, die überwiegend im Interesse der Ladung getroffen wurden, oder durch Feuer oder Explosion an Bord des Schiffes entstanden ist,

2. die Haftung des Verfrachters wegen Verlust oder Beschädigung auf höhere als die in § 504 vorgesehenen Beträge begrenzt ist.

Beispiel für die Wirkung von § 512 HGB: Auf der Seereise läuft das Schiff aufgrund einer fehlerhaften Kursberechnung des Kapitäns auf Grund. Hierdurch entsteht in dem Schiff ein Leck, durch das Wasser eindringt und die Ladung beschädigt. Der Verfrachter haftet nicht für den Schaden, da ihn kein eigenes Verschulden trifft und der Schaden ist durch ein Verhalten bei der Führung des Schiffes durch die Leute des Verfrachters, hier des Kapitäns, entstanden.

7.7.2 Haftungserleichterungen, Haftungsausschlüsse und -begrenzungen zu Gunsten des Verfrachters

Haftungsausschlüsse für den Verfrachter gem. § 499 HGB:

§ 499 HGB – Besondere Schadensursachen

(1) Der Verfrachter haftet nicht, soweit der Verlust oder die Beschädigung auf einem der folgenden Umstände beruht:
1. Gefahren oder Unfällen der See und anderer schiffbarer Gewässer,
2. kriegerischen Ereignissen, Unruhen, Handlungen öffentlicher Feinde oder Verfügungen von hoher Hand sowie Quarantänebeschränkungen,
3. gerichtlicher Beschlagnahme,
4. Streik, Aussperrung oder sonstiger Arbeitsbehinderung,
5. Handlungen oder Unterlassungen des Befrachters oder Abladers, insbesondere ungenügender Verpackung oder ungenügender Kennzeichnung der Frachtstücke durch den Befrachter oder Ablader,
6. der natürlichen Art oder Beschaffenheit des Gutes, die besonders leicht zu Schäden, insbesondere durch Bruch, Rost, inneren Verderb, Austrocknen, Auslaufen, normalen Schwund an Raumgehalt oder Gewicht, führt,
7. der Beförderung lebender Tiere,
8. Maßnahmen zur Rettung von Menschen auf Seegewässern,
9. Bergungsmaßnahmen auf Seegewässern.
   Satz 1 gilt nicht, wenn der Schaden durch die Sorgfalt eines ordentlichen Verfrachters hätte abgewendet werden können.
(2) Ist nach den Umständen des Falles wahrscheinlich, dass der Verlust oder die Beschädigung auf einem der in Absatz 1 Satz 1 aufgeführten Umstände beruht, so wird vermutet, dass der Schaden auf diesem Umstand beruht. Satz 1 gilt nicht, wenn das Gut mit einem seeuntüchtigen oder ladungsuntüchtigen Schiff befördert wurde.
(3) Ist der Verfrachter nach dem Stückgutfrachtvertrag verpflichtet, das Gut gegen die Einwirkung von Hitze, Kälte, Temperaturschwankungen, Luftfeuchtigkeit, Erschütterungen oder ähnlichen Einflüssen besonders zu schützen, so kann er sich auf Absatz 1 Satz 1 Nummer 6 nur berufen,

> wenn er alle ihm nach den Umständen obliegenden
> Maßnahmen, insbesondere hinsichtlich der Auswahl,
> Instandhaltung und Verwendung besonderer Einrichtungen,
> getroffen und besondere Weisungen beachtet hat.
> (4) Der Verfrachter kann sich auf Absatz 1 Satz 1 Nummer 7 nur
> berufen, wenn er alle ihm nach den Umständen obliegenden
> Maßnahmen getroffen und besondere Weisungen beachtet hat.

Gem. § 499 Abs. 1 HGB finden die Haftungsausschlussgründe Anwendung auf sämtliche Ansprüche gegen den Verfrachter, d. h. auf Stückgutverträge wie auf Reisefrachtverträge.

Haftungsausschluss-gründe

Im Einzelnen können die folgenden Haftungsausschlüsse und -begrenzungen zur Anwendung kommen:

1. Gefahren oder Unfällen der See und anderer schiffbarer Gewässer,
2. kriegerischen Ereignissen, Unruhen, Handlungen öffentlicher Feinde oder Verfügungen von hoher Hand sowie Quarantänebeschränkungen,
3. gerichtlicher Beschlagnahme,
4. Streik, Aussperrung oder sonstiger Arbeitsbehinderung,
5. Handlungen oder Unterlassungen des Befrachters oder Abladers, insbesondere ungenügender Verpackung oder ungenügender Kennzeichnung der Frachtstücke durch den Befrachter oder Ablader,
6. der natürlichen Art oder Beschaffenheit des Gutes, die besonders leicht zu Schäden, insbesondere durch Bruch, Rost, inneren Verderb, Austrocknen, Auslaufen, normalen Schwund an Raumgehalt oder Gewicht, führt,
7. der Beförderung lebender Tiere,
8. Maßnahmen zur Rettung von Menschen auf Seegewässern,
9. Bergungsmaßnahmen auf Seegewässern.

Diese Haftungsausschlüsse knüpfen zum einen an die Haftungsausschlüsse aus dem Landfrachtrecht an (§ 427 Abs. 1 HGB), wie die Ziff. 5., 6., 7., und zum anderen an typische seefrachtrechtliche Haftungsausschlüsse, in Ziff. 1.–4. sowie 8. und 9., die ihr Vorbild in Art. 4 Abs. 2c, e, f, g, h, j und k, l, der HR haben.

Beachte: Der Haftungsausschlüsse bedarf es nicht, wenn der Schaden mit der Sorgfalt eines ordentlichen Verfrachters nicht hätten abgewendet werden können, § 499 Abs. 1, S. 2 HGB. Denn dann ist der Haftungsgrund nach § 498 Abs. 1 und 2 nicht gegeben und es bedarf keiner Haftungsausschlüsse mehr.

Haftungsausschlüssen nur wenn Haftung überhaupt gegeben.

Abs. 2 enthält eine Beweisregelung zu Gunsten des Verfrachters, ähnlich wie § 427 Abs. 2 HGB, die jedoch durch Gegenbeweis aufgehoben werden kann bzw. nicht gilt, wenn das Gut mit einem see- oder ladungsuntüchtigen Schiff befördert wurde(vgl. § 485 HGB).

---

§ 500 HGB – Unerlaubte Verladung auf Deck

Hat der Verfrachter ohne die nach § 486 Absatz 4 erforderliche Zustimmung des Befrachters oder des Abladers Gut auf Deck verladen, haftet er, auch wenn ihn kein Verschulden trifft, für den Schaden, der dadurch entsteht, dass das Gut auf Grund der Verladung auf Deck verloren gegangen ist oder beschädigt wurde. Im Falle von Satz 1 wird vermutet, dass der Verlust oder die Beschädigung des Gutes darauf zurückzuführen ist, dass das Gut auf Deck verladen wurde.

7

Verschuldenunabhängige Haftung bei unerlaubter Decksverladung

Diese Bestimmung enthält eine von § 498 abweichende Haftungsregelung(-verschärfung). Sie begründet eine **verschuldensunabhängige Haftung des Verfrachters für alle Substanzschäden auf Grund unerlaubter Deckverladung** (A! Containertransport, § 486 Abs. 4 HGB). Gemäß Satz 2 kann sich jedoch der Verfrachter entlasten mit dem Gegenbeweis, dass der Substanzschaden nicht auf die Decksverladung zurück zu führen ist.

Beachte: Unlimitierte Haftung bei Decksverladung, gem. § 507 Nr. 2 HGB.

- **Bestimmung der Haftungshöhe, § 502 HGB**

Haftungshöhe limitiert

---

§ 502 HGB – Wertersatz

(1) Hat der Verfrachter nach den Bestimmungen dieses Untertitels für gänzlichen oder teilweisen Verlust des Gutes Schadensersatz zu leisten, so ist der Wert zu ersetzen, den das verlorene Gut bei fristgemäßer Ablieferung am vertraglich vereinbarten Bestimmungsort gehabt hätte.

(2) Hat der Verfrachter nach den Bestimmungen dieses Untertitels für die Beschädigung des Gutes Schadensersatz zu leisten, so ist der Unterschied zwischen dem Wert des beschädigten Gutes am Ort und zur Zeit der Ablieferung und dem Wert zu ersetzen, den das unbeschädigte Gut am Ort und zur Zeit der Ablieferung gehabt hätte. Es wird vermutet, dass die zur Schadensminderung und Schadensbehebung aufzuwendenden Kosten dem nach Satz 1 zu ermittelnden Unterschiedsbetrag entsprechen.

(3) Der Wert des Gutes bestimmt sich nach dem Marktpreis, sonst nach dem gemeinen Wert von Gütern gleicher Art und Beschaffenheit. Ist das Gut unmittelbar vor der Übernahme zur Beförderung verkauft worden, so wird vermutet, dass der in der Rechnung des Verkäufers ausgewiesene Kaufpreis einschließlich darin enthaltener Beförderungskosten der Marktpreis ist.

(4) Von dem nach den vorstehenden Absätzen zu ersetzenden Wert ist der Betrag abzuziehen, der infolge des Verlusts oder der Beschädigung an Zöllen und sonstigen Kosten sowie im Falle des Verlusts an Fracht erspart ist.

§ 502 Abs. 1 bestimmt, dass bei Verlust, Ersatz des **Wertes der Güter am Bestimmungsort** zu leisten sei; Abs. 2 gilt für Beschädigungen. Dann ist die Differenz des Wertes zwischen dem Verkaufswert der beschädigten Güter und dem Handelswert am Bestimmungsort auszugleichen.; Zur Vereinfachung gilt dann die Vermutungsregelung in S. 2, dass die Kosten zur Schadensbehebung diesen Kosten entsprechen würden.

Gemäß Abs. 4 müssen von den Ersatzkosten die ersparten Aufwendungen (Fracht, Zölle usw.) abgezogen werden.

Ferner sind bei der Ermittlung der Schadenshöhe noch die Kosten der Schadensfeststellung zu addieren, gem. § 503 HGB.

§ 504 HGB – Haftungshöchstbetrag bei Güterschäden

(1) Die nach den §§ 502 und 503 zu leistende Entschädigung wegen Verlust oder Beschädigung ist auf einen Betrag von 666,67 Rechnungseinheiten für das Stück oder die Einheit oder einen Betrag von 2 Rechnungseinheiten für das Kilogramm des Rohgewichts des Gutes begrenzt, je nachdem, welcher Betrag höher ist. Wird ein Container, eine Palette oder ein sonstiges Lademittel verwendet, das zur Zusammenfassung von Frachtstücken verwendet wird, so gilt jedes Stück und jede Einheit, welche in einem Beförderungsdokument als in einem solchen Lademittel enthalten angegeben sind, als Stück oder Einheit im Sinne des Satzes 1. Soweit das Beförderungsdokument solche Angaben nicht enthält, gilt das Lademittel als Stück oder Einheit.

(2) Besteht das Gut aus mehreren Frachtstücken (Ladung) und sind nur einzelne Frachtstücke verloren oder beschädigt worden, so ist der Berechnung der Begrenzung nach Absatz 1

1. die gesamte Ladung zu Grunde zu legen, wenn die gesamte Ladung entwertet ist, oder
2. der entwertete Teil der Ladung zu Grunde zu legen, wenn nur ein Teil der Ladung entwertet ist.

Haftungslimitierung bei 2 SZR je kg bzw. 666,67 SZR je Einheit

Grundsätzlich haftet der Verfrachter für Verlust oder Beschädigung der Güter höchstens bis zu einem Betrag von 666,67 Rechnungseinheiten für das Stück oder die Einheit oder einem Betrag von 2 Rechnungseinheiten für das Kilogramm des Rohgewichts der verlorenen oder beschädigten Güter, je nachdem, welcher Betrag höher ist.

7

SZR:
Sonderziehungsrecht

Die in Satz 1 genannte Rechnungseinheit ist das Sonderziehungsrecht des Internationalen Währungsfonds. Die in Satz 1 genannten Beträge werden in Euro entsprechend dem Wert des Euro gegenüber dem Sonderziehungsrecht am Tag der Ablieferung oder an dem von den Parteien vereinbarten Tag umgerechnet. Der Wert des Euro gegenüber dem Sonderziehungsrecht wird nach der Berechnungsmethode ermittelt, die der Internationale Währungsfonds an dem betreffenden Tag für seine Operationen und Transaktionen anwendet (Art. 505 HGB).

Stückangaben im BL
erhöhen die
Verfrachterhaftung!

Was gilt dabei als Stück oder Einheit?

Bei **verpackter Ware** wird auf die **Anzahl der Packstücke** abgestellt wie diese im BL aufgeführt sind, z. B.: BL 7 Pcks enthalten 3204 Hosen, dann handelt es sich hier um 7 haftungsrechtliche Stücke (OLG Hamburg, 22.04.2010, 6 U 1/09, TranspR 2011, 112, 115 „Hosen aus Manila").

Anders jedoch bei unverpackter Ware, z. B. Schweinehälften, diese können als selbstständige Einheiten i.S.v. § 504 Abs. 1 HGB gelten (OLG Hamburg, 15.10.1992, TranspR 1992, 111, zu § 660 HGBa.F.).

Ladungsorientierte
Betrachtungsweise des
Stückbegriffs

Insgesamt verwendet die Rechtsprechung die sog. ladungsorientierte Betrachtungsweise, bei der Auslegung von Angaben in den Frachtdokumenten: Kartons werden dabei als Einheiten betrachtet (OLG Hamburg, 22.04.2010, 6 U 1/09, TranspR 2011, 112, 115 „Hosen aus Manila").

Diese Haftungsgrenzen in § 504 HGB gelten auch bei Substanzschäden durch Verletzung von vertraglichen Nebenpflichten durch den Verfrachter, z. B. Gestellung eines kontaminierten Reedereicontainers haftet der Verfrachter gem. § 280 BGB für die Nebenpflichtverletzung, aber limitiert im Rahmen von § 504 HGB (OLG Hamburg, 22.04.2010, 6 U 1/09, TranspR 2011, 112, 114 „Hosen aus Manila" zu § 660 HGB a.F.).

- **Unlimitierte Haftung des Verfrachters, § 507 HGB**

> **§ 507 HGB – Wegfall der Haftungsbefreiungen und -begrenzungen**
> Die in diesem Untertitel und im Stückgutfrachtvertrag vorgesehenen Haftungsbefreiungen und Haftungsbegrenzungen gelten nicht, wenn
> 1. der Schaden auf eine Handlung oder Unterlassung zurückzuführen ist, die der Verfrachter selbst vorsätzlich

> oder leichtfertig und in dem Bewusstsein begangen hat, dass ein Schaden mit Wahrscheinlichkeit eintreten werde, oder
> 2. der Verfrachter mit dem Befrachter oder dem Ablader vereinbart hat, dass das Gut unter Deck befördert wird, und der Schaden darauf zurückzuführen ist, dass das Gut auf Deck verladen wurde.

Diese Vorschrift knüpft an § 435 HGB an und bezweckt die Aufhebung der Haftungsgrenzen bei Vorsatz/Leichtfertigkeit des Verfrachters, gem. § 507 Ziff. 1.

Aber: Diese Regelung erstreckt sich nur auf eigenes Verschulden des Verfrachters („die der Verfrachter selbst"), nicht auf qualifiziertes Verschulden der Leute des Verfrachters oder der Schiffsbesatzung (BGH, 18.06.2009, I ZR 140/06; VersR 2010, 412, 414). Diese Regelung entspricht damit Art. 4 § 5 HVR wie auch Art. 61 RR.

Beachte: Sekundäre Darlegungslast des Verfrachters zur Abwendung des qualifizierten Verschuldens beim Seetransport: Wird das Transportgut wegen unzureichender Sicherung während der Seebeförderung beschädigt, so spricht dies zunächst für ein grobes Organisationsverschulden des Verfrachters.

Dann muss der Verfrachter im Einzelnen darlegen, welche organisatorischen Maßnahmen er selbst oder für ihn handelnde Dritte getroffen haben. Kommt der Verfrachter dieser Darlegungslast nicht nach, so erstreckt sich die Vermutung eines groben Organisationsverschuldens des Verfrachters auch auf das Verhalten seiner Organe (BGH 29.07.2009, I ZR 212/06, NJW-RR 2009, 1482, 1485).

Eine typisch seerechtliche Haftungserweiterung statuiert § 507 Ziff. 2 HGB, soweit Gut verabredungswidrig auf Deck befördert wird und dabei ein Schaden entsteht.

Hier hat aber der Verfrachter die Möglichkeit sich zu entlasten, sofern er beweisen kann, dass die Decksverladung nicht zu dem Schaden geführt hat.

In allen Fällen haftet der Verfrachter unlimitiert in Höhe des kommerzialisierten Schadens.

> Unlimitierte Haftung des Verfrachters in § 507 unterscheidet sich von § 435 HGB.

- **Limitierte Haftung des Verfrachters auch für außervertragliche Ansprüche, § 506 HGB**

7

> ### § 506 HGB – Außervertragliche Ansprüche
>
> (1) Die in diesem Untertitel und im Stückgutfrachtvertrag vorgesehenen Haftungsbefreiungen und Haftungsbegrenzungen gelten auch für einen außervertraglichen Anspruch des Befrachters oder des Empfängers gegen den Verfrachter wegen Verlust oder Beschädigung des Gutes.
>
> (2) Der Verfrachter kann auch gegenüber außervertraglichen Ansprüchen Dritter wegen Verlust oder Beschädigung des Gutes die Einwendungen nach Absatz 1 geltend machen. Die Einwendungen können jedoch nicht geltend gemacht werden, wenn
>
>   1. sie auf eine Vereinbarung gestützt werden, die von den Vorschriften dieses Untertitels zu Lasten des Befrachters abweicht,
>   2. der Dritte der Beförderung nicht zugestimmt hat und der Verfrachter die fehlende Befugnis des Befrachters, das Gut zu versenden, kannte oder infolge grober Fahrlässigkeit nicht kannte oder
>   3. das Gut dem Dritten oder einer Person, die von diesem ihr Recht zum Besitz ableitet, vor Übernahme zur Beförderung abhanden gekommen ist.
>
> Satz 2 Nummer 1 gilt jedoch nicht für eine nach § 512 Absatz 2 Nummer 1 zulässige Vereinbarung über die Haftung des Verfrachters für einen Schaden, der durch ein Verhalten bei der Führung oder der sonstigen Bedienung des Schiffes oder durch Feuer oder Explosion an Bord des Schiffes entstanden ist.

Durch diese Regelung soll, vergleichbar § 434 HGB, sichergestellt werden, dass primär die seefrachtrechtlichen Bestimmungen zur Anwendung kommen und nicht durch die Anwendung der allgemeinen Regelungen des BGB bzw. HGB faktisch außer Kraft gesetzt werden. Diese Bestimmung gilt, wie in Abs. 2 festgelegt, auch Dritten gegenüber, die nicht Partei des Seefrachtvertrages sind (z. B. gegenüber einer Bank, die Sicherungseigentümer an dem Gut ist).

7.7.3 Prüfungsschema zur Haftung des Verfrachters im Seehandel

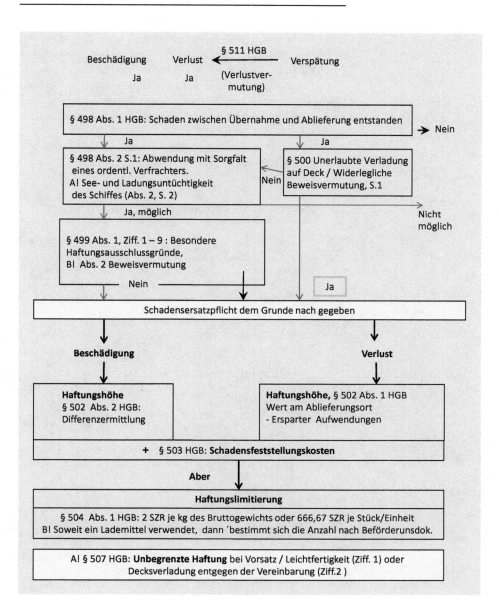

Beschädigung   Verlust   § 511 HGB   Verspätung

Ja   Ja   (Verlustvermutung)

§ 498 Abs. 1 HGB: Schaden zwischen Übernahme und Ablieferung entstanden → Nein

Ja   Ja

§ 498 Abs. 2 S.1: Abwendung mit Sorgfalt eines ordentl. Verfrachters.
A! See- und Ladungsuntüchtigkeit des Schiffes (Abs. 2, S. 2)

Nein

§ 500 Unerlaubte Verladung auf Deck / Widerlegliche Beweisvermutung, S.1

Ja, möglich   Nicht möglich

§ 499 Abs. 1, Ziff. 1 – 9 : Besondere Haftungsausschlussgründe,
B! Abs. 2 Beweisvermutung

Nein   Ja

Schadensersatzpflicht dem Grunde nach gegeben

Beschädigung   Verlust

Haftungshöhe
§ 502 Abs. 2 HGB:
Differenzermittlung

Haftungshöhe, § 502 Abs. 1 HGB
Wert am Ablieferungsort
- Ersparter Aufwendungen

+   § 503 HGB: **Schadensfeststellungskosten**

Aber

Haftungslimitierung

§ 504 Abs. 1 HGB: 2 SZR je kg des Bruttogewichts oder 666,67 SZR je Stück/Einheit
B! Soweit ein Lademittel verwendet, dann ´bestimmt sich die Anzahl nach Beförderunsdok.

A! § 507 HGB: **Unbegrenzte Haftung** bei Vorsatz / Leichtfertigkeit (Ziff. 1) oder
Decksverladung entgegen der Vereinbarung (Ziff.2)

7.7.4 Direktanspruch gegen den ausführenden Frachtführer, gem. § 509 HGB

Das Gesetz gibt, fast deckungsgleich zu § 437 HGB, dem Berechtigten einen direkten Anspruch gegen den ausführenden Frachtführer. Wie in § 437 HGB hat der ausführende Frachtführer demgegenüber alle Einwendungen aus dem Hauptfrachtvertrag, muss sich aber Sonderabreden nur insoweit entgegenhalten lassen, soweit diesen schriftlich zugestimmt wurde, § 509 Abs. 2 HGB.

Verfrachter und ausführender Verfrachter haften dem Berechtigten als Gesamtschuldner, § 508, Abs. 4 HGB.

7.8 Rechte und Pflichten des Empfängers

§ 494 HGB – Rechte des Empfängers. Zahlungspflicht.

(1) Nach Ankunft des Gutes am Löschplatz ist der Empfänger berechtigt, vom Verfrachter zu verlangen, ihm das Gut gegen Erfüllung der Verpflichtungen aus dem Stückgutfrachtvertrag abzuliefern. Ist das Gut beschädigt oder verspätet abgeliefert worden oder verloren gegangen, so kann der Empfänger die Ansprüche aus dem Stückgutfrachtvertrag im eigenen Namen gegen den Verfrachter geltend machen; der Befrachter bleibt zur Geltendmachung dieser Ansprüche befugt. Dabei macht es keinen Unterschied, ob der Empfänger oder der Befrachter im eigenen oder fremden Interesse handelt.

(2) Der Empfänger, der sein Recht nach Absatz 1 Satz 1 geltend macht, hat die noch geschuldete Fracht bis zu dem Betrag zu zahlen, der aus dem Beförderungsdokument hervorgeht. Ist ein Beförderungsdokument nicht ausgestellt oder dem Empfänger nicht vorgelegt worden oder ergibt sich aus dem Beförderungsdokument nicht die Höhe der zu zahlenden Fracht, so hat der Empfänger die mit dem Befrachter vereinbarte Fracht zu zahlen, soweit diese nicht unangemessen ist.

(3) Der Empfänger, der sein Recht nach Absatz 1 Satz 1 geltend macht, hat ferner eine Vergütung nach § 493 Absatz 4 zu zahlen, wenn ihm der geschuldete Betrag bei Ablieferung des Gutes mitgeteilt worden ist.

(4) Der Befrachter bleibt zur Zahlung der nach dem Vertrag geschuldeten Beträge verpflichtet.

7.8.1 Rechte des Empfängers

Der Empfänger ist der Begünstigte aus dem Frachtvertrag. Er hat einen Auslieferungsanspruch aus seiner Position als Empfänger oder, sofern ein Konnossement ausgestellt ist, wenn er dieses vorlegt.

Wird ein Originalkonnossement eingereicht, verlieren alle anderen Exemplare ihre Wirkung (kassatorische Klausel).

kassatorische Klausel

Da der Frachtvertrag ein Vertrag zugunsten Dritter ist, stehen dem Empfänger Rechte aus dem Frachtvertrag zu, aber nur Zug um Zug gegen Zahlung der Fracht und sonstiger Kosten (§ 494 Abs. 2, 3 i.V.m. § 494 Abs. 4 HGB).

Empfänger kann ein direkter Vertragspartner des Befrachters (Verkäufer) sein oder ein beauftragter Empfangsspediteur, der die Sendung am Bestimmungsort empfängt und dementsprechend weiterleitet. Vergleichbar § 421 HGB hat der Empfänger im Schadensfall einen direkten Anspruch gegen den Verfrachter, gem. § 494 Abs. 1, S. 2 und 3 HGB. Interessanterweise wird hier auch von Verspätung gesprochen, die zwar in § 425 Abs. 1 HGB vorgesehen ist, aber nicht in der seerechtlichen Haftung in § 498 HGB.

Beim Reisefrachtvertrag hat der Empfänger zusätzlich das Recht, vom Verfrachter über dessen Löschbereitschaft informiert zu werden, vgl. § 535 Abs. 2 HGB.

Anzeige der Löschbereitschaft

7.8.2 Pflichten des Empfängers

Mit dem Annahmeverlangen verpflichtet sich der Empfänger zu der Zahlung der Fracht. (§ 494 Abs. 2 HGB). Er wird jedoch nur in dem Umfang verpflichtet, in dem sich diese aus dem Konnossement oder dem Frachtvertrag ergibt.

Der Zusatz „freight prepaid" schließt die Zahlungspflicht des Empfängers zunächst aus. Er beseitigt aber nicht das Pfandrecht des Verfrachters, sofern der Befrachter die Fracht noch nicht gezahlt hat.

Zusätzlich zu der Fracht, können Nebenkosten entstanden sein, z. B. Liegekosten, Löschkosten gem. § 493 Abs. 4 und beim Reisfrachtvertrag gem. § 535 Abs. 1 HGB. Diese Kosten können aus der (nicht rechtzeitigen) Abnahme der Güter resultieren. Diese hat grundsätzlich der Empfänger zu zahlen. Weiter Pflichten können sein: die Güter auszuladen und für eine Einfuhrgenehmigung zu sorgen.

7

7.9   Fristen, Verjährung und abweichende Vereinbarungen

7.9.1   Schadensanzeige, § 510 HGB

> **§ 510 HGB – Schadensanzeige**
> (1) Ist ein Verlust oder eine Beschädigung des Gutes äußerlich erkennbar und zeigt der Empfänger oder der Befrachter dem Verfrachter Verlust oder Beschädigung nicht spätestens bei Ablieferung des Gutes an, so wird vermutet, dass das Gut vollständig und unbeschädigt abgeliefert worden ist. Die Anzeige muss den Verlust oder die Beschädigung hinreichend deutlich kennzeichnen.
> (2) Die Vermutung nach Absatz 1 gilt auch, wenn der Verlust oder die Beschädigung äußerlich nicht erkennbar war und nicht innerhalb von drei Tagen nach Ablieferung angezeigt worden ist.
> (3) Die Schadensanzeige ist in Textform zu erstatten. Zur Wahrung der Frist genügt die rechtzeitige Absendung.
> (4) Wird Verlust oder Beschädigung bei Ablieferung angezeigt, so genügt die Anzeige gegenüber demjenigen, der das Gut abliefert.

Äußerlich erkennbarer Verlust oder Beschädigung der Güter sind nach § 510 Abs. 1 spätestens bei der Auslieferung der Güter demjenigen in Textform anzuzeigen (§ 126b BGB), der das Gut abliefert bzw. dem Verfrachter (§ 510 Abs. 4 bzw. Abs. 1 HGB). Das kann durch handschriftlichen Eintrag auf dem Frachtdokument(Schriftform) oder Mail(Textform) erfolgen.

3-Tages-Frist bei verdeckten Schäden

War der Verlust oder die Beschädigung äußerlich nicht erkennbar, so kann die Anzeige innerhalb von drei Tagen nach der Auslieferung abgesandt werden.

Der Verlust oder die Beschädigung ist in der Anzeige zu kennzeichnen.

Ist ein Verlust oder eine Beschädigung der Güter weder angezeigt noch festgestellt worden, so wird nach Absatz 1 und 2 vermutet, dass die Güter vom Verfrachter in dem, wie im Beförderungsdokument beschriebenen Zustand abgeliefert wurden.

7.9.2   Verjährung (§ 605 HGB)

Die Verjährungsfrist für Ansprüche aus Frachtverträgen und Konnossementen beträgt ein Jahr nach Auslieferung der Güter oder nach dem Zeitpunkt, zu dem die Güter hätten ausgeliefert werden müssen, gem. § 607 Abs. 1 HGB.

Bezüglich der Verjährung von Rückgriffsansprüchen gilt gem. § 607 Abs. 2 HGB eine längere Frist, wenn die Klage bezüglich des Rückgriffsanspruchs innerhalb von drei Monaten erhoben wird, nachdem der Hauptanspruch befriedigt wurde bzw. dessen Klage zugestellt worden ist. (vgl. systematisch ähnliche Regelung in § 439 Abs. 2 HGB).

Eine Abweichung von diesen Verjährungsvorschriften ist nur durch Individualvertrag möglich, nicht durch AGB, gem. § 609 Abs. 1 HGB (wie § 439 Abs. 4 HGB).

abweichende Verjährung nur im Individualvertrag

7.9.3 Abweichende Vereinbarungen

Eine Reihe von Bestimmungen im Seehandel sind zwingendes Recht (§ 512 HGB): So können von den gesamten Regelungen des Ersten Untertitels, d. h. von den Allgemeinen Vorschriften des Seefrachtvertrages (§§ 498–512 HGB) nur durch Individualverträge abgewichen werden. Hier gelten die Anmerkungen zu § 449, der Vorbild für § 512 HGB ist.

> **§ 512 HGB – Abweichende Vereinbarungen**
> (1) Von den Vorschriften dieses Untertitels kann nur durch Vereinbarung abgewichen werden, die im Einzelnen ausgehandelt wird, auch wenn sie für eine Mehrzahl von gleichartigen Verträgen zwischen denselben Vertragsparteien getroffen wird.
> (2) Abweichend von Absatz 1 kann jedoch auch durch vorformulierte Vertragsbedingungen bestimmt werden, dass
> 1. der Verfrachter ein Verschulden seiner Leute und der Schiffsbesatzung nicht zu vertreten hat, wenn der Schaden durch ein Verhalten bei der Führung oder der sonstigen Bedienung des Schiffes, jedoch nicht bei der Durchführung von Maßnahmen, die überwiegend im Interesse der Ladung getroffen wurden, oder durch Feuer oder Explosion an Bord des Schiffes entstanden ist,
> 2. die Haftung des Verfrachters wegen Verlust oder Beschädigung auf höhere als die in § 504 vorgesehenen Beträge begrenzt ist.

Im Rahmen von AGB können nur Haftungsausschlüsse für die Leute des Verfrachters oder eine höhere Haftung als in § 504 HGB vereinbart werden. Andere Abweichungen sind nichtig.

Von der Möglichkeit eines Haftungsausschlusses für den Verfrachter für seine Leute und der Schiffsbesatzung bei nautischem Verschulden und bei Feuer oder Explosion an Bord ist in den ADSp in Ziff. 25.1 Gebrauch gemacht worden. Diese Haftungsausschlüsse finden sich auch in den Konnossementsbedingungen der Verfrachter.

7.10   Große Haverei

Befindet sich das Schiff oder die Passagiere in einer Gefahrensituation und entscheidet sich daraufhin der Kapitän, dem Schiff oder der (Güter-)Ladung (vorsätzlich) Schaden zuzufügen, um Schiff, Passagiere, Mannschaft oder Ladung aus einer gemeinsamen Gefahr zu retten (§ 588 HGB), dann wird von Große Haverei gesprochen.

§ 588 HGB – Errettung aus gemeinsamer Gefahr
(1) Werden das Schiff, der Treibstoff, die Ladung oder mehrere dieser Sachen zur Errettung aus einer gemeinsamen Gefahr auf Anordnung des Kapitäns vorsätzlich beschädigt oder aufgeopfert oder werden zu diesem Zweck auf Anordnung des Kapitäns Aufwendungen gemacht (Große Haverei), so werden die hierdurch entstandenen Schäden und Aufwendungen von den Beteiligten gemeinschaftlich getragen.
(2) Beteiligter ist derjenige, der im Zeitpunkt des Haverei Eigentümer des Schiffes oder Eigentümer des Treibstoffs ist oder der die Gefahr trägt, dass ein zur Ladung gehörendes Frachtstück oder eine Frachtforderung untergeht.

Voraussetzungen der Großen Haverei:
- Es muss eine **gegenwärtige Gefahr** vorliegen, die dem Schiff, dem Treibstoff und Ladung gemeinsam droht.
- Der Kapitän muss zur Abwendung der Gefahr **vorsätzlich „Opfer" bringen zum Zwecke der Errettung**, z. B. Ladung über Bord werfen lassen, Treibstoff ablassen oder das Schiff auf eine Sandbank setzen, um den Untergang zu vermeiden.

Beteiligte an der Großen Haverei, gem. § 588 Abs. 2 HGB, sind die Begünstigten, die beitragspflichtig sind, gem. §§ 590, 591 HGB:
- Eigentümer des Schiffes
- Eigentümer der Ladung
- Eigentümer des Treibstoffes,
- Verfrachter wegen der entgangenen Fracht.

Beitragsabsicherung durch gesetzliches Pfandrecht, §§ 593, 594.

Dispache, § 595 HGB: Ist das Verfahren zur Berechnung der Beiträge und der Vergütungen.

Beachte: Die gesetzlichen Bestimmungen zur Großen Haverei können durch andere Regelungen ersetzt werden, z. B. im Rahmen der Konnossementsbedingungen durch die international anerkannten York Antwerp Rules (YAR).

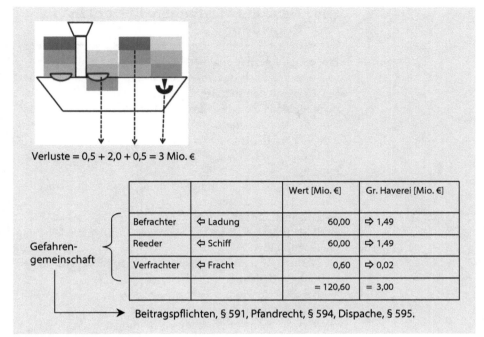

Verluste = 0,5 + 2,0 + 0,5 = 3 Mio. €

		Wert [Mio. €]	Gr. Haverei [Mio. €]
Befrachter	⇐ Ladung	60,00	⇒ 1,49
Reeder	⇐ Schiff	60,00	⇒ 1,49
Verfrachter	⇐ Fracht	0,60	⇒ 0,02
		= 120,60	= 3,00

Gefahrengemeinschaft

Beitragspflichten, § 591, Pfandrecht, § 594, Dispache, § 595.

Die Große Haverei

7.11 Rechtsfragen des Hafenumschlags

Zur Be- und Entladung der Seeschiffe werden Hafen-Umschlagsbetriebe tätig. Grundsätzlich verwenden diese Umschlagsbetriebe eigene AGBs.

(Container-)Transport in Verbindung mit einer Seeverbindung besteht aus fünf Teilabschnitten:

1. Transport der Container vom Absendeort in den Absendehafen (Hafenvorlauf, Recht der Teilstrecke)
2. Das Laden des Containers von dem Transportmittel in das Seeschiff (Seehandelsrecht)
3. Seetransport (Seehandelsrecht)
4. Löschen des Containers im Bestimmungshafen auf ein Transportmittel (Seehandelsrecht)
5. Transport des Containers zum Bestimmungsort (Hafennachlauf, z. B. HGB §§ 407 ff., oder CMR)

Hafenumschlag-
Seerecht oder
Multimodalrecht?
► Abschn. 3.3

Multimodaler Verkehr
im Zusammenhang mit
See

7.12   Neue Entwicklungen: Rotterdamer Regelungen

Ein neues internationales Abkommen für Transporte über See, einschließlich des Vor- und Nachlaufs an Land existiert seit 2009, mit den sog. Rotterdamer Regelungen. Es ist jedoch noch nicht in Kraft, da es dazu der Ratifikation durch mindestens 20 Staaten bedarf. Bisher sind die Rotterdamer Regeln lediglich durch vier Staaten ratifiziert.

Diese bestehen aus 96 Artikeln mit den folgenden Regelungen:

- Multimodal-Recht mit Beteiligung der Seeschifffahrt ist Teil der Regelungen.
- Gilt auch für Fährverkehr.
- Bestimmungen für den elektronischen Datenverkehr und Dokumente.
- Haftungsausschuss für nautisches Verschulden nicht mehr enthalten.
- Beschränkte Haftung soll auf die gesamte Beförderungsstrecke ausgedehnt werden.
- Verfrachter haftet auch für Verspätungsschäden mit 2,5 x Fracht.
- Haftungshöchstgrenze: 3 SZR je kg Bruttogewicht/875 SZR je Packung.
- Gesamtschuldnerische Haftung des vertraglichen und des ausführenden Verfrachters für Verspätungsschäden und Ladungsschäden.
- Für Schäden falscher Deklaration der Gefahrgüter haftet der Befrachter unbegrenzt.
- Bei Abschluss von sog. „Volume Contracts" kann der Verfrachter seine Haftung beschränken oder sogar ausschließen.

7.13   Wiederholungsfragen

? 1. Welche internationalen Konventionen im Seehandelsrecht sind in Deutschland in Kraft?
▶ Abschn. 7.1

? 2. Was ist der Unterschied zwischen einem Raumfracht- und einem Stückgutvertrag? ▶ Abschn. 7.3.1

? 3. Wie heißen die Parteien des Seefrachtrechts?
▶ Abschn. 7.3.2

? 4. Welche Papiere kommen im Seefrachtrecht zur Anwendung? ► Abschn. 7.3.3

? 5. Worin unterscheiden sich diese, rechtlich? ► Abschn. 7.3.3

? 6. Wer hat die Fracht zu bezahlen? ► Abschn. 7.4.1

? 7. Welche Pflichten hat der Befrachter? ► Abschn. 7.4.1

? 8. Welche Position nimmt der Ablader ein? ► Abschn. 7.5

? 9. Wofür haftet der Verfrachter? ► Abschn. 7.7

? 10. In welcher Höhe haftet der Verfrachter bei Substanzschäden? ► Abschn. 7.7.1

? 11. Kann der Verfrachter auch für Verspätungsschäden haften? ► Abschn. 7.7

? 12. Was bedeutet nautisches Verschulden? ► Abschn. 7.7.1

? 13. Welche Schadensanzeigefristen gelten im Seehandel? ► Abschn. 7.9.1

? 14. Was wird unter Großer Haverei verstanden? ► Abschn. 7.10

Serviceteil

© Springer-Verlag GmbH Deutschland, ein Teil von Springer Nature 2019
T. Wieske, *Transportrecht – Schnell erfasst*, Recht – schnell erfasst,
https://doi.org/10.1007/978-3-662-58488-0

Hinweise zur Vertiefung

Dem Charakter als Lernbuch ist der Umstand geschuldet, dass dieses Buch nur einen Überblick über das nationale und internationale Frachtrecht geben kann. Für weiterführende Lektüre sei daher auf die folgende Literatur verwiesen:

- *Andresen/Valder*, Speditions-, Fracht und Lagerrecht, Loseblatt seit 2000 (Stand November 2018);
- *Baumbach/Hopt*, Handelsgesetzbuch, 38. Aufl., 2018;
- *Ebenroth/Boujong/Joost/Strohn*, HGB, Bd. 2, 3. Aufl., 2013;
- *Fremuth/Thume*, Kommentar zum Transportrecht, 2000;
- *Schmidt/Herber (Hrsg.)*, Münchener Kommentar zum Handelsgesetzbuch Bd. 7: §§ 407–619 HGB, Transportrecht, 3. Aufl., 2014;
- *Klaus/Krieger/Krupp (Hrsg.)*, Gabler Lexikon Logistik, 5. Aufl., 2012;
- *Knorre/Demuth/Schmid*, Handbuch des Transportrechts, 2. Aufl., 2015;
- *Koller*, Transportrecht, 9. Aufl. 2016;
- *Pokrant/Gran*, Transport- und Logistikrecht, 11. Aufl. 2016;
- *Rabe/Bahnsen*, Seehandel, 5. Aufl., 2018;
- *Thume*, Kommentar zur CMR, 3. Aufl. 2013;
- *Thume/de la Motte/Ehlers*, Transportversicherungsrecht, 2. Aufl. 2011;
- *Tunn*, Lagerrecht/Kontraktlogistik, 2005,
- Wieske in Handkommentar-HGB (Heidel/Schall Hrsg.), 3. Aufl., 2019; sowie auf die Internetseiten:
- Transport-Informations-Service (TIS) des Gesamtverbandes der Deutschen Versicherungswirtschaft e.V. (GDV): ► www.tis-gdv.de/tis/inhalt.html
- der deutschen Gesellschaft für Transportrecht: ► https://transportrecht.org/,
- Institut für Logistikrecht und Riskmanagement an der Hochschule Bremerhaven: ► www.ilrm.de.

Glossar

Ablader Übergibt Güter dem Verfrachter (oder seinem Beauftragten) tatsächlich zur Beförderung. ▶ Abschn. 7.3 ff.

Absender Der vertragliche Auftraggeber des Frachtführers. Absender muss nicht der physische Absender sein. ▶ Abschn. 2.2 ff., 3.2, 4.6, 5.5.2, 6.3

Absenderhaftung Verschuldensunabhängige, aber limitierte Haftung des Absenders gegenüber dem Frachtführer. ▶ Abschn. 2.4.1.5, 4.6.1, 5.5.1

AGB-feste Normen Normen des Frachtrechts, die nicht durch AGB aufgehoben oder verhindert werden können, §§ 439 Abs. 4, 449 Abs. 1, 451h, 452d, 466, 475h HGB. ▶ Abschn. 2.10.1, 3.3.3, 3.5.7

Anspruchsgrundlage Rechtsnorm, nach der von einem anderen ein Tun oder Unterlassen verlangt werden kann. ▶ Abschn. 1.3.2

Ausführender Frachtführer Derjenige Frachtführer, der das Frachtgut zum Empfänger transportiert, gegen diesen hat der Anspruchsteller ebenso wie gegen den Absender einen Direktanspruch. ▶ Abschn. 2.6.7, 2.8.3

Außervertragliche Ansprüche Ansprüche, die ihre Anspruchsgrundlage nicht im Frachtrecht haben. Diese unterliegen jedoch den frachtrechtlichen Haftungslimitierungen ▶ Abschn. 2.6.5

Beförderungssicherheit Ladungssicherheit. Pflicht des Absenders ▶ Abschn. 2.4.1.4, 2.4.1.6

Beförderungsbezogene Leistungen Ladungssicherheit. Pflicht des Spediteurs § 454 Abs. 2 HGB, ADSp 2.1 und 2.2. ▶ Abschn. 2.4.1.6

Chartervertrag Enthält Elemente des Miet- und Werkvertrags. Der Erfolg ist die Beförderung der Güter, ohne dass der Vercharterer der Frachterfolg garantieren will. ▶ Abschn. 7.3.1

Deviation Abweichung vom Reiseweg. ▶ Abschn. 7.6.1

Dienstleistungsfreiheit Der EG-Vertrag verbietet Einschränkungen des freien Verkehrs von Dienstleistungen im Bereich der Mitgliedstaaten, Art. 49 ff. EGV.

Dispache Verfahren zur Berechnung der Beiträge und der Vergütungen. ▶ Abschn. 7.10

Distanzfracht wird fällig, wenn die Beförderung infolge eines Beförderungs- oder Ablieferhindernisses nicht beendet werden kann. Das Verhütungsrisiko hierfür trägt der Absender, außer wenn Hindernis aus dem Risikobereich des Frachtführers stammt, § 420 Abs. 2 HGB. ▶ Abschn. 2.4.1.1

Drittschadensliquidation Anspruchsübergang bei zufälliger Schadensverlagerung.

Einreden, Einwendungen Hindernisse für die Durchsetzung eines Anspruchs, entweder rechtsvernichtend, rechtshindernd oder rechtshemmend. ▶ Abschn. 2.4.2.3, 2.6.7, 3.5.5, 4.10.2

Eisenbahnhuckepackverkehr Transport von Straßenfahrzeugen auf Eisenbahnzügen. ▶ Abschn. 4.3

Empfänger I. d. R. Begünstigter aus einem Frachtvertrag, nicht Vertragspartei ▶ Abschn. 2.2, 2.3.1, 2.7, 4.9, 6.6, 7.3.2, 7.8

Fautfracht Gesetzlich bestimmte Vertragsstrafe, die beim Rücktritt vom Frachtvertrag zu zahlen ist, pauschalierter Schadensersatz. ▶ Abschn. 2.4.2.1, 7.5.4

FIATA BL FIATA Multimodal Transport Bill of Lading, sog. „Durchkonnossement", multimodales Transportdokument. ▶ Abschn. 3.3.4

Fracht Beförderungsentgelt ▶ Abschn. 2.4.1, 2.7, 4.6.1, 7.4.1, 7.8.2

Frachtbrief Beweisurkunde bezüglich des Frachtvertrages, Instruktionspapier für den Frachtführer, § 408 HGB. ▶ Abschn. 2.2 f. Frachtbrief Mindestangaben ▶ Abschn. 2.3

Frachtführer Derjenige, der sich vertraglich zum Transport verpflichtet. ▶ Abschn. 2.2 f., 2.5.2.1

Frachtführerpfandrecht Sicherungsrecht des Frachtführers aus § 441 HGB. ▶ Abschn. 2.5.1.2

Frachtgeschäft Beförderung und Ablieferung von Frachtgut gegen Entgelt, § 407 HGB. ▶ Abschn. 1.2.2

Frachtvertrag Vertrag über die Beförderung eines Gutes, § 407 HGB. ▶ Abschn. 2.2 f.

Frachtzahlung Erstattung der Frachtaufwendungen, § 407 HGB. ▶ Abschn. 2.3, 2.4.1, 2.5.1.1, 4.6.1, 4.9.2, 5.5.1, 7.4.1

Gefahrgut Gefährliches Transportgut nach den Gefahrgutvorschriften. ▶ Abschn. 2.3.1, 2.4.1.2, Nebenpflichten, 7.7.1

Gerichtsstand Ort, an dem Ansprüche aus dem Frachtrecht geltend gemacht werden können, § 440. ▶ Abschn. 2.8.3, 4.10.3, 5.7.3, 6.7.3, 7.9.3

Gutachtenstil Im juristischen Gutachten wird durch Subsumtion einzelner Normen zum Ergebnis hingeführt. ▶ Abschn. 1.3.4

Haag-Visby-Regeln Zusatzabkommen zu den Haager Regeln aus dem Jahre 1968, das 1977 in Kraft getreten ist, um die Haftungssummen und die Haftung für Ladeeinheiten zu erweitern. ▶ Abschn. 7.1

Haftungsausschlussgründe Einwendungen, die den Frachtführer von seiner Haftung befreien, insbesondere §§ 427, 426, 429 Abs. 2 HGB. ▶ Abschn. 2.6.1.2, 3.2.5, 4.8.1, 5.6.3 f., 7.7.2 f.

Haftungskorridor Lässt eine Abwendung von der Haftung des Frachtführers gem. § 431 Abs. 1 und 2 zu, im Rahmen eines Korridors zwischen 2 und 40 SZR, § 449 Abs. 2. ▶ Abschn. 2.10.1, 3.4.7

Haftungsversicherung Teil der Speditionsversicherung = Haftpflichtversicherung des Spediteurs, Ziff. 29.1.1 ADSp. ▶ Abschn. 3.4.8.1

Handelsbrauch Gewohnheiten und Gebräuche im Handel, die in der kaufmännischen Praxis befolgt werden, § 346 HGB. ▶ Abschn. 2.4.1.4, 7.5.2

Handelsgeschäft Ein Rechtsgeschäft, bei dem mindestens einer der Vertragspartner ein Kaufmann ist. ▶ Abschn. 1.2.2

Haverei, Havarie Schäden, die ein Schiff oder die Ladung während einer Seereise erleiden. ▶ Abschn. 7.4.1, 7.10

Haverei, große Schäden, die der Kapitän dem Schiff und der Ladung vorsätzlich zufügt, um sie aus einer Gefahr zu retten oder um eine solche abzuwenden. ▶ Abschn. 7.4.1, 7.10

Havariekommissar Versicherungssachverständiger für Seetransportschäden. ▶ Abschn. 2.6.2.2

Hilfsnormen Sind heranzuziehen, wenn einzelne Tatbestandsmerkmale näher definiert werden müssen. ▶ Abschn. 1.3.2

Incoterms International Commercial Terms, Regeln für die Auslegung der handelsüblichen Vertragsformeln. ▶ Abschn. 2.2

Indossament Übertragung eines Orderladescheins durch schriftliche Erklärung auf dem Papier (Rückseite), § 446 i. V. m. § 364 HGB. ▶ Abschn. 2.9.3, 3.5.6.2 f., 7.3.3

Insourcing Selbstausführung bisher extern erledigter Unternehmungen. ▶ Abschn. 1.1

Kabotagefreiheit Frachtführer aus dem EU-Ausland können in den Mitgliedstaaten Frachtaufträge ausführen. ▶ Abschn. 2.10.1

Kaufmann Wer ein Handelsgewerbe betreibt, § 1 Abs. 1 HGB. ▶ Abschn. 2.1, 3.5.4

Kennzeichnungspflicht des Absenders (Neben-)Pflicht des Absenders, das Transportgut so zu beschriften oder zu bezeichnen, dass eine Verwechselung nicht möglich ist und das Transportziel für den Frachtführer eindeutig erkennbar ist, §§ 411, 414 Abs. 1, Ziff. 1 HGB. ▶ Abschn. 2.4.1.4, 2.6.1.1, Nebenpflichten

Kommissionierung Entnehmen und Zusammenstellen von Materialien aus dem Lager aufgrund von Bedarfsinformationen aus dem Vertrieb oder aus der Produktion. ▶ Abschn. 3.4.1.2

Konfektionieren Abschließende Bearbeitung von Waren, verkaufsfertig machen.

Konnossement Entspricht im Seehandelsrecht dem Ladeschein, wird demjenigen erteilt, der das Frachtgut an Bord ablädt. ► Abschn. 2.5.1.5, 2.9, 7.1 f., 7.3.3, 7.7.1, 7.8.1

Konsensualvertrag Typischer Fall des Vertragsschlusses, Zustandekommen durch beiderseitige Willensübereinstimmung. ► Abschn. 4.4, 6.2.2

Kriegskonterbande Schmuggel auf dem Seeweg, wobei die Güter vorwiegend für den Krieg von Nutzen waren. ► Abschn. 7.4.1

Ladeschein Wertpapier mit Traditionswirkung (§ 448 HGB), der, sofern mit Orderklausel versehen, durch Indossament übertragen wird (§ 444 Abs. 2 HGB). ► Abschn. 2.9

Ladungssicherheit Beförderungssicherheit. Pflicht des Absenders, das Transportgut sicher zu verpacken (§ 411). ► Abschn. 2.4.1.5 f.

Landschadensklausel Beschränkung der Haftung des Verfrachters im Konnossement (keine Obhutshaftung). ► Abschn. 7.7.1, 7.9.4

Lenkzeit Zeit, die ein Kraftfahrer bei der Dienstausübung am Steuer verbringt. ► Abschn. 2.4.1.1

Leutehaftung Mitarbeiter und Subunternehmer des Frachtführers, § 428 HGB. ► Abschn. 3.4.5.2, 7.7.3

Lieferfrist beurteilt sich nach § 423 HGB und für deren Überschreitung haftet der Frachtführer auch ohne Verschulden, § 425 HGB. ► Abschn. 2.4.2.6, 2.5.2.3, 2.6.4, 2.8.1, 4.6.2, 6.3.1

Logistik Die Planung, Organisation und Kontrolle eines Güterflusses von der Entwicklung bis zur Distribution. ► Abschn. 1.2.4

Luftfrachtersatzverkehr Transport von Luftfrachtgut mit dem Lkw. ► Abschn. 5.6.1

Luftfrachtbrief Beförderungsschein beim Lufttransport, Art. 5 WA. ► Abschn. 5.4 ff.

Multimodaltransport Frachtvertrag über die Beförderung mit verschiedenartigen Beförderungsmitteln, § 452 HGB. ► Abschn. 3.3, 7.11

Nachnahme Eine Sendung wird vom Frachtunternehmen nur gegen Einzug des auf der Sendung angegebenen Geldbetrages abgeliefert. ► Abschn. 2.3, 2.5.2.5, Vergütungspflicht, 3.6.2

Obhutshaftung Der Spediteur haftet für Schäden, die an Transportgut in seinem Gewahrsam entstehen. ► Abschn. 2.6, 3.2.5, 3.5.4, 4.8.1, 5.6.1

Obhutspflicht Pflicht, fremde Sachen im eigenen Gewahrsam vor Schäden zu bewahren. ► Abschn. 2.6, 3.2.5, 3.4.5.1, 4.8.1, 5.6.1

Outsourcing Fremdvergabe bisher selbst ausgeführter Tätigkeiten in einem Unternehmen. ► Abschn. 1.1

Personenverkehr Es werden Menschen transportiert.

Pfandrecht Sicherheit, räumt dem Pfandgläubiger die Befugnis ein, unter bestimmten Voraussetzungen Befriedigung aus dem verpfändeten Gegenstand zu suchen. ► Abschn. 2.5.1.2, 2.5.1.4, 3.4.4.1, 3.5.3.2, 7.6.1

Primäransprüche Ansprüche, die Grund für den Vertragsschluss sind. ► Abschn. 1.3.2.1

Privatrecht Regelt die Rechtsbeziehungen verschiedener auf gleicher Stufe stehender Rechtssubjekte. ► Abschn. 1.2

Qualifiziertes Verschulden Erhöhter Grad des Verschuldens, der zur unlimitierten Haftung des Frachtführers führt (§ 435 HGB). ► Abschn. 2.6.6, 3.4.5.3, 7.7.2

Ratifikation, Ratifizierung Völkerrechtlicher Akt, durch den ein Staat in verbindlicher Weise erklärt, durch einen Staatsvertrag gebunden zu sein. ► Abschn. 3.3.3, 4.2, 5.1, 5.9.2, 6.1

Reklamationsfristen Schadensanzeige, Frist zur Anzeige von Verlust, Beschädigung oder Lieferfristüberschreitung. ► Abschn. 2.8.1, 4.10.1, 5.7.1

Risikobereich, zurechenbarer Sphäre, in der eine Gefährdung entsteht, die zu vertreten ist. ► Abschn. 2.4.1.1

Rohgewicht Gewicht des Transportgutes plus Verpackung des Gutes. ► Abschn. 2.3.1, 2.6.2.3, 3.4.5.3 f.

Rotterdamer Regelungen Internationales Übereinkommen für Transporte über See, einschließlich des Vor- und Nachlaufs an Land. ▶ Abschn. 7.1, 7.12

Rückgriffsgläubiger Besondere Berechnung der Verjährungsfrist. ▶ Abschn. 2.8.2

Sachverhalt Beschreibung von Lebensumständen als Grundlage für ein juristisches Gutachten. ▶ Abschn. 1.3

Schadensberechnung Während der ersten Schadensbearbeitung ist der Lauf der Verjährungsfrist gehemmt (§ 439 Abs. 2 HGB). Vielfach gekoppelt an das Rohgewicht (Verlust, Beschädigung oder an die Höhe der Fracht) ▶ Abschn. 2.6.2 f.

Schadensersatz Ausgleich des einer Person entstandenen Nachteils durch einen anderen. ▶ Abschn. 2.3.1, 2.4.2.6, 2.5.1.3, 2.6.2, 2.7, 3.4.5.3, 5.6.2 f.

Schadensversicherung Teil der Speditionsversicherung, Warenversicherung zu Gunsten des Auftraggebers und auf Kosten desselben, Ziff. 29.1.2 ADSp. ▶ Abschn. 3.4.8 f.

Schnittstellenkontrolle Kontroll- und Dokumentationspflichten beim Wechsel eines Beförderungsträgers auf einen anderen, ADSp 7. ▶ Abschn. 3.4.4.3

Seefrachtrecht Gilt für Transporte auf Seegewässern und Binnengewässern, § 450 HGB. ▶ Kap. 7

Sekundäransprüche Schadensersatzansprüche bei Nicht- oder nicht vollständiger Erfüllung der Primäransprüche. ▶ Abschn. 1.3.2.1

Skripturhaftung Haftung des Frachtführers bei Ausstellung eines Ladescheins, verschuldensunabhängig gegenüber Empfänger und Dritten, gem. § 444. ▶ Abschn. 2.9.2, 7.3.3

Sonderziehungsrecht Rechnungseinheit des Internationalen Währungsfonds, § 431 HGB. ▶ Abschn. 2.6.2.3, 3.3.4, 5.6.4

Spediteur Er hat die Pflicht, den Transport zu organisieren. ▶ Abschn. 2.5.1.3, 3.4.1 ff.

Spediteurbedingungen Geregelt in den ADSp. ▶ Abschn. 3.4.1.2

Speditionsvertrag Geschäftsbesorgungsvertrag, der die Versendung von Frachtgut für den Versender gegen Entgelt zum Gegenstand hat, § 453 HGB. ▶ Abschn. 3.4

Speditionsversicherung Pflichtversicherung unter der ADSp, die sich aus Haftungs- und Schadensversicherung zusammensetzt, Ziff. 29 ADSp. ▶ Abschn. 3.4.8

Substanzschaden Verlust oder Beschädigung des Frachtgutes. ▶ Abschn. 2.6.1 f., 3.2.5, 3.2.9

Subsumtion Unterordnung eines Lebenssachverhalts unter einen Rechtssatz. ▶ Abschn. 1.3.3

Umzugsgut Einrichtungsgegenstände für Wohnungen und Geschäftsräume, § 451 HGB. ▶ Abschn. 3.2

Umzugsvertrag Frachtvertrag über die Beförderung von Umzugsgut, § 451 HGB. ▶ Abschn. 3.2

Urteilsstil Richterliche Entscheidungen werden mit dem Ergebnis der Prüfung eingeleitet, danach folgt die Begründung.

Verbraucher Natürliche Person, die einen Vertrag abschließt, der weder ihrer gewerblichen noch selbstständigen Tätigkeit zugerechnet werden kann, § 13 BGB. ▶ Abschn. 2.1, 2.4.1.5, 2.10.1, 3.2.3, 3.2.6, 3.2.8, 3.5.7

Verfrachter Derjenige, der die Beförderung der Güter vertraglich verspricht, im Frachtrecht auch als Frachtführer bezeichnet. ▶ Abschn. 7.3.2 f., 7.7

Verjährung Nach Ablauf einer Frist entsteht ein Leistungsverweigerungsrecht nach § 214 Abs. 1 BGB. ▶ Abschn. 2.8.2, 3.3.2, 3.4.6, 3.5.5, 4.10.2, 6.7.2, 7.9.2

Verkehrsträger Im wesentlichen Straßenverkehr, Schienenverkehr, Schiffsverkehr und Luftverkehr. ▶ Abschn. 1.2.2

Verladen Laden, Verstauen und Befestigen. ▶ Abschn. 2.4.1.6

Verlustvermutung Das Transportgut ist als verloren zu betrachten, wenn es innerhalb einer bestimmten Frist nicht angeliefert wurde, § 424 HGB. ► Abschn. 2.4.2.6, 2.6.2

Verpackungspflicht des Absenders (Neben-) Pflicht des Absenders, das Transportgut ordnungsgemäß zu verpacken, um Beschädigungen, Diebstahl am Gut und gegenüber anderen Rechtsgütern zu verhindern, §§ 411, 414 Abs. 1, Ziff.1 HGB. ► Abschn. Nebenpflichten

Verschuldenshaftung Haftung nur bei Verschulden (§ 276 BGB), d. h. bei Vorsatz oder Fahrlässigkeit (§ 433 HGB). ► Abschn. 2.6.4, 7.4.2

Warenversicherung Fakultative Versicherung, neben oder anstatt der Speditionsversicherung, Zusatzleistung des Spediteurs, Ziff. 21 ADSp. ► Abschn. 3.4.8.2

Weisungsrecht: Der Absender hat das Recht und u. U. die Pflicht bei einem Beförderungshindernis Anweisungen zu erteilen. ► Abschn. 2.3.1, 2.4.2.3, 3.4.3.3, 4.6.2

Zurückbehaltungsrecht Sicherungsrecht des Frachtführers. ► Abschn. 2.5.1.5, 3.4.4.1, 6.4.1, 7.6.1